机载雷达信号处理

主　编　邓有为
副主编　肖冰松

国防工業出版社
·北京·

内 容 简 介

本书主要介绍了机载雷达典型的、广泛应用的信号波形及其处理技术的基本概念、工作原理、性能等内容。全书共有8章，可分为三个部分。第一部分包括第1~2章，主要内容是机载雷达信号处理基础理论；第二部分包括第3章，主要内容是机载雷达常用的信号波形；第三部分包括第4~8章，主要内容是机载雷达广泛应用的信号处理技术。

本书可作为雷达工程专业课程教学的教材，也可供其他相关专业学生和工程技术人员阅读参考，还可作为机载雷达理论的培训教材。

图书在版编目(CIP)数据

机载雷达信号处理/邓有为主编．—北京：国防工业出版社，2024.11.—ISBN 978-7-118-13474-2

Ⅰ．TN959.73

中国国家版本馆 CIP 数据核字第 20244VK204 号

※

国防工業出版社出版发行

（北京市海淀区紫竹院南路23号　邮政编码100048）

北京虎彩文化传播有限公司印刷

新华书店经售

*

开本 787×1092　1/16　**印张** 17¼　**字数** 392 千字

2024年11月第1版第1次印刷　**印数** 1—1200 册　**定价** 88.00 元

国防书店：(010)88540777　　书店传真：(010)88540776

发行业务：(010)88540717　　发行传真：(010)88540762

《机载雷达信号处理》
编写委员会

主　编　邓有为
副主编　肖冰松
编　委　许蕴山　杨永建　向建军　夏海宝　甘　轶

前　言

机载雷达已经成为各种航空器必不可少的重要电子装备，而且其性能的优劣也成为航空器性能的重要标志。在现代空战中，机载火控雷达的性能往往比飞机本身的飞行性能更能决定空战的胜负。机载信号处理的理论和相关技术是实现机载雷达功能的关键理论和技术。

本书共8章，可分为三个部分：第一部分包括第1～2章，主要内容是机载雷达信号处理基础理论，包含了机载雷达信号处理的基本概念、内容和发展，模糊函数，匹配滤波以及低截获概率技术；第二部分包括第3章，主要内容是机载雷达常用的信号波形，介绍了相参脉冲串信号、线性调频信号、相位编码信号、频率编码信号的理论、处理方法及其性能；第三部分包括第4～8章，主要内容是机载雷达广泛应用的信号处理技术，阐述了数字波束形成技术、脉冲多普勒处理技术、空时自适应处理技术、目标信号检测理论以及合成孔径成像技术等内容。

本书由邓有为担任主编，负责全书统稿并编写了第1、2、3、4、6章；肖冰松担任副主编，编写了第5章；许蕴山、杨永建、向建军、夏海宝、甘轶参加了编写工作，共同编写了第7章、第8章。在本书的编写出版过程中，得到了程嗣怡同志的大力支持，在此表示感谢。

本书在撰写过程中参考了大量的文献资料，谨向文献资料的作者表示诚挚的谢意。受作者能力与水平的限制，本书所介绍的机载雷达信号处理的理论和方法，可能无法满足各类读者的需求，对书中的疏漏与不足之处，敬请读者不吝批评指正。

编　者

2023年7月

前言

目　　录

第1章 绪论

机载雷达是重要的航空电子设备,可以全天候、远距离获取目标信息。雷达通过发射电磁波信号,再从接收信号中检测目标回波来探测目标。在雷达的接收信号中,不但有感兴趣的目标回波信号,也会有雷达天线接收的外部噪声和接收机内部噪声信号,地面、海面和气象环境等散射产生的杂波信号,以及各种干扰信号等。机载雷达的杂波比地面雷达的杂波更严重,且雷达平台的运动会导致杂波频谱的变化。所以,机载雷达探测目标是在十分复杂的信号背景下进行的,需要通过信号处理来检测目标,并提取目标的距离、角度、速度和形状等各种有用信息。

雷达信号处理(radar signal processing,RSP)的基础理论是建立在信号检测理论和雷达波形设计上的,其目的就是通过对回波信号的处理,消除或降低各种干扰噪声以及由这些干扰、噪声引起的不确定性,以便提取所需的信息和提高信息的质量。传统雷达信号处理的发展,不断丰富和完善以傅里叶变换和统计理论为基础的经典雷达信号处理理论和方法。而低空/超低空突防、反辐射导弹、电子干扰及隐身目标的出现和发展极大地削弱了雷达对目标的探测能力,并对雷达的生存环境提出了严峻挑战。为了降低威胁、应对挑战,具有或部分具有灵敏度高、抗截获能力强、功能多、自适应能力的雷达新体制和新技术不断提出,并逐渐走向实用。雷达信号处理的功能和目的已经从早期简单的杂波对消和目标检测拓展到复杂波形设计与脉冲压缩、波束控制、干扰抑制、目标成像、特征识别等。各种雷达信号处理方法和技术的研究及实现正在雷达系统中发挥着日益重要和广泛的作用,是雷达技术发展的重要分支。

本章主要介绍信号与信号处理的一般概念,机载雷达信号处理的主要内容以及发展概况。

1.1 信号与信号处理

1.1.1 信号

信号通常泛指一切可以为人们所能感知的信息,既包括通过感官可以直接获得的"感知信号",如光线、声音、气味、味道及温度等,也包括需要通过特殊设备测量得到的"非感知信号",如电磁波、震动波及力场等。在现代科学与技术中,信号往往与系统联系在一起，定义为传递物理系统的相关状态和特性信息的某种函数或载体。信号的表现形式通常是多样的，不同应用背景下往往具有不同的表现形态，且所蕴含的信息也不尽相同。下面结合雷达中各种信号的表现形式对信号的分类予以简要介绍。

1. 信号的类型

1）确定性信号与非确定性信号

若信号可以由一确定的数学表达式所表示，或者信号的波形是唯一确定的，这种信号就是“确定性信号”。反之，如果信号具有不可预知的不确定性，则称为“随机信号”或“不确定性信号”。任意给定一个自变量的值，对确定性信号，我们可以唯一确定其信号的取值；而对随机信号，其取值是不确定的。

雷达发射的信号，如简单脉冲信号、线性调频（linear frequency modulation，LFM）脉冲信号及相位编码信号等通常为确知信号，而其对应的接收信号，由于噪声、杂波及干扰的存在，则为随机信号。

2）模拟信号与数字信号

模拟信号是指定义域和值域均连续的信号，因此模拟信号必定是时间连续信号。而数字信号是指定义域和值域均离散的信号，因此数字信号肯定是时间离散信号。数字信号一般通过模拟信号的模数转换得到，其中模数转换每隔一个固定的时间间隔对模拟信号进行采样，并把该取值量化为一些离散的数值。

雷达发射信号和接收信号采样前的回波信号通常为模拟信号。为了实现信号的后续数字化处理，采样后的回波信号时间和幅度取值通常为离散值，是数字信号。

3）因果信号与非因果信号

如果一个信号只在自变量的非负半轴左闭区间$[0,+\infty)$取非零值，而在$(-\infty,0)$开区间内取值均为零，则称其为因果信号，反之就称为非因果信号。使用“因果”这一术语的目的，主要是表明实际中无法产生一个在无穷远的过去都有值的信号。特别地，对于离散时间信号，可以将因果信号和非因果信号分别改称为“因果序列”和“非因果序列”。

在雷达系统中，由于系统的因果特性，接收回波通常均为因果信号，回波信号采样前的常为因果模拟信号，而采样后的信号则为因果序列。

4）高斯信号与非高斯信号

若随机信号$x(t)$的概率密度函数（probability density function，PDF）服从

$$g(x)=\frac{1}{\sqrt{2\pi\sigma^2}}\exp\left[-\frac{(x-\mu)^2}{2\sigma^2}\right] \tag{1-1}$$

则称其为高斯信号；若不满足上述分布函数，则称其为非高斯信号。其中，μ为均值，σ^2为方差。特别地，在离散域，其分别被称为高斯序列和非高斯序列。

常规低分辨率雷达地物回波通常可认为是高斯信号，幅度服从瑞利分布，而对于高分辨率雷达，地杂波、海杂波的回波幅度分布明显偏离瑞利分布，具有较长的“尾巴”，通常符合对数正态分布、韦布尔分布或K分布等。

5）平稳信号与非平稳信号

随机信号可以分为平稳信号和非平稳信号两大类。平稳随机信号的主要特点是其统计特性不随时间的平移而变化，即其概率分布或矩函数与观察的计时起点无关，可以任意

选择观测的计时起点。若随机信号不具有上述平稳性，则为非平稳随机信号。根据对平稳性条件的要求程度不同，一般把平稳随机信号分成两类：严格平稳（又称狭义平稳）信号和广义平稳（又称宽平稳、弱平稳、二阶平稳等）信号。

严格平稳信号的任意 n 维概率分布不随计时起点的选择不同而变化，当时间平移任一常数 ε 时，其 n 维概率密度（或分布函数）不变化，即满足下列关系式：

$$p_n(x_1,x_2,\cdots,x_n;t_1,t_2,\cdots,t_n)=p_n(x_1,x_2,\cdots,x_n;t_1+\varepsilon,t_2+\varepsilon,\cdots,t_n+\varepsilon) \quad (1-2)$$

广义平稳信号的数学期望是与时间 t 无关的常量，自相关函数 $R(t_1,t_2)$ 仅与时间间隔 $\tau=t_2-t_1$ 有关，即

$$\begin{cases}E[x(t)]=m & (m \text{ 为常数}) \\ R(t_1,t_2)=R(\tau)\end{cases} \quad (1-3)$$

若一个信号是非广义平稳的，即某阶统计量随时间改变，则称它为非平稳信号。

对雷达信号而言，大多数条件下，低分辨雷达接收回波的统计特性是不随时间变化的，即为平稳随机信号，然而随着雷达分辨率的提高，高分辨率雷达杂波数据，尤其是较长观测时间内的海杂波数据呈现非平稳特性，其统计特性具有了明显的时变性。

2. 信号的复数表示

实际中的雷达信号都是实数信号，在观测时间内是能量有限信号。但在雷达信号分析过程中，常把实数信号写成复数的形式，这样做的主要目的是在数学上分析方便。

接下来从实信号及其频谱分析开始，通过分析实数信号频谱的对称性，以单频信号的矢量表示推广出任意实数信号的复数表示，即信号的解析表示。实现信号的复数表示有两种方法，即希尔伯特变换表示法和指数表示法。希尔伯特变换表示法是作为一种复解析信号的一种严格表示，而指数信号是在窄带信号条件下的一种近似的解析信号。

1）实信号的频谱

雷达发射信号不包含任何有关目标的信息，而只是信息的运载工具，目标的信息是在发射信号碰到目标并产生反射的过程中调制上去的，实际的雷达信号都是实数信号，通常关注雷达射频信号和基带信号。在相参雷达中，雷达信号的幅度、频率和相位均是已知的。

雷达发射信号 $s_t(t)$ 可以认为是确定性信号，但雷达接收信号 $s_r(t)$ 则是回波信号与噪声干扰叠加而成的随机信号。雷达信号可以用时间的实函数 $s(t)$ 表示，称为实信号，其特点是具有有限的功率或有限的能量。

实函数 $s(t)$ 为功率有限信号，即在时间 τ 内信号的平均功率 P 有限，记为

$$P=\lim_{\tau\to\infty}\frac{1}{\tau}\int_{-\infty}^{\infty}s^2(t)\mathrm{d}t<\infty \quad (1-4)$$

实函数 $s(t)$ 为能量有限信号，即在信号的定义区间内的能量 E 有限，记为

$$E=\int_{-\infty}^{\infty}s^2(t)\mathrm{d}t<\infty \quad (1-5)$$

函数 $s(t)$ 是平方可积的，称能量有限信号为能量型信号。随机信号及周期性信号的特点是具有有限的功率而能量无限，称为功率型信号。通常，对于一个雷达信号，在有限观测时间内，看作能量信号或者是功率信号都可以，并不加以区分。雷达信号的时域表示只能表征其频率、幅度、相位三个参数，而关心信号频域的参数，如信号带宽、频谱分布特性等情况，需要对信号进行傅里叶变换。对于平方可积信号 $s(t)$，也就是能量有限信号，

其频谱可以写为

$$s(t)=\int_{-\infty}^{\infty}S(f)\exp(\mathrm{j}2\pi ft)\mathrm{d}f \tag{1-6}$$

$$S(f)=\int_{-\infty}^{\infty}s(t)\exp(-\mathrm{j}2\pi ft)\mathrm{d}t \tag{1-7}$$

通常把 $S(f)$ 称为信号的谱密度,或简称为频谱。一般 $S(f)$ 为 f 的复函数,即 $S(f)=|S(f)|\exp[\mathrm{j}\varphi(f)]$,式中,$|S(f)|$ 为信号的幅度谱,$\varphi(f)$ 为相位谱。

信号与其频谱之间的关系是一一对应的关系。信号给定后,其频谱是确定的,反之亦然。因此,信号既可以用时间函数来描述,也可以用它的频谱来描述。

由实信号频谱对称的性质可知,存在下列性质:$S^*(f)=S(-f)$,$*$ 为求共轭;$|S(f)|=|S(-f)|$;$\varphi(f)=-\varphi(-f)$。

一般实信号的频谱是分布在整个频率轴($-\infty<f<\infty$)上的,尤其是持续时间有限的信号,也就是说,实信号具有双边频谱。实信号频谱对称的性质说明,实信号的幅谱为偶函数,相位谱为奇函数。这样,实信号频谱的正负频率两半边之间有着完全确定的关系,由一个半边频谱可推导出另一个半边频谱。

2)实信号的复数表示

实数信号频谱的特点说明其频谱的信息是冗余的,因为只有一半是有用的,那么如何用这一半的频谱表征信号呢?在电路分析课程中学过电流矢量的概念,一个频率为 f_0 的连续单频信号可以表示成两个方向相反的旋转矢量的和,即

$$\begin{cases}\cos(2\pi f_0t)=\dfrac{1}{2}[\exp(\mathrm{j}2\pi f_0t)+\exp(-\mathrm{j}2\pi f_0t)]\\ \sin(2\pi f_0t)=\dfrac{-\mathrm{j}}{2}[\exp(\mathrm{j}2\pi f_0t)-\exp(-\mathrm{j}2\pi f_0t)]\end{cases} \tag{1-8}$$

式(1-8)右边两个旋转矢量实际对应于实信号 $\cos(2\pi f_0t)$ 或者 $\sin(2\pi f_0t)$ 的两根谱线,$f=f_0$ 和 $f=-f_0$。式(1-8)第一行可进一步写为

$$\cos(2\pi f_0t)=\mathrm{Re}[\exp(\mathrm{j}2\pi f_0t)]=\mathrm{Re}[\exp(-\mathrm{j}2\pi f_0t)] \tag{1-9}$$

这里,实信号 $\cos(2\pi f_0t)$ 用一个顺时针(或一个逆时针)旋转矢量的实部表示,也就是只用一根正频率谱线(或一根负频率谱线)来表达余弦信号,而与它呈复共轭关系的负频率谱线被省略了,因为它是冗余的。

这种信号表示法可推广应用于任意实信号 $s(t)$,利用公式(1-6),信号 $s(t)$ 可写成分部积分的形式,即

$$s(t)=\int_{-\infty}^{\infty}S(f)\exp(\mathrm{j}2\pi ft)\mathrm{d}f=\int_{-\infty}^{0}S(f)\exp(\mathrm{j}2\pi ft)\mathrm{d}f+\int_{0}^{\infty}S(f)\exp(\mathrm{j}2\pi ft)\mathrm{d}f \tag{1-10}$$

式(1-10)第一项积分变量 f 用 $-f$ 替换,利用实信号频谱的对称性质 $S^*(f)=S(-f)$,式(1-10)可进一步写为

$$s(t)=\int_{0}^{\infty}[S^*(f)\exp(-\mathrm{j}2\pi ft)+S(f)\exp(\mathrm{j}2\pi ft)]\mathrm{d}f=\mathrm{Re}\left[\int_{0}^{\infty}2S(f)\exp(\mathrm{j}2\pi ft)\mathrm{d}f\right] \tag{1-11}$$

同理,如果式(1-10)中第二项积分变量 f 用 $-f$ 替换,则有

$$s(t) = \int_{-\infty}^{0} [S(f)\exp(j2\pi ft) + S^*(f)\exp(-j2\pi ft)]df$$
$$= \mathrm{Re}\left[\int_{-\infty}^{0} 2S(f)\exp(j2\pi ft)df\right] \tag{1-12}$$

式(1-11)说明，如果定义一个只包含正频率频谱的复信号 $x(t)$，其频谱 $X(f)$ 与实信号 $s(t)$ 的频谱 $S(f)$ 保持如下关系，即

$$X(f) = \begin{cases} 2S(f) & (f>0) \\ 0 & (f<0) \end{cases} \tag{1-13}$$

则复信号 $x(t)$ 的实部表示实信号 $s(t)$，即 $s(t) = \mathrm{Re}[x(t)]$。

复信号就是把实信号的负频谱去掉，同时使其正频谱幅值增加 1 倍。由于复信号只具有单边频谱，将使雷达信号和滤波器的分析运算大为简化。

信号的复数表示法有两种，希尔伯特变换法和指数表示法，前者是通用的变换方法，而后者适用于窄带信号，采用希尔伯特变换表示法的复信号 $x(t)$ 可以表示为

$$x(t) = s(t) + j\hat{s}(t) \tag{1-14}$$

式中：$\hat{s}(t)$ 为 $s(t)$ 的希尔伯特变换。复信号 $x(t)$ 在时域上是复数形式，其实部是原实信号，虚部是原实信号的希尔伯特变换。

机载雷达常用窄带信号，实窄带信号通常表示为 $s(t) = a(t)\cos[(2\pi f_0 t) + \varphi(t)]$，式中，$a(t)$ 为振幅函数，其与载频 f_0 相比是时间的慢函数，故有时也称为载频的包络；$\varphi(t)$ 是相位函数或称为调相函数。雷达信号的信息就包含在 $a(t)$ 和 $\varphi(t)$ 中。

在实窄带信号的表达式中加上一个虚数项 $ja(t)\sin[2\pi f_0 t + \varphi(t)]$，可得

$$x(t) = a(t)\cos[2\pi f_0 t + \varphi(t)] + ja(t)\sin[2\pi f_0 t + \varphi(t)]$$
$$= a(t)\exp\{j[2\pi f_0 t + \varphi(t)]\}$$
$$= u(t)\exp(j2\pi f_0 t) \tag{1-15}$$

这就是实窄带信号的复指数表示，其中 $u(t) = a(t)\exp[j\varphi(t)]$，称为复包络，这是一个既包含振幅调制又包含相位调制的低通函数；$\exp(j2\pi f_0 t)$ 称为复载频。

复信号 $x(t)$ 的能量 E_a 为

$$E_a = \int_{-\infty}^{\infty} |x(t)|^2 dt = \int_{0}^{\infty} |2S(f)|^2 df = 2E \tag{1-16}$$

式(1-16)表明，复信号的能量是实信号能量的 2 倍。

1.1.2　信号处理

信号处理通常是对原始信号进行提取、变换、分析、综合等处理过程的统称，其主要目的是去除信号中冗余和次要的成分，把信号变成易于进行分析和识别的形式，或把信号变成易于传输、交换与存储的形式，或从调制信号中恢复出原始信号等。由于信号处理所具有的独特作用，使得其在众多领域，如通信信号自适应码调制、自适应均衡、纠错、加密、译码、扩频、回波对消，话音信号的增强、压缩识别，图像信号的压缩、增强、变换、分割、重建等，雷达和声呐信号的滤波、参数估计、检测、成像、特征抽取及识别等得到广泛应用。就信号处理本身而言，其涉及的概念繁多，不同应用背景下处理方式和手段往往存在较大差异。

模拟信号处理(ASP)的研究可追溯到信号处理理论发展的早期。模拟信号处理的处理对象主要为连续信号,其目的是通过模拟器件和电路来实现对观测信号的简单分析与处理。受限于器件水平和实现方式,模拟信号处理主要以统计信号处理的理论和方法作为理论基础。主要研究内容包括平稳信号的检测、参数估计和滤波。其中信号检测中涉及的处理方法有似然比检测和各种变形及基于最大信噪比准则的匹配滤波;信号参数估计涉及的统计信号处理方法有贝叶斯估计、最大似然估计、最小二乘估计及最小均方估计等;信号滤波中涉及的统计信号处理方法有维纳滤波和卡尔曼滤波等。

数字信号处理(DSP)的处理对象为离散信号序列,其主要目的是通过计算机或专用数字电路实现对信号序列的参数估计、滤波和检测等,常用的处理手段主要有数值分析(如内插、积分、微分等)、频谱分析和各种数字滤波处理。尤其是1965年快速傅里叶变换(FFT)算法的提出,极大地促进了复杂信号处理理论和算法的数字化实现与应用,数字信号处理的应用范围得到有效扩展,如信号的编码、解码、增强、重建及识别等。目前,数字信号处理主要研究内容包括信号采集理论、离散信号滤波与快速算法及信号处理方法的数字实现技术等。

随着应用领域的不断扩展,信号处理的处理对象还包括非高斯、非平稳和非线性信号,其主要目的是通过先进处理方法实现对信号局部特性的分析、提取和辨识等。信号处理涉及的研究内容包括复杂信号的分析、特征提取与辨识方法,如针对非平稳信号分析与特征提取的短时傅里叶变换、离散高伯(Gabor)展开、维格纳分布、小波变换、自适应时频变换等多种时频分析方法,针对非高斯信号分析和特征提取的高阶谱分析方法及基于信号辨识的模糊理论、神经网络、遗传算法、支撑向量机等人工智能信号处理方法等。

1.1.3 雷达信号处理

雷达发射信号本身不包含任何信息,它只是信息的运载工具。当雷达发射的信号碰到目标后,目标对雷达发射信号进行散射,其中有小部分被雷达所接收,称为目标回波,此时目标的全部信息就蕴藏在这个回波中。雷达目标信息传输过程也会受到各种外界干扰和内部噪声干扰。为了提高干扰环境中信号检测的能力,必须基于对各种干扰环境所获得的统计知识进行信号处理,必须对雷达发射信号进行波形设计与选择,进而设计与之匹配的信号处理系统。所以雷达信号处理的基础理论是建立在信号检测理论和雷达波形设计之上的。雷达信号处理的目的就是通过对回波信号的加工,消除或降低各种各样的干扰、噪声及由这些干扰、噪声引起的不确定性,以易于提取所需信息和提高信息的质量。可提取的信息和信息质量与处理系统及雷达发射的信号形式有直接关系。

随着雷达技术的快速发展,与之相适应的雷达信号处理方法也得到了全面发展,信号处理的功能不断扩展,并已经渗透到雷达整机的各个部分。目前,就雷达的应用领域而言,其信号处理的典型功能主要包括以下几个方面。

(1)雷达信号波形设计。波形设计涉及的内容除了经典雷达信号处理中涉及的旁瓣、压缩比及多普勒容限问题外,还要求利用信号处理的方式,探寻具有低截获特性的复杂波形,并能根据目标与环境的变化自适应改变波形。

(2)天线波束形成与控制。波束形成与控制属于雷达的新功能,是传统雷达信号处理所没有涉及的内容；就信号增强和干扰抑制而言，雷达体制和所面临环境已经发生了巨大改变，宽带/超宽带雷达的出现，雷达工作波段的扩展及有源干扰的普遍应用，使得雷达回波具有了非平稳、非线性和非高斯等特性。

(3) 回波信号增强和干扰抑制。信号增强和干扰抑制所采用的信号处理方法更加多样，原理更加丰富。

(4) 目标检测。除了继续应用传统基于经典统计信号处理的方法外，大量基于现代信号处理相关成果的新方法也在雷达信号处理中得以应用。

(5) 目标尺度参数测量，包括位置、速度、加速度及运动轨迹等，由于无源雷达和分布式雷达的出现，相应目标参数测量所涉及的信号处理原理和方式也发生了改变。

(6) 目标特征参数测量。这是雷达有发展的重要标志之一，所涉及的有关目标成像、识别等信号处理方法已经成为雷达信号处理的重要方向。

1.2 机载雷达信号处理主要内容

机载雷达信号处理的主要内容涉及雷达信号处理的基础理论、雷达工作时采用的波形、杂波的抑制、目标信号的检测以及合成孔径成像等。

1.2.1 雷达信号处理基础理论

1. 模糊函数

在信号分析中，最基本的变量是时间和频率，模糊函数是信号的一种时间、频率联合函数表示方法，广泛应用于雷达、声呐等系统中。模糊函数最初是从研究雷达分辨问题引出的，但它不仅能描述雷达信号的分辨特性和模糊度，还可以描述由雷达信号决定的测量精度和杂波抑制能力。

伍德沃尔德(Woodward)提出了雷达模糊原理，定义了模糊函数及分辨常数等新概念，奠定了雷达分辨理论的基础，并首次建立了波形设计思想，他指出距离分辨力和测量精度取决于信号的带宽而非时宽，从而大大推动了雷达信号理论的发展，也为雷达信号处理奠定了基础。模糊函数作为信号分析最基本的工具，为我们提供了一个分析雷达信号固有特性的基本方法，至今仍然沿用，是研究、分析、设计雷达信号的经典理论工具。

为了研究接收信号时延与频移对匹配滤波器性能带来的影响，必须运用雷达模糊原理中的雷达模糊函数这一重要概念。其定义是匹配于发射信号的滤波器对于输入为发射信号的时延和频移形式的信号的响应。

由模糊函数绘出的三维空间图形称为信号的模糊图，而基于其某一截面的二维图形称为模糊度图。从某种意义上讲，干扰中回波信号处理即信号时延参数与频移参数的提取可以看成是发射信号模糊图的再现。上述匹配滤波和相关接收均可认为是模糊图再现处理的例子。事实上，一旦发射信号波形确定，其对应的模糊函数也就随之确定了。因此模糊函数也是雷达信号表示的一种方法，称为时-频表示。雷达信号的若干重要特性(主要有分辨力、干扰抑制能力等)均可由模糊函数导出。研究各种雷达信号的模糊函数既是雷达信号理论的重要内容，也是设计雷达信号处理系统的必要依据和基础。

模糊函数是对雷达信号进行分析研究和波形设计的有效工具。模糊函数由发射波形决定,它回答了发射什么样的波形、在采用最优信号处理的条件下系统将具有什么样的分辨力、模糊度、测量精度和杂波抑制能力。

2. 匹配滤波

雷达接收到的有用回波信号是弱信噪比信号,有用的信号通常淹没在噪声背景中,有些情况下回波信号的信噪比甚至可以达到负的几十分贝。如何在噪声背景中更好地检测到目标,也就是说,雷达信号回波应该怎样处理才能够最优,最优的准则是什么,是雷达信号处理研究的重点。

从物理角度看,最优的准则是信噪比最大准则。诺思(North)提出了匹配滤波器理论,回答了在平稳白噪声背景下,什么是雷达信号的最优处理,大大推动了雷达检测能力的提高。此后,证实了按最大信噪比准则导出的匹配滤波器和在高噪声下对确知信号的最大似然比准则是等价的。随着检测理论研究的不断展开,为了解决杂波中的信号检测问题,匹配滤波器理论推广到了色噪声的场合。

匹配滤波是雷达信号处理中一个非常重要的概念,匹配体现在雷达距离、多普勒、角度处理中,匹配滤波与信号波形一一对应,有什么样的信号就有什么样的匹配滤波;然而,与发射信号包络不同的是,目标回波信号的包络受到目标的调制,回波的包络延时、多普勒频率都是未知的,也正是我们待估计的参数。

3. 低截获概率技术

低截获概率(low probability intercept,LPI)简称低截获,具有低截获特性的雷达被称为低截获雷达。低截获雷达可定性理解为"雷达在探测到敌方目标的同时,敌方截获到雷达信号的概率最小"。机载雷达能够缩减其射频辐射特征,称为射频隐身技术或低截获概率技术,降低敌方无源探测系统的作用距离。随着雷达技术的发展,具备低截获概率性能的雷达已逐渐成为雷达的标准特征。

截获概率的定义是截获接收机的探测概率与雷达发射机工作时间的乘积再除以截获接收机的扫描时间,如果低截获雷达对抗的是时域、频域和空域全宽开的截获接收机,对应的截获概率就是截获接收机的探测概率。

在国内也称雷达的低截获概率为射频隐身,是作战飞机的一种重要隐身措施。飞机的隐身包括两个方面:一是无源目标特征的缩减,一般称为低可观测(low observable,LO),即雷达截面积的缩减;二是有源目标特征缩减,对机载雷达来说就是从控制雷达信号着手,减少雷达波辐射或增加信号的复杂性等,降低被敌方电子侦察设备探测的可能性,即低截获概率。相对低可观测的被动措施,低截获是一种主动的隐身措施。没有实现低截获的雷达就像是在漆黑的夜晚打着手电的隐身人,人虽然不能被看见,但其行踪早已暴露。因此,没有实现射频隐身的飞机不能称为真正的隐身飞机。美国现役的 B-2 装备的 AN/APQ-181 雷达和 F-22 装备的 AN/APG-77 雷达都具备低截获性能。

低截获概率雷达信号处理的研究内容主要有低截获性能评估、波形设计、天线方向图设计和辐射功率管理等。然而,随着新技术的不断发展与应用,过去具有低截获性能的雷达,在新一代的截获接收机面前可能不再是低截获雷达。为了对抗新一代截获接收机的威胁,许多新理论和新技术都被应用于改善雷达的低截获性能。多输入多输出(MIMO)

雷达、组网雷达、多传感器信息融合等技术已被应用于低截获雷达的研究，它们研究的核心内容仍然是低截获性能评估、波形设计、天线方向图设计和辐射功率管理。

1.2.2 机载雷达常用波形

早期雷达所采用的信号是最简单的单载频矩形脉冲信号，也称为简单脉冲信号，这种信号用于雷达，测距精度和距离分辨力同测速精度和速度距离分辨力以及作用距离之间存在着矛盾。为了解决这个矛盾，也为了雷达反侦察的需要，人们开始研究复杂调制的雷达信号。最早获得实际应用的有线性调频脉冲压缩信号、二相编码信号，随后相继出现了非线性调频信号、多相相位编码信号等大时宽带宽信号。随着技术的发展，后来又出现了脉间或脉组频率跳变脉冲串信号、步进频率脉冲信号、Costas 编码信号、参差重复周期信号、脉内加脉间复合调制信号等。

机载雷达信号形式多种多样，可以把性质相似的信号归为一类，也就是对雷达信号进行分类，从不同的标准可以把雷达信号分成如下几种。

1. 按照是否为脉压信号分类

这种分类很笼统，因为除了前面讲过的单载频矩形脉冲信号外，其他雷达信号都是脉冲压缩信号，而这些脉冲压缩信号的特性各异，无法反映其个体特性的差异，因此，只有在强调与简单脉冲信号的区别时，这种分类才有意义。脉压信号的时宽带宽积一般远远大于1，而单载频矩形脉冲信号的时宽带宽积近似等于1。

2. 按照信号的调制方式分类

雷达信号的调制方法跟其他信号相同，可以分为频率编码信号（包括线性调频信号、非线性调频信号、步进频率信号、Costas 编码信号、随机跳频信号等）、相位编码信号（包括二相编码信号、多相编码信号）、幅度调制信号（包括脉冲串信号、参差重复周期脉冲串信号等）。如果按照调制的种类还可以划分为单一调制和复合调制。这种分类方法比较繁杂，同一种调制信号的特性可能相似，也可能差别很大。例如，根据巴顿（Barton）的雷达百科全书中的描述，线性调频信号与步进频率信号同属于频率编码信号，它们的性能非常接近；和这两信号相比，另一种频率编码信号——Costas 编码信号却具有非常不同的特性。

3. 按照多普勒敏感程度分类

雷达信号通常需要探测运动目标，特别是一些高速目标，如飞机、导弹等。按照匹配滤波时，信号对多普勒的敏感程度，即多普勒容限可以区分信号，例如，线性调频信号通常作为多普勒非敏感的信号，而相位编码信号的多普勒敏感性要强许多，这种分类只是在雷达信号选择和设计过程中，需要考虑多普勒容限的问题才有意义。

4. 按照模糊函数形状分类

前述分类方式一般不能反映信号的分辨性能，而根据模糊函数的定义知道，模糊图可以描述雷达信号的全部特性，无论是主峰、次峰还是基底，因此从模糊图的观点对信号分类最为合理。当然，掌握其他的分类方式，也有助于我们加深对雷达信号的理解。按照模糊图的形状可以分为四种信号：刀刃型，典型信号是简单脉冲；倾斜刀刃型，典型信号是线性调频信号；钉板型，典型信号是相参脉冲串信号；图钉型，典型信号是相位编码信号。

1.2.3 机载雷达杂波抑制

雷达接收信号中,除了包含目标回波外,还包含接收机噪声与地物、云雨等环境所产生的无源杂波以及各种人为干扰。不管是传统雷达还是现代雷达,如何有效抑制干扰都是信号处理的重要内容。

无源杂波与运动目标回波的差异在于两者多普勒频率的不同,雷达主要利用这种不同进行无源杂波抑制,如动目标显示(MTI)和动目标检测(MTD)技术。动目标显示常通过设计具有特定凹口的滤波器来实现抑制杂波和保留目标回波,由于滤波器系数一旦给定,动目标显示滤波器凹口位置就会固定,对于气象杂波,特别是谱中心频率偏离零频且会随外界因素的影响而发生改变的机载和舰载雷达杂波抑制效果会大大降低,因此,可以设计具有自适应能力的动目标显示(AMTI)滤波器。动目标检测本质上是动目标显示的一种拓展,其杂波抑制核心部件为窄带多普勒滤波器组。该滤波器组通过傅里叶分析能实现对回波谱的"分频道"处理,进而实现目标回波与杂波的分离及杂波抑制。然而,傅里叶分析存在旁瓣值较高(未加权时为 - 13.2dB)和非平稳时变杂波抑制能力下降等问题,因此,如何克服这些问题也是雷达无源杂波抑制技术的研究重点。对于机载雷达,主要采用脉冲多普勒(PD)技术和更为先进的空时信号处理(STAP)技术进行杂波抑制。

人为干扰是机载雷达需面对的一个棘手的问题,它的出现与广泛应用能极大削弱雷达的目标探测能力。空域抗干扰是机载雷达常用的一种人为干扰抑制技术,其主要利用特定处理方法使雷达能有效避开干扰所处的空间位置的辐射信号。由于雷达空间辐射和能量分布特性与雷达所采用天线形式密切相关,因此,低副瓣天线技术、副瓣匿影技术、(多通道)副瓣对消技术等均成为雷达干扰抑制的重要研究内容。此外,除了上述抗干扰方法外,利用雷达发射信号与干扰信号的极化特性差别也逐渐成为提高雷达抗干扰能力的有效途径。

1.2.4 雷达目标信号检测

目标检测是雷达的基本功能之一,也是雷达信号处理一直关注的内容。从统计学的观点来看,雷达目标检测问题是典型的统计判决问题,即根据观测信号的某些先验统计知识作出有无目标存在的选择。而从模式分类观点来看,雷达目标检测可看作一个二元分类问题,即依据目标与背景环境观测信号在某个变换域上表现特征的差异作出观测信号类别的判定。雷达目标检测技术包含两个重要内容:基于统计特性的目标检测和基于特征的目标检测。

基于统计特性的检测技术长期以来在雷达目标检测中占据了主要位置,它通常通过接收信号幅度或幅度的某种函数与特定门限比较来完成,如广义似然比(GLRT)检测器及跟踪前检测(TBD)技术等。基于特征的目标检测技术则是以目标和背景杂波回波在某个变换域上表现特征的差异为依据,将雷达目标检测问题转换为二元模式识别问题。这类方法中所涉及的目标和背景杂波回波特征提取、分类处理成为雷达目标检测技术新的研究内容。

此外,雷达目标检测中还存在一个重要问题,这就是虚警率的控制。目前,这一问题主要通过恒虚警(CFAR)检测器来实现。由于恒虚警检测器结构简单,且在平稳瑞利杂波背景下利用奈曼 - 皮尔逊(Neyman - Pearson)准则可获得最佳的目标检测性能,使其在传统雷达目标检测中得到了广泛应用。然而，近年来随着新体制雷达的出现和应用范围的不断扩大，雷达杂波背景的特性发生了改变。一方面，雷达杂波虽然还是平稳随机过程，但可能服从更为复杂的统计分布，如韦布尔分布、对数-正态分布及K分布等，如何根据不同杂波背景，构建合理的恒虚警检测器，如通用参量恒虚警、专用参量恒虚警及杂波图恒虚警等，成为基于统计特性的雷达目标检测技术必须解决的问题。另一方面，雷达背景杂波变为非平稳随机过程，即雷达背景杂波的统计特性是时变的，这对雷达目标恒虚警检测方法提出了更为严峻的挑战，设计具有更强鲁棒性的非参量恒虚警也成为雷达目标检测的重要研究内容。

1.2.5　合成孔径成像

高分辨成像雷达是雷达的一种重要体制，相比常规低分辨雷达，这种体制雷达具有分辨目标细节的能力，能够获取目标的二维和三维图像。高分辨成像雷达按照实现方式的不同可分为合成孔径雷达（SAR）、逆合成孔径雷达（ISAR）和干涉合成孔径雷达（InSAR）。

合成孔径雷达主要应用于地面（海面）场景的高分辨遥感成像，常通过发射宽带信号和移动小孔径天线合成的大孔径阵列天线来实现二维高分辨。合成孔径雷达信号处理的首要任务是利用多次快拍接收数据的相参处理进行场景成像，成像理论和方法是合成孔径雷达信号处理的主要内容。其次，合成孔径雷达获取图像的应用是合成孔径雷达信号处理的另一个重要内容，其处理过程主要包括相干斑抑制、自动目标检测以及分类等。

不同于合成孔径雷达，逆合成孔径雷达主要用于对运动目标的高分辨成像。由于其观测目标的机动性，使得其回波相参性变差，成像处理常需进行复杂的运动补偿，如包络对齐和相位补偿，研究相应的补偿及成像算法成为其信号处理的主要内容。

干涉合成孔径雷达是合成孔径雷达的一种扩展，主要用于获取观测场景的三维高分辨图像。干涉合成孔径雷达常利用两副天线同时观测或两次近平行观测获取同一场景的复合成孔径雷达图像对，由于复图像对间的相位差蕴含了观测场景的高程信息，因此，可利用获得的合成孔径雷达图像通过增加高度值生成场景的三维图像。干涉合成孔径雷达获取合成孔径雷达图像所用的成像方法与合成孔径雷达完全相似，其信号处理难点主要有预滤波处理、图像配准处理、去平地效应处理、降噪滤波处理、相位解缠处理、基线估计及高程图反演等。

1.3　机载雷达信号处理的发展

1.3.1　机载雷达信号处理与雷达系统的关系

雷达信号本身决定了雷达系统的固有分辨性能，贯穿在雷达系统的各个部分，从雷达信号产生，到雷达信号发射，从本振形式、中频（IF）信号的相参检波，到信号的匹配滤波器设计，都是和雷达信号及其参数密切相关的，可以说雷达信号是雷达系统的核心。图1-1给出雷达信号与雷达系统的关系。

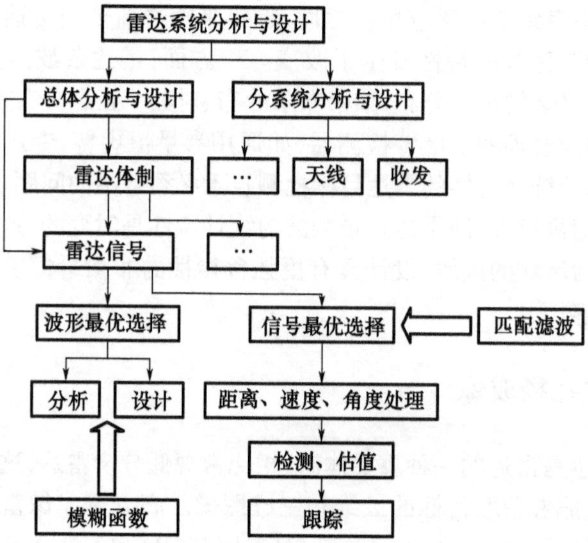

图 1－1　雷达信号与雷达系统

有很多例子可以说明,在雷达信号处理链路中,前一个部分的设计实际上受到后面某些部分特性的驱动。比如,匹配滤波器能够将输出端的信噪比最大化,但直到推导出匹配滤波器后面的检测器的性能曲线时,才能知道使信噪比最大化实际上也会使检测性能最优化。而在考虑检测器之前,很难理解为什么将信噪比最大化是如此重要。通过从头到尾地介绍雷达信号处理链路中,各个部分最常用的信号处理操作,可以容易地理解各种信号处理运算的动机和相互关系。

图 1－2 给出了普通雷达信号处理中的一种可能的流程。这个流程并不是唯一的,也并没有穷尽全部的信号处理。而且,在不同的雷达系统中,信号数字化的位置也是不同的,信号数字化甚至可以在杂波滤波处理的输出端才进行。

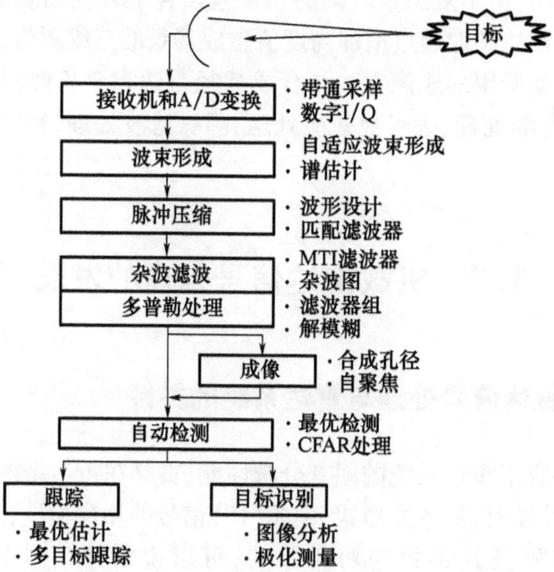

图 1－2　常规雷达信号处理器运算流程示例

为了设计一个满足要求的信号处理器,必须理解待处理信号的特性。主要的特性包括信号功率、频率、极化、到达角、信号随时间的变化、随机性等。接收信号既由反射回波的实际物体的特性决定,如它们的物理尺寸,相对于雷达的方向、姿态和速度;还由雷达自身的特性决定,如发射波形、极化、天线增益。例如,如果雷达发射更强的功率,那么在其他因素不变的条件下,雷达就可以得到更强的回波。

雷达方程提供了估算信号功率的手段,多普勒现象的引入使我们能预测信号的接收频率。真实世界的复杂性导致了雷达信号非常复杂的变化,必须采用随机过程对信号进行建模,以及采用特定的概率密度函数来很好地匹配信号的测量特性。测量信号可以表示为代表理想测量的“真实”信号与雷达波形(在距离维),或天线方向图(在方位或俯仰维,这两个维都称为横向维)的卷积。因此,将采用随机过程和线性系统理论对雷达信号进行描述,对雷达信号处理器进行设计和分析。

1.3.2 机载雷达信号处理的发展历史

雷达信号处理的研究始于第二次世界大战前后。1943 年,诺思等人就如何设计雷达接收机,使之对脉冲或连续波(CW)信号获得最佳的信噪比进行了大量的研究,提出了匹配滤波器理论,大大推动了雷达检测能力的提高。1950 年,伍德沃尔德将香农(Shannon)的基础信息论推广应用于雷达信号检测,其后人们根据不同应用,又进一步提出了多种基于统计判决的最佳准则检测方法,这些基本理论的建立标志着经典雷达信号检测理论的形成。1953 年,伍德沃尔德在其《概率论和信息论在雷达中的应用》中提出了雷达模糊原理,并首次建立波形设计思想,这不仅有力促进了雷达信号理论的发展,也为雷达信号处理奠定了基础。但正式使用雷达信号处理这一术语,已是 20 世纪 50 年代末。其间,在实现雷达信号最优统计处理的前提下,传统脉冲雷达在同时提高作用距离、距离测量精度及分辨率方面越来越呈现出不可克服的矛盾,这就促成了脉冲压缩技术的出现。脉冲压缩技术在雷达中的成功运用,标志着雷达信号处理开始成为一门独立的学科。

1993 年,内桑森(Nathanson)等在《雷达设计原理》一书中给雷达信号处理下了这样的定义:雷达信号处理这一术语的含义,包括各种不同雷达发射波形的选择、检测理论、性能评估及天线与显示终端或数据处理计算机之间的电路装置等。按照这一定义,雷达信号处理的任务可概括为两个:一是信号检测,二是参数估值。前者所要解决的问题是受扰观测中目标有无的判断问题,后者所要解决的问题则是受扰观测中目标尺度参数,尤其是距离和方位的确定问题。针对这些问题,动目标显示技术首先被用于雷达杂波抑制。20 世纪 70 年代初,人们相继提出了动目标检测、脉冲多普勒技术、基于恒虚警率处理和杂波图的自适应门限技术等,构成了基于傅里叶变换和经典统计理论的经典雷达信号处理的主要内容。

总的说来,雷达信号处理技术的发展可概括为以下 4 个方面:

(1)在功能组成方面,雷达的功能不断增加,以杂波抑制和信号检测为主要功能组成的经典雷达信号处理的定义显得过于狭隘,雷达的信号处理在功能上包含新体制雷达信号选择、波束合成、信号增强、目标检测、参数估计、成像及识别等;而在组成上,雷达天线、发射机、接收机、信号处理机及数据处理机之间的界限已经被打破,因此应覆盖由收发天线至数据处理终端间的整个处理系统。

(2)在处理对象方面,随着军事装备技术的发展,隐身、超高速目标及人为干扰的出现,雷达信号处理所面临的目标和环境发生了巨大改变,目标的雷达截面积(RCS)大大缩减,对处理的实时性要求更高,背景干扰从单纯的噪声和杂波环境走向噪声、杂波和人为干扰共存的复杂电磁环境。同时,随着宽带/超宽带雷达的出现,目标从“点”目标转变为“面”目标和“体”目标,也对雷达信号处理提出了新的要求。

(3)在处理方法方面,随着雷达新功能的出现和新技术的应用,雷达回波呈现出明显的非平稳和非高斯特性,雷达的信号处理除了采用传统雷达的信号处理方法外,还包含了对非平稳和非高斯雷达信号的处理方法、目标识别方法等新功能的智能信号处理方法。

(4)在体制适应方面,经典雷达信号处理中的脉冲压缩、脉冲多普勒处理等已成为各种体制雷达的基本手段。同时,面对应用需求尤其是军事应用需求的不断提高,相控阵雷达、高分辨成像等体制雷达的广泛应用,使得相应的体制雷达信号处理成为雷达信号处理的重要内容。

1.3.3 机载雷达信号处理的发展趋势

1. 信号处理实现的灵活实时

一般来说,各种信号处理理论与技术均由一定算法来描述,而这些算法在系统中的应用则需通过相关软件/硬件予以物理实现。20 世纪 70 年代以前,雷达信号处理算法主要采用模拟电路来实现。由于模拟电路本身存在的缺陷,使得复杂信号算法的实现十分困难,这激发了雷达工程师寻求新的实现技术的热情。20 世纪 70 年代中后期,随着数字技术,尤其是数字逻辑电路的出现,雷达信号处理实现技术也以前所未有的速度迅速发展并成熟起来。雷达信号处理中专用集成电路、现场可编程门阵列(FPGA)及数字信号处理器已取代了传统的模拟处理器件,这一方面促使了雷达信号处理性能的飞速提高与功能的不断扩展,另一方面也使得信号处理的实现更加灵活和实时,促进雷达信号处理系统向数字化、模块化、软件化的方向迅速发展。

1)信号处理实现的灵活性

传统的雷达信号处理系统的设计是基于具体任务的,通常需针对应用背景确定算法流程和相应的算法结构,然后再根据算法结构进行相应的电路设计。这就意味着处理任务一旦发生变化,就需要对整个系统重新设计,这极大地限制了雷达信号处理器的通用性及处理功能的扩展。近年来,数字技术、相关处理芯片及软件无线电技术的迅速发展,使得雷达信号处理的功能实现方式更为灵活,设计手段也更为丰富。

就雷达信号处理功能实现方式而言,首先,直接数字频率合成(DDS)技术的出现使得复杂波形的产生可通过高精度、高稳定度频率信号的加、减、乘、除运算数字化合成,这就避免了传统雷达中非线性模拟器件带来的信号杂波分量多、频谱纯度低及捷变能力差的缺陷。其次,数字波束形成(DBF)技术的成熟使得阵列方向图的合成与控制更为简便,阵列波束的空间扫描、旁瓣控制、空间滤波等处理仅通过各辐射单元辐射信号的权值调整改变可灵活实现,乃至自适应。再次,数字接收机相关的高速采样器、数字下变频器及数字信号处理器的高速发展使得接收机对雷达回波可在中频直接等速率采样或多速率采样,滤波及脉冲压缩等处理可通过专用或通用处理芯片来实现，大大增强了接收机信号处理与实现的灵活性。同时，压缩感知理论为雷达回波信号采样提供了另一条途径，其依据回波的稀疏特性通过设计专门的观测矩阵能实现远低于奈奎斯特定理所要求的采样率。最后，数字信号处理器、现场可编程门阵列及可编程的专用集成电路的采用使得雷达信号处理中的杂波抑制、目标检测、目标成像及识别算法可通过灵活的编程实现，从而极大地促进了雷达信号功能的扩展及功能模块算法的适时升级。

就信号处理设计手段而言，雷达的不同任务和需求可通过程序和可编程电路的变化得以完成，软件无线电方法的引入使得雷达信号处理系统设计师脱离硬件设计，集中精力进行方案分析、任务的分解和编程。同时，可编程处理的特点可将任务软件化，使得系统设计是开放的，向上兼容的，允许处理功能的方便更换和升级，且可以随时采纳和吸收新技术和优越算法。此外，通用雷达信号处理机的采用不仅能实时完成各种复杂的信号处理算法，更重要的是它具有在高级语言层次上设置处理算法，改变工作模式的能力，使得系统能灵活加载不同算法到处理单元并设置处理算法的顺序，即进行任务的自动分配和功能重构。

2) 信号处理实现的实时性

雷达是一个具有时间约束的实时处理系统，常被要求在限定处理周期内对采集回波信号进行处理并得到结果。雷达信号处理中，数字信号处理器的引入促使了雷达信号处理实时性划时代的提高，为复杂波形产生、波束合成、信号的发射与接收以及滤波、检测等的实时实现提供了基础。数字信号处理器的处理速度快，这主要得益于数字信号处理器特殊的总线结构。数字信号处理器普遍采用了哈佛结构或改进的哈佛结构，这种结构把数据总线和程序总线相分离，每条指令的取指、译码、取数、执行等功能由几个功能单元分别完成，大大减少了指令的处理时间。

随着集成电路技术的进一步发展，基于数字信号处理器与现场可编程门阵列结合的结构逐渐成为机载雷达信号处理实现的一个发展方向。在这种实现结构中，低层数据量大、对处理速度要求高但运算结构相对比较简单的算法，可直接通过现场可编程门阵列强大的查表功能来实现，而高层较为复杂的算法则通过用运算速度高、寻址方式灵活、通信机制强的数字信号处理器来实现。现代集成电路技术为雷达信号处理的实时处理提供了更为先进的解决方案，使得雷达信号处理速度得到了更大的提高，为诸如空时自适应处理、高分辨目标成像、目标识别等复杂算法实时实现提供了保证。

2. 信号处理方法的综合交融

随着雷达应用范围的逐渐扩展，新体制雷达技术的崛起，雷达信号及其背景的高斯、平稳假设正被非高斯、时变所替代；对象系统的线性、因果、最小相位性正被非线性、非因果、非最小相位所替代；基于二阶矩特性及傅里叶的传统分析方法正被高阶统计量分析和多种现代信号分析及处理方法所替代。雷达信号处理理论和方法不再单纯局限于雷达领域，特别是信号处理方法的非线性和智能化，使多学科、多领域的综合交融成为雷达信号处理方法的发展方向。

1) 非线性雷达信号处理

(1) 雷达信号处理中的分形分析方法。

分形理论及其应用已成为非线性雷达信号处理研究中一个十分活跃和重要的分支。

分形理论的数学基础是分形几何学,它的研究对象是自然界和非线性系统中出现的不光滑和不规则的几何形体。与欧几里得几何不同,其基本要素不是直线、圆之类的直观元素,而是采用不规则曲线、曲面等对形状进行描述。

大量研究表明,复杂的自然背景往往具有分形结构,这种分形特点会使其电磁散射回波具有相似的分形特点,这一特点可为雷达信号处理提供新的手段。基于分形的海杂波建模、叶簇模型、目标检测及目标识别等均已成为雷达信号处理的热点。

此外,需要指出的是,对于经过复杂的非线性动力学演化过程产生的具有非均匀、非齐次标度特性的分形对象,单一的分形维数不足以描述其本质。多重分形更精细地描述了分形对象的局部标度特性,以实现从系统的局部出发研究其最终的整体特征。信号多重分形分析为雷达信号处理(如目标检测与识别),开辟了新的途径。

(2)雷达信号处理中的混沌分析方法。

长期以来,人们在研究非线性动力学系统中发现了一种对初始条件极其敏感的振荡存在,虽然其看似随机且无规律性,但其实可根据某种规则无穷迭代演化而来,这种现象即为混沌振荡。混沌运动具有确定性运动所没有的几何和统计特征,如局部不稳定、无限自相似、连续功率谱、奇怪吸引子、分数维、正的李雅谱诺夫特性指数等。与随机运动相比,混沌运动可以在遍历的假设下,应用统计的数字特征来描述,但同时又具有某些确定性运动的特征,即运动表现为某种周期性。目前,已发现的几种混沌系统特性,如有界性和对初值的强烈敏感性等都是随机运动所不具备的。

信号混沌特性分析的前提是:认为所研究的信号(包括人的声音、自然景物图像、一般视频画面、地震记录、雷达信号等)是由一个非线性动力学系统产生的。因此,分析这些信号(数据)的混沌参数,可以描述该非线性动力学系统的某些局部性质,从而揭示这些信号的一些深层特性。目前,混沌分析方法已经初步在雷达信号处理中得以应用,如基于混沌的雷达目标检测和识别等,并在理论上已有一些成果,但走向实用仍需要做更多的工作。

2)智能雷达信号处理

(1)雷达信号处理中的人工神经网络方法。

人工神经网络方法是智能信号处理中最为重要的分支。人工神经网络是由大量处理单元广泛互连而成的网络,它是在神经生物学和认知科学对人类信息处理研究成果的基础上提出来的。在处理机制上,它具有大规模并行处理、连续时间动力学和网络全局作用等特点;在处理能力上,它具有很强的自适应和学习能力、鲁棒性和容错能力。因此,利用神经网络代替复杂耗时的传统信号处理技术,可以实时实现用数字计算难以完成的最优信号处理算法,使信号处理过程更接近于人类思维。

神经网络的基本理论主要涉及稳定性、学习算法、动态性能等几个方面。由于人工神经网络的自学习、自组织特性,使得其已应用到雷达信号处理的多个领域,如已逐渐形成了神经网络(自适应)滤波、基于神经网络的一维/多维谱估计、基于神经网络的信号检测、基于神经网络的阵列信号处理及基于神经网络的雷达目标识别等分支。从学科发展的角度看,它已成为一个充满希望的新研究方向。相信不久的将来,神经网络会在未来的“智能”雷达中展示出广阔的应用前景。

(2)雷达信号处理中的模糊分析方法。

在人类社会和各个科学领域中,在很多问题所研究的集合之间往往还存在外延不明确性，即集合之间具有“亦此亦彼”的中介过渡性质，这样就导致了对象划分的不确定性。为了能够处理这种不确定性的现象和事物，1965 年，控制论专家扎德(Zadeh)开创性地提出了模糊子集的概念，创立了模糊数学，为描述这种带有模糊不确定性的现象和事物提供了一套严格的数学方法。由于现实世界中许多现象均具有模糊性特性，因此模糊信息处理技术自从其诞生开始就表现出了强大的生命力和广阔的应用前景。

就雷达信号处理而言，由于各种背景干扰和系统分辨率的影响，使得目标回波与背景回波之间具有中间过渡的性质，即具有模糊性。加之，雷达信号处理往往是一个信息不足的不适定逆问题，因此，利用模糊分析方法研究雷达信号处理有其内在的合理性。需要指出的是，尽管雷达信号所具有的不确定性往往是由模糊性引起的，但并非所有的信息都仅仅是单纯模糊的，大多数情况下，回波信息中可能同时包含两种不确定性，即随机不确定性和模糊不确定性，且一般随机不确定性更为重要。目前，模糊信息与非模糊信息的融合处理问题以及在雷达信号处理中的应用成为了这一研究领域的热点。

(3)雷达信号处理中的支持向量机方法。

支持向量机是统计学习理论的杰出代表，也是统计学习理论中最实用、最“年轻”的部分，但其核心内容早在 1992 年到 1995 年就已提出。支持向量机的基本思想是首先将输入向量经非线性变换映射到一个高维空间，在变换后的高维空间中构造一个最优超平面，并在此基础上，通过引入核函数理论，利用对偶规则来实现用支持向量来描述决策函数。由于基于结构风险最小化原则的支持向量机的最终求解可以转化为一个具有线性约束的二次凸规划问题，不存在局部极小弱点，且通过引入核方法，可较容易地将线性支持向量机推广到非线性支持向量机，并且对于高维样本几乎不增加任何额外的计算量，这使得与传统的人工神经网络相比，支持向量机不仅结构简单，而且各项技术性能指标尤其是泛化能力明显提高，因此，它在雷达信号分类及目标识别中得到了初步应用。

目前支持向量机的研究已取得了丰硕的成果，但在学习的过程中还有许多难题需要仔细研究和分析，如当训练样本数目有限，不合适的学习机器将导致过拟合及较差的泛化性等。同时，其学习方法的性能常受到大量参数的控制，它们的选择往往是通过启发式的参数调节过程，这就造成学习机器的实际应用困难且不可靠。对支持向量机在雷达信号处理问题中的实际应用还需作深入研究。

此外，认知信号处理也是智能雷达信号处理中另一个新兴的研究方向，“认知”雷达可感知、学习、记忆、推理目标和环境电磁特性，并经自主训练和在线学习能自动选择工作参数和模式，实现复杂电磁环境下信息获取、目标检测、跟踪及识别的智能化处理。

习　题

1. 雷达信号处理的功能有哪些？
2. 机载雷达信号处理的主要内容有哪些？
3. 机载雷达信号处理的难点是什么？
4. 机载雷达常用的波形有哪些？
5. 思考机载雷达信号处理有哪些发展方向。

第 2 章

雷达信号处理基础理论

本章主要介绍模糊函数的基本概念，如何利用模糊函数分析雷达信号的分辨力和精度；匹配滤波的基本概念，噪声背景下的匹配滤波和匹配滤波的应用。针对现代机载雷达的射频隐身要求，介绍了雷达低截获技术的原理和性能分析方法等内容。

2.1 模糊函数

模糊函数这一概念最早是由维莱(J. Ville)提出的，后来伍德沃尔德将这个函数推广应用于雷达分辨理论中，故有时称它为伍德沃尔德模糊函数。随后又有许多学者对模糊函数进行了大量的研究，在这些研究中对模糊函数本身的定义、物理意义解释各不相同。

模糊函数是由发射波形和滤波器特性决定的函数，理想点目标回波信号通过匹配滤波器的响应就是模糊函数，因此它能说明一部雷达发射什么样的波形，采用什么样的处理系统，能获得什么样的分辨能力、模糊度、测量精度以及什么样的抑制杂波能力。因此，模糊函数是研究、分析雷达信号以及进行波形设计的有效数学工具。

模糊函数也是分析比较信号处理系统“优化”程度的重要工具。在现代雷达技术中，对特定的雷达应用来说，模糊函数是系统寻找最佳波形的基础。

本书讨论的模糊函数基于以下几个条件限制：

(1)雷达目标为“点目标”；

(2)雷达信号为窄带信号；

(3)目标的多普勒频率比信号频率f_0小很多；

(4)目标无加速度或加速度很小。

实际上，多数目标及其运动情况是符合或近似符合上述条件的，因此本书讨论的内容和建立的概念是有实际意义的。

2.1.1 模糊函数的基本概念

1. 模糊函数的定义

模糊函数这个概念最初是在研究雷达分辨能力时提出的，具体地说，是在研究目标二维分辨力，即研究两个不同距离、不同速度目标的组合分辨问题时得到的。下面就从目标的二维分辨问题中导出模糊函数。

在具体分析之前，首先给出如下假设条件：

(1)两个“点目标”分别以不同的径向速度飞向雷达；

(2)目标“2”相对雷达的距离和径向速度均比目标“1”大；

(3)飞向雷达的“点目标”所对应的延迟时间和多普勒均取正值；

(4)两个“点目标”的回波强度相同；

(5)忽略噪声的影响。

雷达发射信号 $s_t(t)$ 可用复指数表示为

$$\begin{aligned}s_t(t) &= a(t)\cos[2\pi f_0 t+\varphi(t)]+\mathrm{j}a(t)\sin[2\pi f_0 t+\varphi(t)]\\ &= a(t)\exp[\mathrm{j}2\pi f_0 t+\varphi(t)]\\ &= u(t)\exp(\mathrm{j}2\pi f_0 t)\end{aligned} \tag{2-1}$$

式中：$a(t)$ 为信号的包络；$\varphi(t)$ 为相位函数或调相函数；$u(t)=a(t)\exp[\varphi(t)]$ 为复包络，它是一个既包含幅度调制又包含相位调制的低通函数；$\exp(\mathrm{j}2\pi f_0 t)$ 为复载频。

假定两个“点目标”在时延(距离)和多普勒(速度)的 XY 坐标平面上的分布情况如图2-1(a)所示。

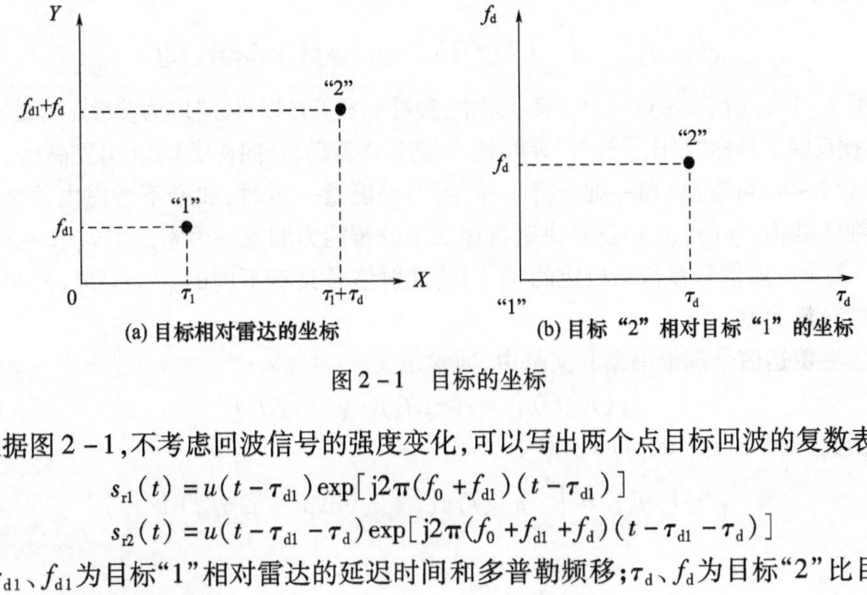

图2-1　目标的坐标

根据图2-1，不考虑回波信号的强度变化，可以写出两个点目标回波的复数表示，即

$$\begin{aligned}s_{r1}(t) &= u(t-\tau_{d1})\exp[\mathrm{j}2\pi(f_0+f_{d1})(t-\tau_{d1})]\\ s_{r2}(t) &= u(t-\tau_{d1}-\tau_d)\exp[\mathrm{j}2\pi(f_0+f_{d1}+f_d)(t-\tau_{d1}-\tau_d)]\end{aligned} \tag{2-2}$$

式中：τ_{d1}、f_{d1} 为目标“1”相对雷达的延迟时间和多普勒频移；τ_d、f_d 为目标“2”比目标“1”的延迟时间和多普勒频移。

采用均方差准则作为衡量目标二维分辨能力的准则，那么两个点目标回波信号的均方差值 ε^2 为

$$\begin{aligned}\varepsilon^2 &= \int_{-\infty}^{\infty}|s_{r1}(t)-s_{r2}(t)|^2\mathrm{d}t\\ &= \int_{-\infty}^{\infty}|s_{r1}(t)|^2\mathrm{d}t+\int_{-\infty}^{\infty}|s_{r2}(t)|^2\mathrm{d}t-2\mathrm{Re}\left[\int_{-\infty}^{\infty}s_{r1}^*(t)s_{r2}(t)\mathrm{d}t\right]\\ &= 2(2E)-2\mathrm{Re}\left\{\int_{-\infty}^{\infty}u^*(t-\tau_{d1})u(t-\tau_{d1}-\tau_d)\exp[\mathrm{j}2\pi[f_d(t-\tau_{d1})-(f_0+f_{d1}+f_d)\tau_d]]\mathrm{d}t\right\}\end{aligned} \tag{2-3}$$

式中：$\int_{-\infty}^{\infty}|s_{r1}(t)|^2\mathrm{d}t = \int_{-\infty}^{\infty}|s_{r2}(t)|^2\mathrm{d}t = 2E$，为回波能量。

如果把 XY 平面时延、多普勒轴的坐标原点由雷达所处位置移到目标“1”(即令 $\tau_{d1}=0, f_{d1}=0$)，这时坐标平面就由 XY 平面转移到了 $\tau_d f_d$ 平面，如图 2-1(b)所示，因此，式(2-3)可写为

$$\begin{aligned}\varepsilon^2 &= 4E - 2\mathrm{Re}\left\{\exp(-\mathrm{j}2\pi f_0\tau_d)\cdot\int_{-\infty}^{\infty}u^*(t)u(t-\tau_d)\exp[\mathrm{j}2\pi f_d(t-\tau_d)]\mathrm{d}t\right\}\\ &= 4E - 2\mathrm{Re}\left[\exp(-\mathrm{j}2\pi f_0\tau_d)\cdot\int_{-\infty}^{\infty}u(t)u^*(t+\tau_d)\exp(\mathrm{j}2\pi f_d t)\mathrm{d}t\right]\\ &= 4E - 2\mathrm{Re}[\exp(-\mathrm{j}2\pi f_0\tau_d)\cdot\chi(\tau_d,f_d)]\end{aligned} \tag{2-4}$$

式中：

$$\chi(\tau_d,f_d) = \int_{-\infty}^{\infty}u(t)u^*(t+\tau_d)\exp(\mathrm{j}2\pi f_d t)\mathrm{d}t \tag{2-5}$$

为时间-频率复合自相关函数，或称为信号复包络的二维自相关函数。

$u(t)$的傅里叶变换用 $U(f)$ 表示，从信号由傅里叶变换性质可知 $u(t)\exp(\mathrm{j}2\pi f_d t)\longleftrightarrow U(f-f_d)$，$u(t+\tau_d)\longleftrightarrow U(f)\exp(\mathrm{j}2\pi f\tau_d)$，根据帕塞瓦尔定理，利用上面两个变换关系，式(2-5)可写为

$$\chi(\tau_d,f_d) = \int_{-\infty}^{\infty}U^*(f)U(f-f_d)\exp(-\mathrm{j}2\pi f\tau_d)\mathrm{d}f \tag{2-6}$$

如图 2-1(b)所示，在$\chi(\tau_d,f_d)$表示式中，参量τ_d和f_d是以目标“1”为参考点时目标“2”的坐标，这便反映了目标“2”比目标“1”在时延(距离)、多普勒(径向速度)轴上分别高出τ_d和f_d。

由式(2-4)可看出，和一维分辨一样，当信号能量一定时，如果不考虑由信号频率f_0引起的细微结构，$|\chi(\tau_d,f_d)|$就是决定目标二维分辨能力的唯一因素。由式(2-5)可知，$\chi(\tau_d,f_d)$是由发射信号复包络决定的，不同的发射信号具有不同的$\chi(\tau_d,f_d)$，从而就有不同的二维分辨能力。

一般在雷达信号理论书籍和文献中，通常定义

$$|\chi(\tau_d,f_d)|^2 = \chi(\tau_d,f_d)\cdot\chi^*(\tau_d,f_d) \tag{2-7}$$

为模糊函数(ambiguity function)。其中

$$\chi^*(\tau_d,f_d) = \int_{-\infty}^{\infty}u^*(t)u(t+\tau_d)\exp(-\mathrm{j}2\pi f_d t)\mathrm{d}t \tag{2-8}$$

或

$$\chi^*(\tau_d,f_d) = \int_{-\infty}^{\infty}U(f)U^*(f-f_d)\exp(\mathrm{j}2\pi f\tau_d)\mathrm{d}f \tag{2-9}$$

“模糊函数”这个术语是一般科技文献中常采用的术语。有的文献也采用术语“不确定函数”(uncertainty function)。模糊函数在一般文献中是指$|\chi(\tau_d,f_d)|^2$，但有时也指$|\chi(\tau_d,f_d)|$。只要搞清$\chi(\tau_d,f_d)$的含义，具体叫法是次要的，为了方便，本书把$|\chi(\tau_d,f_d)|^2$和$\chi(\tau_d,f_d)$统称为模糊函数。

那么，什么才是理想的模糊函数？由于系统设计的目的不同，所以答案也不同，但是设计通常采用的目标是如图 2-2 所示的图钉形模糊函数。

图钉形模糊函数的特征是具有单一的中心峰值，而其他的能量则均匀分布于时延多普勒平面。狭窄的中心峰值意味着具有很高的距离和多普勒分辨率；不存在任何第

二峰值说明没有距离或多普勒模糊；均匀的平坦区域说明具有低且均匀的旁瓣，从而可以使遮挡效应最小化。对于为实现目标距离和多普勒的良好分辨力测量，或为雷达成像而设计的系统，以上所有特征是非常有益的。另一方面，为进行目标搜索而采用的波形最好能容许更大的多普勒失配，从而使未知速度的目标多普勒频移不会由于匹配滤波器输出响应过于微弱而影响到雷达的检测。因此，模糊函数是否理想取决于波形的用途。

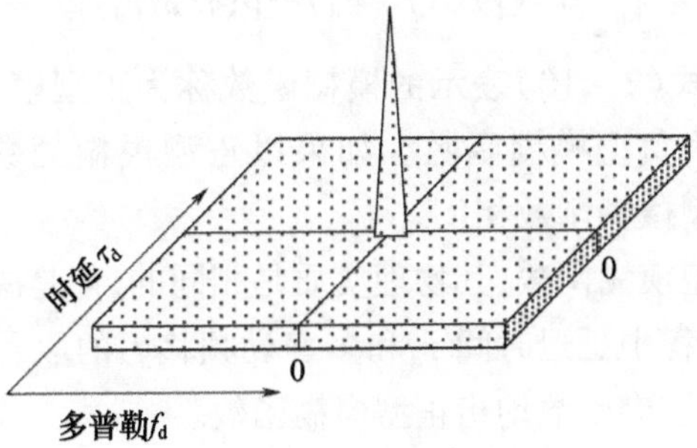

图2-2 “图钉”形模糊函数

2. 模糊函数的其他表示法

由于定义的出发点不同，模糊函数的数学表示有三种形式，为避免以后使用时在数学上出差错或在概念上混淆不清，下面对这三种形式略加介绍。

第一种表示形式就是我们前面讨论的结果，即

$$\begin{aligned}|\chi(\tau_d,f_d)|^2 &= \int_{-\infty}^{\infty} u(t)u^*(t+\tau_d)\exp(j2\pi f_d t)\,dt \\ &= \int_{-\infty}^{\infty} U^*(f)U(f-f_d)\exp(-j2\pi f\tau_d)\,df \end{aligned} \tag{2-10}$$

这个结果的推导是基于下面的假设：目标“2”相对参考目标“1”的延迟时间τ_d和多普勒f_d均取正值，见图2-3(a)。也可以说，比参考目标远的目标所对应的延迟时间为正值，飞向参考目标的多普勒为正值。

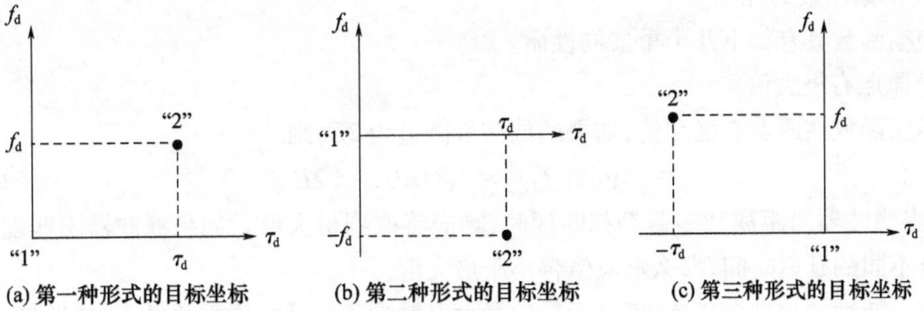

图2-3 模糊函数三种表示法的目标坐标

第二种表示形式是，如果目标“2”相对参考目标“1”的延迟时间取正，而多普勒取负值，见图2-3(b)，这样推导的结果为

$$|\chi(\tau_d,f_d)|^2 = \int_{-\infty}^{\infty} u(t)u^*(t+\tau_d)\exp(-j2\pi f_d t)\,dt$$

$$= \int_{-\infty}^{\infty} U^*(f)U(f+f_d)\exp(-j2\pi f\tau_d)df \tag{2-11}$$

第三种表示形式是，如果目标“2”相对参考目标“1”的延迟 τ_d 取负值，而多普勒 f_d 取正值，见图 2-3(c)，这样导出的结果为

$$|\chi(\tau_d,f_d)|^2 = \int_{-\infty}^{\infty} u(t)u^*(t-\tau_d)\exp(j2\pi f_d t)dt$$

$$= \int_{-\infty}^{\infty} U^*(f)U(f-f_d)\exp(j2\pi f\tau_d)df \tag{2-12}$$

我国学者张直中把式(2-10)表示的模糊函数称为正型模糊函数，把式(2-11)和式(2-12)的结果统称为负型模糊函数。如果以正型模糊函数为准，负型模糊函数必有一个坐标的取号与正型模糊函数相反。

无论是正型还是负型模糊函数，其物理实质是相同的，都是决定目标二维分辨能力的唯一因素，只是在推导过程中延迟时间 τ_d 和多普勒频移 f_d 的取号不同。为了避免产生不必要的混乱，以后用到的模糊函数均指正型模糊函数。

有些文献有时也把正型模糊函数写成对称形式。

将式(2-5)中 t 替换为 $t=t-\tau/2$，则该式变为

$$\chi(\tau_d,f_d) = \int_{-\infty}^{\infty} u\left(t-\frac{\tau_d}{2}\right)u^*\left(t+\frac{\tau_d}{2}\right)\exp\left[j2\pi f_d\left(t-\frac{\tau_d}{2}\right)\right]dt$$

$$= \exp\left(-j2\pi f_d\frac{\tau_d}{2}\right)\int_{-\infty}^{\infty} u\left(t-\frac{\tau_d}{2}\right)u^*\left(t+\frac{\tau_d}{2}\right)\exp(j2\pi f_d t)dt \tag{2-13}$$

这样，模糊函数就可写成对称形式，即

$$|\chi(\tau_d,f_d)|^2 = \left|\int_{-\infty}^{\infty} u\left(t-\frac{\tau_d}{2}\right)u^*\left(t+\frac{\tau_d}{2}\right)\exp(j2\pi f_d t)dt\right|^2 \tag{2-14}$$

或

$$|\chi(\tau_d,f_d)|^2 = \left|\int_{-\infty}^{\infty} U\left(f-\frac{f_d}{2}\right)U^*\left(f+\frac{f_d}{2}\right)\exp(j2\pi f\tau_d)df\right|^2 \tag{2-15}$$

3. 模糊函数的性质

模糊函数具有如下几个重要的性质。

1)原点有极大值

模糊函数在原点有极大值，如果回波信号能量为 $2E$，则

$$|\chi(\tau_d,f_d)| \leqslant |\chi(0,0)| = 2E \tag{2-16}$$

因此，当滤波器对距离和多普勒都匹配时，响应将取到最大值。如果滤波器不匹配，或者采样有不同的延迟时间，那么响应值将小于最大值。

这一特性的物理含义是，模糊函数的最大点就是两信号的均方差最小点，即最难分辨的点。因为在这点 $\tau_d=0,f_d=0$，即两个目标在距离上和径向速度上均没有差别，所以无法分辨。

该性质的证明如下：对式(2-10)的第一个等式应用施瓦兹不等式，可得

$$|\chi(\tau_d,f_d)|^2 \leqslant \int_{-\infty}^{\infty} |u(t)|^2dt\int_{-\infty}^{\infty} |u^*(t+\tau_d)\exp(j2\pi f_d t)|^2dt$$

$$= \int_{-\infty}^{\infty} |u(t)|^2 dt \int_{-\infty}^{\infty} |u^*(t+\tau_d)|^2 dt \tag{2-17}$$

每个积分恰好是 $u(t)$ 的能量 $2E$，即

$$|\chi(\tau_d, f_d)|^2 \leqslant (2E)^2 \tag{2-18}$$

仅当对所有 t 满足 $u(t) = u(t+\tau_d)\exp(-j2\pi f_d t)$，即当且仅当 $\tau_d = 0$、$f_d = 0$ 时，等号成立。将上述关系代入式(2-18)可得式(2-16)。

2）模糊体积不变性

任何模糊函数曲线下的区域为恒值，并由下式确定：

$$\iint_{\infty} |\chi(\tau_d, f_d)|^2 d\tau_d df_d = (2E)^2 \tag{2-19}$$

这一性质说明，信号模糊图曲面的体积是不变的，该体积只决定于信号的能量。在设计波形时不能从模糊平面中移走一部分能量而不将其补充到其他位置，它只能绕着模糊表面被移动。因此，在保持信号能量不变的条件下，可以通过改变信号的波形，在需要高分辨参数的区域内使模糊图的体积分布较小，来提高该参数的分辨力。

该性质的证明如下：根据模糊函数定义式(2-5)及其复共轭形式，即式(2-9)，模糊函数幅度的平方可写为

$$\begin{aligned} |\chi(\tau_d, f_d)|^2 &= \chi(\tau_d, f_d)\chi^*(\tau_d, f_d) \\ &= \iint_{\infty} u(t)u^*(t+\tau_d)U(f)U^*(f-f_d)\exp[j2\pi(f\tau_d + f_d t)] dt df \end{aligned} \tag{2-20}$$

在模糊曲面下的总能量为

$$\iint_{\infty} |\chi(\tau_d, f_d)|^2 d\tau_d df_d = \iiiint_{\infty} u(t)u^*(t+\tau_d)U(f)U^*(f-f_d)\exp[j2\pi(f\tau_d + f_d t)] dt df d\tau_d df_d \tag{2-21}$$

对 τ_d 以及 f_d 的积分项进行分离，得到以下两个关系式：

$$\int_{-\infty}^{\infty} u^*(t+\tau_d)\exp(j2\pi f\tau_d) d\tau_d = \exp(-j2\pi ft)U^*(f) \tag{2-22}$$

$$\int_{-\infty}^{\infty} U^*(f-f_d)\exp(j2\pi f_d t) df_d = \exp(j2\pi ft)u^*(t) \tag{2-23}$$

把式(2-22)及式(2-23)代入式(2-21)，得

$$\begin{aligned} \iint_{\infty} |\chi(\tau_d, f_d)|^2 d\tau_d df_d &= \iint_{\infty} u(t)U^*(f)U(f)u^*(t) dt df \\ &= \int_{-\infty}^{\infty} |u(t)|^2 dt \int_{-\infty}^{\infty} |U(f)|^2 df = (2E)^2 \end{aligned} \tag{2-24}$$

式(2-24)双重积分分离后，第一个积分刚好是时域中脉冲的能量 $2E$，第二个积分由帕塞瓦尔定理可知也是能量 $2E$。

3）对称性

模糊函数关于原点的对称关系，即

$$\chi(\tau_d, f_d) = \chi(-\tau_d, -f_d) \tag{2-25}$$

对式(2-8)进行变量置换，则有

$$\chi^*(\tau_d, f_d) = \int_{-\infty}^{\infty} u(t-\tau_d)u^*(t)\exp[-j2\pi f_d(t-\tau_d)] dt$$

$$= \exp(\mathrm{j}2\pi f_{\mathrm{d}}\tau_{\mathrm{d}})\int_{-\infty}^{\infty} u(t-\tau_{\mathrm{d}})u^{*}(t)\exp(-\mathrm{j}2\pi f_{\mathrm{d}}t)\,\mathrm{d}t$$

$$= \exp(\mathrm{j}2\pi f_{\mathrm{d}}\tau_{\mathrm{d}})\chi(-\tau_{\mathrm{d}},-f_{\mathrm{d}}) \tag{2-26}$$

所以

$$|\chi^{*}(\tau_{\mathrm{d}},f_{\mathrm{d}})|^{2} = |\chi(-\tau_{\mathrm{d}},-f_{\mathrm{d}})|^{2} \tag{2-27}$$

又因为

$$|\chi^{*}(\tau_{\mathrm{d}},f_{\mathrm{d}})|^{2} = \chi^{*}(\tau_{\mathrm{d}},f_{\mathrm{d}})\chi(\tau_{\mathrm{d}},f_{\mathrm{d}}) \tag{2-28}$$

以及式(2-7),可得

$$|\chi(\tau_{\mathrm{d}},f_{\mathrm{d}})|^{2} = |\chi^{*}(\tau_{\mathrm{d}},f_{\mathrm{d}})|^{2} = |\chi(-\tau_{\mathrm{d}},-f_{\mathrm{d}})|^{2} \tag{2-29}$$

这个性质说明,模糊函数是通过原点斜线对称的,即第一、三象限对称,第二、四象限对称。图2-4以模糊度图为例表明了这种对称关系。

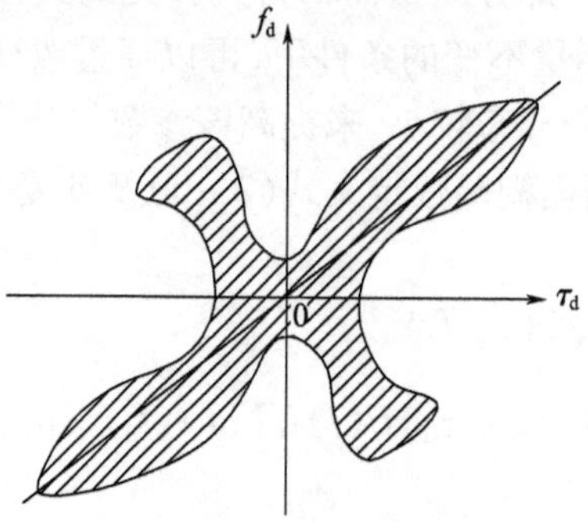

图2-4 模糊函数的对称性

4)自变换性

模糊函数自变换性,即

$$\iint_{\infty} |\chi(\tau_{\mathrm{d}},f_{\mathrm{d}})|^{2}\exp(\mathrm{j}2\pi f_{\mathrm{d}}z)\exp(-\mathrm{j}2\pi t\tau_{\mathrm{d}})\,\mathrm{d}\tau_{\mathrm{d}}\mathrm{d}f_{\mathrm{d}} = |\chi(z,y)|^{2} \tag{2-30}$$

式中:z 为变换的时间;y 为变换的频率。

该性质的证明如下,由

$$\iint_{\infty} |\chi(\tau_{\mathrm{d}},f_{\mathrm{d}})|^{2}\exp[\mathrm{j}2\pi(f_{\mathrm{d}}z-y\tau_{\mathrm{d}})]\,\mathrm{d}\tau_{\mathrm{d}}\mathrm{d}f_{\mathrm{d}}$$

$$= \iiiint_{\infty} u(t)u^{*}(t+\tau_{\mathrm{d}})U(f)U^{*}(f-f_{\mathrm{d}})\exp\{\mathrm{j}2\pi[(z+t)f_{\mathrm{d}}-(y-f)\tau_{\mathrm{d}}]\}\,\mathrm{d}t\mathrm{d}f\mathrm{d}\tau_{\mathrm{d}}\mathrm{d}f_{\mathrm{d}} \tag{2-31}$$

以及下列傅里叶变换关系

$$\int_{-\infty}^{\infty} U^{*}(f-f_{\mathrm{d}})\exp[\mathrm{j}2\pi f_{\mathrm{d}}(z+t)]\,\mathrm{d}f_{\mathrm{d}} = u^{*}(t+z)\exp[\mathrm{j}2\pi f(t+z)] \tag{2-32}$$

$$\int_{-\infty}^{\infty} u^{*}(t+\tau_{\mathrm{d}})\exp[-\mathrm{j}2\pi\tau_{\mathrm{d}}(y-f)]\,\mathrm{d}\tau_{\mathrm{d}} = U^{*}(f-y)\exp[-\mathrm{j}2\pi t(f-y)] \tag{2-33}$$

把式(2-32)及式(2-33)代入式(2-30)左边,并展开为

$$\iint_{\infty} u(t)u^{*}(t+z)U(f)U^{*}(f-y)\exp\{\mathrm{j}2\pi[f(z+t)-t(f-y)]\}\,\mathrm{d}t\mathrm{d}f$$

$$= \int_{-\infty}^{\infty} u(t)u^*(t+z)\exp(\mathrm{j}2\pi yt)\mathrm{d}t \int_{-\infty}^{\infty} U^*(f)U(f-y)\exp(-\mathrm{j}2\pi fz)\mathrm{d}f$$
$$= \chi(z,y)\chi^*(z,y)$$
$$= |\chi(z,y)|^2 \tag{2-34}$$

这个性质说明模糊函数的二维傅里叶变换仍为模糊函数,但不能说具有自变换性质的函数就是模糊函数。

5)体积分布限制

模糊函数体积分布限制,即

$$\int_{-\infty}^{\infty} |\chi(\tau_d,f_d)|^2 \mathrm{d}\tau_d = \int_{-\infty}^{\infty} |\chi(\tau_d,0)|^2 \exp(-\mathrm{j}2\pi f_d\tau_d)\mathrm{d}\tau_d \tag{2-35}$$

$$\int_{-\infty}^{\infty} |\chi(\tau_d,f_d)|^2 \mathrm{d}f_d = \int_{-\infty}^{\infty} |\chi(0,f_d)|^2 \exp(\mathrm{j}2\pi f_d\tau_d)\mathrm{d}f_d \tag{2-36}$$

该性质的证明如下:在式(2-30)中,令 $y=0$,可得

$$\iint_{\infty} |\chi(\tau_d,f_d)|^2\exp(\mathrm{j}2\pi f_d z)\mathrm{d}\tau_d\mathrm{d}f_d = |\chi(z,0)|^2 \tag{2-37}$$

式(2-37)积分也可写为

$$\int_{-\infty}^{\infty}\left(\int_{-\infty}^{\infty} |\chi(\tau_d,f_d)|^2\mathrm{d}\tau_d\right)\exp(\mathrm{j}2\pi f_d z)\mathrm{d}f_d = |\chi(z,0)|^2 \tag{2-38}$$

根据傅里叶变换关系,式(2-38)可写为

$$\int_{-\infty}^{\infty} |\chi(\tau_d,f_d)|^2\mathrm{d}\tau_d = \int_{-\infty}^{\infty} |\chi(z,0)|^2\exp(-\mathrm{j}2\pi f_d z)\mathrm{d}z$$
$$= \int_{-\infty}^{\infty} |\chi(\tau_d,0)|^2\exp(-\mathrm{j}2\pi f_d\tau_d)\mathrm{d}\tau_d \tag{2-39}$$

用类似的方法可以证明:

$$\int_{-\infty}^{\infty} |\chi(\tau_d,f_d)|^2\mathrm{d}\tau_d = \int_{-\infty}^{\infty} |\chi(0,f_d)|^2\exp(\mathrm{j}2\pi f_d\tau_d)\mathrm{d}f_d \tag{2-40}$$

接下来讨论这个性质的物理意义。

式(2-35)左边的积分是模糊函数对 f_d 为常数的一个垂直截面的面积。如果这个面积乘以一个给定的 Δf_d,就可得到在宽度为 Δf_d 的多普勒带条中模糊函数下面的体积(图 2-5 是用模糊度图表示的上述情况的示意图),所以式(2-35)左边积分是在多普勒轴上积分体积分布的度量。

式(2-35)说明,在多普勒轴上模糊函数的积分体积分布是由时延轴上模糊函数的傅里叶变换决定的。

因为

$$\chi(\tau_d,0) = \int_{-\infty}^{\infty} u(t)u^*(t+\tau_d)\mathrm{d}t = \int_{-\infty}^{\infty} |U(f)|^2\exp(-\mathrm{j}2\pi f\tau_d)\mathrm{d}f \tag{2-41}$$

所以也可以说这个积分体积分布是由发射信号复包络自相关函数模的平方决定的,或者说是由信号的能量谱决定的。它与信号的相位谱无关,相位谱只能使带条 Δf_d 内的体积重新分布,也就是说带条内体积移动和扩散的程度与相位谱有关,这点在后面的分析中将会看到。要注意,相位谱只能使带条 Δf_d 内的体积重新分布,但不能把带条的体积移到另一个带条中。

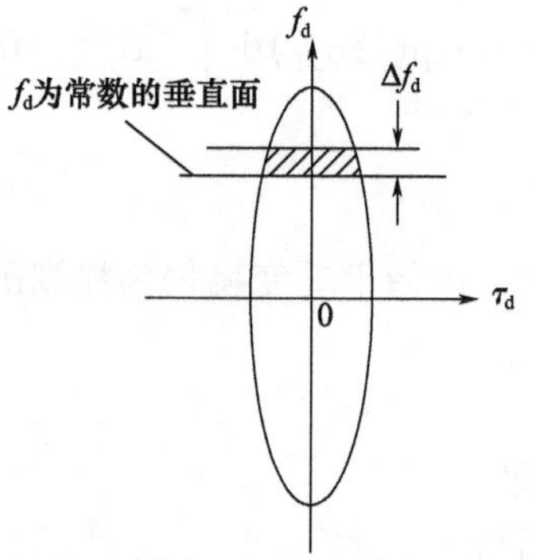

图 2-5　模糊函数体积分布限制的模糊度图表示

与上相类似，式(2-36)说明，模糊函数在时延轴上的积分体积分布是由多普勒轴上模糊函数的傅里叶变换决定的。因为

$$\chi(0,f_d) = \int_{-\infty}^{\infty} U(f)U^*(f-f_d)\mathrm{d}f = \int_{-\infty}^{\infty} |u(t)|^2 \exp(\mathrm{j}2\pi f_d t)\mathrm{d}t \tag{2-42}$$

所以也可以说这个积分体积分布是由信号复包络模的平方决定的，与信号时域上的相位特性无关。

这两个关系是体积不变性的精练，因为体积不变性说明模糊函数中心峰体积减小后，多余的体积必然要在 $\tau_d f_d$ 平面的其他部分出现，而式(2-35)说明如果中心峰沿时延轴方向压缩后，其体积要在多普勒轴方向延伸，式(2-36)说明如果中心峰沿多普勒轴方向压缩后，其体积要在时延轴方向上延伸。

6）信号周期重复的影响

若基本信号为 $u_1(t)$ 的模糊函数为 $\chi_1(\tau_d,f_d)$，将 $u_1(t)$ 重复 N 次得到信号 $u(t)$，即

$$u(t) = \sum_{n=0}^{N-1} c_n \cdot u_1(t - nT_r) \tag{2-43}$$

式中：c_n 为复加权系数，T_r 为重复周期。那么，$u(t)$ 的模糊函数 $\chi(\tau_d,f_d)$ 为

$$\chi(\tau_d,f_d) = \sum_{p=1}^{N-1} \exp(\mathrm{j}2\pi f_d pT_r)\chi_1(\tau_d + pT_r,f_d) \sum_{m=0}^{N-1-p} c_m^* c_{m+p} \exp(\mathrm{j}2\pi f_d mT_r) + \sum_{p=0}^{N-1} \chi_1(\tau_d - pT_r,f_d) \sum_{n=0}^{N-1-p} c_n^* c_{n+p} \exp(\mathrm{j}2\pi f_d nT_r) \tag{2-44}$$

2.1.2　模糊函数与分辨力的关系

模糊函数是研究目标二维分辨力时导出的一个重要函数，是决定目标二维分辨力的唯一因素。本节将进一步研究模糊函数的变化规律对二维分辨力的影响，同时指出它与一维分辨能力的关系。

1. 模糊函数的图形

模糊函数的数学表示已由式(2-7)给出。如果在三维坐标系中画出这个函数的图形，它就是一个立体实心图。这个图既有主峰，又有边峰和小突起。一般称这个三维立体图为模糊图。模糊图中除主峰外的其他边峰和小突起统称为“自身杂波”，这个“自身杂波”不是由目标周围的其他散射体引起的，而是由信号本身特性决定的。

图 2－6(a)给出了一个单载频矩形脉冲信号的实际模糊图。有时为了满足研究问题的需要，把模糊度图峰值高度下降不同位置构成的模糊度图放在一起，画在同一个 $\tau_d f_d$ 平面上，这就构成了等高线图，它可直观地显示出复杂信号模糊图的全貌，便于研究广义分辨问题。图 2－6(b)给出了相应的等高线图。

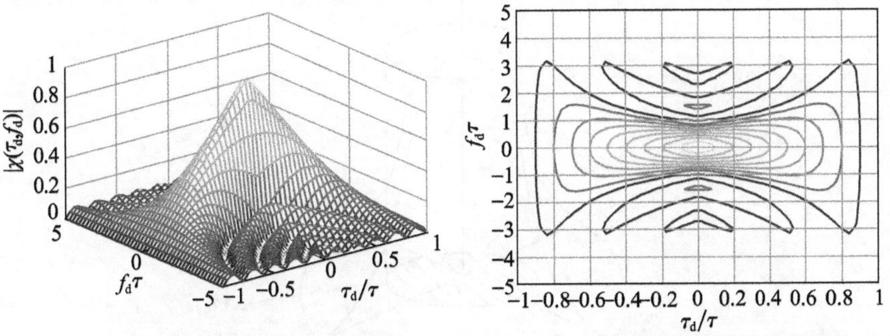

(a) 单载频矩形脉冲三维模糊图　　(b) 单载频矩形脉冲等高线图

图 2－6　单载频矩形脉冲信号的模糊图

模糊图的主峰出现在什么地方呢？模糊函数的原点有极大值性质，式(2－18)说明，模糊图的最大值(或主峰最大值)为 $4E^2$，而且出现在 $\tau_d f_d$ 平面的原点上，或者说出现在参考目标"1"的位置上。另外也可看出，模糊图在 $\tau_d f_d$ 平面其他地方的任何峰值或小凸起均小于主峰的值。

如果采用能量归一化，即令 $2E=1$，则 $|\chi(0,0)|^2=1$。前面已经证明，模糊图的体积是个常数，采用归一化后可写为

$$\iint_{\infty} |\chi(\tau_d,f_d)|^2 \mathrm{d}\tau_d \mathrm{d}f_d = 1 \tag{2-45}$$

这是模糊函数一个很重要的性质，也是雷达信号理论中一个十分重要的定律。它说明了模糊图的体积是由信号能量决定的，信号能量给定后它就是个常数，它与信号的形式无关，无论怎样巧妙地选择信号波形也改变不了这个事实。只要信号能量相同，改变信号复包络的形状只能改变模糊图表面的形状，也就是说只能改变其体积在 $\tau_d f_d$ 平面上的分布情况，不能改变整个体积的大小。

根据上述两点，就可用模糊函数或模糊图比较直观地研究目标二维分辨力的问题。

2. 模糊函数与二维分辨力的关系

从对邻近目标的二维分辨力来看，希望模糊图的主峰随 τ_d 和 f_d 的变化越快越好，也就是说主峰越窄越好，即 $|\chi(\tau_d,f_d)|^2/|\chi(0,0)|\ll 1$。这样当 τ_d 和 f_d 稍偏离原点(0,0)，就可得到很大的均方差值 ε^2，从而就有很高的二维分辨力。但是，根据"体积不变性"，主峰变窄后，多余的体积一定要加强 $\tau_d f_d$ 平面上其他地方的边峰和小突起，也就是说加强了"自身杂波"，这样在这些地方出现的目标就可能被边峰和小突起所掩盖，或者由于边峰的存在可能引起主要观察目标的模糊，这对目标的分辨力是不利的。

为了全面地衡量主峰、边峰和小突起对分辨力的影响，可定义一个分辨常数——时间－频率联合分辨常数($\Delta(\tau_d,f_d)$)，即

$$\Delta(\tau_d,f_d) = \frac{\iint_{\infty} |\chi(\tau_d,f_d)|^2 \mathrm{d}\tau_d \mathrm{d}f_d}{|\chi(0,0)|^2} \tag{2-46}$$

联合分辨常数$\Delta(\tau_d,f_d)$是在$\tau_d f_d$平面上的一个等效面积，见图2-7。$\Delta(\tau_d,f_d)$综合反映了邻近目标的二维分辨能力，以及模糊和掩盖目标的问题，因此，有时也称$\Delta(\tau,f_d)$为等效模糊面。

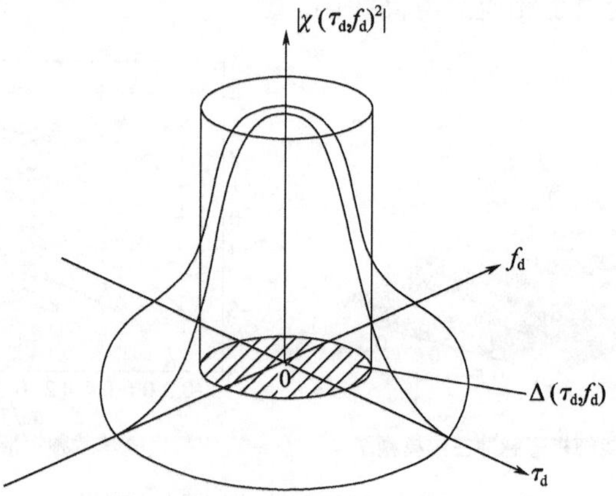

图2-7　等效模糊面

根据模糊函数的体积不变性，式(2-46)又可写为$\Delta(\tau_d,f_d)\equiv 1$。这就说明，时间-频率联合分辨常数是恒等于1的，与发射信号复包络的形式无关，改变信号复包络的形式不能改变它的大小，只能改变它在$\tau_d f_d$平面上的分布情况。也就是说，当发射信号复包络给定后，目标的距离和速度联合分辨能力是受限制的，即无论使模糊图的体积在τ_d和f_d轴哪个方向上减小，其结果都要使另一个轴向的体积增加。这一事实称为雷达模糊原理。

为了方便，研究目标二维分辨问题通常采用模糊度图。所谓模糊度图是这样定义的：在模糊图最大值下降到某个高度时，作一个与$\tau_d f_d$平面平行的平面，这个平面和模糊图交迹围成的截面就是模糊度图。图2-8是某个信号模糊图最大值下降-3dB高度时的模糊度图。模糊度图的具体形状与截取平面的高度有关，与信号形式有关。

用模糊度图研究二维分辨问题很方便。一般把-3dB(半功率点)模糊度图看成是严重模糊区，在这个区域中的目标是无法分辨的。如图2-8所示，目标B很难和目标A分辨开，因为$|\chi(\tau_d,0)|^2\approx|\chi(0,0)|^2$；目标C很容易与目标A分辨开，因为$|\chi(\tau_d,f_d)|^2\ll|\chi(0,0)|^2$。

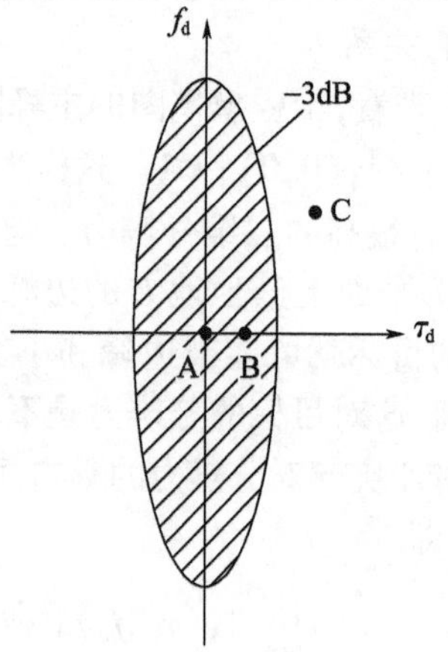

图2-8　模糊度图

3. 模糊函数与一维分辨力的关系

根据式(2-7)可以找出模糊函数与一维分辨力的关系。假定$f_d=0$,即目标只在距离上存在差别,则

$$|\chi(\tau_d,0)|^2 = \left|\int_{-\infty}^{\infty} u(t)u^*(t+\tau_d)\mathrm{d}t\right|^2 = \left|\int_{-\infty}^{\infty} u^*(t)u(t-\tau_d)\mathrm{d}t\right|^2 = |C(\tau_d)|^2 \tag{2-47}$$

式中:$C(\tau_d)$为信号的距离自相关函数。为了全面地考虑距离自相关函数主峰、旁瓣对分辨能力的影响,伍德沃尔德定义了一个反映分辨特性的参数——时延分辨常数,其定义为

$$A_{\tau_d} = \frac{\int_{-\infty}^{\infty} |C(\tau_d)|^2 \mathrm{d}\tau_d}{C^2(0)} \tag{2-48}$$

如图2-9所示,时延分辨常数A_{τ_d}是将响应的主峰、旁瓣或类似噪声基底的全部能量计算在一起,除以主瓣最高点功率所得时间宽度。时延分辨常数越小,距离分辨力越好。A_{τ_d}小就意味着距离自相关函数或匹配滤波器输出响应的主峰窄、旁瓣或基底小,这对分辨目标是有利的。

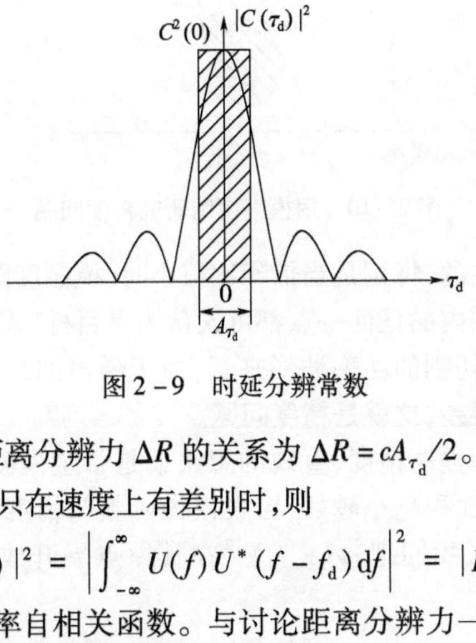

图2-9　时延分辨常数

时延分辨常数A_{τ_d}与距离分辨力ΔR的关系为$\Delta R = cA_{\tau_d}/2$。

当$\tau_d=0$,即两个目标只在速度上有差别时,则

$$|\chi(0,f_d)|^2 = \left|\int_{-\infty}^{\infty} U(f)U^*(f-f_d)\mathrm{d}f\right|^2 = |K(f_d)|^2 \tag{2-49}$$

式中:$K(f_d)$称为信号的频率自相关函数。与讨论距离分辨力一样,两个目标的速度分辨力是由$K(f_d)$决定的。同样可定义多普勒分辨常数A_{f_d},即

$$A_{f_d} = \frac{\int_{-\infty}^{\infty} |K(f_d)|^2 \mathrm{d}f_d}{K^2(0)} \tag{2-50}$$

多普勒分辨常数A_{f_d}与距离分辨力$\Delta\nu$的关系为$\Delta\nu = cA_{f_d}/2f_0$。

可见,无论是一维还是二维分辨问题,都可用模糊函数来研究,因此可以说,模糊函数是研究目标分辨能力的统一数学工具。

2.1.3　模糊函数与精度的关系

模糊函数是在研究目标分辨问题时导出的一个重要函数,它除能研究分辨问题外,还

能研究精度问题。分辨是指雷达能从两个或两个以上目标中区分出特定目标的能力,精度是指雷达测量目标参数的准确程度。

假定在雷达的时间频率坐标平面 XY 上有一个目标"A",在 XY 平面上画出目标"A"的模糊度图,这个模糊度图最大点的位置就是这个目标的精确位置。在理想的条件下(不存在噪声或信噪比很大),这个最大点的位置很容易被精确地确定。图 2-10 给出了以模糊度图表示的上述情况。模糊度图的中心位置就是目标"A"的精确坐标位置,如果对目标"A"的模糊度图用匹配滤波器的切割刀进行切割,得到的是匹配滤波器输出的功率波形,可得到很高的测量精度。

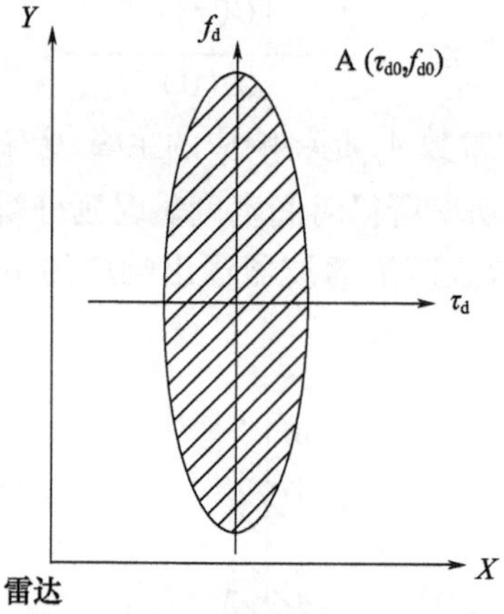

图 2-10 用模糊度图研究精度问题

实际上,噪声总是存在的,特别是当信噪比很小时,模糊度图就要受到影响,如果从模糊度图看,在模糊度图范围内的任何一点都可误认为是目标"A"的坐标,这就造成了测量误差。如果从对模糊度图切割的功率波形来看,由于噪声的存在会使切割出的功率波形失真,当然也会增大测量误差,这就是精度问题。

为了减小测量误差,即提高精度,直观的想象就是希望模糊度图的主峰越尖锐越好,也就是说模糊度图所围的面积越小越好,可见模糊函数与精度是有关的。为了清楚地看出精度与模糊函数的关系,我们把 $|\chi(\tau,f_d)|^2$ 在其原点展开成泰勒级数,忽略高次项后可得

$$|\chi(\tau_d,f_d)|^2 \approx |\chi(\tau_d,f_d)|^2\Big|_{\substack{\tau_d=0\\f_d=0}} + \frac{\partial|\chi|^2}{\partial\tau_d}\Big|_{\substack{\tau_d=0\\f_d=0}}\cdot\tau_d + \frac{\partial|\chi|^2}{\partial f_d}\Big|_{\substack{\tau_d=0\\f_d=0}}\cdot f_d + \frac{1}{2}\frac{\partial^2|\chi|^2}{\partial{\tau_d}^2}\Big|_{\substack{\tau_d=0\\f_d=0}}\cdot\tau_d^2 + \frac{1}{2}\frac{\partial^2|\chi|^2}{\partial{f_d}^2}\Big|_{\substack{\tau_d=0\\f_d=0}}\cdot f_d^2 + \frac{\partial^2|\chi|^2}{\partial\tau_d\cdot\partial f_d}\Big|_{\substack{\tau_d=0\\f_d=0}}\cdot\tau_d\cdot f_d \tag{2-51}$$

因为 $\chi(\tau_d,f_d)$ 在 $\tau_d=0$、$f_d=0$ 点是最大值,因此 $\chi(\tau_d,f_d)$ 在 $\tau_d=0$、$f_d=0$ 点对 τ_d 和 f_d 的一阶偏导数皆为 0,所以式(2-51)可简化为

$$|\chi(\tau_d,f_d)|^2 \approx |\chi(0,0)|^2 + \frac{1}{2}\frac{\partial^2|\chi|^2}{\partial{\tau_d}^2}\Big|_{\substack{\tau_d=0\\f_d=0}}\cdot\tau_d^2 + \frac{1}{2}\frac{\partial^2|\chi|^2}{\partial{f_d}^2}\Big|_{\substack{\tau_d=0\\f_d=0}}\cdot f_d^2 + \frac{\partial^2|\chi|^2}{\partial\tau_d\cdot\partial f_d}\Big|_{\substack{\tau_d=0\\f_d=0}}\cdot\tau_d\cdot f_d \tag{2-52}$$

下面来求式(2-52)中的偏导数。

$$\frac{\partial^2|\chi|^2}{\partial\tau_d^{\ 2}}\bigg|_{\substack{\tau_d=0\\f_d=0}}=\frac{\partial}{\partial\tau_d}\left(\chi\cdot\frac{\partial\chi^*}{\partial\tau_d}+\chi^*\cdot\frac{\partial\chi}{\partial\tau_d}\right)\bigg|_{\substack{\tau_d=0\\f_d=0}}=\left(\chi\cdot\frac{\partial^2\chi^*}{\partial\tau_d^{\ 2}}+\chi^*\cdot\frac{\partial^2\chi}{\partial\tau_d^{\ 2}}+2\frac{\partial\chi}{\partial\tau_d}\frac{\partial\chi^*}{\partial\tau_d}\right)\bigg|_{\substack{\tau_d=0\\f_d=0}}$$

$$=\chi(0,0)\left\{\int_{-\infty}^{\infty}u(t)\,[u^*(t)]''\mathrm{d}t+\int_{-\infty}^{\infty}u^*(t)\,[u(t)]''\mathrm{d}t\right\} \tag{2-53}$$

应用傅里叶变换性质和帕塞瓦尔定理，式(2-53)可写为

$$\frac{\partial^2|\chi|^2}{\partial\tau_d^{\ 2}}\bigg|_{\substack{\tau_d=0\\f_d=0}}=\chi(0,0)\cdot2\,(\mathrm{j}2\pi)^2\int_{-\infty}^{\infty}f^2\,|U(f)|^2\mathrm{d}f \tag{2-54}$$

在雷达信号理论中，通常采用归一化的方式来定义信号的均方根带宽β_0，即

$$\beta_0^2=\frac{(2\pi)^2\int_{-\infty}^{\infty}f^2\,|U(f)|^2\mathrm{d}f}{\int_{-\infty}^{\infty}|U(f)|^2\mathrm{d}f} \tag{2-55}$$

根据均方根带宽的定义，式(2-54)可进一步写为

$$\frac{\partial^2|\chi|^2}{\partial\tau_d^{\ 2}}\bigg|_{\substack{\tau_d=0\\f_d=0}}=-2\,(2E)^2\cdot\beta_0^2 \tag{2-56}$$

归一化的均方根时宽δ_0的定义为

$$\delta_0^2=\frac{(2\pi)^2\int_{-\infty}^{\infty}t^2\,|u(t)|^2\mathrm{d}t}{\int_{-\infty}^{\infty}|u(t)|^2\mathrm{d}t} \tag{2-57}$$

用类似的方法，并考虑到均方根时宽的定义，有

$$\frac{\partial^2|\chi|^2}{\partial f_d^{\ 2}}\bigg|_{\substack{\tau_d=0\\f_d=0}}=-2\,(2E)^2\cdot\delta_0^2 \tag{2-58}$$

下面来求式(2-52)中右边的混合偏导数。

$$\frac{\partial^2|\chi|^2}{\partial\tau_d\partial f_d}\bigg|_{\substack{\tau_d=0\\f_d=0}}=\frac{\partial}{\partial\tau_d}\left(\chi\cdot\frac{\partial\chi^*}{\partial f_d}+\chi^*\cdot\frac{\partial\chi}{\partial f_d}\right)\bigg|_{\substack{\tau_d=0\\f_d=0}}$$

$$=\left(\chi\cdot\frac{\partial^2\chi^*}{\partial\tau_d\partial f_d}+\chi^*\cdot\frac{\partial^2\chi}{\partial\tau_d\partial f_d}+\frac{\partial\chi}{\partial\tau_d}\frac{\partial\chi^*}{\partial f_d}+\frac{\partial^*\chi}{\partial\tau_d}\frac{\partial\chi}{\partial f_d}\right)\bigg|_{\substack{\tau_d=0\\f_d=0}}$$

$$=\chi(0,0)\left\{-\mathrm{j}2\pi\int_{-\infty}^{\infty}t\,[u(t)]'u^*(t)\mathrm{d}t+\mathrm{j}2\pi\int_{-\infty}^{\infty}tu(t)\,[u^*(t)]'\mathrm{d}t\right\} \tag{2-59}$$

因为

$$\begin{cases}u(t)=|u(t)|\exp[\mathrm{j}\varphi(t)]\\ [u(t)]'=|u(t)|'\exp[\mathrm{j}\varphi(t)]+\mathrm{j}\varphi'(t)\,|u(t)|\exp[\mathrm{j}\varphi(t)]\\ [u^*(t)]'=|u(t)|'\exp[-\mathrm{j}\varphi(t)]-\mathrm{j}\varphi'(t)\,|u(t)|\exp[-\mathrm{j}\varphi(t)]\end{cases} \tag{2-60}$$

把式(2-60)代入式(2-59)，经整理可得

$$\frac{\partial^2|\chi|^2}{\partial\tau_d\partial f_d}\bigg|_{\substack{\tau_d=0\\f_d=0}}=\chi(0,0)\cdot2(2\pi)\int_{-\infty}^{\infty}t\varphi'(t)\,|u(t)|^2\mathrm{d}t \tag{2-61}$$

一般信号理论书籍中定义信号的相位调频常数α为

$$\alpha=\frac{(2\pi)\int_{-\infty}^{\infty}t\varphi'(t)\,|u(t)|^2\mathrm{d}t}{\int_{-\infty}^{\infty}|u(t)|^2\mathrm{d}t} \tag{2-62}$$

考虑到相位调频常数 α 的定义，式(2－61)可写为

$$\left.\frac{\partial^2 \left|\chi\right|^2}{\partial \tau_d \partial f_d}\right|_{\substack{\tau_d=0\\ f_d=0}} = 2\,(2E)^2 \cdot \alpha \tag{2-63}$$

把式(2－63)、式(2－58)和式(2－56)代入式(2－52)可得

$$\begin{aligned}|\chi(\tau_d,f_d)|^2 &\approx |\chi(0,0)|^2 - (\tau_d^2 \cdot \beta_0^2 - 2\tau_d f_d \alpha + f_d^2 \cdot \delta_0^2)(2E)^2 \\ &\approx (2E)^2[1-(\tau_d^2 \cdot \beta_0^2 - 2\tau_d f_d \alpha + f_d^2 \cdot \delta_0^2)]\end{aligned} \tag{2-64}$$

由式(2－64)可看出，任何一个信号的模糊函数在其原点附近展开的泰勒级数都与决定精度的3个参量 β_0、δ_0、α 有关，也可以说模糊图主峰附近的形状与 β_0、δ_0、α 有关。这个关系反映了模糊函数与精度的关系。在接近模糊函数 $|\chi(0,0)|^2=(2E)^2$ 处作一个平行于 $\tau_d f_d$ 平面的平面，这个平面与模糊图交迹构成的曲线方程，根据式(2－64)可写为

$$\tau_d^2 \cdot \beta_0^2 - 2\tau_d f_d \alpha + f_d^2 \cdot \delta_0^2 = K^2 \tag{2-65}$$

这是个椭圆方程，其中 K 是与截取平面高度有关的常数。令 $K^2=N_0/8E$，式(2－65)的椭圆如图2－11所示，一般称这个椭圆为不定椭圆。

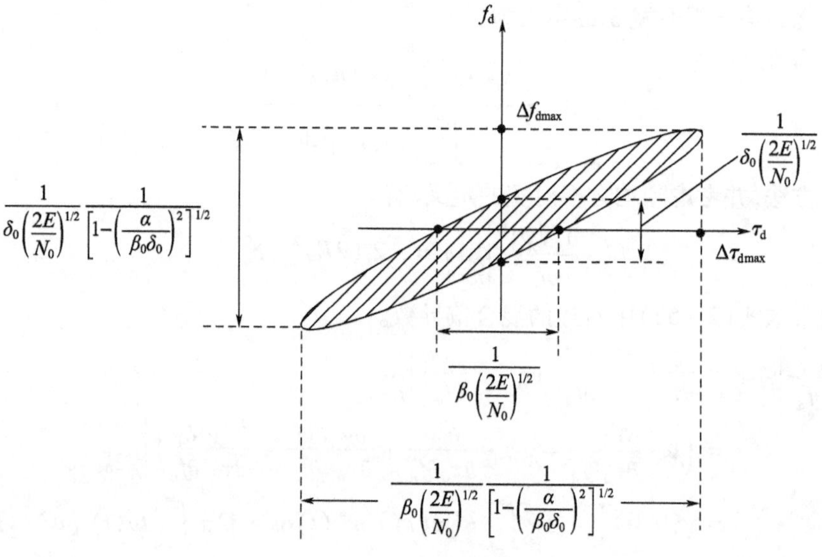

图2－11　不定椭圆

这个椭圆在时延轴 τ_d 上的宽度 $\Delta\tau_d$ 为

$$\Delta\tau_d = \frac{1}{\beta_0\left(\frac{2E}{N_0}\right)^{1/2}} \tag{2-66}$$

在多普勒轴 f_d 上的宽度 Δf_d 为

$$\Delta f_d = \frac{1}{\delta_0\left(\frac{2E}{N_0}\right)^{1/2}} \tag{2-67}$$

不定椭圆在 τ_d 轴和 f_d 轴两个最远点的宽度分别为

$$\Delta\tau_{dmax} = \pm\frac{1}{2\beta_0\left(\frac{2E}{N_0}\right)^{1/2}}\frac{1}{\left[1-\left(\frac{\alpha}{\beta_0\delta_0}\right)^2\right]^{1/2}} \tag{2-68}$$

$$\Delta f_{\mathrm{dmax}}=\pm\frac{1}{2\delta_0\left(\frac{2E}{N_0}\right)^{1/2}}\frac{1}{\left[1-\left(\frac{\alpha}{\beta_0\delta_0}\right)^2\right]^{1/2}} \tag{2-69}$$

当目标多普勒已知时，不定椭圆在 τ_{d} 轴上的宽度决定了测距精度；当目标距离已知时，不定椭圆在 f_{d} 轴上的宽度决定了测速精度；当目标的距离、速度均未知时，不定椭圆在两个轴上的投影决定了测量精度。不定椭圆的面积 S 为

$$S=K^2\frac{\pi}{(\beta_0^2\delta_0^2-\alpha^2)^{1/2}}=\frac{\pi}{(\beta_0^2\delta_0^2-\alpha^2)^{1/2}\frac{8E}{N_0}} \tag{2-70}$$

当信号的带宽 β_0^2、时宽 δ_0^2 很大时，这个椭圆的面积就减小，即模糊图的主峰尖锐，因此测量精度高。模糊图主峰尖锐，说明邻近目标的分辨力也好。

由以上分析可以看出，如果只研究目标的邻近分辨问题，那么它对模糊图的要求与精度对模糊图的要求是一致的，因此两者都是由模糊图主峰附近的形状决定的（即由 β_0、δ_0、α 决定的）。如果研究的分辨问题是指邻近目标的分辨和在"自身杂波"中认出回波的广义分辨问题，那么 β_0、δ_0、α 这3个参量就不能完整地说明这个问题，因而此时要看这个模糊图形状而不是主峰附近的形状。当 $\alpha=0$ 时，式(2-65)和式(2-70)分别为

$$\beta_0^2\tau_{\mathrm{d}}^2+\delta_0^2f_{\mathrm{d}}^2=K^2 \tag{2-71}$$

$$S=\frac{\pi}{\beta_0\delta_0\frac{8E}{N_0}} \tag{2-72}$$

式(2-71)为在原点轴对称的不定椭圆方程。

最后要指出一点，由式(2-65)和式(2-70)可知，任何信号的模糊图，其最大值附近的水平截面均为椭圆，椭圆长、短轴的大小及椭圆取向是由该信号的波形参量 β_0、δ_0、α 决定的。

2.1.4 模糊函数的应用

单载频矩形脉冲信号是机载雷达常用的一种信号，接下来从模糊函数的观点来研究这种信号应用于雷达的测量精度和分辨性能。

计算模糊函数的基本公式就是式(2-5)。假定单载频矩形脉冲信号的复包络为

$$u(t)=\begin{cases}\sqrt{1/\tau} & (0<t<\tau)\\ 0 & (\text{其他})\end{cases}\text{或}\ u(t)=\sqrt{\frac{1}{\tau}}\mathrm{rect}\left(\frac{t-\tau/2}{\tau}\right) \tag{2-73}$$

式中：τ 为脉冲宽度。根据式(2-5)，这种信号的模糊函数为

$$\chi(\tau_{\mathrm{d}},f_{\mathrm{d}})=\int_{-\infty}^{\infty}u(t)u^*(t+\tau_{\mathrm{d}})\exp(\mathrm{j}2\pi f_{\mathrm{d}}t)\,\mathrm{d}t=\int_a^b\frac{1}{\tau}\exp(\mathrm{j}2\pi f_{\mathrm{d}}t)\,\mathrm{d}t \tag{2-74}$$

因为式(2-74)的积分是以 τ_{d} 为参变量的，取值的不同直接影响 t 的变化范围，所以积分限的取值与 τ_{d} 的取值有关。

根据图2-12可以看出，式(2-74)的积分可分三段进行。当 $0<\tau_{\mathrm{d}}<\tau$ 时，$a=0$，$b=\tau-\tau_{\mathrm{d}}$，因此

$$\begin{aligned}\chi(\tau_{\mathrm{d}},f_{\mathrm{d}})&=\int_0^{\tau-\tau_{\mathrm{d}}}\frac{1}{\tau}\exp(\mathrm{j}2\pi f_{\mathrm{d}}t)\,\mathrm{d}t=\frac{1}{\mathrm{j}2\pi f_{\mathrm{d}}\tau}\{\exp[\mathrm{j}2\pi f_{\mathrm{d}}(\tau-\tau_{\mathrm{d}})]-1\}\\&=\exp[\mathrm{j}\pi f_{\mathrm{d}}(\tau-\tau_{\mathrm{d}})]\frac{\sin\pi f_{\mathrm{d}}(\tau-\tau_{\mathrm{d}})}{\pi f_{\mathrm{d}}(\tau-\tau_{\mathrm{d}})}\frac{(\tau-\tau_{\mathrm{d}})}{\tau}\end{aligned} \tag{2-75}$$

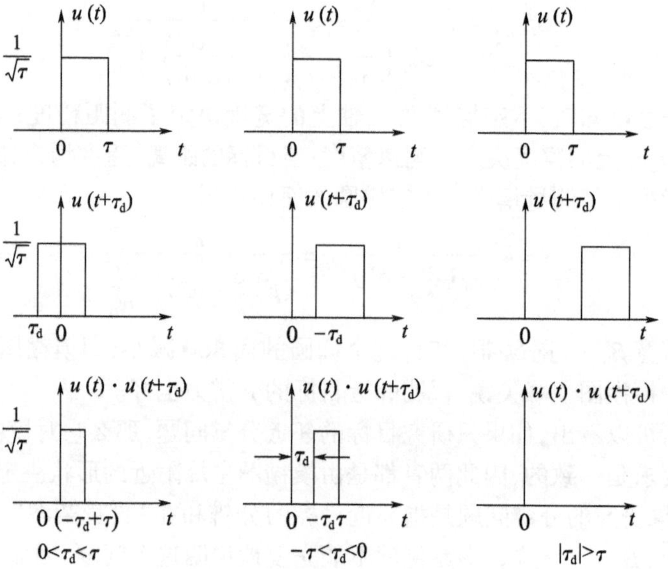

图 2-12 计算模糊函数积分限的确定

当 τ_d 的取值范围为 $-\tau<\tau_d<0$ 时，$a=-\tau_d$，$b=\tau$，所以有

$$\chi(\tau_d,f_d)=\int_0^{\tau-\tau_d}\frac{1}{\tau}\exp(\mathrm{j}2\pi f_d t)\,\mathrm{d}t=\frac{1}{\mathrm{j}2\pi f_d\tau}\{\exp[\mathrm{j}2\pi f_d(\tau-\tau_d)]-1\}$$
$$=\exp[\mathrm{j}\pi f_d(\tau-\tau_d)]\frac{\sin\pi f_d(\tau-\tau_d)}{\pi f_d(\tau-\tau_d)}\frac{(\tau-\tau_d)}{\tau} \tag{2-76}$$

当 τ_d 取值为 $|\tau_d|>\tau$ 时，$u(t)$ 和 $u(t+\tau_d)$ 不重叠，这时 $u(t)u(t+\tau_d)=0$，$\chi(\tau_d,f_d)=0$。

综合上述 3 种情况，最后可得

$$\chi(\tau_d,f_d)=\begin{cases}\exp[\mathrm{j}\pi f_d(\tau-\tau_d)]\dfrac{\sin\pi f_d(\tau-|\tau_d|)}{\pi f_d(\tau-|\tau_d|)}\dfrac{(\tau-|\tau_d|)}{\tau} & (|\tau_d|<\tau)\\ 0 & (|\tau_d|>\tau)\end{cases} \tag{2-77}$$

或

$$|\chi(\tau_d,f_d)|^2=\begin{cases}\left[\dfrac{\sin\pi f_d(\tau-|\tau_d|)}{\pi f_d(\tau-|\tau_d|)}\dfrac{(\tau-|\tau_d|)}{\tau}\right]^2 & (|\tau_d|<\tau)\\ 0 & (|\tau_d|>\tau)\end{cases} \tag{2-78}$$

根据式(2-78)，给定不同的 τ_d、f_d 值就可计算并绘出三维立体模糊图。图 2-6 已给出了这个信号的模糊图，为了能把模糊图的小旁瓣显示出来，图中的垂直坐标采用 $|\chi(\tau_d,f_d)|$ 而不是 $|\chi(\tau_d,f_d)|^2$。图 2-13 给出了这种信号的模糊度图示意，可见不同高度模糊度图的形状是不同的。

由图 2-6 和图 2-13 可以看出，这种信号的模糊图具有下面几个特点：

(1)模糊图的体积基本上集中在 $\tau_d f_d$ 平面的原点，也就是说模糊图呈单峰形式。

(2)模糊图的峰具有刀刃形状。刀刃的取向不是与时延轴 τ_d 取向一致就是与多普勒轴 f_d 取向一致，它取决于信号脉冲宽度 τ 的大小。

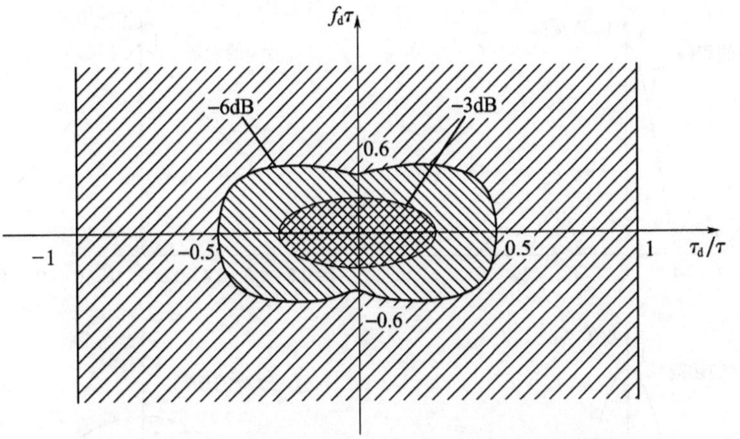

图2-13　单载频矩形脉冲信号不同高度的模糊度图

(3)模糊图沿 τ_d 轴的分布宽度为 2τ，沿 f_d 轴的分布不受限制。如果沿 f_d 轴的宽度以 $\sin x/x$ 函数的第一个零点的间距来测定，分布宽度为 $2/\tau$。

(4)在离主峰较远的地方可认为 $|\chi(\tau_d,f_d)|^2\approx 0$，说明在这些地方可认为不存在"自身杂波"。

当 $f_d=0$ 时，由式(2-78)可得

$$|\chi(\tau_d,0)|^2=\left[\frac{(\tau-|\tau_d|)}{\tau}\right]^2 \text{ 或 } |\chi(\tau_d,0)|=1-\frac{|\tau_d|}{\tau} \quad (|\tau_d|<\tau) \tag{2-79}$$

这相当于用 $f_d=0$ 并与 $\tau_d f_d$ 平面垂直的平面对模糊图切割的交迹，这个交迹的形状与简单矩形脉冲信号通过其匹配滤波器输出的功率响应或电压响应时间倒置后的波形形状完全相同。其形状如图2-14所示。

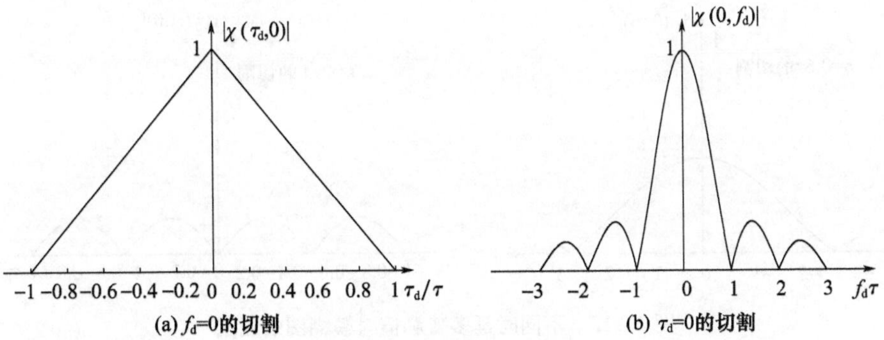

图2-14　模糊函数切割图

当 $\tau_d=0$ 时，由式(2-78)可得

$$|\chi(0,f_d)|^2=\left|\frac{\sin\pi f_d\tau}{\pi f_d\tau}\right|^2 \text{ 或 } |\chi(0,f_d)|=\left|\frac{\sin\pi f_d\tau}{\pi f_d\tau}\right| \tag{2-80}$$

式(2-80)实际上是单载频矩形脉冲的功率谱和电压谱，它反映了匹配滤波器对不同多普勒频移信号输出响应值在 $\tau_d=0$ 时刻的变化规律，其形状如图2-14所示。

当 τ_d 和 f_d 值不同时，对模糊图的切割如图2-15所示。

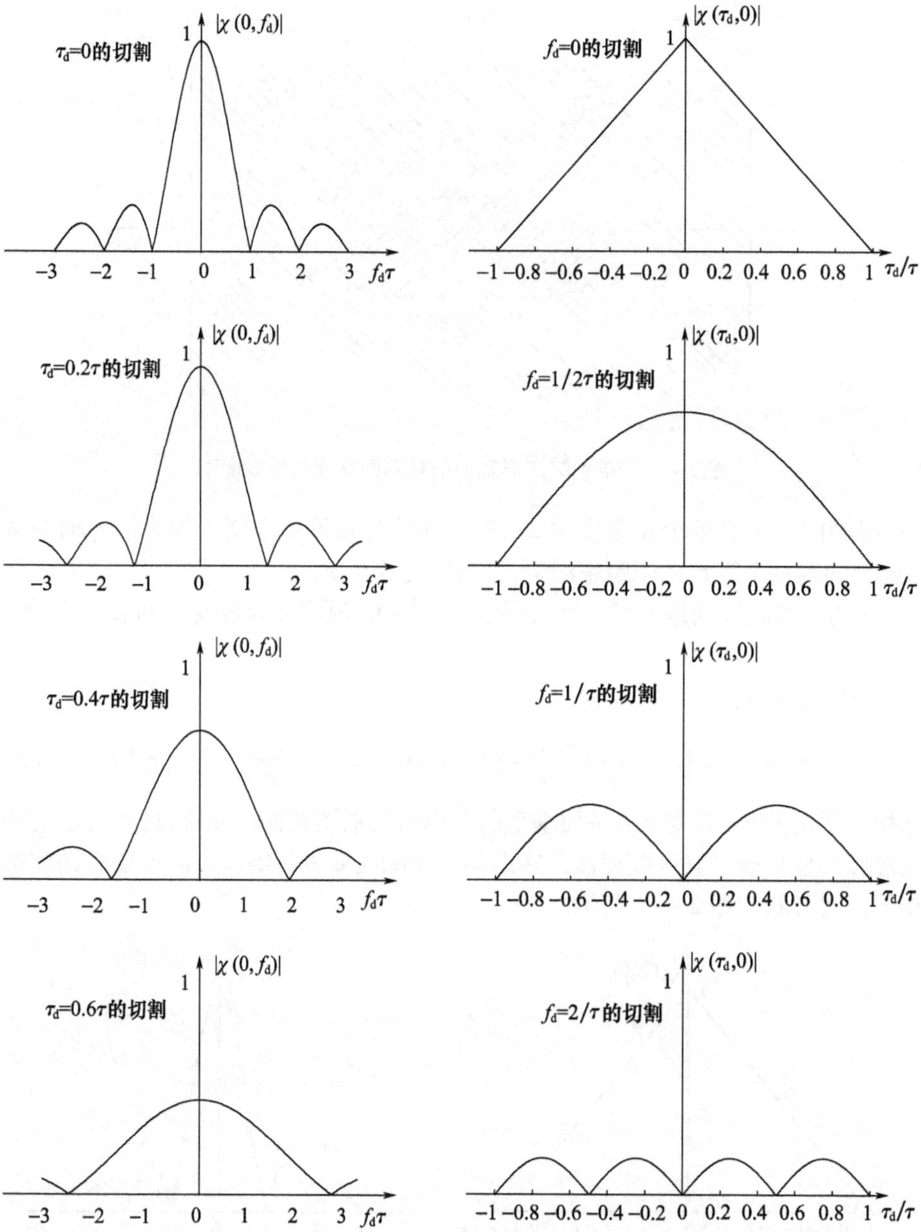

图 2－15　不同时延多普勒值对模糊图的切割

根据单载频矩形脉冲信号的模糊函数或模糊图可以研究其性能。采用这种信号的雷达不可能同时给出高的距离分辨力和高的速度分辨力。因为要得到高的距离分辨力就希望$|\chi(\tau_d,0)|$或$|\chi(\tau_d,0)|^2$随τ_d的变化要快，即模糊图在τ_d轴方向的分布范围要窄，参考图 2－16，这时信号的持续时间τ就应小，以使这种信号有效带宽增大。根据模糊函数体积不变性，模糊图在τ_d轴方向分布范围的压缩必然是模糊图在f_d轴方向分布范围的加快，从而使$|\chi(0,f_d)|$或$|\chi(0,f_d)|^2$随f_d的变化速度减慢，使这种信号的有效时宽减小，结果降低了速度分辨力。

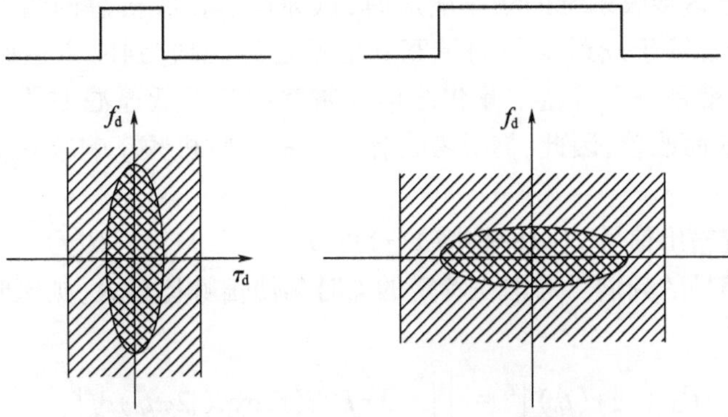

图 2 – 16　脉冲时宽对模糊分布的影响

如图 2 – 16 所示,要得到高的速度分辨力就应选用宽的脉冲,结果使距离分辨能力降低。

单载频矩形脉冲信号不可能同时给出高的测距精度和高的测速精度。当带宽 B 给定后,决定两个精度的参量对信号时宽 τ 的要求相反。从模糊图来看(图 2 – 16),窄脉冲可给出高的测距精度,但测速精度差,反之亦然。

单载频矩形脉冲信号的测距精度、距离分辨力与雷达的检测性能(或雷达发射功率)有矛盾。这点容易理解,因为增大雷达的平均发射功率就应采用宽脉冲,但其结果是使距离分辨力和测距精度变差。

单载频矩形脉冲信号在保证距离分辨力和测距精度的前提下(即选较窄的脉冲宽度),可使雷达的处理系统大大简化。因为窄脉冲可使其模糊图的刀刃取向与 f_d 轴一致,这样模糊图对多普勒是不敏感的,即这种信号对多普勒是不敏感的,这就意味着用一个匹配滤波器就可覆盖目标的速度变化范围,从而大大简化处理系统。多普勒不敏感使这种信号无法测速。这种信号的模糊图是正刀刃形,它不存在距离多普勒耦合。

综上所述,考虑到单载频矩形脉冲信号的产生和处理系统简单,所以对只要求测距和有距离分辨能力,对测量精度、距离分辨能力和作用距离要求皆不高的雷达,采用这种信号形式是合适的。

2.2　匹配滤波

通常机载雷达接收信号中总是混杂着杂波和噪声,回波信噪比的大小决定了雷达发现目标的能力。匹配滤波器就是以输出最大信噪比为准则的最佳线性滤波器。

2.2.1　匹配滤波的基本概念

1. 最优线性滤波器求解

雷达接收系统可以等效为一个线性的非时变滤波器,滤波器的脉冲响应为 $h(t)$,设其输入信号为 $x(t)$,输出信号为 $y(t)$。

通常在分析雷达接收系统的频率响应时,认为雷达接收机总的频率响应具有带通特性,其带宽大于或等于发射信号的带宽。也就是说,接收到的雷达回波信号被解调后,有效频率响应就是一个带宽与复包络信号带宽相等的低通滤波器。雷达的探测性能随信噪比的提高而改善,因此,需要考虑什么样的接收机频率响应 $H(f)$ 会得到最大的信噪比。

雷达接收系统输出信号 $y(t)$ 的频谱 $Y(f)$ 可以表示为 $Y(f)=H(f)\cdot X(f)$,其中 $X(f)$ 是接收机输入端信号的频谱。考虑在特定的 t_0 时刻使信噪比最大,则该时刻输出信号分量的功率 P_S 为

$$P_S = |y(t_0)|^2 = \left|\int_{-\infty}^{\infty} X(f)H(f)\exp(j2\pi t_0)\,df\right|^2 \tag{2-81}$$

为了计算输出的噪声功率,考虑白噪声干扰,其双边功率谱密度为 $N_0/2$,则接收机输出端的噪声功率谱密度为 $(N_0/2)|H(f)|^2$,总的输出噪声功率为

$$P_N = \frac{N_0}{2}\int_{-\infty}^{\infty} |H(f)|^2 df \tag{2-82}$$

特定的 t_0 时刻的信噪比 ρ 为

$$\rho = \frac{P_S}{P_N} = \frac{\left|\int_{-\infty}^{\infty} X(f)H(f)\exp(j2\pi t_0)\,df\right|^2}{\frac{N_0}{2}\int_{-\infty}^{\infty} |H(f)|^2 df} \tag{2-83}$$

可以看出,信噪比 ρ 取决于接收机的频率响应。通过施瓦兹不等式可以确定使信噪比 ρ 最大化的 $H(f)$。根据施瓦兹不等式可得

$$\rho \leqslant \frac{\int_{-\infty}^{\infty} |X(f)\exp(j2\pi t_0)|^2 df \int_{-\infty}^{\infty} |H(f)|^2 df}{\frac{N_0}{2}\int_{-\infty}^{\infty} |H(f)|^2 df} \tag{2-84}$$

当满足下式时,输出信噪比 ρ 值达到最大。

$$H(f) = kX^*(f)\exp(-j2\pi t_0) \quad \text{或} \quad h(t) = kx^*(t_0 - t) \tag{2-85}$$

式中:k 为非零常数,通常被置为1,它对可获得的信噪比没有影响。这种选择接收机滤波器频率或冲激响应的方式称为匹配滤波,因为响应与信号的波形相匹配。因此,为获得最大输出信噪比所需的波形和接收机滤波器是相互匹配的。如果雷达改变波形,接收机滤波器的冲激响应也必须随之改变以维持匹配关系。通过时间反转以及对复波形取共轭,可以求得匹配滤波器的冲激响应。使信噪比最大化的时间点 t_0 是任意的,但是,为了使 $h(t)$ 具有因果性,应该满足 $t_0 \geqslant \tau$。

已知某个输入信号 $x(t)$ 同时包含目标和噪声分量,则滤波器的输出由卷积给出,即

$$\begin{aligned} y(t) &= \int_{-\infty}^{-\infty} x(s)h(t-s)\,ds \\ &= k\int_{-\infty}^{-\infty} x(s)x^*(s+t_0-t)\,ds \end{aligned} \tag{2-86}$$

式(2-86)第二行可看成包含噪声的回波信号 $x(t)$ 与其在时延为 t_0-t 时的互相关。因此,匹配滤波器是以输入信号为参考信号的相关器。

计算通过匹配滤波器获得的最大信噪比是很有意义的。将式 $H(f)=kX^*(f)\exp(-j2\pi t_0)$

代入式(2-83),得到信噪比ρ的最大值ρ_{max}为

$$\rho_{max}=\frac{\left|\int_{-\infty}^{\infty}X(f)[kX^*(f)\exp(-j2\pi t_0)]\exp(j2\pi t_0)df\right|^2}{\frac{N_0}{2}\int_{-\infty}^{\infty}|kX^*(f)\exp(-j2\pi t_0)|^2df}$$
$$=\frac{\left|k\int_{-\infty}^{\infty}|X(f)|^2df\right|^2}{|k|^2\frac{N_0}{2}\int_{-\infty}^{\infty}|X(f)|^2df}=\frac{2}{N_0}\int_{-\infty}^{\infty}|X(f)|^2df=\frac{2E}{N_0}\qquad(2-87)$$

式(2-87)说明了一个重要结论,即所能达到的最大信噪比只取决于波形的能量,而不是诸如调制方式等这样的细节。只要它们经过各自的匹配滤波器处理,两个能量相同的不同波形将产生相等的最大信噪比。

虽然同样是峰值信号分量功率与噪声功率的比值,但式(2-87)最后一行的信噪比称为能量信噪比,因为能量匹配滤波器输出的信号峰值功率等于传播信号的能量。匹配滤波器的输出端的峰值信号由式(2-86)在$t=t_0$时给出,同时由于它是长度为τ的脉冲与长度为τ的匹配滤波器冲激响应的卷积,故匹配滤波器输出的信号分量长度为2τ。

可以将以上的结论进行推广,从而当干扰信号功率谱不再是白色时,设计一种使输出的信干比最大的滤波器。在雷达系统中,这种方法是很有用的。例如当主要干扰为具有色功率谱的杂波时,此时,设计结果可以用两阶段滤波操作描述:第一阶段为白化滤波,它将干扰功率谱转化为平坦谱(同时在处理中也修正了信号的频谱);第二阶段为前面提及的传统匹配滤波,但它是为经过修正的信号频谱而设计的。

2. 匹配滤波器特性分析

匹配滤波概念在雷达信号理论以及许多相关的领域中起着重要的作用,有必要对它的特性进行一些更详细的讨论。

1)匹配滤波器的脉冲响应

由式(2-85)可知,当输入匹配滤波器的信号为$x(t)$时,匹配滤波器的脉冲响应为$h(t)=kx^*(t_0-t)$。这表明除了任意的复常数k外,匹配滤波器的脉冲响应由所匹配的信号唯一地确定。若信号$x(t)=a(t)\exp[j\varphi(t)]$,其匹配滤波器响应为$h(t)=a(t_0-t)\exp[-j\varphi(t_0-t)]$。

如图2-17所示,对比输入信号复包络和匹配滤波器可以看出,输入信号与匹配滤波器的实包络式是完全对称的,即两者对$t=t_0/2$点互成镜像关系。对于讨论的复包络,$x(t)$与$h(t)$是共轭镜像的关系,即它们的模对$t=t_0/2$点呈偶对称关系,它们的幅角(相调函数)对$t=t_0/2$点呈奇对称关系。

2)匹配滤波器的频率响应特性的理解

求匹配滤波器频率响应的一种方法是直接应用时域最优滤波器的结果,对其两端分别求傅里叶变换得到匹配滤波器的频率响应;也可利用频域推导的结果,忽略常数k,可得$h(t)=x^*(t_0-t)$,$H(f)=X^*(f)\exp(-j2\pi ft_0)$。这表明除了线性相位因子$\exp(-j2\pi ft_0)$外,匹配滤波器的频率特性恰好是输入雷达信号频谱的共轭,“匹配”一词确切地表达了这一点。

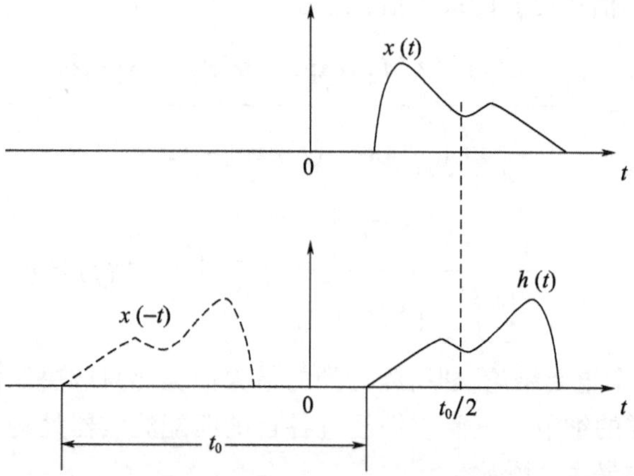

图 2-17 实包络信号及其匹配滤波器的脉冲响应

匹配滤波器的频域特性总结如下：

（1）匹配滤波器的幅频特性与输入雷达信号的幅度谱一致。

（2）匹配滤波器的幅频特性相当于对输入信号加权。对输入信号中较强的频率成分给以较大的权重，而对较弱的频率成分给以较小的权重，突出信号的主要能量，这显然是在白噪声（它具有均匀的功率谱）中过滤出信号的一种最有效的权重方式。

（3）匹配滤波器的相频特性与输入雷达信号的相位谱互补（除了线性相位项外）。因此，不管输入信号有怎样复杂的非线性相位谱，经过匹配滤波器后，全部被补偿掉了，输出信号成分仅保留有线性相位谱，这不仅意味着输出信号成分在时轴上以最紧凑的形式出现，而且意味着输出信号的各不相同频率成分在时刻 t_0 处于同一相位，同相相加，形成了输出信号的峰值，实现了对输入信号的能量聚集作用。

（4）对于噪声，由于它固有的随机性质，匹配滤波器的相频特性对它不产生任何影响。

从式（2-85）可知，匹配滤波器可用两个级联的网络实现，一个实现幅度匹配，一个实现相位匹配，如图 2-18 所示。

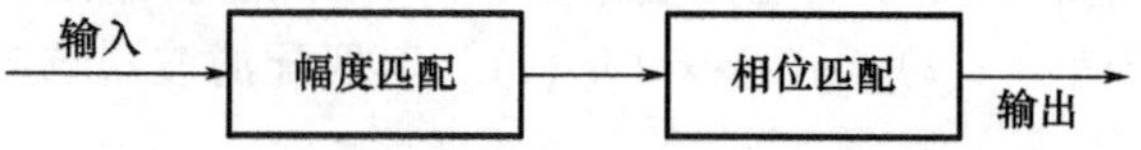

图 2-18 匹配滤波器的一种级联实现

3）最大输出时刻的讨论

如前所述，t_0 是指匹配滤波器输出信号成分形成峰值的时刻，这个时刻可在一定的范围内任选。对任何一个物理上可实现的滤波器来说，当 $t<0$ 时，必有 $h(t)=0$。就是说，任何一个物理上可实现的滤波器绝不可能超前于输入产生响应。把输入看成“原因”，把输出看成“结果”，结果绝不能超前于原因，只能滞后于原因，这种因果关系正是现实世界的一种物理属性。

考虑到 $t<0$ 时，必有 $h(t)=0$，代入 $h(t)=x^*(t_0-t)$，则有 $t>t_0$ 时，$x^*(t)=0$。这表明，输入信号必须在 t_0 时刻之前结束；或者说，匹配滤波器的输出信噪比达到最大值的时刻必然是在输入信号全部结束以后，这是因为，若信号尚未全部结束，就无法得到全部输入信号能量，输出信噪比当然也就不可能达到它的最大值 $2E/N_0$。

基于上述分析，再结合图2-19可以看出，t_0 的最小值即为信号 $x(t)$ 的结束时刻。

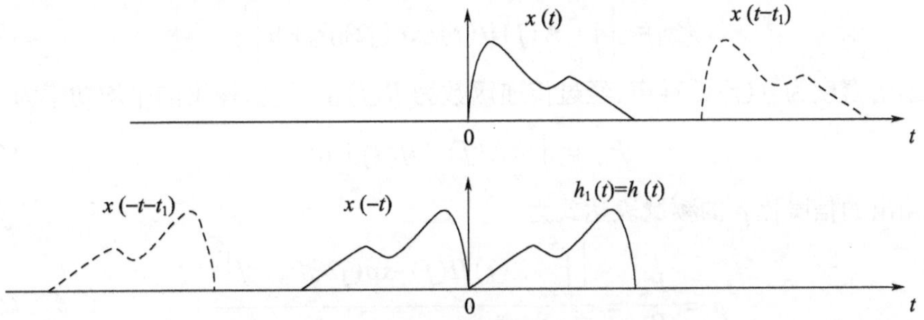

图2-19 匹配滤波器在时间上的适应性

另外，只要信号的波形不变，不管它在什么时刻出现，匹配滤波器的脉冲响应都是一样的，这就是说，匹配滤波器在时间上具有适应性。

考虑信号 $x_1(t)=x(t-t_1)$，它是信号 $x(t)$ 的时延信号，它的匹配滤波器形式为

$$h_1(t)=x_1^*(t'_0-t)=x^*(t'_0-t-t_1) \tag{2-88}$$

只要 $t'_0=t_0+t_1$，即采样时间在输入信号全部结束以后，$h_1(t)=x^*(t_0-t)=h(t)$，这说明 $x_1(t)$ 与 $x(t)$ 的匹配滤波器是相同的。

4）匹配滤波处理与相关处理

根据式(2-85)所定义的匹配滤波器的时域形式，则匹配滤波器的输出为

$$\begin{aligned} y(t) &= x(t)*h(t) = \int_{-\infty}^{\infty} x(t-s)h(t)\mathrm{d}s \\ &= \int_{-\infty}^{\infty} x(t-s)x^*(t_0-s)\mathrm{d}s \end{aligned} \tag{2-89}$$

对式(2-89)最后一项积分进行变量置换，令 $t-s=s'$，有

$$y(t) = \int_{-\infty}^{\infty} x(s')x^*[s'-(t-t_0)]\mathrm{d}s' \tag{2-90}$$

式(2-90)中积分的形式与相关函数的定义完全相似，不同的是积分变量。因此，对输入信号进行匹配滤波处理等效于对输入信号进行相关处理。

2.2.2 噪声背景下的匹配滤波

1. 线性滤波器的输出

前面讨论了平稳白噪声干扰下信号的线性滤波问题，采用最大信噪比准则，求解出匹配滤波的形式。接下来继续讨论最优滤波问题，但噪声干扰的背景不再是平稳白噪声，而是平稳色噪声下的最优处理，与平稳白噪声相比，色噪声的功率谱不再认为是均匀的，其相关函数不能看作冲激函数。

设平稳色噪声用 $n(t)$ 表示，则其功率谱密度为 $N(f)$，平稳色噪声 $n(t)$ 的自相关函数 $R(s)=\mathrm{E}[n(t)n^*(t-s)]$。根据维纳-辛钦定理，$R(s)$ 的傅里叶变换为其功率谱密度为 $N(f)$。

根据前面的分析，对于平稳噪声，考虑的滤波器自然是线性的。因此，接下来我们关心这个线性滤波器输出的信噪比的表达式。接下来在频域中求解最优滤波器的解。

雷达接收信号 $x(t)$ 经过传递函数为 $H(f)$ 的系统，输出信号频谱为 $X(f)H(f)$，假设 t_0 时刻的输出最大信号，输出信号的峰值功率为

$$P_S = \left|\int_{-\infty}^{\infty} X(f)H(f)\exp(\mathrm{j}2\pi f t_0)\,\mathrm{d}f\right|^2 \tag{2-91}$$

功率谱密度为 $N(f)$ 的噪声，经过传递函数为 $H(f)$ 的系统，输出的平均功率为

$$P_N = \int_{-\infty}^{\infty} N(f)\ |H(f)|^2\mathrm{d}f \tag{2-92}$$

则输出的信噪比 ρ 的频域表达式为

$$\rho = \frac{P_S}{P_N} = \frac{\left|\int_{-\infty}^{\infty} X(f)H(f)\exp(\mathrm{j}2\pi f t_0)\,\mathrm{d}f\right|^2}{\int_{-\infty}^{\infty} N(f)\ |H(f)|^2\mathrm{d}f} \tag{2-93}$$

2. 最优滤波器求解

色噪声背景下同样约定线性处理，因此同样适用最大信噪比准则，于是最优线性处理方法也是设计滤波器 $H(f)$，使滤波器输出的信噪比达到最大值。使输出信噪比达到最大的问题，同平稳白噪声求解过程一样，可以利用施瓦兹不等式来求解。

复平稳随机过程的功率谱密度为非负实函数，于是有 $N(f)^{-1/2}N(f)^{1/2}=1$。根据施瓦兹不等式，有下式成立，即

$$\left|\int_{-\infty}^{\infty} H(f)X(f)\cdot N(f)^{-1/2}N(f)^{1/2}\exp(\mathrm{j}2\pi f t_0)\,\mathrm{d}f\right|^2 \leqslant$$
$$\int_{-\infty}^{\infty} |H(f)N(f)^{1/2}|^2\mathrm{d}f\int_{-\infty}^{\infty} |X(f)N(f)^{-1/2}\exp(\mathrm{j}2\pi f t_0)|^2\mathrm{d}f \tag{2-94}$$

当且仅当下列等式成立时，式(2-94)取等号。

$$H(f) = k\frac{X^*(f)\exp(-\mathrm{j}2\pi f t_0)}{N(f)} \tag{2-95}$$

式中：k 为任意非零常数。

整理式(2-95)，有

$$N(f)H(f) = kX^*(f)\exp(-\mathrm{j}2\pi f t_0) \tag{2-96}$$

对式(2-96)的两边同时进行傅里叶逆变换，并整理得到关于滤波器的冲激响应 $h(t)$ 的关系式为

$$R(t) * h(t) = kx(t_0 - t) \tag{2-97}$$

式(2-97)左端是 $R(t)$ 和 $h(t)$ 的卷积。可以把左端看成是以 $R(t)$ 输入到 $h(t)$ 滤波器产生的输出，这输出恰好比例于信号 $x(t)$ 的共轭镜像 $x^*(t_0-t)$。换句话说，在色噪声下给出最大输出信噪比的滤波器正是在 $R(t)$ 输入下产生 $x^*(t_0-t)$ 输出的滤波器。

可以看出，当色噪声退化为白噪声时，式(2-97)的解为

$$h(t) = kx^*(t_0 - t) \tag{2-98}$$

最优滤波器即退化为匹配滤波器，与前述结果一致。事实上，可以把匹配滤波器看成是最优滤波器的一个特例，或者反过来把最优滤波器看成是匹配滤波器的推广。

3. 滤波器的级联形式

1) 白化滤波器

式(2-95)所示的传递函数 $H(f)$ 可以分解为

$$H(f)=H_w(f)kX^*(f)\exp(-j2\pi ft_0) \tag{2-99}$$

式中：$H_w(f)=1/N(f)$为白化滤波器。式(2-99)表明，最优滤波器可看成是两个滤波器的级联，其中一个则是输入噪声功率谱的逆，另一个就是对输入信号匹配的滤波器，如图2-20所示。滤波器$H_w(f)$的作用像是把色噪声下的线性滤波问题转换成白噪声下的滤波问题，正是在这个意义上，人们称它为白化滤波器。应当注意的是，色噪声通过这样的白化滤波器后并非白噪声。

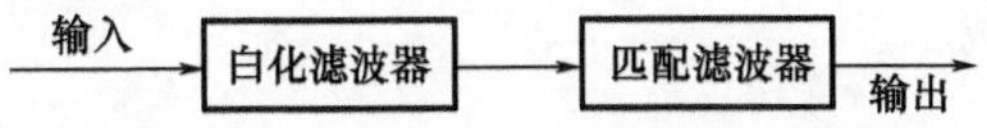

图2-20 最优滤波器的一种构成方式

也可将式(2-95)改写为

$$H(f)=\frac{k}{N(f)^{1/2}}\frac{X^*(f)}{N(f)^{1/2}}\exp(-j2\pi ft_0)=H_1(f)H_2(f) \tag{2-100}$$

式中：$H_1(f)=k/N(f)^{1/2}$，$H_2(f)=X^*(f)\exp(-j2\pi ft_0)/N(f)^{1/2}$。即把$H(f)$看成两个滤波器级联，功率谱密度为$N(f)$的噪声通过第一个滤波器后输出噪声功率谱密度为$N(f)[H_1(f)]^2=N(f)[k/N(f)^{1/2}]^2=k^2$。该式与$f$无关，即输出噪声为白噪声，功率谱密度为$k^2$。另一方面频谱为$X(f)$的信号通过第一个滤波器后，输出信号的频谱发生失真，变为$X_1(f)=kX(f)/N(f)^{1/2}$。

2）最优滤波器输出的信噪比

经过第一个滤波器后，问题转换为白噪声下的线性滤波问题，相应的匹配滤波器应是

$$H(f)=k\cdot X_1^*(f)\exp(-j2\pi ft_0)=k\frac{X^*(f)}{N(f)^{1/2}}\exp(-j2\pi ft_0) \tag{2-101}$$

若$k=1$，则式(2-101)就是式(2-100)中的第二个滤波器，对于这个滤波器来说，输入信号的能量为

$$E=\int_{-\infty}^{\infty}\left|\frac{kX(f)}{N(f)^{1/2}}\right|^2\mathrm{d}f=|k|^2\int_{-\infty}^{\infty}\frac{|X(f)|^2}{N(f)}\mathrm{d}f \tag{2-102}$$

输入噪声的单边功率谱密度为$N_0=k^2$。根据匹配滤波理论公式，第二个滤波器的输出信噪比，也就是最优滤波器的输出信噪比ρ为

$$\rho=\int_{-\infty}^{\infty}\frac{|X(f)|^2}{N(f)}\mathrm{d}f \tag{2-103}$$

前述已经指出，在白噪声输入情况下，只要实现了匹配滤波，输出信噪比只决定于信号能量与噪声功率谱密度的比值，与信号形式无关。这个结论对于色噪声不再成立，式(2-103)已表明了这一点，给定$N(f)$，适当地设计信号的频谱$|X(f)|$，可获得更大的信噪比，该问题属于最优波形设计问题。

2.2.3 匹配滤波的应用

1. 简单脉冲匹配滤波器

对于宽度为τ的简单矩形脉冲信号$x(t)$，其表达式为

$$x(t)=\begin{cases}1 & (0\leqslant t\leqslant\tau)\\0 & (\text{其他})\end{cases} \tag{2-104}$$

相应匹配滤波器的冲激响应为

$$h(t)=kx^*(t_0-t)$$
$$=\begin{cases}k & (t_0-\tau\leqslant t\leqslant t_0)\\0 & (\text{其他})\end{cases} \tag{2-105}$$

这里,为满足因果关系,要求 $t_0\geqslant\tau$。由于 $x(t)$ 相对于其傅里叶变换(sinc 函数)更为简单,所以采用式(2-86)的相关解释更易计算输出。图 2-21 画出了被积函数中的两项,以便于建立积分区域。

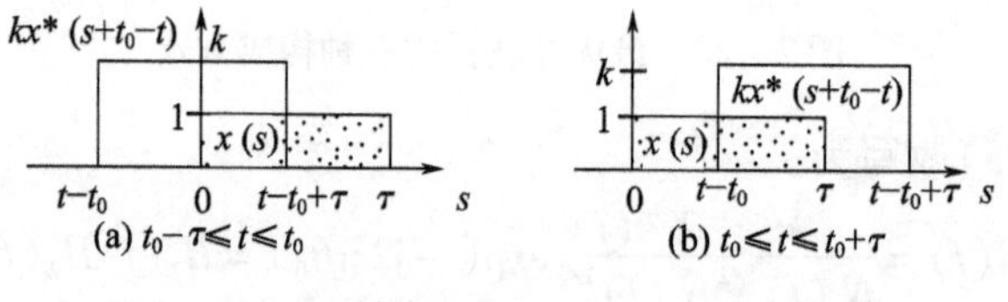

图 2-21　简单脉冲与其匹配滤波器的卷积

图 2-21(a)表明,滤波器输出 $y(t)$ 为

$$y(t)=\begin{cases}0 & (t<t_0-\tau)\\ \displaystyle\int_0^{t-t_0+\tau}(1)(k)\,\mathrm{d}s & (t_0-\tau\leqslant t\leqslant t_0)\end{cases} \tag{2-106}$$

图 2-21(b)可以帮助确定剩下的两个区域,即

$$y(t)=\begin{cases}\displaystyle\int_{t-t_0}^{\tau}(1)(k)\,\mathrm{d}s & (t_0\leqslant t\leqslant t_0+\tau)\\ 0 & (t>t_0+\tau)\end{cases} \tag{2-107}$$

卷积结果为

$$y(t)=\begin{cases}k[t-(t_0-\tau)] & (t_0-\tau\leqslant t\leqslant t_0)\\ k[(t_0+\tau)-t] & (t_0\leqslant t\leqslant t_0+\tau)\\ 0 & (\text{其他})\end{cases} \tag{2-108}$$

图 2-22 给出了输出波形。匹配滤波器的输出是时宽为 2τ 的三角函数,在 $t=t_0$ 时刻达到峰值 $k\tau$。因为单位幅度脉冲的能量为 τ,故峰值等于 $k\tau$,与之前预测值相同。

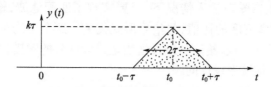

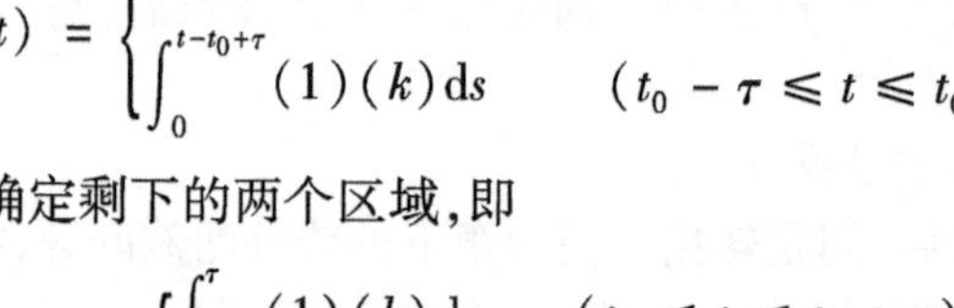

图 2-22　简单脉冲的匹配滤波器输出

匹配滤波器输出的噪声功率为

$$P_{\mathrm{N}}=\frac{N_0}{2}\int_{-\infty}^{\infty}|H(f)|^2\mathrm{d}f=\frac{N_0}{2}\int_{-\infty}^{\infty}|h(t)|^2\mathrm{d}t=\frac{N_0}{2}|k|^2\tau \tag{2-109}$$

式中,第二步的推导同样利用了帕塞瓦尔关系。因此信噪比为

$$\rho = \frac{|k\tau|^2}{\frac{N_0}{2}|k|^2\tau} = \frac{2\tau}{N_0} = \frac{2E}{N_0} \tag{2-110}$$

与式(2-87)的结果一致。

2. 全距离匹配滤波器

设计匹配滤波器是为了在 t_0 时刻获得最大的信噪比。这会产生几个问题，即应该如何选择 t_0？目标距离如何与所得结果相联系？如果接收信号包含不同距离的多个目标回波会怎样？

首先取 $t_0=\tau$，它是保证因果匹配滤波器的最小值。假设匹配滤波器的输入是位于未知距离 R_0 处目标的回波，对应的时延 $t_R=2R_0/c$，匹配滤波器输出信号的分量为

$$y(t) = \int_{-\infty}^{\infty} x(s-t_R)kx^*(s+\tau-t)\mathrm{d}s \tag{2-111}$$

这恰好是接收到的延迟回波与匹配滤波器冲激响应函数的相关运算。输出波形仍将是一个三角波，它的峰值出现在相关时延为 0 处，即 $s-t_R=s+\tau-t$ 或 $t=t_R+\tau$ 处。图 2-23 给出了匹配滤波器的输出波形。峰值将出现在 $t_p=t_R+\tau$ 时刻，它对应于目标回波实际时延与因果匹配滤波器时延之和。通过观察滤波器的输出可以很容易地计算出目标距离为 $R_0=c(t_p-\tau)/2$。

以上讨论表明，匹配滤波器的参数 t_0 可以随意选择（通常选为 $t_0=\tau$）。只要知道 t_0，则目标的距离可以按以下方法求出：探测匹配滤波器输出信号峰值出现的时刻，从中减去 t_0 以得到信号到达目标并反射回来的时延，并将其转化为距离。这样，只要选出 t_0，就可以在所有距离上探测目标。对匹配滤波器的输出信号在一系列快时间样本点 t_k 进行采样，如果峰值出现在 t_k 时刻，则它与距离为 $c(t_k-t_0)/2$ 处的目标对应。如果接收的回波信号包含位于不同距离处的多个目标回波，则通过叠加运算，匹配滤波器的输出将包含单脉冲三角响应的多个副本，每个副本以不同目标的时延（加滤波器的时延）为中心。

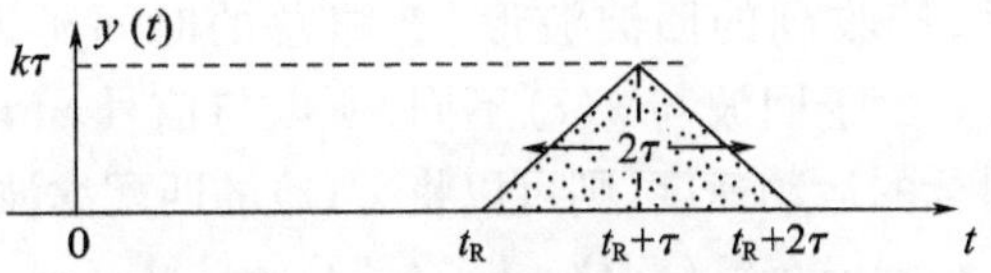

图 2-23　目标的匹配滤波器输出

在实际应用中，将匹配滤波器进行数字化后，$y(t)$ 是以快时间采样率 $f_s=1/T_s$ 进行的采样。传统的 f_s 等于或者略大于带宽 β。距离维采样间隔是 $cT_s/2$。一般地，目标不精确对应距离采样点，所以雷达接收回波就不能精确地采样到目标峰值。这将会导致信号幅度的降低，信噪比也会相应降低。这正是离散傅里叶变换的频率域的跨越损失问题。在这两种情况下，有限的采样率都会允许处理器“丢失”峰值响应，这与它是匹配滤波器在快时间的输出，还是慢时间的频谱无关。跨越损失也在对扫描天线的角度采样中存在。不管在哪种情况下，都可以通过提高采样率或者使用各种内插方法来降低这一损失。

通过计算不会使回波发生混叠的距离间隔，脉宽为 τ 的简单脉冲所对应的距离分

辨率为 $c\tau/2$。当使用匹配滤波器时，每个散射对应的输出信号长度均为 2τ，但在形状上不是矩形波而仍是三角波。更长的匹配滤波器输出是否会产生更高的距离分辨率呢？

在考虑该问题之前，先要明确对 R_0 处散射点解调后的回波中不仅包含 $t_R = 2R_0/c$ 的时延，还包含 $\exp[j(-4\pi/\lambda)R_0]$ 的总相移。当距离仅变化 $\lambda/4$ 时，就会产生 180°的相位变化，因此，两个发生混叠的目标响应可能会使相位相长或相消，但它们之间很小的距离变化就会使合成响应发生很大的变化。考虑位于 $ct_R/2$ 和 $ct_R/2 + c\tau/2$ 处的两个目标，假设 τ 使两个匹配滤波器的响应在相位上相长。图 2－24(a)给出了匹配滤波器输出的合成响应，该响应是平顶梯形。显然，若两个散射点之间的距离增加，即使距离使其相位不变，其合成响应也会出现一个凹口。若两个散射点之间的距离减小，则同相响应将仍为梯形，只是由于响应的重叠区域增大而会有更高的峰值及更短的平坦区域。由于只要距离增加，就会在两个响应间产生一个凹口，故将间隔 $c\tau/2$ 称为匹配滤波器输出的距离分辨率。因此，使用匹配滤波器并未降低距离分辨率。为了进一步强化该观点，可以回顾瑞利分辨率的定义，即峰值到第一零点间的距离。观察图 2－22 可看出，$c\tau/2$ 同时还是简单脉冲匹配滤波器输出的瑞利分辨率。

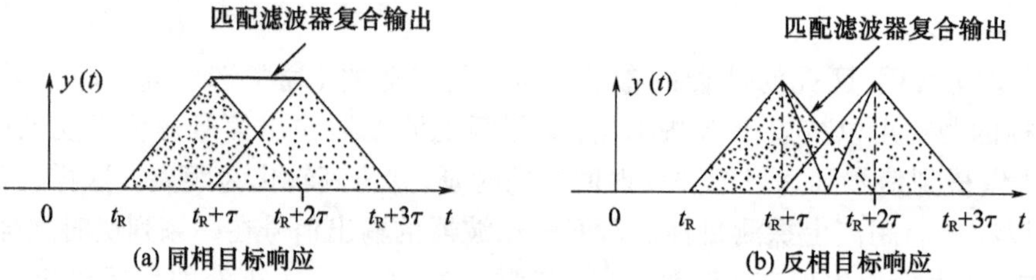

图 2－24　两个散射点对应的合成匹配滤波器输出

3. 动目标的匹配滤波

若雷达发射信号为矩形脉冲 $x(t) = 1, 0 \leqslant t \leqslant \tau$，目标以径向速度 v 朝向雷达运动。雷达接收信号经过解调后，接收到的回波波形（忽略总的时间延迟）为 $x'(t) = x(t)\exp(j2\pi f_d t)$，其中 $f_d = 2v/\lambda$。由于回波与 $x(t)$ 不同，所以与信号 $x(t)$ 匹配的滤波器不再与 $x'(t)$ 匹配。如果已知目标的运动速度，则可以将 $x'(t)$ 的匹配滤波器构造为

$$h(t) = kx'^*(-t) = kx^*(-t)\exp(j2\pi f_d t) \tag{2-112}$$

该匹配滤波器的频率响应为

$$H(f) = k\int_{-\infty}^{\infty} x^*(-t)\exp(j2\pi f_d t)\exp(-j2\pi f t)\,dt \tag{2-113}$$

令 $t' = -t$，并代入式(2－113)，可得

$$H(f) = k\left[\int_{-\infty}^{\infty} x(t')\exp[-j2\pi(f-f_d)t']\,dt'\right]^* = kX^*(f-f_d) \tag{2-114}$$

因此，将 $x(t)$ 匹配滤波器的中心频率简单平移至预期的多普勒频移处，就能得到 $x'(t)$ 的匹配滤波器。

当预先不知道目标速度时，接收机滤波器与目标多普勒频移会失配。一般地，假设滤波器与某个多普勒频移 f_i 匹配，但实际目标回波的多普勒频移为 f_d。为简便起见设 $t_0 = 0$，则当 $|t| > \tau$ 时，匹配滤波器的输出为 0。当 $0 \leqslant t \leqslant \tau$ 时，滤波器输出响应信号为

$$y(t) = k\int_t^{\tau} \exp(\mathrm{j}2\pi f_{\mathrm{d}} s)\exp[-\mathrm{j}2\pi f_i(s-t)]\mathrm{d}s \tag{2-115}$$

如果事实上滤波器与实际的多普勒频移相匹配,即 $f_i = f_{\mathrm{d}}$,则输出为

$$y(t) = k\exp(\mathrm{j}2\pi f_{\mathrm{d}} t)\int_t^{\tau}(1)\mathrm{d}s = k\exp(\mathrm{j}2\pi f_{\mathrm{d}} t)(\tau - t) \tag{2-116}$$

对于 $-t$,即 $-\tau \leqslant t \leqslant 0$ 时的分析结果类似,则完整的结果为

$$y(t) = \begin{cases} k\exp(\mathrm{j}2\pi f_{\mathrm{d}} t)(\tau - |t|) & (-\tau \leqslant t \leqslant \tau) \\ 0 & (\text{其他}) \end{cases} \tag{2-117}$$

因此,$|y(t)|$ 就是常见的三角函数,峰值位于 $t=0$ 处。

如果存在多普勒失配,即 $f_i \neq f_{\mathrm{d}}$,则期望峰值出现时刻 $t=0$ 处的响应为

$$\begin{aligned} y(t)\big|_{t=0} &= k\int_0^{\tau} \exp(\mathrm{j}2\pi f_{\mathrm{d}} s)\exp(-\mathrm{j}2\pi f_i s)\mathrm{d}s \\ &= k\int_0^{\tau}\exp[\mathrm{j}2\pi(f_{\mathrm{d}} - f_i)s]\mathrm{d}s \\ &= \frac{k}{\mathrm{j}2\pi(f_{\mathrm{d}} - f_i)}\exp[\mathrm{j}2\pi(f_{\mathrm{d}} - f_i)s]\Big|_0^{\tau} \end{aligned} \tag{2-118}$$

定义 $f_{\mathrm{diff}} \equiv f_{\mathrm{d}} - f_i$,则

$$|y(0)| = \left|\frac{2k\sin(2\pi f_{\mathrm{diff}}\tau/2)}{2\pi f_{\mathrm{diff}}}\right| \tag{2-119}$$

根据式(2-119)进行仿真,仿真图如图 2-25 所示。图中,$\tau = 1\ \mu\mathrm{s}$,当 $f_{\mathrm{diff}} = 1/\tau = 1$ MHz 时,得到该 sinc 函数的第一零点。相对较小的多普勒失配($f_{\mathrm{diff}} \ll 1/\tau$)仅会使匹配滤波器输出峰值的幅度有轻微衰减。但是,大的失配会产生相当大的衰减。

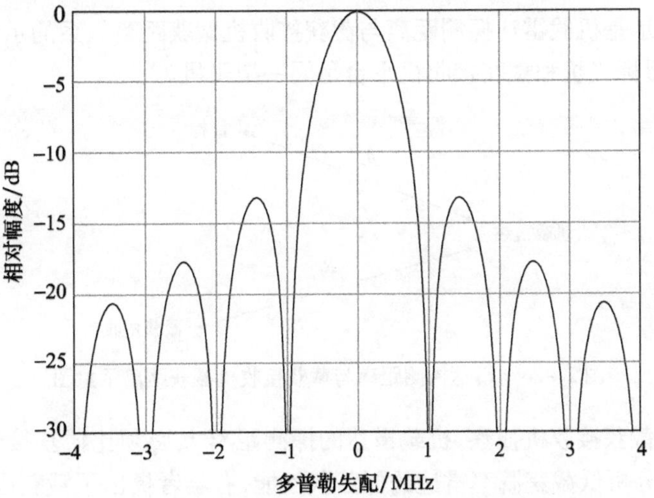

图 2-25　峰值时刻多普勒失配对匹配滤波器响应的影响

多普勒失配的影响可能是好的也可能是坏的。如果目标运动并且速度未知,则失配现象会使观测到的峰值衰减,而如果衰减特别严重则无法对其进行检测。信号处理器必须要么估计出目标的多普勒,从而调整匹配滤波器;要么为不同的多普勒频率设计多个匹配滤波器,并观测每个滤波器的输出以跟踪目标。另一方面,如果只是为了监测某一特定

多普勒频移处对应的目标,则滤波器需要具备能够抑制其他多普勒频移处目标的能力。

从图 2-25 中可以很清楚地看到,多普勒失配响应的瑞利分辨率为 $1/\tau$。因此速度分辨率为 $\lambda/2\tau$,对于一般的脉冲长度,这是相当大的值。以宽度为 10μs 的脉冲为例,其多普勒的瑞利分辨率为 100kHz,若载频在中心频率 10GHz 的 X 波段,其速度的瑞利分辨率则为 1500m/s。

很多雷达系统不能检测如此高的多普勒频移,因此多普勒失配效应毫无意义,并且在单脉冲条件下,在多普勒域也检测不到目标的存在。如果要求更高的多普勒分辨率,则可能需要更长的脉冲。例如,在 X 波段 1m/s 的速度分辨力需要宽度为 15ms 的脉冲,则距离分辨率为 2250km。

高距离分辨率与高多普勒分辨率之间的矛盾可以通过采用脉冲串波形解决。

2.3 低截获概率技术

机载雷达是一个发射信号功率很大的电子设备,它在发现目标的同时,发射信号也很容易被对方电子侦察设备发现和截获,从而导致被对方的干扰设备干扰,或是受到反辐射导弹的攻击。所以提高雷达的隐蔽性,降低被对方电子侦察设备截获的概率是雷达在电子对抗过程中争取主动、免受电子干扰和摧毁的重要措施。

2.3.1 低截获概率原理

1. 截获因子

图 2-26 所示是机载雷达探测距离与截获接收机截获距离关系的示意图。对于自卫式电子战设备,目标飞机和截获接收机平台是同一架飞机。

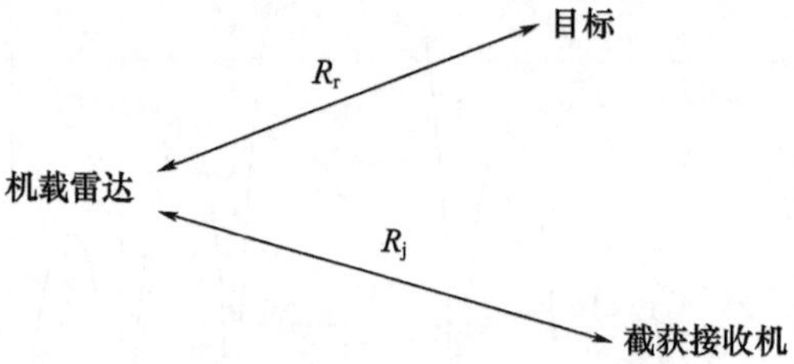

图 2-26　雷达探测距离与截获接收机截获距离示意图

为了避免被截获接收机侦察,机载雷达的探测距离 R_r 必须比截获接收机的截获距离 R_j 远。为了定量分析低截获概率雷达的低截获性能,有学者提出了截获因子的概念,可以直观地表示雷达的低截获性能。截获因子 α 定义为截获接收机的截获距离与雷达检测到目标的最大作用距离之比,即

$$\alpha = \frac{R_j}{R_r} \tag{2-120}$$

式中:R_j 为截获平台侦察接收机所能检测到雷达发射信号的最大距离;R_r 为雷达对雷达截面积为 σ 的目标的最大探测距离。

截获因子 α 表征了某雷达相对于确定截获接收机的低截获性能，当 $\alpha>1$ 时，表明截获接收机可以判定雷达的存在而雷达不能发现目标，此时侦察设备占优势，机载雷达有被干扰及摧毁的危险，不具有低截获性能；当 $\alpha<1$ 时，雷达能发现目标而侦察接收机无法感知雷达的存在，此时雷达占优势，雷达具有一定的低截获性能，这种雷达就称为低截获概率雷达。截获因子 α 的值越小，表示敌方的雷达侦察接收机的截获雷达的概率越小，雷达的反截获能力越强。当 $\alpha\leqslant 1/2$ 时，称之为超低截获概率雷达（ULPI）。

截获因子 α 是一个相对的概率事件，因为定义式中的 R_r 和 R_j 都是在一定的发现概率和虚警概率下的距离，因此，低截获性能实际上是相对于某一类截获接收机来说的。低截获雷达是包含雷达和截获接收机的系统，雷达是否具有低截获特性与截获接收机的类型密切相关。因此，通常意义上的低截获雷达，已经隐含了它对抗的是同时代某种特定类型的截获接收机。图 2－26 所示的截获接收机既可以和目标在一个平台上，也可以和目标相互分离。对于装备自卫式电子战设备的目标，雷达低截获还与目标的目标截面积有关。

截获因子 α 小于 1 说明雷达具备低截获性能，然而雷达是否会被截获接收机发现并不取决于截获因子。例如，当截获接收机处于雷达和目标之间时，截获因子小于 1 且截获接收机可以截获到雷达；而且目标雷达截面积的随机起伏也会导致截获因子为非定值。

当不考虑雷达内部损耗和电磁波的空间传输损耗时，雷达的最大探测距离可以表示为

$$R_r=\left[\frac{P_t G_t G_r \lambda^2 \sigma}{(4\pi)^3 S_{imin}}\right]^{\frac{1}{4}} \tag{2-121}$$

式中：P_t 为雷达发射机的峰值功率；G_t 和 G_r 分别为雷达在目标方向上的发射天线和接收天线增益；λ 为雷达发射信号波长；σ 为目标雷达截面积；S_{imin} 为雷达接收机灵敏度。

类似地，截获接收机的最大截获距离可以表示为

$$R_j=\left[\frac{P_t G_{tj} G_{rj} \lambda^2}{(4\pi)^2 S_{iminj}}\right]^{\frac{1}{2}} \tag{2-122}$$

式中：G_{tj} 为雷达在截获接收机方向上的发射天线增益；G_{rj} 为截获接收机在雷达方向上的接收天线增益；S_{iminj} 为截获接收机灵敏度。

于是，截获因子表达式可以展开为

$$\alpha=\frac{R_j}{R_r}=\left[\frac{1}{4\pi\sigma}\lambda^2 G_{rj}^2 \cdot P_t \cdot \frac{G_{tj}^2 S_{imin}}{G_t G_r S_{iminj}^2}\right]^{\frac{1}{4}} \tag{2-123}$$

或

$$\alpha=\frac{R_j}{R_r}=R_r \cdot \left[\frac{4\pi}{\sigma}G_{rj} \cdot \frac{G_{tj}}{G_t G_r} \cdot \frac{S_{imin}}{S_{iminj}}\right]^{\frac{1}{2}} \tag{2-124}$$

从式（2－123）可以看出，机载雷达能够通过降低峰值功率 P_t、提高天线辐射方向图主副瓣比 $G_t G_r/G_{tj}^2$ 来降低截获因子的数值，从而改善机载雷达的低截获性能。式（2－124）表明雷达的最大探测距离越小，越有可能提高雷达的低截获性能。假设截获接收机和目标在一个平台上，$G_{rj}=0\text{dB}$，波长为 0.03m，目标的雷达截面积为 1m^2，$G_t=G_r=G_{tj}=34\text{dB}$，$S_{imin}=-140\text{dBmW}$，图 2－27 给出了按式（2－123）得到的雷达探测距离与截获接收机截获距离的关系示意图。

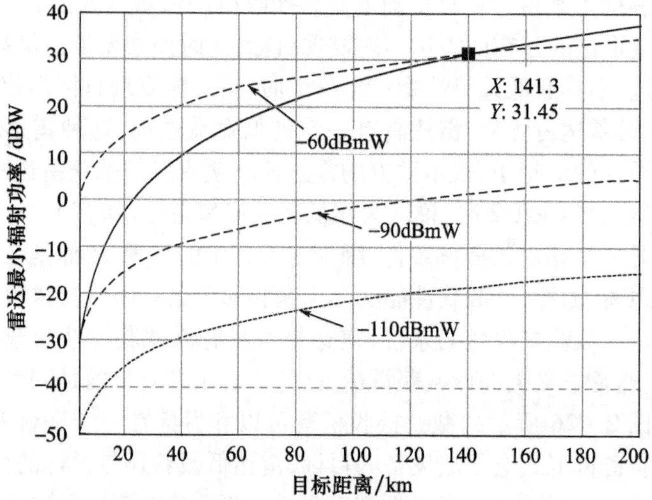

图 2-27　探测距离与截获距离关系示意图

图 2-27 中,实线是雷达探测曲线,由式(2-121)仿真得出;虚线是截获接收机截获曲线,由式(2-123)仿真得出。从图中可以看到,对于灵敏度为 -60dBmW 的无源探测系统,当雷达辐射功率小于 31.45dBW 时,雷达在 0~141.3km 内具有低截获性能,但对于灵敏度为 -90dBmW 和 -110dBmW 的截获接收机,雷达信号容易被探测到。图 2-27 是用理想条件下简单脉冲的参数计算得到的。对于不同的雷达体制或雷达任务,式(2-121)的计算结果会有所不同,对于大带宽信号,式(2-121)中的峰值功率应考虑用能量代替。

机载雷达信号对截获因子的影响可以通过分析灵敏度定义得到,雷达的灵敏度 S_{imin} 表达式为 $S_{\text{imin}}=kT_0B_{\text{n}}F_{\text{n}}(S/N)_{\text{omin}}$,式中:$k$ 为玻耳兹曼常数,其值为 $k=1.38\times10^{-23}$ J/K;T_0 为室温,其值为 $T_0=290$K;B_{n} 为雷达接收机的带宽;F_{n} 为雷达接收机的噪声系数;$(S/N)_{\text{omin}}$ 为雷达接收机最小可检测信噪比。

截获接收机的灵敏度 S_{iminj} 定义为

$$S_{\text{iminj}}=kT_0B_{\text{nj}}F_{\text{nj}}\left(\frac{S}{N}\right)_{\text{ominj}} \tag{2-125}$$

式中:B_{nj} 为截获接收机的带宽;F_{nj} 为截获接收机的噪声系数;$(S/N)_{\text{ominj}}$ 为截获接收机最小可检测信噪比。于是有

$$\frac{S_{\text{imin}}}{S_{\text{iminj}}}=\frac{(S/N)_{\text{omin}}}{(S/N)_{\text{ominj}}}\cdot\frac{B_{\text{n}}F_{\text{n}}}{B_{\text{nj}}F_{\text{nj}}} \tag{2-126}$$

假设雷达信号带宽和雷达接收机的带宽 B_{n} 相等,如果雷达接收机的噪声功率谱密度 N_0 为均匀谱,则其输出噪声功率为 $N=N_0B_{\text{n}}$。若雷达接收到的信号功率 S 在信号持续时间 τ 内均匀分布,经匹配滤波后,机载雷达最小输出信噪比可以描述为

$$\left(\frac{S}{N}\right)_{\text{omin}}=\left(\frac{S\tau}{N/B_{\text{n}}}\right)_{\text{omin}}=\left(\frac{S}{N}\tau B_{\text{n}}\right)_{\text{omin}} \tag{2-127}$$

式(2-127)表示输出信噪比是机载雷达接收到的信号能量和单位带宽内的噪声功率之比,也称为检测因子。这同相参积累的效果是一致的,且相参积累增益为 τB_{n}。对于简单脉冲,$\tau B_{\text{n}}\approx1$。

然而,截获接收机一般通过非相参积累来提高接收机的输出信噪比。非相参积累相对于相参积累的增益损失源于数据样本的相位信息被丢弃。非相参积累增益计算是一个非线性运算过程,很难分析。有学者给出了非相参积累增益和相参积累增益的数值关系,非相参积累增益约为$(\tau B_{nj})^{\gamma}$。考虑到截获接收机在非相参积累过程中因时宽和带宽不匹配带来的增益损失,当τB_{nj}较小时,γ取值为0.7~0.8,当τB_{nj}较大时,γ取值约为0.5。式(2-127)说明雷达可以通过提高信号的时宽带宽积来改善它的低截获性能。对于机载相控阵脉冲多普勒雷达,利用时宽带宽积,每个脉冲一般不会得到大于3dB的低截获性能改善。根据图2-27的假设条件,当B_n和B_{nj}相等、F_n和F_{nj}相等、$(S/N)_{omin}$和$(S/N)_{omin\,j}$相等时,截获接收机和目标在一个平台上,图2-28根据式(2-124)给出了$\alpha=1$时信号增益比和目标距离关系的示意图。从图2-28上部的实线可以看到,当$G_t=G_r=G_{tj}=34$dB,目标距离为141.3km时,增益比为80dB,恰好就是图2-27中雷达灵敏度(-140dBmW)和截获接收机灵敏度(-60dBmW)之差。这说明图2-27和图2-28是一致的,仅表现形式不一样。图2-28中的虚线是在假设$G_t=G_r=G_{tj}=54$dB,截获接收机灵敏度为-90dBmW时,得到的信号增益比和雷达保持低截获性能时的最大作用距离,恰好也是机载雷达灵敏度(-140dBmW)和截获接收机灵敏度(-90dBmW)之差。从图2-28中的虚线可以看到,机载雷达保持低截获性能时的最大作用距离为44.69km。

当雷达辐射功率连续可调时,它的低截获性能同天线增益、主副瓣比、灵敏度密切相关。然而,机载雷达的物理尺寸和雷达信号的波段约束,使得雷达主瓣增益、主副瓣比、信号时宽带宽积、信号相参积累和非相参积累的脉冲串个数的提高都是有限的。高分辨机载雷达执行目标跟踪任务时的中频带宽一般设置为辐射信号带宽的2~5倍,这使得信号的相对时宽带宽积增益优势又被抵消了。因此,机载雷达的低截获性能还与工作任务相关,并且针对目前主流的宽带瞬时截获接收机,单纯为了提高雷达的低截获性能设计大时宽带宽积的意义并不大。通过分析式(2-124)、式(2-126)和式(2-127)可以知道,仅仅利用低峰值功率和低截获信号提高机载脉冲雷达的低截获性能几乎是不可能的。另一个保护低截获信号的是截获接收机在截获低截获概率信号时的高虚警,它使得机载雷达在图2-27和图2-28的假设条件下又多了10~20dB的优势。

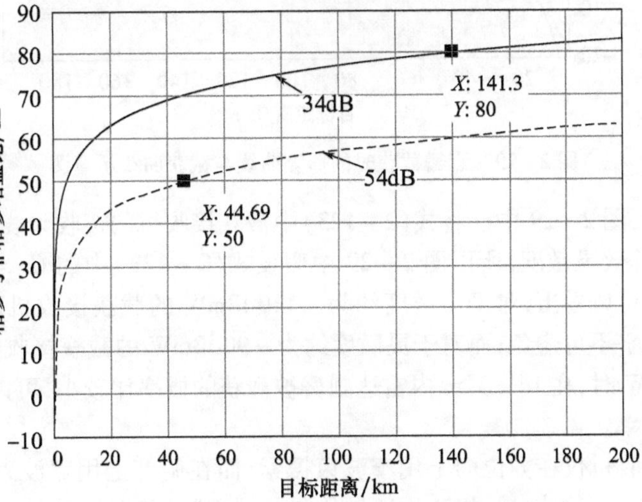

图2-28　增益比与目标距离的关系示意图

2. 截获概率

截获因子可用于指导机载雷达在特定场景下调整辐射功率、天线方向图、选择波形、控制相参或非相参积累增益，主要用于评估对抗较低灵敏度（图 2－27 中灵敏度为 －60dBmW）的截获接收机。截获概率的研究前提是假设高灵敏度截获接收机（图 2－27 中灵敏度为 －110dBmW）能够以大概率检测到信号，并假设截获接收机高灵敏度是以时域窗口、频域窗口和空域窗口必须同时对准信号为先决条件。这里暂不考虑截获接收机的截获策略、截获接收机是否联网和截获接收机与雷达的工作场景，以及雷达采取的低截获策略对雷达的低截获性能的重大影响。截获概率的直观解释是雷达波束扫描到截获接收机的概率与截获接收机的时窗、频窗和空窗与雷达波束对准的概率之积。在一段时间内，当雷达波束在统计意义上均匀指向截获接收机工作区域时，截获概率可以表示为

$$P_{\mathrm{i}}=P_{\mathrm{if}}P_{\mathrm{it}}P_{\mathrm{is}} \tag{2-128}$$

式中：P_{i}代表截获概率；P_{if}代表频域对准概率；P_{it}代表时域在方位向的对准概率；P_{is}代表空域在俯仰上的对准概率。P_{it}的估计值是雷达波位的驻留时间和截获接收机扫描周期之比，P_{if}和 P_{is}的估计值与 P_{it}类似。

当雷达采用低副瓣技术，且截获接收机仅通过副瓣截获时，例如，主副瓣比为 30dB 时，根据式（2－123）可以计算得到图 2－27 所示的截获曲线应上移 30dB，如图 2－29 所示。

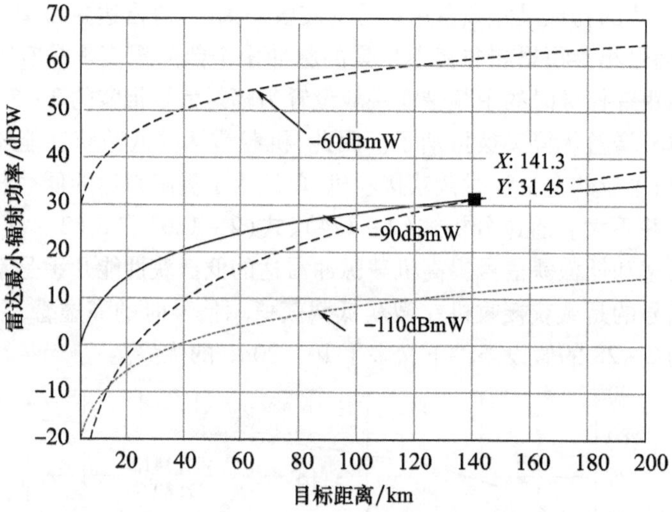

图 2－29　副瓣截获时的探测曲线与截获曲线示意图

为方便分析，图 2－29 中已将式（2－123）中截获接收机的接收天线增益 G_{rj} 折算到了灵敏度中，称为等效灵敏度，所以图 2－29 中假设式（2－123）中的 $G_{\mathrm{rj}}=0\mathrm{dB}$ 仍然是合理的。从图 2－29 可以看出，对于灵敏度约为 －110dBmW 的截获接收机，雷达副瓣在时域和空域被截获几乎不可避免；而对于灵敏度约为 －90dBmW 的截获接收机，当雷达辐射功率小于 31.45dBW 时，在 141.3km 内雷达副瓣被截获的概率比较小，可以研究降低它对机载雷达的截获概率。

考虑截获接收机仅在方位向上用窄波束搜索，而在俯仰上用宽波束搜索，则 $P_{\mathrm{is}}\approx 1$。如果雷达连续对 n 部截获接收机工作区域均匀扫描，或连续对截获接收机工作区域均匀

扫描 n 次，则截获概率可以表示为

$$P_i = 1 - (1 - P_{if}P_{it})^n \tag{2-129}$$

当 $nP_{if}P_{it} < 0.3$ 时，式(2-129)可近似为 $P_{is} \approx nP_{if}P_{it}$。其中，$n$ 既可以指雷达主瓣覆盖面积内的截获接收机个数，也可以指截获接收机个数与雷达在截获接收机工作区域内的辐射次数之积。若截获接收机为宽带或多个窄道的组合，那么式(2-129)中的 $P_{if} \approx 1$。

对于灵敏度约为 -90dBmW 的截获接收机，假设它的 $P_{if} \approx 1$，则降低截获概率的重点是降低式(2-129)中的 n 和 P_{it}。然而，n 和 P_{it} 是相互矛盾的。在确定任务条件下，照射时间短，P_{it} 小，但相应的辐射次数 n 可能会增加，所以降低截获概率的重点是研究驻留时间 nP_{it} 的下限，而不是降低辐射功率。对于灵敏度约为 -110dBmW 的截获接收机，假设它的 $P_{it} \approx 1$，则降低截获概率的重点是降低式(2-129)中的 n 和 P_{if}。n 受驻留时间 nP_{it} 下限的约束，则 P_{if} 越小越好，意味着雷达在任务期间应尽可能地用尽最大信号频率范围，而且在工作频段上保持低于 3dB 的起伏，迫使截获接收机增加测量范围，提高测量精度，增加测量时间。

截获因子重点是指导从哪些方面提高雷达的低截获性能。在指定虚警条件下，降低截获接收机对雷达信号的检测概率 P_{id}。随着机载雷达和中高灵敏度机载宽带截获接收机的发展和应用，目前，利用截获因子研究低截获雷达的侧重点是尽可能地提高空间或时间的相参或非相参积累效果，提高雷达接收机和截获接收机的灵敏度之比，包括雷达的检测前跟踪、检测前聚焦和多传感器之间的分布式相参或非相参融合等。截获概率是指导从哪些方面赢取时间；截获概率是在检测概率 $P_{id} \approx 1$ 的条件下尽量降低工作时间。二者统一于低截获概率目标，又存在相互矛盾的地方。检测概率 P_{id} 和截获概率 P_i 是不一样的，P_i 是指时、频、空三域刚好对准的概率，而 P_{id} 是指对准后的检测概率。假设截获接收机的扫描周期是 1s，那么 $P_i = 0.2$ 相当于机载雷达平均 1s 内被截获两次，这足够进行截获接收机机载雷达信号的分选和威胁度的识别，建立机载雷达的航迹，对雷达进行预估跟踪，引导攻击武器系统指向机载雷达。因此，$P_i = 0.2$ 就已经是危险的高截获概率。

截获概率用于指导低截获概率雷达针对搜索式截获接收机的研究。工程上，频率搜索模式或方位搜索模式的截获概率非常低，侦察系统可能会选用频率搜索模式或方位搜索模式，但极少选用频率方位搜索模式。降低截获概率的主要方法是最小化驻留时间，最大化脉间频率捷变周期和脉间覆盖工作频段，发射时间伪随机，平台伪随机机动，从而使雷达波束指向截获接收机的时间不可预估。

3. 低截获概率雷达信号

通常意义上的低截获概率雷达信号是指截获接收机难以检测到的、等效辐射功率足够低的脉内调制雷达信号。理想情况下的等效辐射功率是雷达指向截获接收机的信号辐射功率增益积。低截获概率雷达信号设计的简要原则是在保证雷达任务的前提下，尽可能地降低信号在单位时间和单位频率的辐射功率。如果假设机载雷达的发射机和接收机完全理想，那么直观上，连续随机噪声信号将是最理想的低截获概率雷达信号。但是因为机载雷达的发射机和接收机并不能达到理想的隔离效果，当前机载雷达的典型信号是脉冲信号。其中，脉宽取值为 0.1 ~ 200μs，占空比取值为 1% ~ 50%，瞬时带宽取值为 1 ~ 500MHz，相参处理脉冲个数取值为 1 ~ 20000，脉压比取值为 1 ~ 20000。因此，低截获概率雷达信号设计的重点是脉内波形的调制和编码方式等，其主要目的是对抗截获接收机的检测环节。但是随着截获接收机技术的发展,仅仅通过降低信号等效辐射功率来提高雷达的低截获性能已经难以实现,特别是在雷达作用距离需进一步提高的情况下。低截获概率雷达信号的内涵已扩展到降低截获接收机的分选或定位性能。

低截获概率雷达脉内波形设计已经得到了广泛研究,其原始思想是设计大时宽带宽积、宽瞬时带宽、参数随机捷变信号。大时宽带宽积是为了提高雷达的相参增益和截获接收机的非相参增益之比,宽瞬时带宽是为了降低单位带宽内的信号功率。但是,对于迅速发展的可变信道化截获接收机,大时宽带宽积和宽瞬时带宽对提高机载雷达的低截获性能非常有限,频率或脉冲周期随机捷变信号的主要目的是抗干扰。对于具有跳频和随机脉冲重复周期功能的雷达,信号到达角(AOA)是进行脉冲分选最有效的参数。脉冲幅度(PA)依赖于发射天线和接收天线的方向图,脉冲宽度(PW)受多径效应影响测量精度降低,所以,脉冲幅度脉冲宽度通常不用来进行脉冲分选。载频(CF)和到达角是分选的两个基本参数,因此脉冲分选一般是一个二维模式识别问题。

低截获概率雷达信号设计侧重的是针对截获接收机的检测、分选或定位环节进行脉内波形调制或编码。有些如最大不确定性信号和脉间变载频变幅值信号更侧重的是低截获概率雷达信号和低截获技术的结合。理论上常见的低截获概率雷达信号主要有正交频分复用信号(OFDM)、相位编码信号(Frank 码、Barker 码、PX 码)、频率编码信号(Costas 码)或混合信号。

截获因子、截获概率评估的是雷达的抗检测性能。但是,雷达在执行任务过程中总有可能被探测到,所以低截获雷达的设计必须进一步实现对抗截获接收机的分选和定位功能。截获接收机的分选定位性能取决于它对雷达信号的测量精度。随着新理论和新技术的应用,人们不断修正低截获性能评估指标,以适应新形势下对低截获性能的评估。

2.3.2 低截获概率辐射功率控制

低截获概率辐射功率控制主要讨论基于目标特征的功率自适应控制。这里的目标特征主要指目标距离和目标的雷达截面积。当雷达处于跟踪状态时,下一时刻的目标跟踪距离可以由上一时刻的位置、速度预测得出,目标的雷达截面积可以由上一时刻回波信号的信噪比估计得出,这其中有 1 ~ 3dB 的估计误差。

1. 雷达检测概率与目标参数的关系

雷达探测距离方程集中反映了雷达探测距离的相关因素以及它们之间的相互关系。对于某部雷达,不能简单地说其探测距离是多少,通常只能在概率意义上讲,即当虚警概率和检测概率给定时,才能谈雷达的探测距离。

一般情况下,在雷达部署确定以后,其本身固有的参数,如工作波长、发射频率等,也就随之确定。若其他环境参数,如气象条件、干扰情况等,以及目标的参数也确定,那么雷达探测所需最小信噪比$(S/N)_{\mathrm{omin}}$与检测概率 P_{d}、虚警概率 P_{f}之间将满足如下关系式:

$$\left(\frac{S}{N}\right)_{\mathrm{omin}} = \frac{\ln P_{\mathrm{f}}}{\ln P_{\mathrm{d}}} - 1 \tag{2-130}$$

可以得出检测概率为

$$P_{\mathrm{d}} = \exp\left[\frac{\ln P_{\mathrm{f}}}{1 + (S/N)_{\mathrm{omin}}}\right] \tag{2-131}$$

另外，由雷达距离方程式(2-121)及雷达接收机灵敏度表达式可知，最小可检测信噪比$(S/N)_{\mathrm{omin}}$可表示为

$$\left(\frac{S}{N}\right)_{\mathrm{omin}}=C\frac{P_{\mathrm{t}}\sigma}{R_{\mathrm{r}}^{4}} \tag{2-132}$$

式(2-132)说明雷达的最小可检测信噪比与辐射功率、目标雷达截面积成正比，与雷达最大探测距离成反比。与式(2-130)联立可以得到目标雷达截面积、目标距离与检测概率之间的关系为

$$\left(\frac{S}{N}\right)_{\mathrm{omin}}=C\frac{P_{\mathrm{t}}\sigma}{R_{\mathrm{r}}^{4}}=\frac{\ln P_{\mathrm{f}}}{\ln P_{\mathrm{d}}}-1 \tag{2-133}$$

2. 目标跟踪时功率自适应控制

采用相控阵的机载雷达，可以对雷达发射信号的能量进行管理方法，在已经预估出目标距离和目标雷达截面积大小，以及恒定检测概率条件下，能实现发射功率的自适应设计。在目标跟踪时，射频信号最低辐射功率的自适应设计方法受雷达检测概率、虚警概率、目标距离和目标雷达截面积等条件的约束。

1）基于目标距离的功率自适应设计

式(2-133)说明了当目标雷达截面积一定时，雷达以确定的检测概率P_{d}可探测的最大距离为R_{r}，此时雷达的发射功率P_{t}也是最大的。若雷达发射功率减小为P_{t0}，则此时雷达的探测距离变为R_{r0}，且P_{t0}与R_{r0}同样满足式(2-133)表示的形式，即

$$C\frac{P_{\mathrm{t0}}\sigma}{R_{\mathrm{r0}}^{4}}=\frac{\ln P_{\mathrm{f}}}{\ln P_{\mathrm{d}}}-1 \tag{2-134}$$

将式(2-133)与式(2-134)的等式两边相比，则有

$$\frac{P_{\mathrm{t0}}/P_{\mathrm{t}}}{R_{\mathrm{r0}}^{4}/R_{\mathrm{r}}^{4}}=1\Rightarrow P_{\mathrm{t0}}=\frac{P_{\mathrm{t}}}{R_{\mathrm{r}}^{4}}R_{\mathrm{r0}}^{4} \tag{2-135}$$

式(2-135)说明目标距离越近，雷达需要发射的功率就越小。由截获因子的定义可知，若假设当雷达发射最大功率P_{t}时，截获因子$\alpha=1$，那么当目标距离为R时，截获因子$\alpha_{R}=(P_{\mathrm{t0}}/P_{\mathrm{t}})^{1/4}$。

2）基于目标雷达截面积的功率自适应设计

假设当目标距离R确定时，雷达在确定的检测概率P_{d}可探测的最小目标雷达截面积为$\sigma_{\min}$，此时雷达发射的最大功率仍为P_{t}，即式(2-133)可以描述为

$$C\frac{P_{\mathrm{t}}\sigma_{\min}}{R_{\mathrm{r}}^{4}}=\frac{\ln P_{\mathrm{f}}}{\ln P_{\mathrm{d}}}-1 \tag{2-136}$$

同理可得当目标的雷达截面积为σ_{1}时，所需的发射功率P_{t1}为$P_{\mathrm{t1}}=P_{\mathrm{t}}\sigma_{\min}/\sigma_{1}$。这说明目标雷达截面积越大，雷达需要发射的功率就越小。当目标雷达截面积为σ_{1}时，截获因子$\alpha_{\sigma}=(P_{\mathrm{t0}}\sigma_{\min}/P_{\mathrm{t}}\sigma_{1})^{1/4}$。

3）基于目标参数的功率自适应设计

假设当雷达在确定的检测概率P_{d}可探测的最大距离为R_{r}，此时雷达发射的最大功率为P_{t}，目标的雷达截面积为σ_{0}，此时截获因子$\alpha=1$，根据式(2-133)，当目标距离R和目标雷达截面积σ均未知时，同理可得所需的发射功率P_{t2}为

$$P_{t2}=\frac{P_t}{\sigma R_r^4}\sigma_0 R^4 \tag{2-137}$$

式(2－137)说明目标距离 R 越小、目标雷达截面积 σ 越大，雷达需要发射的功率就越小。由式(2－137)还可以推出此时截获因子为 $\alpha_{(R,\sigma)}=(P_{t2}\sigma_0/P_t\sigma)^{1/4}$。

2.3.3 低截获概率性能分析

由式(2－124)可以看出，雷达的探测距离 R_r 越大，截获接收机越容易探测到雷达。在雷达的最大探测距离 R_r 为某一确定值时，截获因子与雷达各参数的关系如下。

1. 截获因子与峰值功率和占空比的关系

截获接收机探测的是雷达的峰值功率，因此降低雷达发射的峰值功率将会降低，即改善截获因子 α。而雷达的探测距离与平均功率 P_{av} 的四次方根成正比，因此尽可能地降低雷达的发射峰值功率而保持平均功率不变，即采用高占空比波形甚至是连续波信号，既能保持雷达的探测性能不降低又能有效地降低截获因子。这个结论也说明，最好的低截获雷达是连续波雷达，因为连续波雷达可以使用最低的发射功率获得和脉冲雷达同样的探测性能。

2. 截获因子与积累时间的关系

雷达可通过增加积累时间来提高探测距离，因此增加积累时间将会降低截获因子 α。增加雷达回波的积累时间可等效为增加对回波功率的积累，其效果与增加雷达发射的平均功率等同。

3. 截获因子与方向图的关系

由式(2－124)可知 $\alpha\propto(G_{tj}G_{rj}/G_tG_r)^{1/2}$，$G_t$ 和 G_r 分别是雷达发射和接收天线增益，对于机载雷达二者一般是相等的。当截获接收机位于雷达波束的主瓣内时，$G_{rj}=G_t$，$\alpha\propto(G_{tj}/G_r)^{1/2}$，即雷达接收天线主瓣增益的增加可以获得截获因子的改善，而雷达发射天线的增益与截获因子无关。

当截获接收机对雷达波束的旁瓣进行截获时，截获因子 α 与雷达天线旁瓣增益(这里表示为 G_{rj})的平方根成正比，因此降低旁瓣增益对截获因子 α 有改善。由于现代机载火控雷达天线主瓣宽度相对旁瓣较窄，截获接收机在大部分时间可能都是对准雷达天线的旁瓣，即截获接收机通过雷达旁瓣截获雷达信号的可能性极大，采用低旁瓣天线增益的设计，雷达可以为 α 提供 10～20dB 的改善。因此在不影响雷达最大探测距离的前提下，采用低旁瓣增益、高主瓣增益天线是雷达低截获设计的重要思路之一。

4. 截获因子与系统损耗的关系

雷达系统损耗包括在发射支路、接收支路上，雷达信号双程传播的损耗等。侦察接收机的损耗包括侦察接收支路损耗、接收机失配损耗等。

因此从系统损耗因子可看出，对雷达系统来说，减小雷达系统损耗系数是改善雷达截获因子的有效措施。雷达发射支路、雷达接收支路的系统损耗可通过改善电路设计、采用新器件以降低传输损耗来实现。有源相控阵的系统损耗明显低于传统脉冲多普勒雷达和无源相控阵雷达，因此在其他条件相同的情况下，相对传统雷达有源相控阵雷达具有低截获的优势。

除了降低雷达系统损耗，我们还可以通过增大侦察接收机损耗来改善截获因子。因为侦察接收机损耗中包括侦察接收机的失配损耗、极化失配损失、带宽失配损失、滤波(脉冲压缩也是一种匹配滤波)失配损失等，由于不能准确获知雷达的信号参数，通常侦察接收机都是以失配方式接收和处理雷达信号的，所以自然会产生失配损耗。一般雷达信号波形越复杂，截获接收机的失配损耗越大，截获因子 α 就越小，雷达的低截获性能就越好。

5. 截获因子与灵敏度的关系

根据式(2-124)，$\alpha \propto (S_{\mathrm{imin}}/S_{\mathrm{iminj}})^{1/2}$，$S_{\mathrm{imin}}$ 为雷达接收机灵敏度，S_{iminj} 为侦察接收机灵敏度。从中可看出，较低的 S_{iminj} 和较高的雷达接收机灵敏度 S_{imin} 可以改善雷达低截获特性。

通过分析雷达接收机灵敏度和侦察接收机灵敏度可知，增加雷达相参积累时间可提高雷达灵敏度，增加侦察接收机带宽会降低侦察接收机带宽。因此，增加雷达相参积累时间和扩展截获接收机带宽都可以改善截获因子。

截获接收机一般采用宽带接收机，其接收机带宽固定；或者采用信道化接收机，将接收频带划分为多个较窄的接收处理通道。雷达可以采用瞬时宽带信号，将发射信号的能量扩展到比常规宽得多的信号带宽里，以降低信号的功率谱密度。信道化接收机接收瞬时宽带信号时，信号的能量将会分散到多个接收信道，导致每个信道的接收信号能量下降，等效降低了截获接收机的灵敏度。因此，发射瞬时宽带信号是雷达重要的低截获措施。雷达接收瞬时宽带信号回波时，可以通过匹配滤波脉冲压缩的方式，获得几乎全部的回波信号能量。对瞬时宽带回波信号进行检测，需要解决信号带宽增加带来的目标距离向扩展问题，即目标回波由点状回波扩展为时域多个点的回波。

6. 截获因子与目标雷达截面积的关系

根据式(2-124)，$\alpha \propto (1/\sigma)^{1/2}$。目标的雷达截面积越大越有利于截获因子的改善，即越容易实现雷达的低截获。这是因为目标雷达截面积越大，则探测同样距离的目标，所需雷达的功率越小，雷达就越不容易被截获；反之，雷达截面积越小，雷达越难实现低截获。因此隐身飞机的出现，为雷达实现低截获带来了更大的难题。

习　题

1. 模糊函数的物理意义是什么？为什么说信号处理是回波信号模糊函数的再现？
2. 色噪声背景下，匹配滤波器的最大输出信噪比是否与信号形式有关？为什么？
3. 总结机载雷达常用的低截获技术措施。
4. 总结模糊函数的主要性质有哪些。
5. 试推导匹配滤波器输出信号的最大信噪比。
6. 简述单载频矩形脉冲信号模糊函数的主要特点。

第 3 章 机载雷达常用波形

机载雷达接收的目标信息调制在目标回波信号中,而信号在传输、接收和处理过程中,必然会受到各种外部干扰和内部噪声干扰。因此雷达波形的选择与设计,对实现匹配滤波和最佳信号处理,提高雷达系统的性能具有重要意义。本章介绍机载雷达中常用的波形,包括相参脉冲串信号、线性调频信号、相位编码信号和频率编码信号等。

3.1 相参脉冲串信号

相参脉冲串信号是指由多个离散脉冲组成的信号,脉冲串中的每个脉冲之间的高频相位有确定的关系。相参脉冲串信号具有以下特点:一是既保留了脉冲信号高距离分辨力的特点,又具有连续波信号的速度分辨性能;二是具有灵活可控的特点,可控参数多,适于作为自适应控制信号;三是在不减小信号带宽的前提下,增加脉冲数可加大信号持续时间,是大时宽带宽信号;四是附加了其他调制(如编码、频率步进),可以加大信号带宽,还可以改变模糊图形状,例如使之趋近于图钉形。

在相参脉冲串信号中,最简单、最常见的是均匀脉冲串信号,也称为简单脉冲串信号。所谓均匀脉冲串信号是指脉冲串中各个脉冲的幅度、脉冲重复周期和脉冲宽度都恒定的信号。本节内容均针对均匀脉冲串进行讨论。

3.1.1 相参脉冲串的频谱

图 3-1 给出了相参均匀脉冲串信号的高频波形。

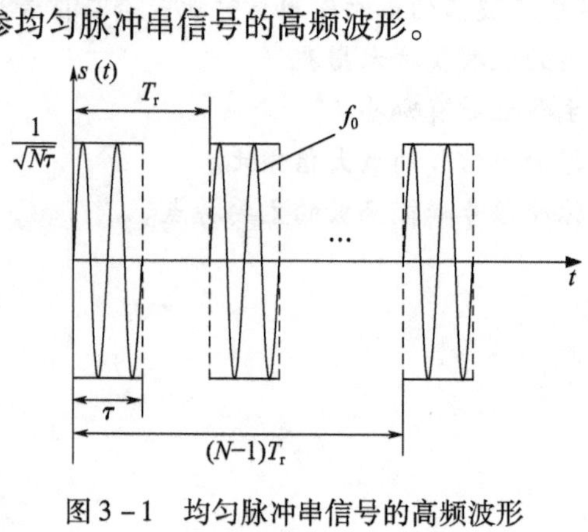

图 3-1 均匀脉冲串信号的高频波形

相参均匀脉冲串信号的复包络可表示为

$$u(t) = \frac{1}{\sqrt{N}}\sum_{n=0}^{N-1} u_1(t - nT_r) \tag{3-1}$$

式中：$u_1(t)$为单个脉冲的复包络；T_r为脉冲的重复周期；N为脉冲的个数。

根据δ函数的性质，式(3-1)可改写为

$$u(t) = \frac{1}{\sqrt{N}}u_1(t) \cdot \sum_{n=0}^{N-1} \delta(t - nT_r) \tag{3-2}$$

若单个脉冲的复包络$u_1(t)$为

$$u_1(t) = \begin{cases} \frac{1}{\sqrt{\tau}} & (0 < t < \tau) \\ 0 & (\text{其他}) \end{cases} \tag{3-3}$$

式中：τ为脉冲的宽度，一般为$1/f_0$的整数倍。

根据傅里叶变换的性质，均匀脉冲串复包络的频谱为

$$U(f) = \sqrt{\frac{1}{N}}U_1(f) \sum_{n=0}^{N-1} \exp(-\mathrm{j}2\pi fnT_r) \tag{3-4}$$

式中：$U_1(f) = \sqrt{\tau}\,\mathrm{sinc}(f\tau)\exp(-\mathrm{j}\pi f\tau)$为脉冲复包络信号的频谱。

根据等比数列求和公式以及$\exp(\mathrm{j}2x) - 1 = 2\mathrm{j}\exp(\mathrm{j}x)\sin x$。可得

$$\begin{aligned}\sum_{n=0}^{N-1} \exp(-\mathrm{j}2\pi fnT_r) &= \frac{\exp(-\mathrm{j}2\pi fNT_r) - 1}{\exp(-\mathrm{j}2\pi fT_r) - 1} \\ &= \exp[-\mathrm{j}\pi f(N-1)T_r]\frac{\sin(N\pi fT_r)}{\sin(\pi fT_r)}\end{aligned} \tag{3-5}$$

把式(3-5)代入式(3-4)，均匀脉冲串信号的频谱最后可写为

$$U(f) = \sqrt{\frac{\tau}{N}}\mathrm{sinc}(f\tau)\frac{\sin(N\pi fT_r)}{\sin(\pi fT_r)}\exp\{-\mathrm{j}\pi f[(N-1)T_r + \tau]\} \tag{3-6}$$

由式(3-6)可以看出均匀脉冲串信号的频谱是因子$\sin(N\pi fT_r)/\sin(\pi fT_r)$与单个脉冲频谱相乘的结果，因子$\sin(N\pi fT_r)/\sin(\pi fT_r)$是周期函数，周期为$1/T_r$，即脉冲重频$f_r$。当$N \gg 1$时，这个因子可写为

$$\frac{\sin(N\pi fT_r)}{\sin(\pi fT_r)} \approx N\frac{\sin(N\pi fT_r)}{N\pi fT_r} = N\mathrm{sinc}(N\pi fT_r) \tag{3-7}$$

仿真参数如下：脉冲宽度τ为1μs，脉冲重复周期T_r为5μs，脉冲个数N为6，式(3-6)的幅谱形状如图3-2所示。

图3-2为均匀脉冲串包络的频谱，由图可以看出，均匀脉冲串信号的幅谱呈梳齿形状，梳齿间距离为f_r，齿的形状近似为$\mathrm{sinc}(Nf\tau)$形状，齿的包络是由脉冲的频谱$U_1(f) = \mathrm{sinc}(f\tau)$决定的。可见均匀脉冲串信号频谱的宽度是由脉冲宽度$\tau$决定的，脉冲宽度越小，其频谱越宽。

这种信号在不减小带宽的情况下，是靠增加脉冲数N，即增加脉冲串的持续时间，获得大时宽带宽积的。

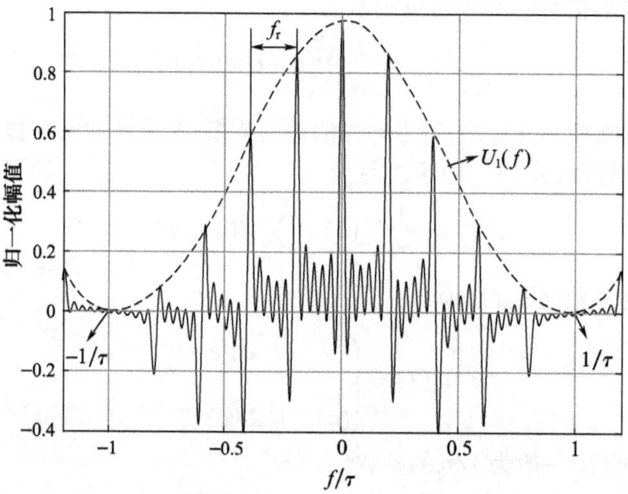

图 3-2　均匀脉冲串信号的幅谱

3.1.2　相参脉冲串的性能

1. 相参脉冲串的模糊函数

根据模糊函数的周期重复影响性质,考虑到均匀脉冲串信号的变量符号,均匀脉冲串信号的时间-频率复合自相关函数可直接写为

$$\chi(\tau_d,f_d)=\frac{1}{N}\sum_{p=1}^{N-1}\exp(j2\pi f_d pT_r)\chi_1(\tau_d+pT_r,f_d)\sum_{m=0}^{N-1-p}\exp(j2\pi f_d mT_r)+\frac{1}{N}\sum_{p=0}^{N-1}\chi_1(\tau_d-pT_r,f_d)\sum_{n=0}^{N-1-p}\exp(j2\pi f_d nT_r) \tag{3-8}$$

式中:$\chi_1(\tau_d,f_d)$为单个脉冲的时间-频率复合自相关函数。

如果在第一个求和表达式中 p 取负值,式(3-8)可进一步写为

$$\chi(\tau_d,f_d)=\frac{1}{N}\sum_{p=-1}^{-(N-1)}\exp(j2\pi f_d|p|T_r)\chi_1(\tau_d-pT_r,f_d)\sum_{m=0}^{N-1-|p|}\exp(j2\pi f_d mT_r)+\frac{1}{N}\sum_{p=0}^{N-1}\chi_1(\tau_d-pT_r,f_d)\sum_{n=0}^{N-1-|p|}\exp(j2\pi f_d nT_r) \tag{3-9}$$

由式(3-9)可以看出,均匀脉冲串信号的时间-频率复合自相关函数被 p 分成为两部分,当 $p\geqslant 0$ 时,是单个脉冲的模糊函数$|\chi_1(\tau_d-pT_r,f_d)|$受因子 $\sum_{n=0}^{N-1-|p|}\exp(j2\pi f_d nT_r)$加权后的叠加;当 $p<0$ 时,是受因子 $\exp(j2\pi f_d|p|T_r)\sum_{m=0}^{N-1-|p|}\exp(j2\pi f_d mT_r)$加权后的叠加。参量 p 决定了$\chi_1(\tau_d,f_d)$在迟延轴 τ_d上移动的大小。因为 p 是整数,所以$\chi_1(\tau_d-pT_r,f_d)$在迟延轴 τ_d上的移动是脉冲重复周期 T_r的整数倍。

根据等比数列求和公式以及 $\exp(j2x)-1=2j\exp(jx)\sin x$,当式(3-9)中 $p\geqslant 0$ 时,$\chi_1(\tau_d,f_d)$的加权系数可写为

$$\sum_{n=0}^{N-1-|p|}\exp(\mathrm{j}2\pi f_{\mathrm{d}}nT_{\mathrm{r}}) = \frac{\exp[\mathrm{j}2\pi f_{\mathrm{d}}T_{\mathrm{r}}(N-|p|)]-1}{\exp(\mathrm{j}2\pi f_{\mathrm{d}}T_{\mathrm{r}})-1}$$
$$= \frac{2\mathrm{j}\exp[\mathrm{j}\pi f_{\mathrm{d}}T_{\mathrm{r}}(N-|p|)]\sin[\pi f_{\mathrm{d}}T_{\mathrm{r}}(N-|p|)]}{2\mathrm{j}\exp(\mathrm{j}\pi f_{\mathrm{d}}T_{\mathrm{r}})\sin(\pi f_{\mathrm{d}}T_{\mathrm{r}})}$$
$$= \exp[\mathrm{j}\pi f_{\mathrm{d}}(N-1-|p|)T_{\mathrm{r}}]\frac{\sin[\pi f_{\mathrm{d}}(N-|p|)T_{\mathrm{r}}]}{\sin(\pi f_{\mathrm{d}}T_{\mathrm{r}})} \tag{3-10}$$

同理，$p<0$ 时，$\chi_1(\tau_{\mathrm{d}},f_{\mathrm{d}})$ 的加权系数可写为

$$\exp(\mathrm{j}2\pi f_{\mathrm{d}}|p|T_{\mathrm{r}})\sum_{m=0}^{N-1-|p|}\exp(\mathrm{j}2\pi f_{\mathrm{d}}mT_{\mathrm{r}}) = \exp[\mathrm{j}2\pi f_{\mathrm{d}}(N-1+|p|)T_{\mathrm{r}}]\frac{\sin[\pi f_{\mathrm{d}}(N-|p|)T_{\mathrm{r}}]}{\sin(\pi f_{\mathrm{d}}T_{\mathrm{r}})} \tag{3-11}$$

把式(3-10)和式(3-11)代入式(3-9)，均匀脉冲串信号的时间-频率复合自相关函数最后可写为

$$\chi(\tau_{\mathrm{d}},f_{\mathrm{d}}) = \frac{1}{N}\sum_{p=-(N-1)}^{N-1}\chi_1(\tau_{\mathrm{d}}-pT_{\mathrm{r}},f_{\mathrm{d}})\exp[\mathrm{j}\pi f_{\mathrm{d}}(N-1-|p|)T_{\mathrm{r}}]\frac{\sin[\pi f_{\mathrm{d}}(N-|p|)T_{\mathrm{r}}]}{\sin(\pi f_{\mathrm{d}}T_{\mathrm{r}})} \tag{3-12}$$

所以均匀脉冲串信号的模糊函数为

$$|\chi(\tau_{\mathrm{d}},f_{\mathrm{d}})| = \frac{1}{N}\sum_{p=-(N-1)}^{N-1}|\chi_1(\tau_{\mathrm{d}}-pT_{\mathrm{r}},f_{\mathrm{d}})|\frac{\sin[\pi f_{\mathrm{d}}(N-|p|)T_{\mathrm{r}}]}{\sin(\pi f_{\mathrm{d}}T_{\mathrm{r}})} \tag{3-13}$$

式中

$$|\chi_1(\tau_{\mathrm{d}}-pT_{\mathrm{r}},f_{\mathrm{d}})| = \begin{cases}\dfrac{\sin[\pi f_{\mathrm{d}}(\tau-|\tau_{\mathrm{d}}-|p|T_{\mathrm{r}}|)](\tau-|\tau_{\mathrm{d}}-|p|T_{\mathrm{r}}|)}{\pi f_{\mathrm{d}}(\tau-|\tau_{\mathrm{d}}-|p|T_{\mathrm{r}}|)\,\tau} & (|\tau_{\mathrm{d}}-|p|T_{\mathrm{r}}|<\tau)\\ 0 & (\text{其他})\end{cases} \tag{3-14}$$

为脉冲的模糊函数。

可见，均匀脉冲串信号的模糊函数是由在迟延轴 τ_{d} 上的一系列 p 取不同值的脉冲模糊函数 $|\chi_1(\tau_{\mathrm{d}}-pT_{\mathrm{r}},f_{\mathrm{d}})|$ 被因子 $|\sin[\pi f_{\mathrm{d}}(N-|p|)T_{\mathrm{r}}]/\sin(\pi f_{\mathrm{d}}T_{\mathrm{r}})|$ 加权后组成的。加权因子决定了模糊函数的 $\tau_{\mathrm{d}}f_{\mathrm{d}}$ 平面上的分布情况。

按照式(3-14)进行仿真，仿真参数为 $N=5$，$T_{\mathrm{r}}=2.5\tau$，图 3-3 给出了均匀脉冲串信号的模糊图，图 3-4 给出了均匀脉冲串信号的等高线图，图 3-5 给出了均匀脉冲串信号等高线图的中心部分图形。

均匀脉冲串信号模糊图具有如下特点：

(1)模糊图的体积是分散地集中到平行 f_{d} 轴的许多带条内，在每个带条内都有规律地排列着许多尖峰。整个模糊图好像一块木板上有规律地排列着许多钉子一样，因此称这种模糊图为板钉型模糊图。

(2)在平行的带条之间存在着空白带条(没体积)，空白带条不产生“自身杂波”，空白带条的宽度为 $(T_{\mathrm{r}}-2\tau)$。

(3)有体积带条的宽度为脉冲宽度 τ 的 2 倍，带条数目为 $(2N-1)$ 个。

(4)在每个有体积的带条内，都存在许多速度(多普勒)模糊瓣，模糊瓣之间的距离为

f_r。在模糊瓣之间又存在多普勒小旁瓣，最小旁瓣的最大值出现在$f_r/2$处，这些小旁瓣构成了带条内的“自身杂波”。

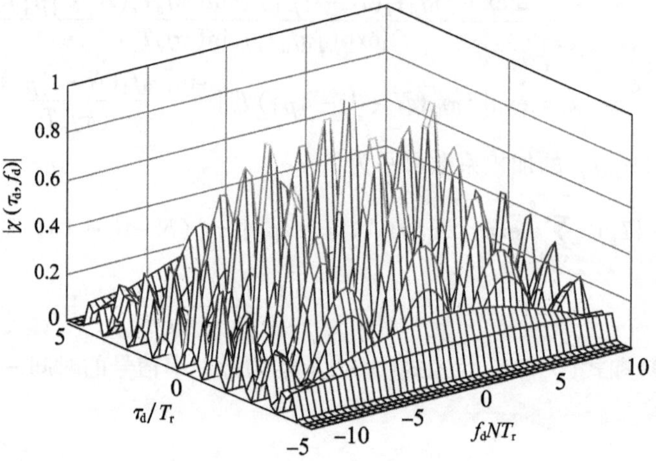

图3-3 均匀脉冲串信号的模糊图

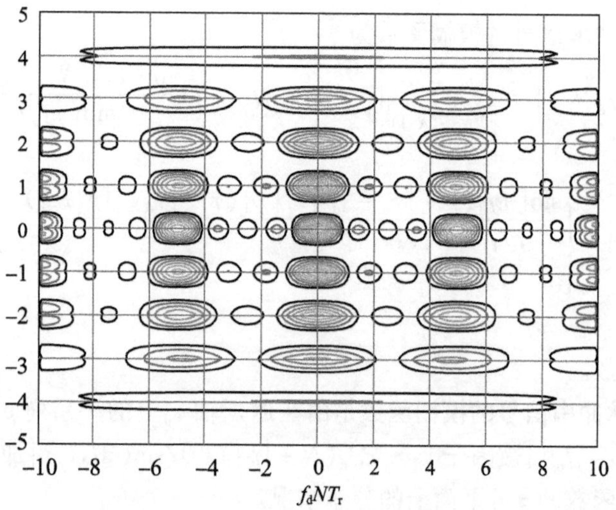

图3-4 均匀脉冲串信号的等高线图

这种模糊图在中心尖峰周围的$\Delta\tau_d$，Δf_d范围内基本上无体积，其形状与理想模糊图近似相同。为了进一步理解均匀脉冲串信号模糊图的特点和全貌情况，对模糊图进行切割。

令$f_d=0$，由式(3-13)得到

$$|\chi(\tau_d,0)| = \frac{1}{N}\sum_{p=-(N-1)}^{N-1}|\chi_1(\tau_d - pT_r,0)|(N-|p|) \tag{3-15}$$

因为$|\chi_1(\tau_d,0)|$是底宽为2τ的三角形，对应不同的p值，式(3-15)实际上是一个由底宽为2τ的三角形组成的脉冲串，三角形的周期为T_r，幅值受因子$(N-|p|)/N$加权，图3-6给出了$N=6$时，$|\chi(\tau_d,0)|$随τ_d的变化情况。

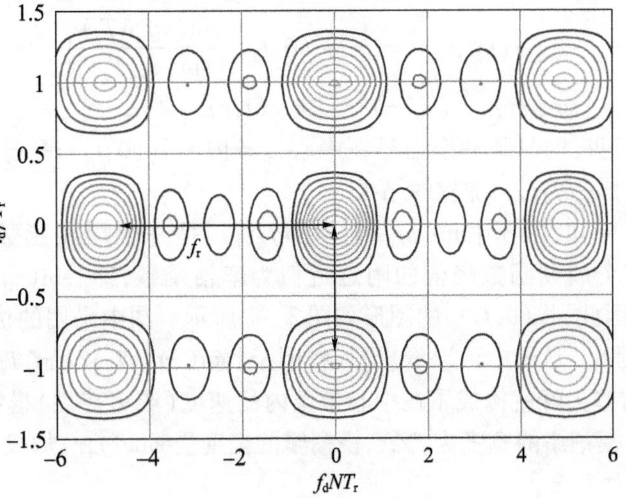

图3－5　均匀脉冲串信号等高线图的中心部分图形

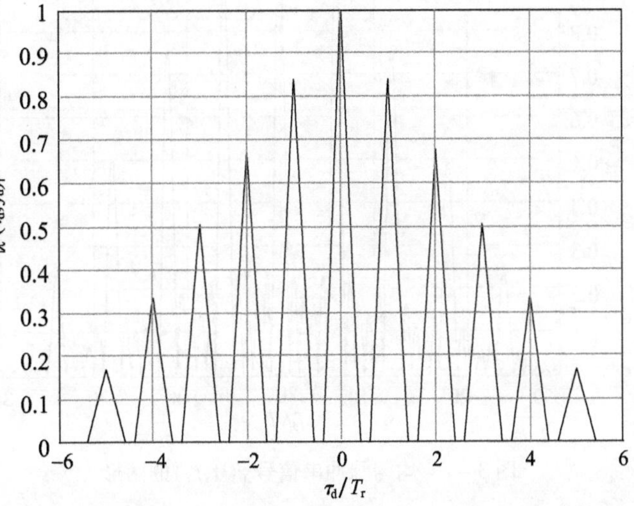

图3－6　均匀脉冲串信号$\chi(\tau_d,0)$的图形

由图3－6可以看出，中心带条($p=0$)的$|\chi(\tau_d,0)|$是由N个脉冲的$|\chi_1(\tau_d,0)|$叠加而成的。其余带条($p\neq0$)的$|\chi(\tau_d,0)|$也是由$|\chi_1(\tau_d,0)|$叠加而成的。但是，随着p的增大，叠加的数目按$N-|p|$规律逐渐减小。

当$N\gg1$时，$(N-|p|)/N$随p变化的速度很慢，所以$|\chi(\tau_d,0)|$中心部分的峰值幅度近似相等。

如果令$f_d=K/T_r$，K为整数，这时，正好是在速度模糊瓣最大值处对模糊图进行切割，切割的结果为

$$\left|\chi\left(\tau_d,\frac{K}{T_r}\right)\right|=\frac{1}{N}\sum_{p=-(N-1)}^{N-1}\left|\chi_1\left(\tau_d-pT_r,\frac{K}{T_r}\right)\right|(N-|p|) \tag{3-16}$$

说明各带条的模糊瓣幅值p的变化规律还是受因子$(N-|p|)$加权。

当 $\tau_d=0, p=0$（即在中心带条沿 f_d 轴切割）时，根据式(3-13)，切割的结果为

$$|\chi(0,f_d)|=\frac{1}{N}|\chi_1(0,f_d)|\frac{\sin(\pi f_d NT_r)}{\sin(\pi f_d T_r)} \tag{3-17}$$

式中：$|\chi_1(0,f_d)|=|\sin(\pi f_d\tau)/(\pi f_d\tau)|=|\mathrm{sinc}(f_d\tau)|$。

式(3-17)表明，均匀脉冲串信号在中心带条内的 $|\chi(0,f_d)|$ 是脉冲的 $|\chi_1(0,f_d)|$ 被因子 $|\sin(\pi f_d NT_r)/(\pi f_d T_r)|$ 加权的结果。

由前面讨论可知，因子 $|\sin(\pi f_d NT_r)/(\pi f_d T_r)|$ 是一个周期函数，其周期为 $1/T_r$。当 $N\gg1$ 时，在这个周期函数峰值的附近近似为辛格函数，即 $|\sin(\pi f_d NT_r)/(\pi f_d T_r)|\approx|\mathrm{sinc}(f_d NT_r)|$。因此，$|\chi(0,f_d)|$ 的图形如图 3-7 所示。图中采用的仿真参数如下：T_r 为 5τ，脉冲个数 N 为 6。从图中可以看出，加权因子 $|\sin(\pi f_d NT_r)/(\pi f_d T_r)|$ 把 $|\chi_1(0,f_d)|$ 分裂成许多尖峰，这些尖峰就构成了在中心带条内的速度（或多普勒）模糊瓣。速度模糊瓣之间的间隔为 f_r，模糊瓣的宽度为 f_r/N，模糊瓣的幅度受 $\mathrm{sinc}(f_d\tau)$ 加权，在 $1/\tau$ 范围内，速度模糊瓣的数目为 T_r/τ。

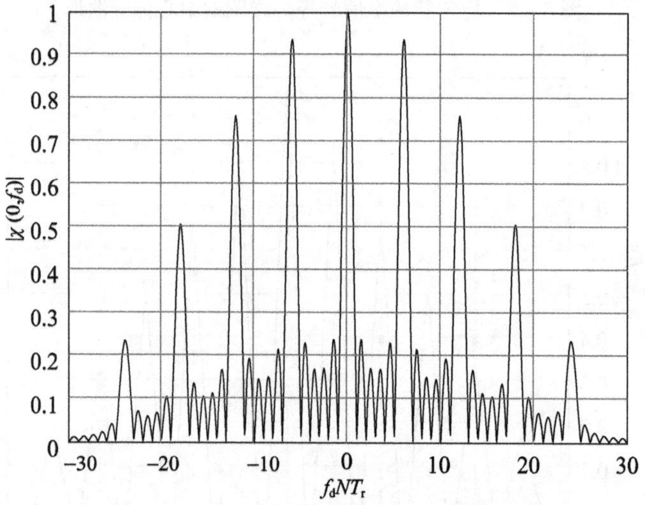

图 3-7　均匀脉冲串信号 $\chi(0,f_d)$ 的图形

在速度模糊瓣之间存在着许多旁瓣（称多普勒旁瓣），多普勒旁瓣构成了中心带条内的“自身杂波”。多普勒旁瓣是由 $|\sin(\pi f_d NT_r)/(\pi f_d T_r)|$ 引起的，为了明显看出多普勒旁瓣的变化规律，图 3-8 给出了 $0\sim f_r$ 范围内的细微结构。可以看出，旁瓣的最小出现在 $f_r/2$ 处，其最小旁瓣幅值约为模糊瓣的 $1/N$。

由式(3-13)可以看出，加权因子 $|\sin[\pi f_d(N-|p|)T_r]/(\pi f_d T_r)|$ 与延迟时间 τ_d 无关。因此，在平行多普勒轴的其他带条内进行切割的结果，除幅值不同于中心带条外，其外貌与中心带条完全相同，但是，随着 $|p|$ 的增加（即远离中心带条），带条中速度模糊瓣的宽度要增加，增加的规律是 $1/[(N-|p|)T_r]$。因此，在离中心带条最远的带条内，由模糊瓣的加宽，使模糊瓣彼此重叠，因而就不出现分裂现象。另外，在每个带条内的多普勒旁瓣数目是不同的，随着 $|p|$ 的增加而逐渐减小，其减小的规律是 $(N-|p|-2)$。

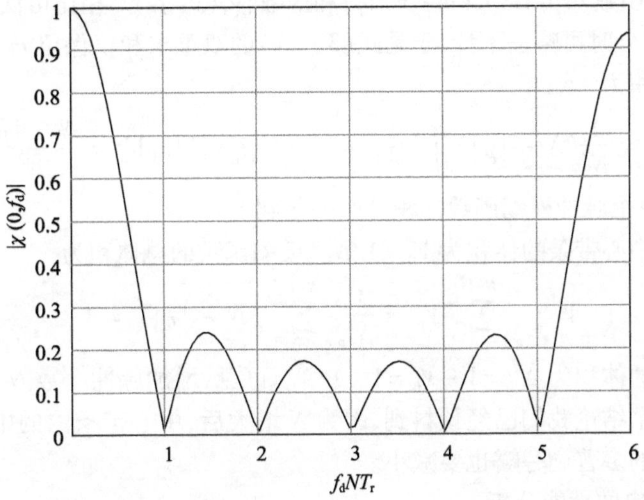

图3-8　均匀脉冲串信号$\chi(0,f_\mathrm{d})$在$0\sim 1/T_\mathrm{r}$范围内的细微结构

当$N\gg1$时,在很大一部分带条内速度模糊瓣的宽度都趋于0,这时模糊图就呈现为理想的板钉型。

由于均匀脉冲串信号脉冲的周期重复,这种信号就把中心带条内脉冲模糊图的大部分体积搬移到平行f_d轴的其他带条内,根据"体积不变性",被移出中心带条的体积必须等于其他带条内的体积之和,我们希望中心带条内移出的体积越多越好,这样可使中心峰变窄,多普勒旁瓣降低。那么中心带条移出的体积与脉冲串信号的什么参量有关呢?

p取值范围为$-(N-1)\leqslant p\leqslant(N-1)$,它表示第$p$个带条。根据式(3-12),第$p$个带条的时间-频率复合自相关函数为

$$\chi_p(\tau_\mathrm{d},f_\mathrm{d})=\frac{1}{N}\exp[\mathrm{j}\pi f_\mathrm{d}(N-1-|p|)T_\mathrm{r}]\frac{\sin[\pi f_\mathrm{d}(N-|p|)T_\mathrm{r}]}{\sin(\pi f_\mathrm{d}T_\mathrm{r})}|\chi_1(\tau_\mathrm{d}-pT_\mathrm{r},f_\mathrm{d})| \tag{3-18}$$

因为

$$\sum_{m=0}^{N-1-|p|}\exp(\mathrm{j}2\pi f_\mathrm{d}mT_\mathrm{r})=\exp[\mathrm{j}\pi f_\mathrm{d}(N-1-|p|)T_\mathrm{r}]\frac{\sin[\pi f_\mathrm{d}(N-|p|)T_\mathrm{r}]}{\sin(\pi f_\mathrm{d}T_\mathrm{r})} \tag{3-19}$$

代入式(3-18)可得

$$\chi_p(\tau_\mathrm{d},f_\mathrm{d})=\frac{1}{N}\sum_{m=0}^{N-1-|p|}\exp(\mathrm{j}2\pi f_\mathrm{d}mT_\mathrm{r})\chi_1(\tau_\mathrm{d}-pT_\mathrm{r},f_\mathrm{d}) \tag{3-20}$$

因此第p个带条的体积为

$$\begin{aligned}V_p&=\iint_\infty|\chi_p(\tau_\mathrm{d},f_\mathrm{d})|^2\mathrm{d}\tau_\mathrm{d}\mathrm{d}f_\mathrm{d}\\&=\frac{1}{N^2}\iint_\infty|\chi_1(\tau_\mathrm{d}-pT_\mathrm{r},f_\mathrm{d})|^2\sum_{m=0}^{N-1-|p|}\exp(\mathrm{j}2\pi f_\mathrm{d}mT_\mathrm{r})\sum_{n=0}^{N-1-|p|}\exp(-\mathrm{j}2\pi f_\mathrm{d}nT_\mathrm{r})\mathrm{d}\tau_\mathrm{d}\mathrm{d}f_\mathrm{d}\\&=\frac{1}{N^2}\sum_{m=0}^{N-1-|p|}\sum_{n=0}^{N-1-|p|}\iint_\infty|\chi_1(\tau_\mathrm{d}-pT_\mathrm{r},f_\mathrm{d})|^2\exp[-\mathrm{j}2\pi f_\mathrm{d}(m-n)T_\mathrm{r}]\mathrm{d}\tau_\mathrm{d}\mathrm{d}f_\mathrm{d}\end{aligned} \tag{3-21}$$

当 $m \neq n$ 时,函数 $\exp[\mathrm{j}2\pi f_\mathrm{d}(m-n)T_\mathrm{r}]$ 和函数 $|\chi_1(\tau_\mathrm{d},f_\mathrm{d})|^2$ 相比可认为是个快变化函数,因此它对 f_d 积分时可略去不计,于是式(3-21)的双重求和仅保留 $m=n$ 的各项,所以第 p 个带条的体积为

$$V_p = \frac{1}{N^2}(N-|p|)\iint_\infty |\chi_1(\tau_\mathrm{d}-pT_\mathrm{r},f_\mathrm{d})|^2 \mathrm{d}\tau_\mathrm{d}\mathrm{d}f_\mathrm{d} = \frac{N-|p|}{N^2} \tag{3-22}$$

式(3-22)是把单个脉冲模糊函数的积分归一化到1。

当 $p=0$ 时,中心带条的体积为 $V_0=1/N$。模糊函数的总体积为

$$V = \sum_{p=-(N-1)}^{N-1} V_p = \frac{1}{N^2}\sum_{p=-(N-1)}^{N-1}(N-|p|) = 1 \tag{3-23}$$

由中心带条移出的体积为 $\Delta V = V - V_0 = 1-1/N$。可见,增加脉冲个数 N 就减小了中心带条内的体积。这个结论我们已经预料到,因为 N 增大后,中心带条内的中心峰宽度变窄,同时模糊瓣之间的多普勒旁瓣也要减小。

2. 相参脉冲串的性能分析

信号的有效带宽也称为有效相关带宽,其表达式为

$$B_\mathrm{e} = \frac{\left[\int_{-\infty}^{\infty}|U(f)|^2\mathrm{d}f\right]^2}{\int_{-\infty}^{\infty}|U(f)|^4\mathrm{d}f} \tag{3-24}$$

信号的有效带宽与时延分辨常数成反比,表明了信号的距离自相关函数与函数的相似程度,或者是表明信号频谱与均匀频谱的相似程度。

根据均匀脉冲串信号模糊图的特点可以看出,如果目标的速度相同,而且目标的距离分布范围小于单个脉冲的重复周期 T_r,则其有效带宽为 $B_\mathrm{e}=(3/2)(1/\tau)$。因此,要提高这种信号的距离分辨力就应选择宽度窄的脉冲。

如果目标距离不同,而速度分布范围小于 $1/T_\mathrm{r}$,则均匀脉冲串信号的有效时宽为 $T_\mathrm{e}=NT_\mathrm{r}$。而单个脉冲的有效时宽为 $T'_\mathrm{e}=\tau$,因此这种信号对邻近目标的速度分辨能力比单个脉冲有很大改善,改善因子为

$$\frac{\Delta\nu}{\Delta\nu'} = \frac{\dfrac{c}{2f_0}A_\xi}{\dfrac{c}{2f_0}A'_\xi} = \frac{\dfrac{1}{NT_\mathrm{r}}}{\dfrac{1}{\tau}} = \frac{\tau}{NT_\mathrm{r}} \tag{3-25}$$

式中:$\Delta\nu$ 为均匀脉冲串信号的速度分辨力;$\Delta\nu'$ 为单个矩形脉冲的速度分辨力。可见,增加脉冲个数 N 或增大脉冲的重复周期 T_r,均可提高其速度分辨力。

如果目标的距离分布范围小于 T_r,速度分布范围小于 $1/T_\mathrm{r}$,则其均方根带宽 $\beta_0^2=2B/\tau$,均方根时宽 $\delta^2=(\pi NT_\mathrm{r})^2/3$。因此,这种信号的均方根带宽 β_0^2 与单个脉冲相同,而均方根时宽比单个脉冲的均方根时宽 δ'^2 提高了

$$\frac{\delta^2}{\delta'^2} = \frac{(\pi NT_\mathrm{r})^2/3}{(\pi\tau)^2/3} = \frac{(NT_\mathrm{r})^2}{\tau^2} \tag{3-26}$$

增加 N 和 T_r 可提高其测速精度。

从上面的结果来看,如果增大 T_r,既可提高这种信号的速度分辨力和测速精度,又可增大目标在距离上不出现速度模糊的范围。在选择均匀脉冲串信号脉冲重复周期 T_r 时,

须兼顾目标的距离和速度的分布范围。但是对于机载雷达而言,由于普遍采用脉冲多普勒体制,脉冲重复周期的选择受到多种因素的影响。往往是牺牲一维,保证另一维。脉冲多普勒雷达要检测出某一多普勒目标的回波,而消除其他杂波干扰。它既要求测速,又要求速度分辨。因此 T_r 的选择应以保证测速精度和速度分辨力为主。

当均匀脉冲串信号脉冲重复周期 T_r 按目标距离、速度分布范围兼顾选定后,这种信号的测距精度、距离分辨力和测速精度、速度分辨力可分别用信号的脉冲宽度 τ 和脉冲个数 N 来控制,因此这种信号能同时给出高的测距、测速精度以及高的距离、速度分辨力。

表3-1给出了均匀脉冲串信号各参量之间的关系。表中最后一项说明均匀脉冲串信号的载频 f_0 选定后,最大距离和速度非模糊范围之积是个常数,即增大速度模糊范围,距离模糊范围就要减小,反之亦然。

表3-1　均匀脉冲串信号各参量之间的关系

距离分辨常数	$A_{\tau_d}=2\tau/3\approx\tau$	非模糊距离	$R_u=cT_r/2$
距离分辨力	$\Delta R=cA_r/2\approx\tau/2$	非模糊多普勒	$f_{du}=1/T_r$
多普勒分辨常数	$A_{f_d}=1/NT_r\approx1/(N-1)T_r$	非模糊速度	$\nu_u=c/2T_rf_0$
速度分辨力	$\Delta\nu=cA_{f_d}/2f_0\approx c/2(N-1)T_rf_0$	最大距离和速度非模糊范围之积	$R_u\nu_u=c\lambda_0/4$
非模糊迟延	$\tau_{du}=T_r$		

3.1.3　相参脉冲串的处理

1. 相参脉冲串的匹配滤波

根据匹配滤波理论,考虑到式(3-6),均匀脉冲串信号的匹配滤波器特性为

$$
\begin{aligned}
H(f)&=U^*(f)\exp(-j2\pi ft_0)\\
&=\sqrt{\frac{\tau}{N}}\operatorname{sinc}(f\tau)\frac{\sin(N\pi fT_r)}{\sin(\pi fT_r)}\exp\{j\pi f[(N-1)T_r+\tau]\}\exp(-j2\pi ft_0)
\end{aligned}
\tag{3-27}
$$

令 $t_0=(N-1)T_r$,则式(3-27)可写为

$$
H(f)=\sqrt{\frac{\tau}{N}}\operatorname{sinc}(f\tau)\frac{\sin(N\pi fT_r)}{\sin(\pi fT_r)}\exp[-j\pi f(N-1)T_r]\exp(j2\pi f\tau)=H_1(f)H_2(f)
\tag{3-28}
$$

式中

$$
H_1(f)=\sqrt{\frac{\tau}{N}}\operatorname{sinc}(f\tau)\exp(j2\pi f\tau)=\frac{1}{\sqrt{N}}U_1^*(f)
\tag{3-29}
$$

为单个脉冲匹配滤波器的频率特性。

$$
H_2(f)=\frac{\sin(N\pi fT_r)}{\sin(\pi fT_r)}\exp[-j\pi f(N-1)T_r]
\tag{3-30}
$$

由式(3-5),$H_2(f)$ 可写为

$$
\begin{aligned}
H_2(f)&=\sum_{n=0}^{N-1}\exp(-j2\pi fnT_r)\\
&=1+\exp(-j2\pi fT_r)+\cdots+\exp[-j2\pi f(N-1)T_r]
\end{aligned}
\tag{3-31}
$$

它是一个由$(N-1)$节抽头延迟线和相加器构成的积累器的频率特性。

由式(3-28)、式(3-29)和式(3-31)可以看出，均匀脉冲串信号的匹配滤波器是由单个脉冲匹配滤波器$H_1(f)$和延时线积累器$H_2(f)$级联构成的，图3-9给出了这个匹配滤波器的结构图。

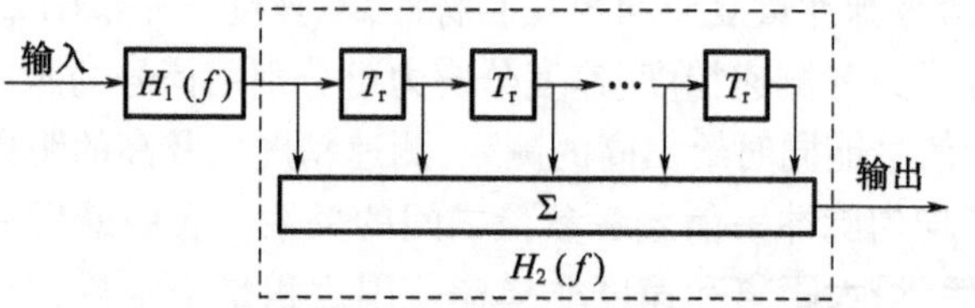

图3-9　均匀脉冲串信号匹配滤波器的结构

从均匀脉冲串信号的匹配滤波器结构可以看出，均匀脉冲串信号所以能具有高的分辨力和高的测量精度，是匹配滤波器对全部N个脉冲处理的结果。也可以说，均匀脉冲串信号多普勒测量精度和多普勒分辨力的改善要在N个脉冲同时处理后才能得到。

当脉冲个数N很大时，图3-9的延时线数目和抽头数目也很大，为此积累器可采用图3-10的方案实现，控制门用于控制积累脉冲个数N。

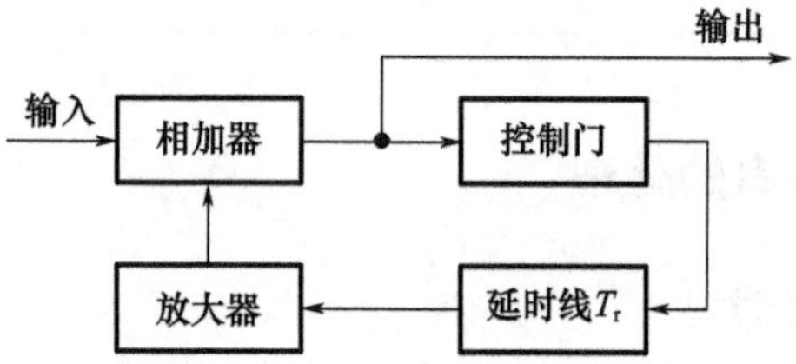

图3-10　延时线反馈积累器

系统的频率特性为

$$H(f)=\sum_{k=1}^{N}\beta(k-1)\exp[-\mathrm{j}2\pi f(k-1)T_r] \tag{3-32}$$

式中：β为放大系数，为使系统稳定应取$\beta\leqslant 1$。

当$\beta=1$时，式(3-32)可简化为

$$H(f)=\sum_{k=1}^{N}\exp[-\mathrm{j}2\pi f(k-1)T_r]=\sum_{k=0}^{N-1}\exp[-\mathrm{j}2\pi fkT_r] \tag{3-33}$$

显然，式(3-33)与式(3-31)完全相同。

2. 相参脉冲串的加权处理

由前面的分析可以看出，均匀脉冲串信号虽然能成功地把绝大部分模糊体积移出中心主瓣，分散到与多普勒轴平行的带条内，但是在每个带条中均有速度模糊瓣和多普勒旁瓣，多普勒旁瓣构成了带条中的“自身杂波”。

我们希望模糊图在中心峰周围能存在理想模糊图那样没有体积的清楚区，以适应密集的目标环境，因此减小中心带条内的多普勒旁瓣，来减小其模糊体积是很重要的。简单地采用减小带条宽度2τ来减小这部分体积是不行的，因为带条宽度受均匀脉冲串信号的功率限制。

怎样来减小中心带条的多普勒旁瓣呢？首先来看一下，各带条中的多普勒旁瓣是怎样产生的。由前面分析已知，均匀脉冲串信号模糊图所以能分成许多带条，在每个带条中均有速度模糊瓣和多普勒旁瓣，是由于存在因子 $\sin(\pi Nf_dT_r)/\sin(\pi f_dT_r)$ 的结果。当 $N\gg 1$ 时，有 $\sin(\pi Nf_dT_r)/\sin(\pi f_dT_r)\approx N\sin(\pi Nf_dT_r)/(\pi Nf_dT_r)$。所以带条中的最大多普勒旁瓣和主瓣的幅度比约为 -13.2dB。

从前面推导过程可知，因子 $\sin(\pi Nf_dT_r)/\sin(\pi f_dT_r)$ 是由求和式 $\sum_{m=0}^{N-1}\exp(\mathrm{j}2\pi f_dmT_r)$ 引起的，换句话说，它是由采用的均匀脉冲串所引起的。因此可以预料，如果在时域上对均匀脉冲串信号进行幅度加权就能改变因子 $\sin(\pi Nf_dT_r)/\sin(\pi f_dT_r)$，从而可以改变带条内多普勒旁瓣结构。

下面分析在时域上对均匀脉冲串信号进行幅度加权时，带条内多普勒旁瓣的变化情况。

假定，加权脉冲串信号的复包络为

$$u(t)=\frac{1}{\sqrt{N}}\sum_{n=0}^{N-1}a_nu_1(t-nT_r) \tag{3-34}$$

式中：$u_1(t)$ 为未加权单个脉冲的复包络；a_n 为复加权系数，它可以写为 $a_n=|a_n|\exp(\mathrm{j}\varphi_n)$，$|a_n|$ 和 φ_n 分别为第 n 个脉冲的幅度和相位加权值。

根据傅里叶变换的性质，加权脉冲串信号的频谱可直接写为

$$U(f)=\frac{1}{\sqrt{N}}U_1(f)\sum_{n=0}^{N-1}a_n\exp(-\mathrm{j}2\pi fnT_r) \tag{3-35}$$

式中

$$U_1(f)=\sqrt{\tau}\,\mathrm{sinc}(f\tau)\exp(-\mathrm{j}\pi f\tau) \tag{3-36}$$

为使分析结果具有更普遍的意义，对脉冲串信号的处理系统也采用加权，即

$$h(t)=\frac{1}{\sqrt{N}}\sum_{n=0}^{N-1}b_nu_1(t-nT_r) \tag{3-37}$$

式中：b_n 也是复加权系数。

当 $a_n=b_n$ 时，$h(t)$ 就是 $u(t)$ 匹配滤波器的脉冲响应，如果 $a_n=1$、$b_n\neq 1$，表明加权只在处理系统进行；$a_n\neq 1$、$b_n=1$，表明加权只在发射信号上进行；$a_n\neq b_n\neq 1$，说明加权在发射信号和处理系统中同时进行。

下面对 $a_n\neq b_n\neq 1$ 的双边加权进行分析。

根据时间-频率复合自相关函数的定义，可得

$$\chi_{12}(\tau_d,f_d)=\frac{1}{N}\sum_{n=0}^{N-1}\sum_{m=0}^{N-1}\int_{-\infty}^{\infty}a_nb_m^*u_1(t-nT_r)u_1^*(t-mT_r+\tau_d)\exp(\mathrm{j}2\pi f_dt)\mathrm{d}t \tag{3-38}$$

令 $t=t-nT_r$，式(3-38)可进一步写为

$$\begin{aligned}\chi_{12}(\tau_d,f_d)&=\frac{1}{N}\sum_{n=0}^{N-1}\sum_{m=0}^{N-1}a_nb_m^*\exp(\mathrm{j}2\pi f_dnT_r)\int_{-\infty}^{\infty}u_1(t)u_1^*[t+\tau_d-(m-n)T_r]\exp(\mathrm{j}2\pi f_dt)\mathrm{d}t\\&=\frac{1}{N}\sum_{n=0}^{N-1}\sum_{m=0}^{N-1}a_nb_m^*\exp(\mathrm{j}2\pi f_dnT_r)\chi_1[\tau_d-(m-n)T_r,f_d]\end{aligned} \tag{3-39}$$

式中：$\chi_1(\tau_d,f_d)$为单个脉冲的时间－频率复合自相关函数。

式(3－39)说明，采用双边加权后，脉冲串的时间－频率复合自相关函数$\chi_{12}(\tau_d,f_d)$是由单个脉冲的$\chi_1[\tau_d-(m-n)T_r,f_d]$经加权系数$a_nb_n^*$和相位因子$\exp(j2\pi f_dnT_r)$加权后叠加而构成的。

下面变换式(3－39)，令$N=3$，$(m-n)=p$，展开式(3－39)可得

$$\begin{aligned}\chi_{12}(\tau_d,f_d)=&\frac{1}{3}[a_0b_0^*\chi_1(\tau_d,f_d)+a_0b_1^*\chi_1(\tau_d-T_r,f_d)+a_0b_2^*\chi_1(\tau_d-2T_r,f_d)]+\\&\frac{1}{3}\exp(j2\pi f_dT_r)[a_1b_0^*\chi_1(\tau_d+T_r,f_d)+a_1b_1^*\chi_1(\tau_d,f_d)+a_1b_2^*\chi_1(\tau_d-T_r,f_d)]+\\&\frac{1}{3}\exp(j2\pi f_d2T_r)[a_2b_0^*\chi_1(\tau_d+2T_r,f_d)+a_2b_1^*\chi_1(\tau_d+T_r,f_d)+a_2b_2^*\chi_1(\tau_d,f_d)]\end{aligned}\tag{3-40}$$

在式(3－40)中，为看出采用双边加权后在每个带条中模糊旁瓣的变化，可以把带条中心在一个延迟时间上的各项加起来。根据式(3－40)，可分两部分。

$p>0$时相加结果为

$$\frac{1}{3}\sum_{p=1}^{3-1}\chi_1(\tau_d-pT_r,f_d)\sum_{n=0}^{3-1-p}a_nb_n^*\exp(j2\pi f_dnT_r)\tag{3-41}$$

$p\leqslant0$时相加结果为

$$\frac{1}{3}\sum_{p=-(3-1)}^{0}\exp(-j2\pi f_dpT_r)\chi_1(\tau_d-pT_r,f_d)\sum_{m=0}^{3-1-|p|}a_{m+|p|}b_m^*\exp(j2\pi f_dmT_r)\tag{3-42}$$

这实际上就是完成下列双重求和的变换，即

$$\sum_{m=0}^{N-1}\sum_{n=0}^{N-1}=\sum_{p=-(N-1)}^{0}\sum_{m=0}^{N-1-|p|}\Big|_{n=m-p}+\sum_{p=1}^{N-1}\sum_{n=0}^{N-1-|p|}\Big|_{m=n+p}\tag{3-43}$$

利用式(3－43)和式(3－39)可得

$$\begin{aligned}\chi_{12}(\tau_d,f_d)=&\frac{1}{N}\sum_{p=-(N-1)}^{0}\exp(-j2\pi f_dpT_r)\chi_1(\tau_d-pT_r,f_d)\sum_{m=0}^{N-1-|p|}a_{m+|p|}b_m^*\exp(j2\pi f_dmT_r)+\\&\frac{1}{N}\sum_{p=1}^{N-1}\chi_1(\tau_d-pT_r,f_d)\sum_{n=0}^{N-1-|p|}a_nb_{n+p}^*\exp(j2\pi f_dnT_r)\end{aligned}\tag{3-44}$$

或

$$\begin{aligned}|\chi_{12}(\tau_d,f_d)|=&\frac{1}{N}\sum_{p=-(N-1)}^{0}|\chi_1(\tau_d-pT_r,f_d)|\left|\sum_{m=0}^{N-1-|p|}a_{m+|p|}b_m^*\exp(j2\pi f_dmT_r)\right|+\\&\frac{1}{N}\sum_{p=1}^{N-1}|\chi_1(\tau_d-pT_r,f_d)|\left|\sum_{n=0}^{N-1-|p|}a_nb_{n+p}^*\exp(j2\pi f_dnT_r)\right|\end{aligned}\tag{3-45}$$

式(3－44)或式(3－45)同式(3－9)相比可以看出，采用双边加权后，在单个脉冲的加权函数中增加了两个复数加权量。

当p为给定值时，这个带条的互模糊函数由式(3－45)可得

$$|\chi_{12}(\tau_d,f_d)|_p=\frac{1}{N}|\chi_1(\tau_d-pT_r,f_d)|\left|\sum_{m=0}^{N-1-|p|}a_{m+|p|}b_m^*\exp(j2\pi f_dmT_r)\right|\tag{3-46}$$

式(3－46)对$p>0$和$p\leqslant0$的情况均适用。

可见，在第p个带条内模糊图的结构完全取决于式(3－46)等号右边第二个绝对值因

子，为了看出这个因子对$|\chi_{12}(\tau_d,f_d)|_p$多普勒旁瓣的影响，把这个因子对$f_d$取傅里叶变换，即

$$F\left[\sum_{m=0}^{N-1-|p|} a_{m+|p|}b_m^*\exp(\mathrm{j}2\pi f_d mT_r)\right] = \sum_{m=0}^{N-1-|p|} a_{m+|p|}b_m^*\delta(t-mT_r) \tag{3-47}$$

通常发射信号和处理系统的加权函数是连续的时间函数。如图3-11所示，假定发射信号和处理系统的连续加权函数分别为$a(t)$，$b(t)$，这两个加权函数在脉冲串信号存在时间之外均为0，在脉冲串信号存在时间内，当间隔mT_r时，采样值分别为a_m，b_m。

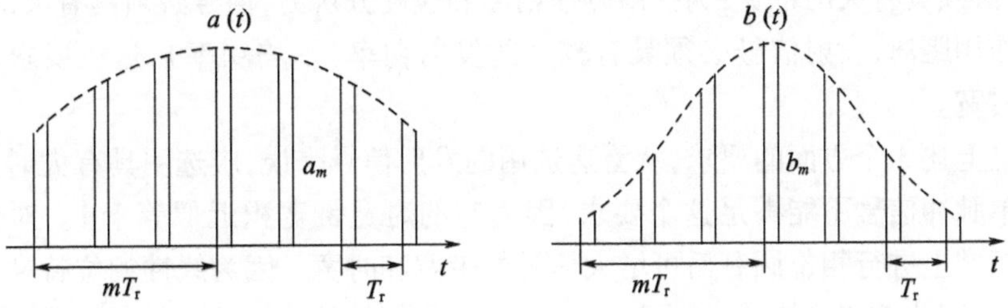

(a) 发射信号的连续加权函数　(b) 处理系统的连续加权函数

图3-11　连续加权函数

因为$\delta(t-mT_r)$只有在$t=mT_r$处才有值，所以式(3-47)中的$a_{m+|p|}b_m^*$可用$a(t+|p|T_r)b^*(t)$取代，因此便有

$$\sum_{m=0}^{N-1-|p|} a_{m+|p|}b_m^*\delta(t-mT_r) = \sum_{m=0}^{N-1-|p|} a(t+|p|T_r)b^*(t)\delta(t-mT_r) \tag{3-48}$$

因为在脉冲串存在时间之外，连续加权函数$a(t)$，$b(t)$值均为0，所以式(3-48)的求和范围可用扩大到$-\infty \sim +\infty$。因此，式(3-47)的反变换可写为

$$\begin{aligned}\sum_{m=0}^{N-1-|p|} a_{m+|p|}b_m^*\exp(\mathrm{j}2\pi f_d mT_r) &= F^{-1}\left[\sum_{m=-\infty}^{\infty} a(t+|p|T_r)b^*(t)\delta(t-mT_r)\right] \\ &= F^{-1}\left[a(t+|p|T_r)b^*(t)\right]\cdot\left[\frac{1}{T_r}\sum_{m=-\infty}^{\infty}\delta\left(f_d-\frac{m}{T_r}\right)\right]\end{aligned} \tag{3-49}$$

由式(3-49)可以看出，采用双边加权后，脉冲串信号模糊图在第p带条中多普勒旁瓣$[a(t+|p|T_r)b^*(t)]$的反傅里叶变换和间隔$1/T_r$上重复的无限δ函数列的卷积决定的。根据δ函数的性质，也可以说，多普勒旁瓣的细微结构是由$[a(t+|p|T_r)b^*(t)]$的傅里叶变换在间隔$1/T_r$上重复决定的，如果$[a(t+|p|T_r)b^*(t)]$的傅里叶变换具有较低的旁瓣，则带条中模糊瓣之间就具有低的多普勒旁瓣，因此，适当地选择连续加权函数$a(t)$和$b(t)$就可使带条中的多普勒旁瓣降低。

如果只在匹配滤波器上进行幅度加权，这时多普勒的细微结构由$\mathrm{rect}[(t+|p|T_r)/(NT_r)]$决定。采用加权后的多普勒旁瓣随$|p|$的增加，而逐渐增大，而且尖峰也逐渐增宽。双边加权的上述现象不如单边加权明显。抑制的是中心带条内的多普勒旁瓣，两种加权法对中心带条内的多普勒旁瓣抑制效果都是明显的，即经加权后，模糊中心峰附近的模糊图与理想模糊图非常相近。

3.2 线性调频脉冲信号

在采用匹配滤波器实现最佳信号处理,并保证一定信噪比的情况下,雷达测量的精度和分辨能力均与发射波形有关。距离分辨力和测距精度是由发射信号的频域特性决定的,速度分辨力和测速精度是由发射信号的时域特性决定的。为提高测距精度和距离分辨力,信号必须具有大的带宽;为提高测速精度和速度分辨力,信号必须具有大的时宽;为提高雷达作用距离,发射信号必须具有较大的发射功率(平均功率),这也要求发射信号具有大的时宽。

为满足上述3个方面的要求,从雷达选用的发射信号来说,应选用具有大时宽带宽积信号。简单脉冲信号不能满足这个要求,因为它的时宽带宽积近似等于1。对信号在时域上或在频域上进行相位调制后可增大信号的带宽和时宽。因为线性相位特性只能移动时间和载频,因此该相位特性必须是非线性相位,最简单的非线性相位就是平方相位。

大时宽带宽积信号具有以下几个优点:

(1)它解决了检测能力、距离分辨能力和测距精度之间的矛盾。因为决定这3个性能的参量可以独立选取。

(2)增强了系统抗干扰的能力。对有源噪声干扰来说,由于信号带宽很大,迫使噪声干扰要增加频带,从而降低了干扰的谱密度,减小了干扰效果。由于采用了复杂的脉内调制,使普通回答式干扰机的延迟、放大转发过程发生畸变,降低了这种干扰的效果。大时宽带宽积信号具有较高的分辨能力,增强了在消极干扰中识别目标的能力,从而使消极干扰受到一定的抵制。

(3)由于信号的时宽较大,使发射的平均功率得到了充分利用,提高了发现目标的能力。

采用大时宽带宽积信号也带来一些问题:

(1)由于信号的时宽较大,因此雷达的最小作用距离增加。

(2)由于大时宽带宽积信号的调制复杂,使雷达收发系统也复杂化,这样在产生和处理这种信号时难免产生不希望的失真,这种失真将使雷达系统性能变坏。

(3)雷达处理系统输出响应存在不希望的旁瓣,需要进行加权处理抑制旁瓣。

(4)存在一定的距离和速度测量模糊。

总之,大时宽带宽积信号的优点是主要的,因此,目前大时宽带宽积信号已全面应用于机载雷达。随着数字技术在雷达中的广泛应用,大时宽带宽积信号的产生和处理不仅越来越简单,而且性能越来越好。调频脉冲信号就是通过非线性相位调制获得的一种大时宽带宽积信号,其中线性调频脉冲信号是研究最早、应用最广的一种信号形式。这种信号有时也称为“唧唧”(chirp)信号,这是由瞬时频率线性变化的声音效应得来的名称。

3.2.1 线性调频脉冲信号的波形

线性调频脉冲信号的数学表达式为

$$x(t)=\mathrm{rect}\left(\frac{t}{\tau}\right)\cos(2\pi f_0 t+\pi K t^2) \tag{3-50}$$

式中：$K=B/\tau$，为线性调频变化率；B 为信号带宽；τ 为脉冲宽度。

线性调频脉冲信号的瞬时频率为

$$\begin{aligned} f_{\mathrm{i}} &= \frac{1}{2\pi}\frac{d}{\mathrm{d}t}(2\pi f_0 t+\pi K t^2) \\ &= f_0 + Kt \end{aligned} \tag{3-51}$$

如果 $K>0$，则瞬时频率是线性增长的；如果 $K<0$，则瞬时频率是线性减小的。图 3－12 给出了 $K>0$ 时线性调频脉冲信号的时间波形示意图。

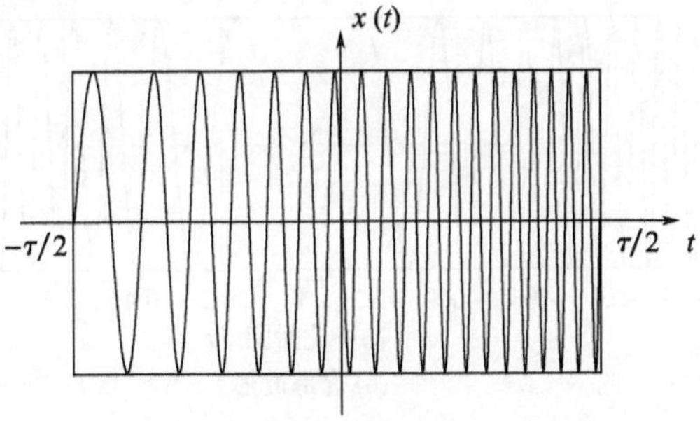

图 3－12　线性调频脉冲信号时域波形

线性调频脉冲信号的复数表示可写为

$$\begin{aligned} s(t) &= \mathrm{rect}\left(\frac{t}{\tau}\right)\exp\left[\mathrm{j}2\pi\left(f_0 t+\frac{1}{2}Kt^2\right)\right] \\ &= u(t)\exp(\mathrm{j}2\pi f_0 t) \end{aligned} \tag{3-52}$$

式中：信号的复包络为

$$\begin{aligned} u(t) &= \mathrm{rect}\left(\frac{t}{\tau}\right)\exp(\mathrm{j}\pi K t^2) \\ &= u_{\mathrm{I}}(t)+\mathrm{j}u_{\mathrm{Q}}(t) \\ &= \cos(\pi K t^2)+\mathrm{j}\sin(\pi K t^2) \end{aligned} \tag{3-53}$$

其实部和虚部波形分别如图 3－13 所示。

线性调频脉冲信号有两种基本的模拟电路产生方法：一种是有源法，利用压控振荡器（VCO）产生调频波，控制电压按所需要的调频规律变化；另一种是无源法，利用脉冲展宽滤波器产生线性调频脉冲信号。

随着高速数字电路技术的发展，采用数字方法实现波形的产生已越来越普遍。上述模拟方法的最大缺点是不能实现波形捷变，而数字的方法不仅能实现多种波形的捷变，还可以实现幅相补偿以提高波形的质量，具有良好的灵活性和一致性，加上数字电路的稳定性和可靠性，使得数字波形的产生方法越来越受到重视。数字波形就其产生的方法可分为数字基带产生加模拟正交调制的方法和中频直接产生的方法。

如图 3－14 所示，I、Q 两路数字基带信号预先存储在存储器中，逻辑控制电路在时钟作用下产生地址和控制信号，送给存储器，存储器输出 I、Q 两路数字基带信号，通过数模转换（D/A）和低通滤波器，变成 I、Q 两路模拟基带信号，然后由模拟正交调制器将其调制到中频载波上。模拟正交调制器原理如图 3－15 所示，图中，用数字方法产生的 I、Q 基带信号如图 3－13(a)和图 3－13(b)所示。

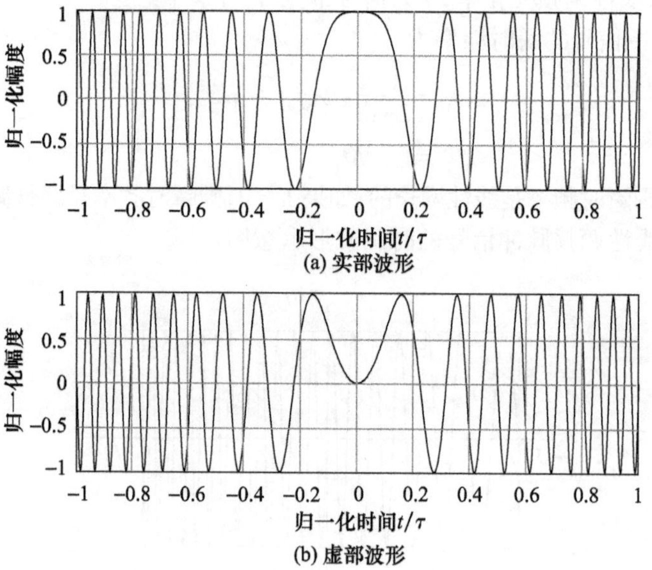

图 3－13　线性调频脉冲信号复包络的实部和虚部波形

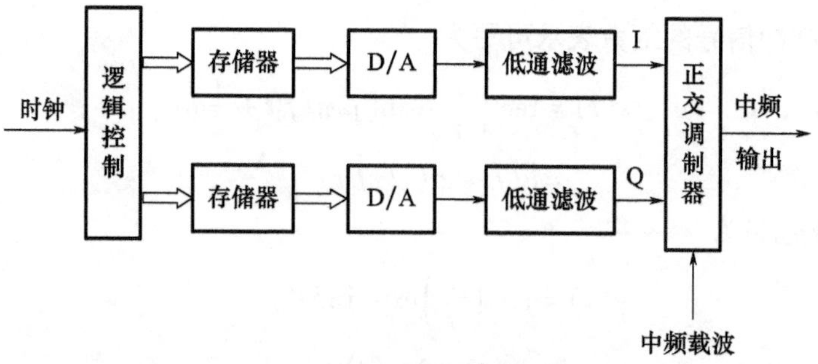

图 3－14　正交调制法原理框图

正交调制法在数字电路发展的早期被广泛使用，其优点是能产生各种灵活波形，对数字电路的速度要求不高。但是，由于其模拟正交调制器难以做到理想的幅相平衡，致使输出波形产生镜像虚假信号和载波泄露，从而影响脉冲压缩系统的性能，特别是在产生相对带宽较大的波形时，这种缺点尤为明显。

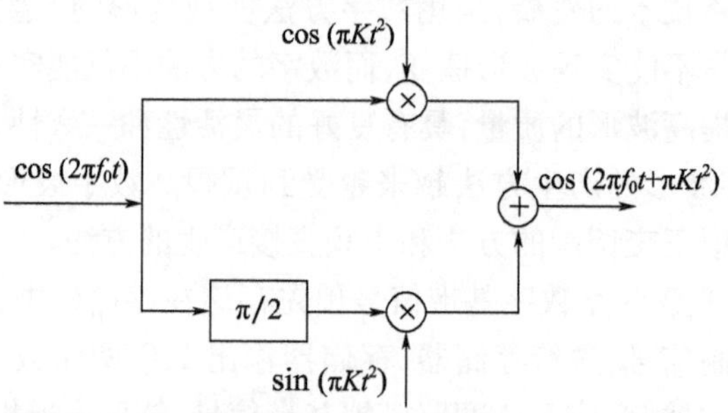

图 3－15　正交调制法产生线性调频脉冲信号原理框图

中频直接产生法是基于直接数字频率合成技术的波形产生方法。直接数字频率合成在相对带宽、频率转换时间、相位连续性、输出波形灵活性、相位噪声、漂移、高分辨力以及集成化等一系列性能指标方面已经远远超过了传统的信号产生技术。当然,直接数字频率合成技术也有其不可避免的缺点,即输出的最高频率有限,输出杂散较大。

从直接数字频率合成的基本结构和工作原理可以看出,基于直接数字频率合成技术的波形产生方法实际上是一种类似于查表直接输出中频信号的雷达波形合成方法。采用直接数字频率合成进行雷达波形合成要充分利用直接数字频率合成的特点,选用功能完备的、适合于波形合成器的直接数字频率合成芯片来实现所需要的波形。也就是说,所选择的芯片不仅要具有控制输出信号幅度、相位和频率的能力,而且要求其形成波形的质量指标(如杂散、信噪比等)也能满足雷达整机的要求。

通常要根据所需形成波形的带宽、频率来选择实现方法。如果要求的频率较低,带宽不宽,则可由直接数字频率合成技术直接在中频产生波形;如果要求的频率高,带宽较宽,则可用搬移和扩展的方法提高工作频率,增加信号带宽。例如,将直接数字频率合成技术和锁相频率合成器(PLL)相结合构成组合式波形产生器,是解决直接数字频率合成工作频率不高的有效手段,也是克服直接数字频率合成杂散的较好方案,同时又可以解决锁相频率合成器的频率分辨力不高和频率转换时间较长的问题。

由直接数字频率合成技术直接在中频产生线性调频脉冲波形的方法如图3-16所示。这种形成方法以直接数字频率合成芯片为主,配以附加逻辑电路以实现各种波形。图中,f_c为起始频率控制字;K_c为调频斜率控制字;T_c为时长控制字。图3-16所示的方法还可产生非线性调频(NLFM)和相位编码(PSK)等常用雷达波形。

直接数字频率合成技术在雷达中还有很广泛的应用,如在机载雷达中的杂波跟踪子系统、捷变频数字式雷达波形形成、自适应波束形成收发组件、相位和幅度误差校正及补偿以及雷达数字接收机等方面已经表现出良好的应用前景。

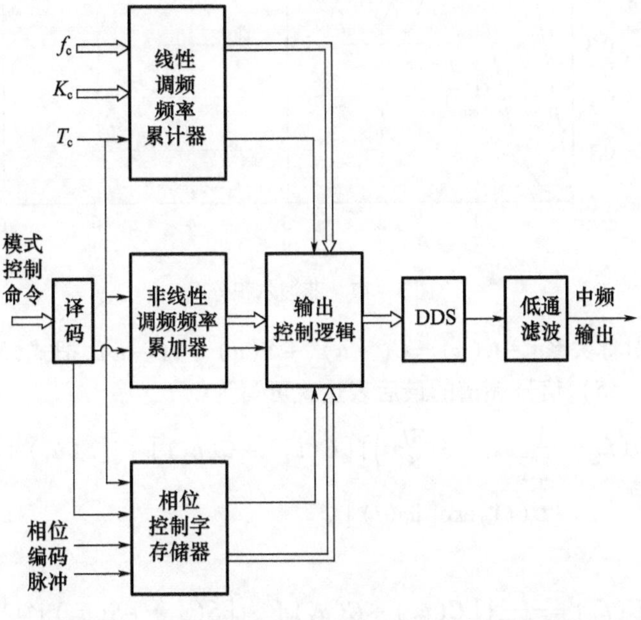

图3-16　基于直接数字合成技术的波形产生原理框图

1. 线性调频脉冲信号的频谱

根据傅里叶变换公式,由式(3-53)可得

$$\begin{aligned} U(f) &= \int_{-\infty}^{\infty} \mathrm{rect}\left(\frac{t}{\tau}\right)\exp(\mathrm{j}\pi K t^2)\exp(-\mathrm{j}2\pi f t)\,\mathrm{d}t \\ &= \left\{\int_{-\tau/2}^{\tau/2} \exp\left[\mathrm{j}\pi K\left(t-\frac{f}{K}\right)^2\right]\mathrm{d}t\right\}\exp\left(-\frac{\mathrm{j}2\pi f^2}{K}\right) \end{aligned} \tag{3-54}$$

令 $x=\sqrt{2K}(t-f/K)$,则式(3-54)可化为

$$\begin{aligned} U(f) &= \frac{1}{\sqrt{2K}}\exp\left(-\frac{\mathrm{j}\pi f^2}{K}\right)\int_{-u_2}^{u_1}\exp\left(-\mathrm{j}\frac{\pi}{2}x^2\right)\mathrm{d}x \\ &= \frac{1}{\sqrt{2K}}\exp\left(-\frac{\mathrm{j}\pi f^2}{K}\right)\left[\int_{-u_2}^{u_1}\cos\left(\frac{\pi}{2}x^2\right)\mathrm{d}x + \mathrm{j}\int_{-u_2}^{u_1}\sin\left(\frac{\pi}{2}x^2\right)\mathrm{d}x\right] \end{aligned} \tag{3-55}$$

其中积分的上下限 $u_1=\sqrt{2K}(\tau/2-f/K)$,$u_2=\sqrt{2K}(\tau/2+f/K)$。

利用菲涅尔(Fresnel)积分公式有

$$\begin{cases} C(u) = \displaystyle\int_0^u \cos\left(\frac{\pi}{2}x^2\right)\mathrm{d}x \\ S(u) = \displaystyle\int_0^u \sin\left(\frac{\pi}{2}x^2\right)\mathrm{d}x \end{cases} \tag{3-56}$$

菲涅尔积分 $C(u)$ 和 $S(u)$ 的图形见图 3-17,图中实线为 $C(u)$,虚线为 $S(u)$。

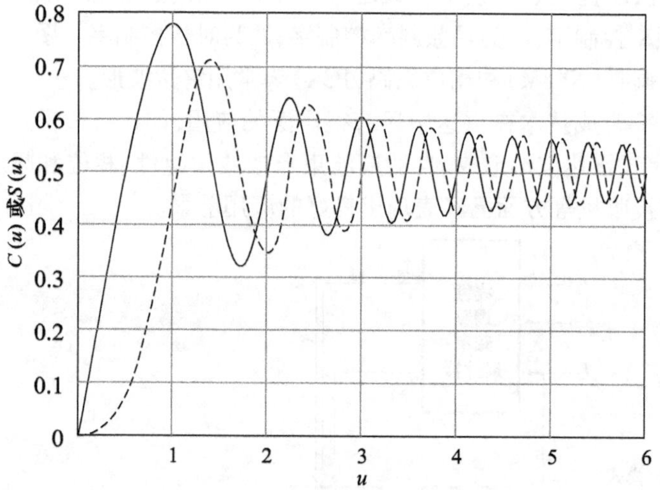

图 3-17　菲涅尔积分

考虑到以下对称关系:$-C(u)=C(-u)$,$-S(u)=S(-u)$,把式(3-56)及 u_1 和 u_2 表达式代入式(3-55),信号频谱的最后表达式可写为

$$\begin{aligned} U(f) &= \frac{1}{\sqrt{2K}}\exp\left(-\frac{\mathrm{j}\pi f^2}{K}\right)\{[C(u_1)+C(u_2)]+\mathrm{j}[S(u_1)+S(u_2)]\} \\ &= |U(f)|\exp[\mathrm{j}\varphi(f)] \end{aligned} \tag{3-57}$$

式中:幅度谱为

$$|U(f)| = \frac{1}{\sqrt{2K}}\{[C(u_1)+C(u_2)]^2+[S(u_1)+S(u_2)]^2\}^{1/2} \tag{3-58}$$

相位谱为

$$\varphi(f) = -\frac{\pi f^2}{K} + \arctan\left[\frac{S(u_1) + S(u_2)}{C(u_1) + C(u_2)}\right] = \varphi_1(f) + \varphi_2(f) \tag{3-59}$$

式中：$\varphi_1(f) = -\pi f^2/K$，称为平方相位项；$\varphi_2(f) = \arctan\{[S(u_1) + S(u_2)]/[C(u_1) + C(u_2)]\}$，称为剩余相位项。由式(3-58)和式(3-59)可看出幅度谱和剩余相位项均与菲涅尔积分有关。如果把 $K = B/\tau$ 代入式(3-55)的积分上下限 u_1 和 u_2，可得

$$\begin{cases} u_1 = \sqrt{2B\tau}\left(\dfrac{1}{2} - \dfrac{f}{B}\right) \\ u_2 = \sqrt{2B\tau}\left(\dfrac{1}{2} + \dfrac{f}{B}\right) \end{cases} \tag{3-60}$$

根据菲涅尔积分的性质，当 $B\tau \gg 1$，即 $u \gg 1$ 时，菲涅尔积分 $C(u)$ 和 $S(u)$ 的波纹都很小，且有 $C(u) \approx S(u) \approx 1/2$，这一点也可以从图3-17看出，这样便有 $[S(u_1) + S(u_2)]/[C(u_1) + C(u_2)] \approx 1$。所以，剩余相位项趋于恒定值，即 $\varphi_2(f) = \pi/4$。此时幅度谱为

$$|U(f)| \approx \frac{1}{\sqrt{K}}\mathrm{rect}\left(\frac{f}{B}\right) \tag{3-61}$$

所以，当 $B\tau \gg 1$ 时，线性调频脉冲信号的幅度谱近似为无菲涅尔起伏的矩形谱，而剩余相位项近似为恒定值 $\pi/4$。

一般来讲，当 $B\tau > 30$ 时，就可认为线性调频脉冲信号的频谱是由矩形幅度谱和恒定剩余相位项($\pi/4$)及平方相位项组成的。图3-18给出了幅度谱及剩余相位项随 $B\tau$ 值变化的情况。

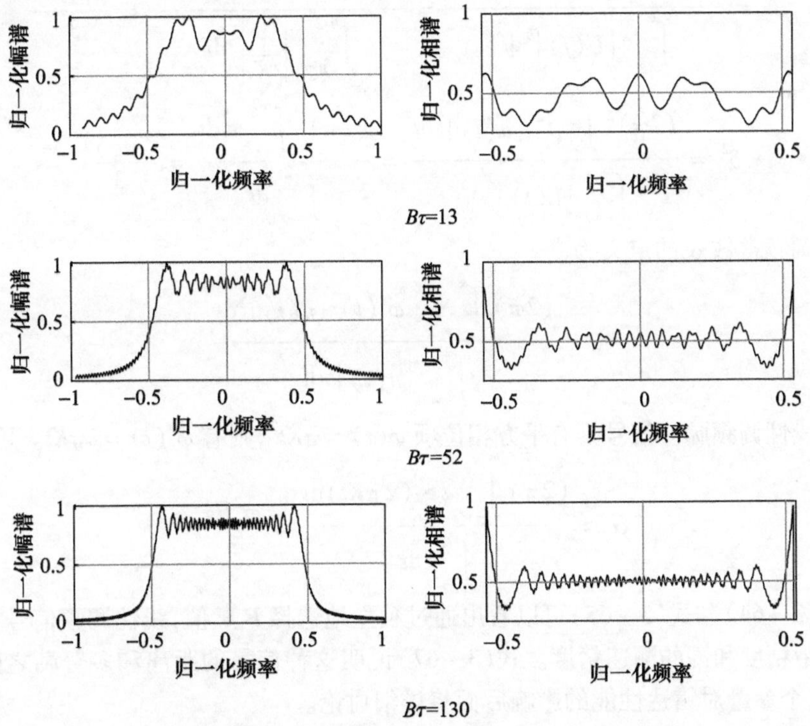

图3-18 线性调频信号的幅度谱和相位谱

从上面分析可以看出,线性调频脉冲信号的频谱宽度与它的存在时间 τ 无关,因此这种信号的带宽和时宽可独立选取,即都可独立地选择很大,这就是这种信号能同时得到大时宽和大带宽的原因。

2. 线性调频脉冲信号的波形参量

根据式(3-61)及有效带宽 B_e 和有效时宽 T_e 的定义,可分别得到线性调频脉冲信号的有效带宽和有效时宽,即

$$B_e=\frac{\left[\int_{-\infty}^{\infty}|U(f)|^2\mathrm{d}f\right]^2}{\int_{-\infty}^{\infty}|U(f)|^4\mathrm{d}f}=\frac{\left[\int_{-B/2}^{B/2}\left|\frac{1}{\sqrt{K}}\right|^2\mathrm{d}f\right]^2}{\int_{-B/2}^{B/2}\left|\frac{1}{\sqrt{K}}\right|^4\mathrm{d}f}=B \tag{3-62}$$

$$T_e=\frac{\left[\int_{-\infty}^{\infty}|u(t)|^2\mathrm{d}t\right]^2}{\int_{-\infty}^{\infty}|u(t)|^4\mathrm{d}t}=\frac{\left[\int_{-\tau/2}^{\tau/2}\mathrm{d}t\right]^2}{\int_{-\tau/2}^{\tau/2}\mathrm{d}t}=\tau \tag{3-63}$$

由式(3-62)和式(3-63)可以看出,线性调频脉冲信号的有效带宽等于信号的带宽 B,与信号时宽无关;有效时宽等于信号的脉冲宽度 τ,与信号的带宽无关。因此,只要取大的带宽 B 和大的时宽 τ,就可得到高的距离分辨力和高的速度分辨力。由于 B 和 τ 可以独立选取,所以线性调频脉冲信号可同时得到高的距离分辨力和高的速度分辨力。

线性调频脉冲信号的均方根带宽 β_0^2 和均方根时宽 δ^2 分别为

$$\beta_0^2=\frac{(2\pi)^2\int_{-\infty}^{\infty}f^2|U(f)|^2\mathrm{d}f}{\int_{-\infty}^{\infty}|U(f)|^2\mathrm{d}f}=\frac{(2\pi)^2\int_{-B/2}^{B/2}f^2\left|\frac{1}{\sqrt{K}}\right|^2\mathrm{d}f}{\int_{-B/2}^{B/2}\left|\frac{1}{\sqrt{K}}\right|^2\mathrm{d}f}=\frac{(\pi B)^2}{3} \tag{3-64}$$

$$\delta^2=\frac{(2\pi)^2\int_{-\infty}^{\infty}t^2|u(t)|^2\mathrm{d}t}{\int_{-\infty}^{\infty}|u(t)|^2\mathrm{d}t}=\frac{(2\pi)^2\int_{-\tau/2}^{\tau/2}t^2\mathrm{d}t}{\int_{-\tau/2}^{\tau/2}\mathrm{d}t}=\frac{(\pi\tau)^2}{3} \tag{3-65}$$

相位调频常数 α 的定义为

$$\alpha=\frac{(2\pi)\int_{-\infty}^{\infty}t\cdot\varphi'(t)\,|u(t)|^2\mathrm{d}t}{\int_{-\infty}^{\infty}|u(t)|^2\mathrm{d}t} \tag{3-66}$$

因为线性调频脉冲信号具有平方相位项 $\varphi(t)=\pi Kt^2$,则有 $\varphi'(t)=2\pi Kt$。可得

$$\alpha=\frac{(2\pi)\int_{-\tau/2}^{\tau/2}t\cdot(2\pi Kt)\,\mathrm{d}t}{\int_{-\tau/2}^{\tau/2}\mathrm{d}t}=\frac{\pi^2B\tau}{3} \tag{3-67}$$

由式(3-64)和式(3-65)可以看出通过独立地选择 B、τ 值,线性调频信号可同时得到高的测距精度和高的测速精度。式(3-67)说明这种信号的距离和多普勒之间存在耦合,关于这个参量对雷达性能的影响后面将详细讨论。

总之,只要这种信号的 $B\tau\gg1$,它的波形参量就能保证同时给出很高的一维分辨能力和很高的一维测量精度。

3.2.2 线性调频脉冲信号的性能

1. 线性调频脉冲信号的模糊函数

1)模糊函数与模糊图

假定线性调频脉冲信号的复包络为

$$u(t)=\begin{cases}\exp(\mathrm{j}\pi Kt^2) & (0<t<\tau)\\ 0 & (\text{其他})\end{cases} \tag{3-68}$$

根据模糊函数变换关系中,时域平方相位对模糊函数的影响,可得

$$\chi(\tau_d,f_d)=\exp(-\mathrm{j}\pi K\tau_d^2)\cdot\chi_1(\tau_d,f_d-K\tau_d) \tag{3-69}$$

式中:$\chi_1(\tau_d,f_d)$是单载频矩形脉冲信号复包络

$$u_1(t)=\begin{cases}1 & (0<t<\tau)\\ 0 & (\text{其他})\end{cases} \tag{3-70}$$

的时间-频率复合自相关函数。根据式(2-77),它可以写为

$$\chi_1(\tau_d,f_d)=\begin{cases}\exp[\mathrm{j}\pi f_d(\tau-\tau_d)]\dfrac{\sin[\pi f_d(\tau-|\tau_d|)]}{\pi f_d(\tau-|\tau_d|)}(\tau-|\tau_d|) & (|\tau_d|<\tau)\\ 0 & (\text{其他})\end{cases} \tag{3-71}$$

因此,线性调频脉冲信号的模糊函数为

$$|\chi(\tau_d,f_d)|^2=\begin{cases}\left|\dfrac{\sin[\pi(f_d-K\tau_d)(\tau-|\tau_d|)]}{\pi(f_d-K\tau_d)(\tau-|\tau_d|)}(\tau-|\tau_d|)\right|^2 & (|\tau_d|<\tau)\\ 0 & (\text{其他})\end{cases} \tag{3-72}$$

线性调频脉冲信号的模糊图和模糊度图如图3-19和图3-20所示,图中$K>0$,$B\tau=10$。

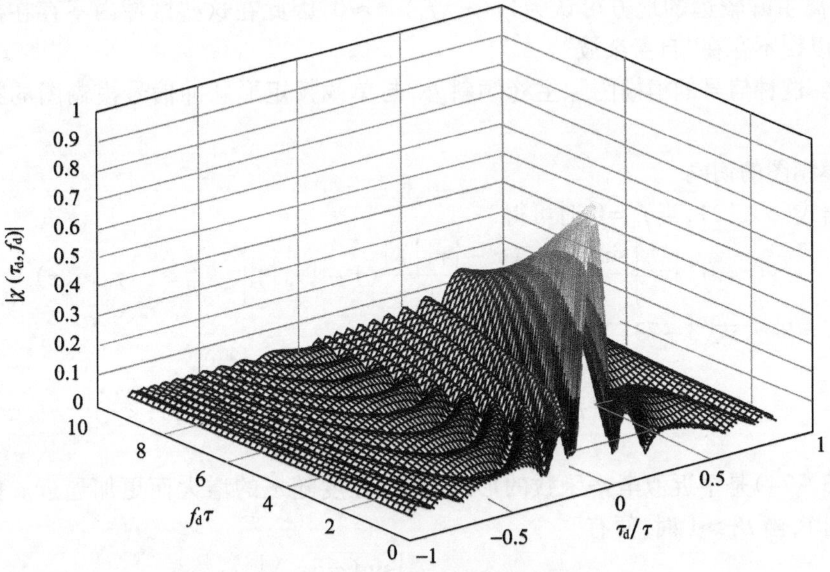

图3-19 线性调频信号的模糊图

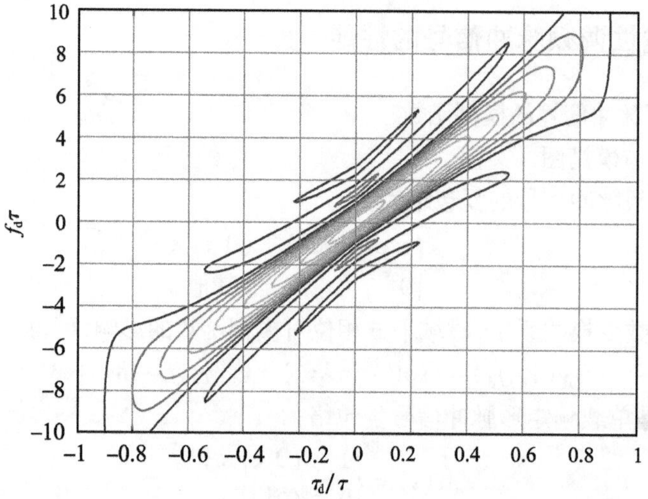

图 3-20　线性调频信号的模糊度图

线性调频脉冲信号的模糊图是由同样宽度的单载频矩形脉冲模糊图剪切得来的。由于剪切,使其长轴偏离 τ_d 轴一个角度 θ,θ 的大小是由式 $\tan\theta = K = B/\tau$ 决定的。可见,调频变化率 K 决定了模糊图剪切角的大小。剪切角度的方向也是由 K 决定的,当 $K>0$(线性调频由低向高变化)时,角 θ 是逆时针旋转;当 $K<0$(调频由高向低变化)时,角 θ 顺时针旋转,图 3-20 就是 $K>0$ 的情况。

线性调频脉冲信号模糊图具有以下几个特点:

(1)它是单载频矩形脉冲信号模糊图的剪切。

(2)模糊图的体积大部分集中在 $\tau_d f_d$ 平面原点的主峰内,但由于存在剪切效应,主峰呈斜刀刃形。

(3)在时延轴方向的体积分布宽度为 2τ,在多普勒轴方向的体积分布为无限。

(4)离主峰较远的地方可认为 $|\chi(\tau_d,f_d)|^2\approx 0$,因此在这些区域内不存在模糊和干扰,也可以说不存在"自身杂波"。

总之,这种信号的模糊图除主峰倾斜外,与单载频矩形脉冲信号模糊图的特点完全相同。

2)模糊图的切割

根据式(3-72),当 $f_d=0$ 时可得

$$|\chi(\tau_d,0)| = \left|\frac{\sin[\pi K\tau_d(\tau-|\tau_d|)]}{\pi K\tau_d|\tau-|\tau_d||}(\tau-|\tau_d|)\right| \quad (|\tau_d|<\tau) \qquad (3-73)$$

考虑到 $K=B/\tau$,式(3-73)又可写为

$$|\chi(\tau_d,0)| = \tau\left|\frac{\sin\left[\pi B\tau_d\left(1-\left|-\frac{\tau_d}{\tau}\right|\right)\right]}{\pi B\tau_d}\right| \quad (|\tau_d|<\tau) \qquad (3-74)$$

式(3-74)是个近似辛格函数的形式,近似程度随 τ 的增大而更加逼近。如果把 B 归一化到 1,当 $B\tau\gg 1$ 时,便有

$$|\chi(\tau_d,0)|\Rightarrow\tau\left|\frac{\sin(\pi B\tau_d)}{\pi B\tau_d}\right| \qquad (3-75)$$

这是辛格函数的形式。

图 3-21 给出了当 $B\tau=10$ 和 $B\tau=50$ 时，$|\chi(\tau_d,0)|$ 随 $B\tau$ 变化的两种情况。

由图 3-21 可以看出，调频和无调频脉冲信号（两个脉冲信号的时宽 τ 相同）的 $|\chi(\tau_d,0)|$ 在 τ_d 轴上的宽度明显不同，这是由剪切效应引起的。

剪切前的宽度是线性调频脉冲信号时宽 τ 的 2 倍，剪切后的 $|\chi(\tau_d,0)|$ 在 τ_d 轴上的宽度可以用辛格函数（或近似辛格函数）的第一个零点间的距离表示，则剪切前与剪切后（即无调频和调频）$|\chi(\tau_d,0)|$ 在 τ_d 轴上的宽度比为 D = 剪切前的宽度/剪切后的宽度 = $2\tau/(2/B)=B\tau$。

线性调频脉冲信号的匹配滤波器输出信号为辛格函数，辛格函数在峰值以下 -4dB 处的脉宽等于带宽 B 的倒数，因此匹配滤波器输出信号脉冲宽度为 $1/B$，则宽度比 D 又可写为 D = 匹配滤波器输入信号宽度/匹配滤波器输出信号宽度 = $\tau/(1/B)=B\tau$。

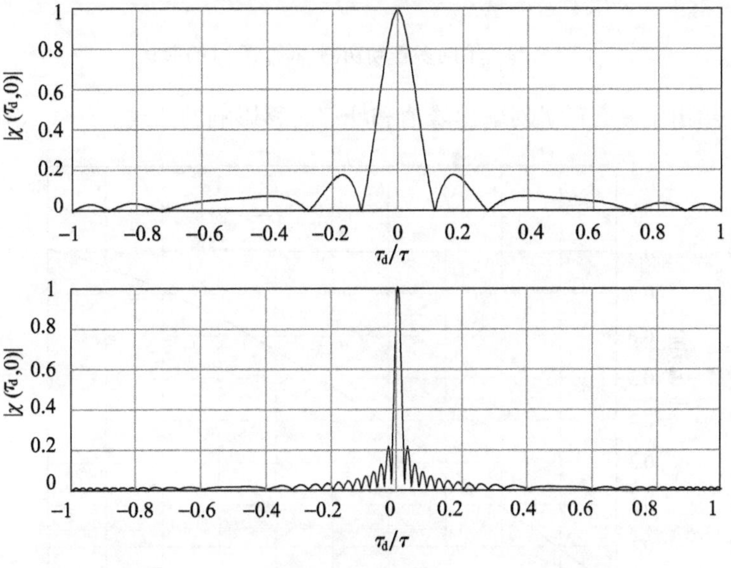

图 3-21　线性调频信号模糊函数 $|\chi(\tau_d,0)|$ 的形状

一般称 D 为线性调频信号的压缩比，它是线性调频脉冲信号通过其匹配滤波器后，输出波形比输入波形在时间宽度上压缩程度的度量。压缩程度与信号的 $B\tau$ 之积有关。这就是文献中称线性调频脉冲信号为脉冲压缩网络的原因。

当 $\tau_d=0$ 时，由式(3-72)可得

$$|\chi(0,f_d)|=\tau\left|\frac{\sin(\pi f_d\tau)}{\pi f_d\tau}\right| \tag{3-76}$$

这是一个辛格函数形式。

图 3-22 给出了不同多普勒切割的图形随多普勒值 f_d 的变化情况。

在频率轴上取不同的多普勒值对模糊图进行切割，切割出的图形相对用 $f_d=0$ 切割的图形将有以下变化：

(1) 峰值降低，降低的程度与多普勒频移的大小有关，多普勒值越大，峰值降得越多。

(2) 主峰最大值要产生时移，时移大小与多普勒有关，时移的方向也与多普勒有关。

(3) 切割图形与辛格函数相比要进一步失真，而且主峰要加宽，其程度均与多普勒值有关。

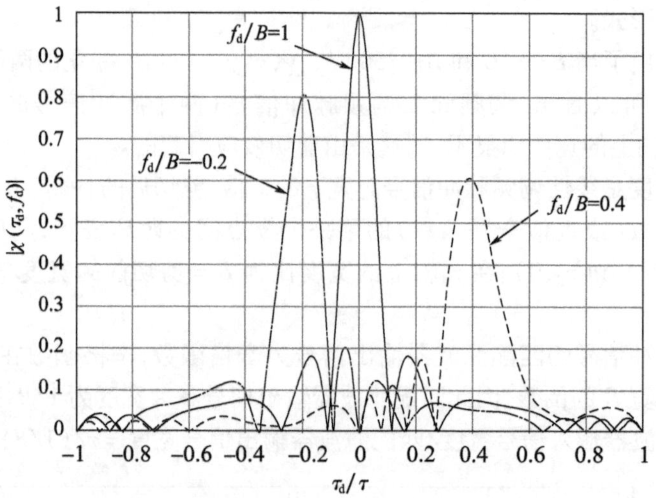

图 3-22　不同多普勒切割 $|\chi(\tau_d,f_d)|$ 的形状

图 3-23 给出了多普勒 f_d 对输出峰值和峰值时移影响的曲线。

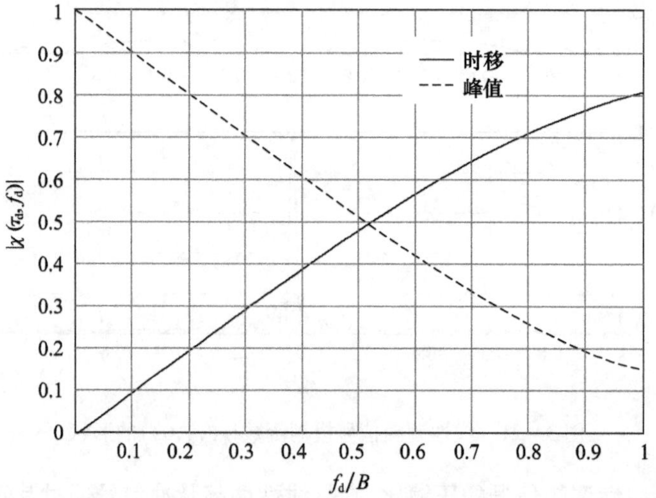

图 3-23　多普勒对切割 $|\chi(\tau_d,f_d)|$ 的峰值和峰值时移的影响

由图 3-22 和图 3-23 可以看出，如果调频带宽 B 取得较大，则由多普勒频移 f_d 引起的上述变化都将减小。当信号的调频带宽 B 能完全覆盖目标的可能多普勒变化范围时，这样比值 f_d/B 就可以小于 ±0.2。因此只要 $B \gg f_d$，使 $|f_d/B| < 0.2$ 得到满足，由多普勒 f_d 引起的上述 3 个变化均可略去不计。

2. 线性调频脉冲信号的性能分析

从线性调频脉冲信号的模糊图来看，它是具有相同时宽的单载频矩形脉冲信号模糊图的剪切。由于剪切效应使线性调频脉冲信号用于雷达后具有一些突出的性能，下面通过线性调频脉冲信号与相同时宽的单载频矩形脉冲信号的比较，来研究线性调频脉冲信号的性能。

如图 3-24 所示，在多目标环境中，如果目标的速度相同，线性调频脉冲信号的距离分辨力比单载频矩形脉冲信号有明显的提高，因为模糊图的剪切大大地减小了线性调频信号

$|\chi(\tau_d,0)|$在时延轴上的宽度。剪切程度越大，$|\chi(\tau_d,0)|$在时延轴上的宽度越小，距离分辨力提高得越大。当线性调频信号的时宽给定后，调频带宽越大剪切角越大，距离分辨力就越好，这与式(3-62)中增大B使其有效带宽B_e增加而改善距离分辨力的结果是一致的。

图3-25给出了线性调频脉冲信号距离分辨性能的仿真波形，从图中可以看出，未压缩的信号中包含的3个目标不能被区分，而进行压缩处理后，3个目标是可以被清楚地分辨的，线性调频脉冲信号比单载频矩形脉冲信号的距离分辨能力有很大改善。

如图3-24所示，如果目标的距离不同，线性调频脉冲信号与单载频矩形脉冲信号的速度分辨能力相同，因为模糊图的剪切不影响模糊图在多普勒轴上的两个交点的位置。此外，比较式(3-76)和式(2-80)也可看出，这两种信号的$|\chi(0,f_d)|$完全相同。这两种信号的速度分辨力都是由时宽τ决定的。

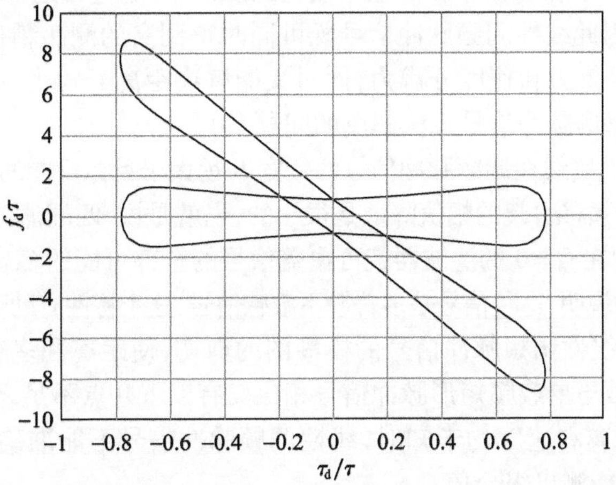

图3-24　线性调频脉冲信号与单载频矩形脉冲信号的模糊度图

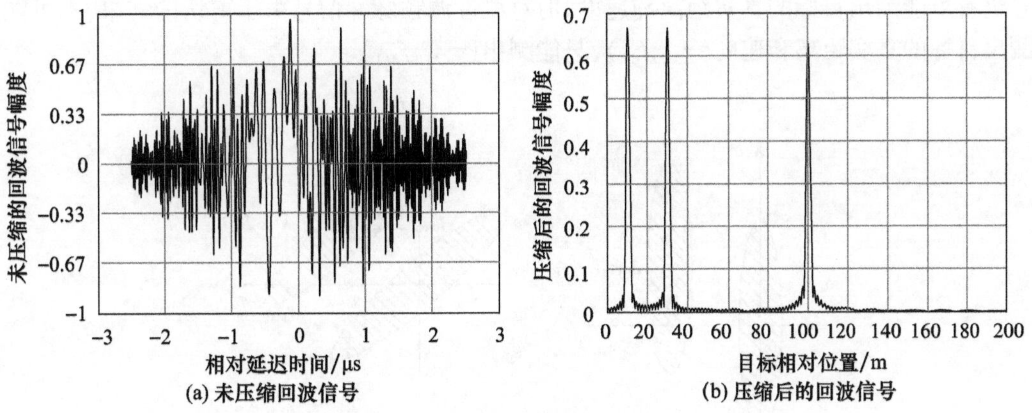

图3-25　压缩与不压缩对距离分辨力的影响

当目标速度已知时，线性调频脉冲信号的测距精度为

$$\sigma_\tau = \sqrt{\frac{3}{\frac{2E}{N_0}(\pi B)^2}} \tag{3-77}$$

单载频矩形脉冲信号的测距精度为

$$\sigma_{\tau} = \sqrt{\frac{\tau}{\frac{2E}{N_0}(2B_1)}} \tag{3-78}$$

如果单载频矩形脉冲信号的截取带宽 $B_1 = B$，则线性调频脉冲信号的测距精度比单载频矩形脉冲信号提高$(\pi/\sqrt{6})\sqrt{B\tau}$倍。

当目标距离已知时，两种信号的测速精度是相同的，即

$$\sigma_f = \sqrt{\frac{3}{\frac{2E}{N_0}(\pi\tau)}} \tag{3-79}$$

这是因为剪切不影响两个模糊图在多普勒轴上的交点，即两个图的交点相同。

由于线性调频脉冲信号的 B 和 τ 值可独立选取（B 可通过带通滤波器选取，τ 可通过色散延迟线选取），因此线性调频脉冲信号既可同时得到高的测距精度和测速精度，又能同时得到高的距离分辨力和速度分辨力，同时又能解决距离分辨力和作用距离之间的矛盾。这些是单载频矩形脉冲信号无法解决的问题。

如图 3－23 所示，当线性调频脉冲信号的带宽 B 远大于目标可能的多普勒频移范围，即 $B \gg f_d$时，则由多普勒频移引起的幅值降低是很小的，也就是说，匹配滤波器的信噪比损失很小。所以用一个匹配在 $f_d = 0$ 的滤波器就可覆盖信号的全部可能的多普勒范围。线性调频脉冲信号的这个特性说明，这种信号是多普勒不敏感信号，这个特性有助于简化其处理系统。

我们知道，由于线性调频脉冲信号的模糊图的剪切，使距离和多普勒之间存在耦合，这个耦合使这种信号与单载频矩形脉冲信号相比又有以下几点不足之处：

（1）当目标的距离和速度均未知时，线性调频脉冲信号不能准确地测出目标的真实距离和真实速度，只能测出组合值。

如图 3－26（a）和（b）所示，如果目标“A”的距离和速度均未知，对单载频矩形脉冲信号仍有可能测出目标的真实距离和速度，但对线性调频脉冲信号由于剪切的结果，不可能测出目标的真实距离和速度（τ_{dA}，f_{dA}），只能测出（τ_{dA1}，f_{dA1}）。

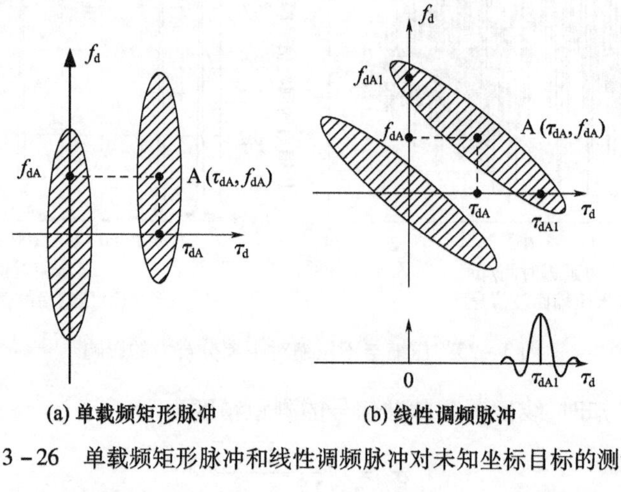

图 3－26　单载频矩形脉冲和线性调频脉冲对未知坐标目标的测量

如图 3－26（b）所示，根据几何关系有 $f_{dA}/(\tau_{dA} - \tau_{dA1}) = K$，即 $\tau_{dA1} = f_{dA}/K + \tau_{dA}$。说明测出的 τ_{dA1} 值与目标的多普勒真实坐标 f_{dA} 有关，也就是说，所测的延迟值 τ_{dA1} 中既包

含有目标的真实距离坐标 τ_{dA}，又包含与目标真实多普勒 f_{dA} 有关的值，这就是组合值的含义。

同样，测得的多普勒值 f_{dA1} 为 $f_{dA1}=K\tau_{dA}+f_{dA}$，即在测得的多普勒值 f_{dA1} 中，既包含有目标的真实多普勒 f_{dA}，又包含与目标真实距离 τ_{dA} 有关的值，因此测得的同样是组合值。

从精度的观点来看，由于线性调频脉冲信号存在距离 - 多普勒之间的耦合，当目标的距离和速度均未知时，测距和测速的均方根误差分别为

$$\sigma_\tau=\sqrt{\frac{1}{\beta_0^2\dfrac{2E}{N_0}\left[1-\left(\dfrac{\alpha}{\beta_0\delta}\right)^2\right]}} \tag{3-80}$$

$$\sigma_f=\sqrt{\frac{1}{\delta^2\dfrac{2E}{N_0}\left[1-\left(\dfrac{\alpha}{\beta_0\delta}\right)^2\right]}} \tag{3-81}$$

根据式(3 - 64)、式(3 - 65)和式(3 - 67)可得

$$\left(\frac{\alpha}{\beta_0\delta}\right)^2=\left[\frac{\pi^2B\tau}{3}\cdot\frac{3}{\pi^2B\tau}\right]=1 \tag{3-82}$$

把式(3 - 82)分别代入式(3 - 80)和式(3 - 81)可得 $\sigma_\tau\to\infty$，$\sigma_f\to\infty$。

说明在目标的距离和速度均未知时，测距误差和测速误差相当大。从上面的数学结果看，它是由相位调频常数 α 引起的，而 α 又是引起模糊图剪切的因素。所以，在目标速度、距离均未知时，测距、测速误差的变坏也是由模糊图剪切引起的。

从这个角度看，当目标的速度和距离均未知时，测得的组合值也反映了测距、测速精度的变坏。线性调频脉冲信号的这个缺点可以从两个方面来加以解决。

因为上述缺点是对单个回波而言的，实际上雷达观测目标不止一个回波脉冲，所以如果用两个回波脉冲来观测目标，那么就可发射两个调频特性相同、斜率相反的调频脉冲信号，同时对这两个调频脉冲信号分别进行匹配处理，这两个发射信号调频斜率不同的信号，遇到目标 A 反射后，经处理就可得到如图 3 - 27 所示的两个波形。

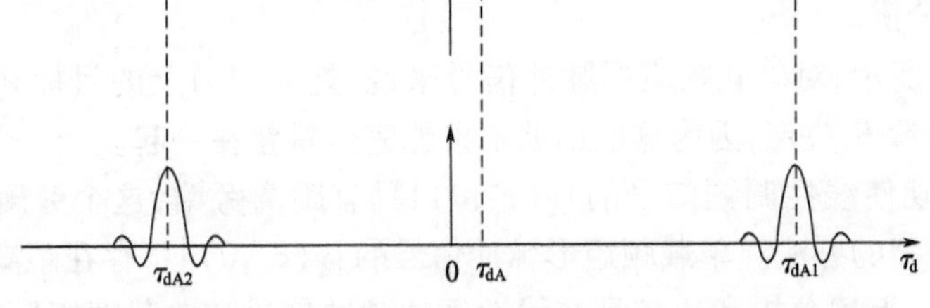

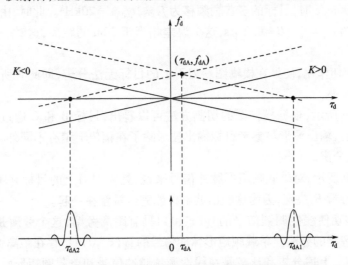

图 3 - 27　用两个调频斜率相反的调频脉冲信号进行测量

由图 3－27 可以看出,所得两个回波的中间位置就是目标的真实距离 τ_{dA},两个回波分开的距离比例于目标的真实径向速度,即 $\tau_{dA1}-\tau_{dA2}=f_{dA}(2/K)$。

这种方法既可解决测距出现的组合值问题,又可对目标的速度进行测量。

另外,如果采用线性调频脉冲信号的雷达只需要完成测距任务而不测速,那么当信号的时宽按一维的速度分辨力和作用距离选定后,选用大的调频带宽 B,提高一维测距精度的同时,也可使目标速度、距离均未知时所测得的距离组合值接近真实距离,见图 3－28。这并不难理解,因为 $\tau_{dA1}-\tau_{dA}=f_{dA}/K$。

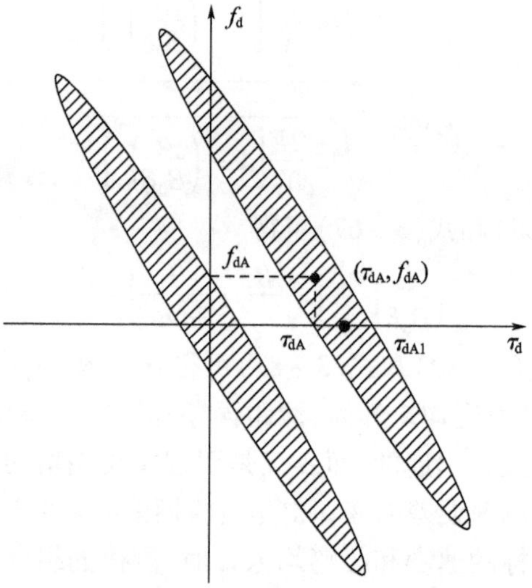

图 3－28　用 K 大的调频脉冲信号进行测量

当 τ 选定后,调频斜率 K 随调频带宽 B 的增大而增大,结果减少了由多普勒 f_{dA} 引起的附加误差。

例如,当线性调频脉冲信号的载频 $f_0=10\text{GHz}$,脉冲宽度 $\tau=10\ \mu\text{s}$,调频带宽 $B=1\text{MHz}$,目标速度 $v=300\text{m/s}$ 时,目标的多普勒频移为 $f_d=2vf_0/c=20\text{kHz}$。此时,由多普勒频移引起的测距误差为 $\sigma_\tau=f_d\tau/B=0.2\ \mu\text{s}$,这个误差相当于 30m 的距离,这对一般的机载雷达来说影响不大。

(2)由于剪切作用,使处在模糊图斜刀刃上的目标无法分辨,即此时所有目标的回波完全重叠。

如图 3－29 所示,根据模糊图的切割方法可以看出,目标 B 和 C 通过与参考目标 A 匹配的滤波器后,输出波形与参考目标输出波形除了在幅值上稍有不同外,在时间上完全重叠,因此无法分辨。

如图 3－30 所示,对单载频矩形脉冲信号来说,处在刀刃上的目标并不是完全分辨,这要根据信号参量 B_e 决定,因为这些回波不可能完全重叠在一起。

(3)由于剪切使线性调频信号的 $|\chi(\tau_d,0)|$ 具有距离旁瓣,这个旁瓣是有害的,后面将要研究距离旁瓣的办法。单载频矩形脉冲信号的 $|\chi(\tau_d,0)|$ 不存在距离旁瓣。

最后要强调,上述分析和比较是在线性调频脉冲信号和单载频矩形脉冲信号具有相同时宽情况下进行的。

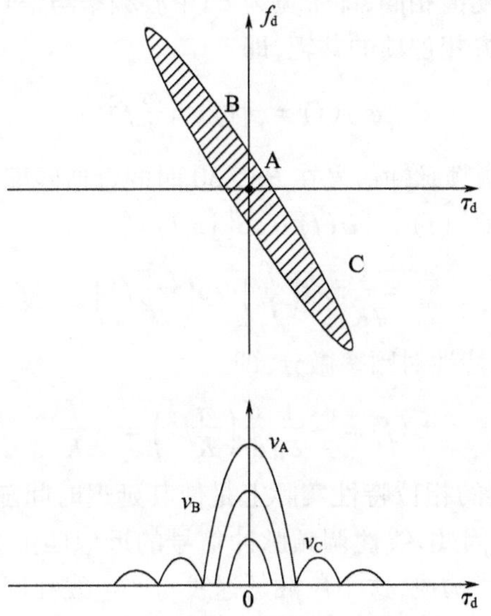

图3-29　斜刀刃上目标的分辨情况

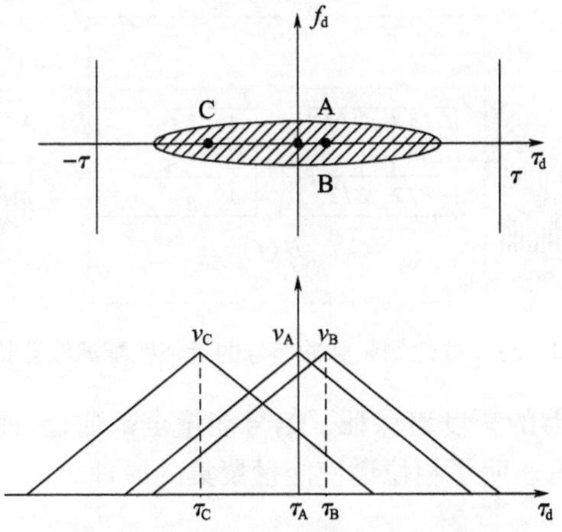

图3-30　处在刀刃上目标的分辨情况

3.2.3　线性调频脉冲信号的处理

1. 线性调频脉冲信号的匹配滤波

1）近似匹配滤波器的实现

由前面分析可知，线性调频脉冲信号的 $B\tau>30$ 时，其幅度谱近似为矩形谱，相位谱近似为平方相位和固定剩余相位之和。在这种情况下进行匹配处理就是近似匹配处理方法。

根据匹配滤波器理论，在实现匹配处理时，固定的剩余相位可不考虑。另外，为了简化分析，忽略时间 t_0（即令 $t_0=0$），则线性调频脉冲信号的近似匹配滤波器的频率特性应该是：

(1)幅度谱与信号幅度谱相同,即带宽为 B,中心频率与信号相同的矩形谱。

(2)相位谱是信号平方相位项的共轭,即

$$\varphi_{\approx}(f)=\varphi_1(f)=\frac{\pi}{K}f^2 \tag{3-83}$$

根据以上两点,线性调频脉冲信号在 $B\tau>30$ 时的近似匹配滤波器的等效低通特性为

$$\begin{aligned}H_{\approx}(f)&=U^*(f)=|U(f)|\exp[\mathrm{j}\varphi_1(f)]\\&=\frac{1}{\sqrt{K}}\mathrm{rect}\left(\frac{f}{B}\right)\exp\left(\mathrm{j}\,\frac{\pi}{K}f^2\right)\end{aligned} \tag{3-84}$$

把匹配滤波器的相位特性对频率微分,即

$$t_{\mathrm{d}}(f)=-\frac{1}{2\pi}\frac{\mathrm{d}}{\mathrm{d}f}\left(\frac{\pi}{K}f^2\right)=-\frac{f}{K} \tag{3-85}$$

说明近似匹配滤波器的相位特性实际上是使其延迟时间随频率变化,具有这个特性的网络就是色散延迟线。因此,线性调频脉冲信号的近似匹配滤波器实际上就可用均匀谱、带宽为 B 的色散延迟线构成,这个色散延迟线与产生线性调频脉冲信号的色散延迟线斜率相反。

线性调频脉冲信号近似匹配滤波器的特性如图 3-31 所示。

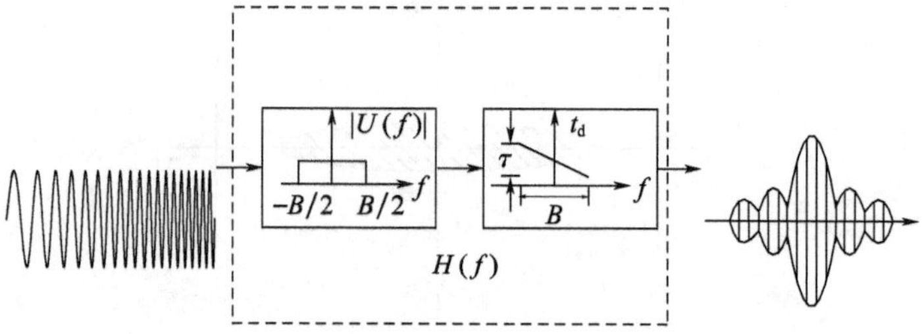

图 3-31 线性调频脉冲信号的近似匹配滤波器特性

这个近似匹配滤波器的幅度谱保证了信号能量全部通过,而相位谱保证完成信号能量的聚集。图 3-32 示意表明了相位谱使能量聚集的原理。

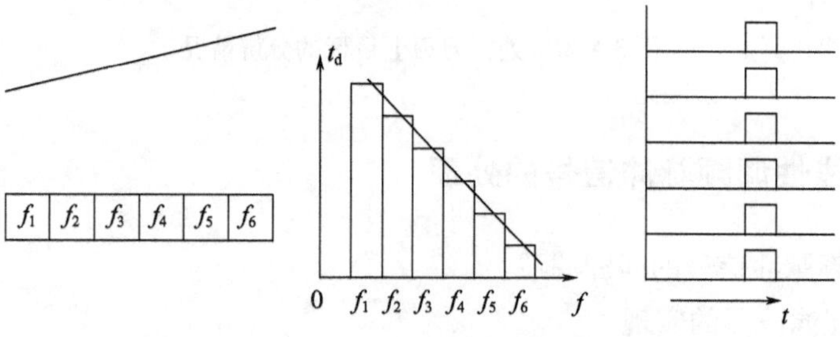

图 3-32 相位特性使信号能量聚集的示意图

如果把 $K>0$ 的线性调频脉冲信号分成 n 个相同的短脉冲,每个脉冲的载频是不同的,而且是由小到大即 $f_1<f_2<\cdots<f_n$。由于色散延迟线的特性,对应频率低的脉冲延迟时间大,对频率高的脉冲延迟时间小,因此在其输出端每个小脉冲就能在同一个时间上聚集起来。

2）近似匹配滤波器的输出

假定近似匹配滤波器输入信号的复包络为

$$u(t)=\mathrm{rect}\left(\frac{t}{\tau}\right)\exp\left[\mathrm{j}2\pi\left(f_{\mathrm{d}}t+\frac{1}{2}Kt^2\right)\right] \tag{3-86}$$

式中:f_{d}为信号的多普勒频移。这个信号频谱为

$$\begin{aligned}U(f)&=\int_{-\infty}^{\infty}u(t)\exp(-\mathrm{j}2\pi ft)\,\mathrm{d}t\\&=\int_{-\tau/2}^{\tau/2}\exp\{\mathrm{j}[2\pi(f_{\mathrm{d}}-f)t+\pi Kt^2]\}\,\mathrm{d}t\end{aligned} \tag{3-87}$$

根据式(3-84)和式(3-87),近似匹配滤波器输出信号的频谱为

$$\begin{aligned}Y(f)&=H_{\approx}(f)\cdot U(f)\\&=\frac{1}{\sqrt{K}}\mathrm{rect}\left(\frac{f}{B}\right)\exp\left(\mathrm{j}\frac{\pi}{K}f^2\right)\int_{-\tau/2}^{\tau/2}\exp[\mathrm{j}2\pi(f_{\mathrm{d}}t+\frac{1}{2}Kt^2)]\cdot\exp(-\mathrm{j}2\pi ft)\,\mathrm{d}t\end{aligned} \tag{3-88}$$

近似匹配滤波器输出的波形为

$$\begin{aligned}y(t,f_{\mathrm{d}})&=\int_{-\infty}^{\infty}Y(f)\exp(\mathrm{j}2\pi ft)\,\mathrm{d}f\\&=\frac{1}{\sqrt{K}}\int_{-\infty}^{\infty}\left\{\mathrm{rect}\left(\frac{f}{B}\right)\exp\left(\mathrm{j}\frac{\pi f^2}{K}\right)\int_{-\tau/2}^{\tau/2}\exp\left[\mathrm{j}2\pi\left((f_{\mathrm{d}}-f)s+\frac{Ks^2}{2}\right)\right]\mathrm{d}s\right\}\exp(\mathrm{j}2\pi ft)\,\mathrm{d}f\end{aligned} \tag{3-89}$$

改变积分顺序,式(3-89)可写为

$$\begin{aligned}y(t,f_{\mathrm{d}})&=\frac{1}{\sqrt{K}}\int_{-\tau/2}^{\tau/2}\left\{\int_{-\infty}^{\infty}\exp\left[\mathrm{j}2\pi\left((f_{\mathrm{d}}-f)s+\frac{1}{2}Ks^2+\frac{f^2}{2K}+ft\right)\right]\mathrm{d}f\right\}\mathrm{d}s\\&=\frac{1}{\sqrt{K}}\int_{-\tau/2}^{\tau/2}\exp\left[\mathrm{j}2\pi\left(f_{\mathrm{d}}s+\frac{1}{2}Ks^2\right)\right]\mathrm{d}s\int_{-\infty}^{\infty}\exp\left[\mathrm{j}2\pi\left(ft-fs+\frac{f^2}{2K}\right)\right]\mathrm{d}f\end{aligned} \tag{3-90}$$

令$\nu=(Ks-Kt)/\sqrt{2K}$,则有

$$\begin{aligned}\nu^2&=\frac{1}{2}Ks^2+\frac{1}{2}Kt^2-Kst\frac{(f-\sqrt{2K}\nu)^2}{2K}\\&=\nu^2-fs+\frac{f^2}{2K}+ft\end{aligned} \tag{3-91}$$

代入式(3-90),它可简化为

$$y(t,f_{\mathrm{d}})=\frac{1}{\sqrt{K}}\int_{-\tau/2}^{\tau/2}\exp\left[\mathrm{j}2\pi\left(f_{\mathrm{d}}s+\frac{1}{2}Ks^2-\nu^2\right)\right]\mathrm{d}s\int_{-\infty}^{\infty}\exp\left[\mathrm{j}2\pi\frac{(f-\sqrt{2K}\nu)^2}{2K}\right]\mathrm{d}f \tag{3-92}$$

再令

$$\frac{u}{\sqrt{2\pi}}=\frac{f-\sqrt{2K}\nu}{\sqrt{2K}} \tag{3-93}$$

则式(3-92)的第二项积分可简化为

$$\int_{-\infty}^{\infty}\exp\left[\mathrm{j}2\pi\frac{(f-\sqrt{2K}\nu)^2}{2K}\right]\mathrm{d}f=\sqrt{\frac{K}{\pi}}\int_{-\infty}^{\infty}\exp(\mathrm{j}u^2)\,\mathrm{d}u=\sqrt{K}\exp\left(\mathrm{j}\frac{\pi}{4}\right) \tag{3-94}$$

考虑到

$$f_d s+\frac{1}{2}Ks^2-\nu^2=f_d s+Kst-\frac{1}{2}Kt^2 \tag{3-95}$$

把式(3－95)、式(3－94)代入式(3－92),近似匹配滤波器输出最后可写为

$$\begin{aligned} y(t,f_d) &= \exp\left[j2\pi\left(\frac{1}{8}-\frac{1}{2}Kt^2\right)\right]\int_{-\tau/2}^{\tau/2}\exp[j2\pi(f_d+Kt)s]\mathrm{d}s \\ &= 2\exp\left[j2\pi\left(\frac{1}{8}-\frac{1}{2}Kt^2\right)\right]\int_{0}^{\tau/2}\cos[j2\pi(f_d+Kt)s]\mathrm{d}s \\ &= \frac{\sin\pi(f_d+Kt)\tau}{\pi(f_d+Kt)}\exp\left[j2\pi\left(-\frac{1}{2}Kt^2\right)+j\frac{\pi}{4}\right] \end{aligned} \tag{3-96}$$

其包络为

$$|y(t,f_d)|=\left|\frac{\sin\pi(f_d+Kt)\tau}{\pi(f_d+Kt)}\right| \tag{3-97}$$

由式(3－96)看出,当$f_d=0$时,近似匹配滤波器输出是具有辛格包络的线性调频信号,其调频斜率与输入相反。

由式(3－72),线性调频信号的模糊函数为

$$|\chi(\tau_d,f_d)|^2=\left|\frac{\sin\pi(f_d-K\tau_d)\left(1-\frac{|\tau_d|}{\tau}\right)\tau}{\pi(f_d-K\tau_d)}\right|^2 \tag{3-98}$$

当信号的$B\tau\gg1$时,式(3－98)可写为

$$|\chi(\tau_d,f_d)|^2=\left|\frac{\sin\pi(f_d-K\tau_d)\tau}{\pi(f_d-K\tau_d)}\right|^2=|y(-\tau_d,f_d)|^2 \tag{3-99}$$

在$B\tau\gg1$时,除时间倒置外,模糊函数与近似匹配滤波器输出响应完全相同。因此,由模糊函数讨论的线性调频脉冲信号的性能完全适用于近似匹配滤波器的分析。

$$|y(\tau_d,0)|=\tau\left|\frac{\sin\pi K\tau_d\tau}{\pi K\tau_d\tau}\right|=\tau\left|\frac{\sin\pi B\tau_d}{\pi B\tau_d}\right| \tag{3-100}$$

$$|y(0,f_d)|=\tau\left|\frac{\sin\pi f_d\tau}{\pi f_d\tau}\right| \tag{3-101}$$

可见,近似匹配滤波器给出的两个切割波形都是辛格函数形式。为了分析匹配滤波器输入输出信号的幅度和功率,将近似匹配滤波器的频率响应写成归一化形式,即

$$H(f)=\mathrm{rect}\left(\frac{f}{B}\right)\exp\left[j\frac{\pi}{K}f^2\right] \tag{3-102}$$

此时,式(3－100)可改写为

$$|y(\tau_d,0)|=\tau\sqrt{K}\left|\frac{\sin\pi B\tau_d}{\pi B\tau_d}\right|=\sqrt{B\tau}\left|\frac{\sin\pi B\tau_d}{\pi B\tau_d}\right| \tag{3-103}$$

可以看出,匹配滤波器输出的脉冲信号的峰值是输入矩形脉冲信号幅度的$\sqrt{B\tau}$倍。因此,输出脉冲信号的峰值功率P_o是输入信号功率P_i的$D=B\tau$倍,D是压缩比,即$P_o/P_i=D=B\tau$。

3)线性调频脉冲信号的数字处理方法

线性调频脉冲信号的数字脉冲压缩处理可以在时域进行也可在频域进行。

(1)时域数字脉冲压缩处理。

假设需要进行数字脉冲压缩处理的信号为 $s(n)$，根据匹配滤波器理论，脉冲压缩滤波器的单位脉冲响应 $h(n)$ 为 $s(n)$ 的镜像取共轭，即 $h(n)=s^*(N-1-n)$，$0\leqslant n\leqslant N-1$。那么，脉冲压缩滤波器的输出 $s_o(n)$ 为输入信号 $s(n)$ 与滤波器脉冲响应 $h(n)$ 的卷积，即

$$\begin{aligned}s_o(n) &= s(n)*h(n) = \sum_{k=0}^{N-1} s(k)h(n-k) = \sum_{k=0}^{N-1} h(k)s(n-k)\\ &= \sum_{k=0}^{N-1} s^*(N-1-k)s(n-k) \qquad (0\leqslant n\leqslant N-1)\end{aligned} \tag{3-104}$$

按式(3-104)构成的脉冲压缩滤波器如图3-33所示。显然，时域数字脉冲压缩处理是采用有限冲激响应(FIR)滤波器实现的，图中 $T_s=1/f_s$ 表示A/D的采样间隔。实际应用中，有限冲激响应滤波器常采用转置型结构。

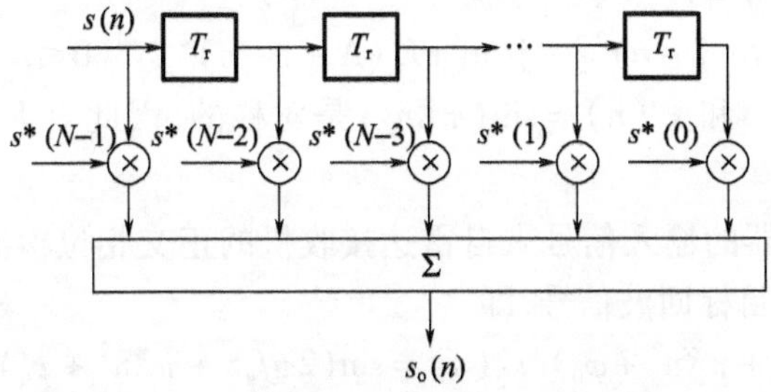

图3-33　时域数字脉冲压缩处理实现结构

若雷达接收信号序列进入该脉冲压缩滤波器，且接收信号中存在目标回波脉冲，则当回波脉冲 N 个数据全部进入该滤波器时，在输出端得到压缩后的峰值。

脉冲压缩滤波器的输入信号 $s(n)$ 是来自雷达接收机的正交相位检波器输出的复序列，同样脉冲压缩滤波器的单位脉冲响应 $h(n)$ 也为复序列，即 $s(n)=s_I(n)+\mathrm{j}s_Q(n)$，$h(n)=h_I(n)+\mathrm{j}h_Q(n)$，$0\leqslant n\leqslant N-1$。因此，脉冲压缩滤波器的输出信号 $s_o(n)$ 也为复序列，即

$$\begin{aligned}s_o(n) &= s(n)*h(n) = [s_I(n)+\mathrm{j}s_Q(n)]*[h_I(n)+\mathrm{j}h_Q(n)]\\ &= [s_I(n)*h_I(n)-s_Q(n)*h_Q(n)]+\mathrm{j}[s_I(n)*h_Q(n)+s_Q(n)*h_I(n)]\\ &= y_I(n)+\mathrm{j}y_Q(n) \qquad (0\leqslant n\leqslant N-1)\end{aligned} \tag{3-105}$$

式中：$y_I(n)=s_I(n)*h_I(n)-s_Q(n)*h_Q(n)$，$y_Q(n)=s_I(n)*h_Q(n)+s_Q(n)*h_I(n)$ 分别为脉冲压缩滤波器输出复信号 $s_o(n)$ 的实部和虚部。

复序列脉冲压缩滤波器可以采用如图3-34所示的结构，式(3-105)中有四个卷积运算，可以采用4个如图3-33所示的有限冲激响应滤波器来实现。如果复序列长度为 N，则需要 $4N$ 个乘法器和 $2N$ 个加法器，运算量太大。具体实现的时候，除了采用乘法累加器复用技术外，还可以采用以下两个方法来压缩硬件规模：四个有限冲激响应滤波器是两两相同的，可以用两个有限冲激响应滤波器分两次来完成，这样可以减少一半硬件规模；另外，如果将有限冲激响应滤波器的系数设计成对称型，又可以减少一半乘法器，但加法器数量会增加一倍。因此至少需要 N 个乘法器和 $3N$ 个加法器。

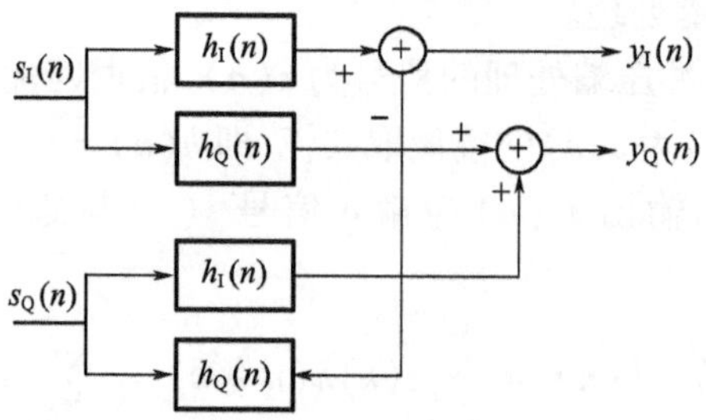

图 3-34　复序列脉冲压缩滤波器的实现结构

以采样频率f_s对式(3-53)所示的线性调频脉冲复包络信号进行采样,得到的线性调频脉冲数字复包络信号为$s(n)=s_I(n)+js_Q(n)=\exp(jKn^2)=\cos(\pi Kn^2)+j\sin(\pi Kn^2)$,$0\leqslant n\leqslant N-1$。则其脉冲压缩滤波器的脉冲响应$h(n)$为

$$\begin{aligned}h(n)&=h_I(n)+jh_Q(n)=\exp[-j\pi K(N-1-n)^2]\\&=\cos[\pi K(N-1-n)^2]-j\sin[\pi K(N-1-n)^2]\quad(0\leqslant n\leqslant N-1)\end{aligned}\tag{3-106}$$

因为$s_I(n)=\cos(\pi Kn^2)$和$s_Q(n)=\sin(\pi Kn^2)$是对称的,因此有$h_I(n)=\cos(\pi Kn^2)$,$h_Q(n)=-\sin(\pi Kn^2)$。

而脉冲压缩滤波器的输入信号来自雷达接收机的正交相位检波器,是采用线性调频脉冲信号$s(n)$的雷达目标回波信号,即

$$s_I'(n)=\cos(2\pi f_d n+\pi Kn^2+\varphi_0),s_Q'(n)=\sin(2\pi f_d n+\pi Kn^2+\varphi_0)\quad(0\leqslant n\leqslant N-1)\tag{3-107}$$

式中:f_d为运动目标的多普勒频率;φ_0为随机初相。将图 3-34 所示的脉冲压缩滤波器的输入信号$s(n)$和脉冲响应$h(n)$用式(3-106)和式(3-107)替代,就实现了线性调频脉冲信号的时域数字脉冲压缩处理。事实上,存在f_d时的处理是多普勒失配处理。如果后续处理只需要包络信息,则可进行包络检波,也就是将脉冲压缩滤波器的输出$y_I(n)$和$y_Q(n)$进行求模运算,即

$$|s_o(n)|=\sqrt{y_I(n)^2+y_Q(n)^2}\tag{3-108}$$

否则直接将$y_I(n)$和$y_Q(n)$送出即可,同时求模运算还消去了随机初相φ_0的影响。

如果线性调频脉冲信号时宽为τ,采样间隔为$T_s=1/f_s$,则在信号持续时间内的采样点数为$N_s=\tau/T_s=\tau f_s$。脉冲压缩滤波器的采样点数N_h应与信号的相同,即$N_h=\tau f_s$。因此,有限冲激响应滤波器的阶数应等于$N=N_s=N_h=\tau f_s$,取决于时宽τ和采样频率f_s。下面讨论采样频率f_s的选取。

对完全正交的复信号进行采样,最低采样频率f_s等于信号带宽B即可。但在实际应用中一般取$f_s>B$,因为若取$f_s=B$,则对信号来说,保护带为零,对采样频率来说,频偏误差容限为零。无论是信号频带的偏差还是采样频率的漂移,均会造成采样后信号频谱的混叠。线性调频脉冲压缩滤波器的输入复包络来自雷达接收机的正交相位检波器,因此选用采样频率$f_s\geqslant B$对正交相位检波器输出的基带(零中频)信号进行采样。当线性调频脉冲的时宽带宽积$B\tau\gg 1$时,其频谱近似为矩形谱(-3dB 带宽为B),当选取$f_s=B$时,显然会造成采样后信号频谱的混叠,当时宽带宽积$B\tau$不足够大时,混叠更为严重。虽然采样频率f_s越高越好,但不宜太高,因为采样频率f_s越高,有限冲激响应滤波器的阶数($N=\tau f_s$)

就越大。工程上，一般选取采样频率：$B<f_s<2B$，例如$f_s=1.25B$、$f_s=1.5B$。

(2)频域数字脉冲压缩。

在频域实现数字脉冲压缩处理，其基本原理是先对来自雷达接收机的正交相位检波器输出的线性调频脉冲数字信号进行快速傅里叶变换，以求得回波信号频谱$S(k)$，再将$S(k)$与匹配滤波器的频率响应$H(k)$进行乘积运算，最后对运算结果进行快速傅里叶反变换(IFFT)，得到脉压结果$y(n)$，整个过程可由下式表示：

$$
\begin{aligned}
y(n)=y_I(n)+jy_Q(n)&=\mathrm{IFFT}[S(k)H(k)]\\
&=\mathrm{IFFT}\{\mathrm{FFT}[s(n)]\mathrm{FFT}[h(n)]\}\\
&=\mathrm{IFFT}\{\mathrm{FFT}[s(n)]\mathrm{FFT}[s^*(N-1-n)]\}
\end{aligned}
\quad (3-109)
$$

图3-35给出了频域实现脉压的原理框图。匹配滤波器的频率响应$H(k)$可以预先计算好，存放在存储器中。如果需要采用窗函数抑制旁瓣，只需将存储器中数据改为匹配滤波器响应$H(k)$与窗函数的乘积即可，不需增加存储器，也不会增加运算量。

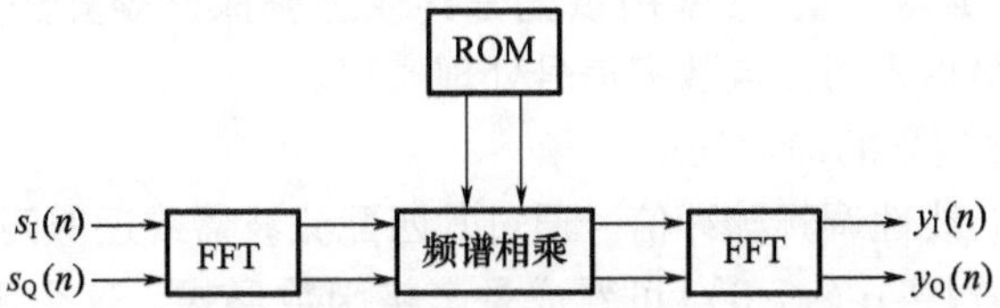

图3-35 频域数字脉冲压缩处理结构示意图

需要注意的是，按式(3-96)进行FFT/IFFT运算时，是假定N_s为信号持续时间τ内的采样数，即$N_s=\tau f_s$，但实际中由于目标所在位置未知，故必须对整个距离量程进行采样，这样扫掠全程的总的采样点应为$T_r f_s$，这就要求快速傅里叶变换的处理点数很大。例如，线性调频脉冲信号时宽为$\tau=20\mu s$，带宽为$B=10MHz$，雷达脉冲重复周期为$T_r=1ms$，如果按$f_s=1.5B=15MHz$采样，则一次扫掠全程总的采样点应为$T_r f_s=15000$，显然如果用快速傅里叶变换直接作15000点的运算，不仅使实现设备十分复杂，而且难以保证处理的实时性。通常是将全程分成许多小段，进行分段处理。下面讨论分段段长的选择。

如果线性调频脉冲信号持续时间τ内的采样数为N_s，则脉压滤波器脉冲响应的长度$N_h=N_s$。当采用重叠舍弃法对接收信号进行分段处理时，其舍弃部分的长度为N_h-1，而保留部分的长度至少为N_h才比较合理，否则每段计算得到的结果大部分被舍弃，效率太低。因此分段的段长N应满足$N\geqslant(2N_h-1)\approx 2N_h$，然而段长$N$不能取得太长，因为段长越长，分段数少了，但每段的运算量却越多，所以存在最佳段长，它使总的运算量最少。实际上还应考虑到分段长度越大，存储量越大的问题，将N取得较大并不合适，通常选取$N=2N_h$。

下面将以上两种线性调频数字脉冲压缩处理方法进行比较。

时域处理采用有限冲激响应滤波器实现，因此是数据流处理，即每输入一个数据就可以输出一个数据，当回波脉冲N个数据全部进入滤波器时，就得到脉压峰值。而频域处理采用正反快速傅里叶变换实现，因此是数据块处理，只有得到一个雷达脉冲重复周期T_r内的所有数据，才能开始进行正反快速傅里叶变换运算，因此脉压结果一般要延时两个重复周期才能输出。

时域处理运算量取决于有限冲激响应滤波器的阶数，有限冲激响应滤波器的阶数等

于 $N_h = \tau f_s$，即取决于时宽 τ 和采样频率 f_s；而频域处理取决于快速傅里叶变换的点数，快速傅里叶变换的点数为扫掠全程总的采样点 $T_r f_s$，即取决于雷达脉冲重复周期 T_r 和采样频率 f_s。

时域处理比较直观、简单，一般采用 FPGA 实现。设计中尽量保证中间运算是全精度的，只有在最后输出时进行截断处理。如需要采用窗函数抑制旁瓣，则可以将匹配滤波器和加权滤波器合在一起，对滤波器系数进行修正即可，当然有限冲激响应滤波器的阶数会有所增加。时域处理时，由于线性调频脉冲信号有限冲激响应滤波器的系数是对称的，而四个实有限冲激响应滤波器又是两两相同的，只需要 N_h 个乘法器和 $3N_h$ 个加法器。同时，当采样频率 f_s 不太高时，又可以采样乘法器复用，因此，当 N_h 不太大时，相对运算量和设备量也不会太大。但是，当 N_h 很大时，则适宜采样频域处理。

频域处理需要大容量存储器存放至少一个脉冲重复周期内的所有数据，脉冲重复周期越长，则要求存储器容量越大，而采样窗函数抑制旁瓣时，则不需要增加存储器，也不会增加运算量。为了减少运算量，常采用重叠舍弃或重叠保留等算法，增加了算法的复杂性。因此，频域处理最后采用浮点数字信号处理实现。

2. 线性调频脉冲信号的加权处理

由前面分析可知，线性调频脉冲信号通过其匹配滤波器或近似匹配滤波器后，在时间轴上输出的压缩脉冲包络 $|\chi(\tau_d,0)|$ 可看成是辛格函数形式。这个函数除主峰外还存在许多旁瓣，其中最大旁瓣（或第一旁瓣）电平比主峰低 -13.2dB。

由于距离旁瓣的存在，在多目标环境中，会出现强信号的旁瓣掩盖弱信号的主峰，图 3-36 给出了这种掩盖的示意图。如果存在强干扰信号，那么它的旁瓣就完全可能埋没所要观测的弱信号。从另一个角度看，距离旁瓣的存在也是限制处理系统动态范围下限的因素。

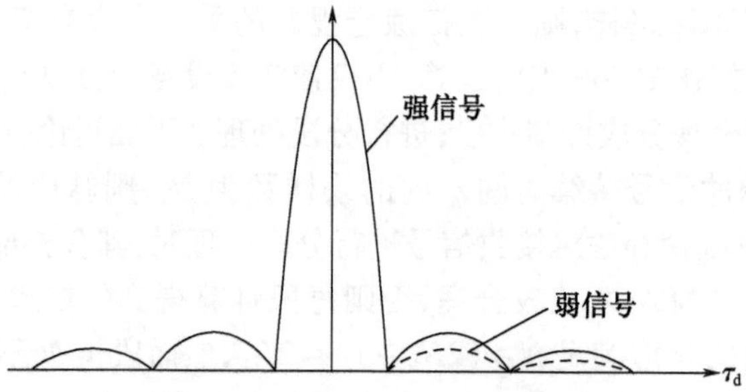

图 3-36 强信号掩盖弱信号

为了提高雷达在多目标环境中观察目标的能力，或者说为了减少处理系统动态范围的下限，必须对这些不希望的距离旁瓣加以抑制，这是接下来主要讨论的问题。

抑制旁瓣的方法类似于天线理论中抑制方向图旁瓣的方法，也可采用加权处理技术。

加权既可在发射信号中进行，也可在接收信号中进行，或者在两个地方同时进行，就加权本身来说，既可采用时域上的幅度或相位加权，也可采用频域上的幅度或相位加权。接下来主要介绍接收信号处理滤波器频域上的幅度加权处理。

1）频域幅度加权处理

图 3-37(a) 所示为线性调频信号匹配滤波器输出，图中采用的 $B\tau = 130$；图 3-37

(b)为线性调频信号加权网络输出，图中采用了汉明(Hamming)加权。

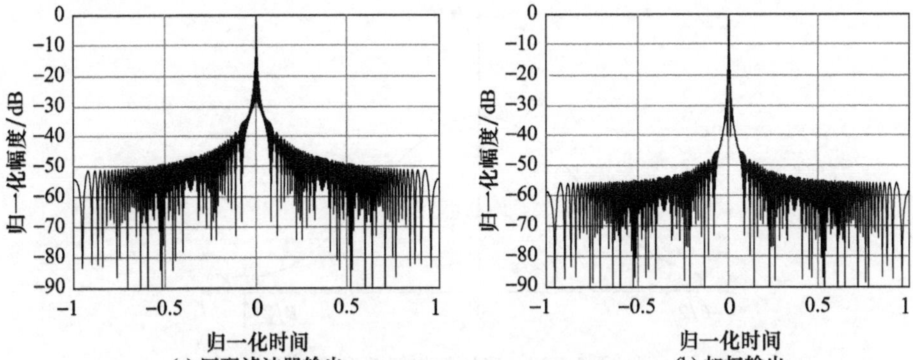

(a) 匹配滤波器输出　　(b) 加权输出

图 3-37　线性调频脉冲匹配滤波及加权输出

如果把匹配滤波器与幅度加权网络的组合看成是一个新的滤波器，其频率特性为 $W^*(f)$。这个新滤波器与原信号是不匹配的，但可以把它看成是与一个设想的信号 $W(f)$ 相匹配。

假定输入到这个新滤波器的信号复包络为 $U(f)$，那么这个滤波器的输出响应应为

$$|V_{UW}(t,0)| = \left|\int_{-\infty}^{\infty} W^*(f) \cdot U(f)\exp(\mathrm{j}2\pi ft)\,\mathrm{d}f\right| \tag{3-110}$$

假定

$$W^*(f) = \frac{U^*(f)}{|U(f)|^2} \cdot H(f) \tag{3-111}$$

这种假设方法可将原来信号的非矩形谱等效为一个矩形谱信号，也就是说，使大、小压缩比的信号通过其匹配滤波器输出后的频谱皆认为是矩形，这样就可看出加权网络本身的特性对其输出的影响。

由式(3-111)，式(3-110)可改写为

$$\begin{aligned}|V_{UW}(t,0)| &= \left|\int_{-B/2}^{B/2} U(f)\,\frac{U^*(f)}{|U(f)|^2} \cdot H(f)\exp(\mathrm{j}2\pi ft)\,\mathrm{d}f\right| \\ &= \left|\int_{-B/2}^{B/2} H(f)\exp(\mathrm{j}2\pi ft)\,\mathrm{d}f\right|\end{aligned} \tag{3-112}$$

可见，$|V_{UW}(t,0)|$ 是由加权网络特性 $H(f)$ 决定的，根据对 $|V_{UW}(t,0)|$ 旁瓣的要求，利用式(3-112)就可找出所需的加权网络特性。或者说，用不同的加权网络特性就可得到不同的输出旁瓣电平。

根据天线旁瓣抑制理论，曾提出的最佳加权函数有多尔夫-切比雪夫(Dolph-Chebyshiev)加权、泰勒(Taylor)加权、汉明(Hamming)加权、余弦加权、余弦立方、余弦四次方加权以及 3∶1 锥加权等。前两种加权函数难以实现，一般采用后几种加权函数。后几种加权函数的通用表达式为

$$H(f) = K + (1-K)\cos^n\left(\frac{\pi f}{B}\right) \tag{3-113}$$

图 3-38 给出了这个加权函数的图形。其中 K 是小于或等于 1 的基底函数。当 $K=0.08$ 时，$n=2$ 为汉明加权；当 $K=0.333$ 时，$n=2$ 为 3∶1 锥加权；当 $K=0$ 时，$n=2$、3、4 分

别为余弦平方、余弦立方、余弦四次方加权。

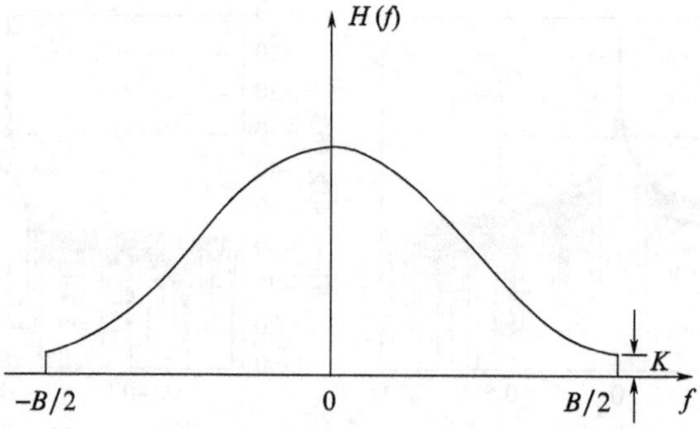

图 3-38　通用加权函数形式

如果只考虑汉明、3∶1 锥及余弦平方加权，式(3-113)可简化为

$$H(f)=K+(1-K)\cos^{n}\left(\frac{\pi f}{B}\right)=K+(1-K)\left[\frac{\cos\left(\frac{2\pi f}{B}\right)+1}{2}\right]$$

$$=\frac{1+K}{2}+\frac{1-K}{4}\left[\exp\left(\mathrm{j}2\pi\frac{f}{B}\right)+\exp\left(-\mathrm{j}2\pi\frac{f}{B}\right)\right] \tag{3-114}$$

假定多普勒频移为零的线性调频脉冲信号，经其匹配滤波器输出谱为矩形谱，即

$$|U(f)|=\sqrt{\frac{\tau}{B}}\mathrm{rect}\left(\frac{f}{B}\right) \tag{3-115}$$

这个谱加到加权网络后，其输出根据式(3-111)可写为

$$|V_{UW}(t,0)|=\sqrt{\frac{\tau}{B}}\left|\int_{-B/2}^{B/2}H(f)\exp(\mathrm{j}2\pi ft)\mathrm{d}f\right| \tag{3-116}$$

代入式(3-114)后可得

$$V_{UW}(t,0)=\sqrt{\frac{\tau}{B}}\int_{-B/2}^{B/2}\left\{\frac{1+K}{2}+\frac{1-K}{4}\left[\exp\left(\mathrm{j}2\pi\frac{f}{B}\right)+\exp\left(-\mathrm{j}2\pi\frac{f}{B}\right)\right]\right\}\cdot\exp(\mathrm{j}2\pi ft)\mathrm{d}f$$

$$=\sqrt{\frac{\tau}{B}}[g_1(t)+g_2(t)+g_3(t)] \tag{3-117}$$

其中

$$g_1(t)=F^{-1}\left[\frac{1+K}{2}\mathrm{rect}\left(\frac{f}{B}\right)\right]=\frac{1+K}{2}\cdot B\cdot\mathrm{sinc}(Bt) \tag{3-118}$$

$$g_2(t)=F^{-1}\left[\frac{1-K}{4}\mathrm{rect}\left(\frac{f}{B}\right)\exp\left(\mathrm{j}2\pi\frac{f}{B}\right)\right]=\frac{1-K}{4}\cdot B\cdot\mathrm{sinc}(Bt+1) \tag{3-119}$$

$$g_3(t)=F^{-1}\left[\frac{1-K}{4}\mathrm{rect}\left(\frac{f}{B}\right)\exp\left(-\mathrm{j}2\pi\frac{f}{B}\right)\right]=\frac{1-K}{4}\cdot B\cdot\mathrm{sinc}(Bt-1) \tag{3-120}$$

符号 F^{-1} 表示取傅里叶反变换。

把式(3-118)、式(3-119)和式(3-120)代入式(3-117)，经整理可得

$$V_{UW}(t,0)=\sqrt{\frac{\tau}{B}}\frac{1+K}{2}B\left\{\mathrm{sinc}(Bt)+\frac{1-K}{2(1+K)}[\mathrm{sinc}(Bt+1)+\mathrm{sinc}(Bt-1)]\right\} \tag{3-121}$$

由式(3-121)可看出，加权网络的输出是由 3 个不同幅度、不同时移的辛格函数组成

的，每个辛格函数的幅度均与 K 值有关。选用不同的加权函数（K 值不同）就可得到不同的距离旁瓣电平。

2）加权性能分析

加权处理实际上是一种失配处理，因此在抑制距离旁瓣的同时，会使信噪比变坏，同时也将引出输出主峰展宽。下面分析这3个指标与加权函数形式的关系。

（1）信噪比损失。

不采用加权网络时，由式（3－115）可知，匹配滤波器输出的信号功率为 $B\tau$，输出的噪声功率比为 N_0B，因此输出功率信噪比为 $\rho=2B\tau/N_0B=2\tau/N_0$，式中，$N_0$ 为噪声的单边带功率谱密度。

采用加权网络后，加权网络输出的最大信号幅值，根据式（3－117）可得

$$V_{UW}(0,0)=\sqrt{\frac{\tau}{B}}\int_{-B/2}^{B/2}H(f)\,\mathrm{d}f \tag{3-122}$$

输出的噪声功率为

$$\sigma^2=N_0\int_{-B/2}^{B/2}H^2(f)\,\mathrm{d}f \tag{3-123}$$

由式（3－122）和式（3－123）可得加权网络输出的信噪比 ρ_N 为

$$\rho_{\mathrm{N}}=\frac{\left[\sqrt{\frac{\tau}{B}}\int_{-B/2}^{B/2}H(f)\,\mathrm{d}f\right]^2}{N_0\int_{-B/2}^{B/2}H^2(f)\,\mathrm{d}f} \tag{3-124}$$

因此，采用加权网络后，输出的信噪比损失 L 为

$$L=10\lg\frac{\rho_{\mathrm{N}}}{\rho}=10\lg\left\{\frac{\left[\int_{-B/2}^{B/2}H(f)\,\mathrm{d}f\right]^2}{B\int_{-B/2}^{B/2}H^2(f)\,\mathrm{d}f}\right\}(\mathrm{dB}) \tag{3-125}$$

因为

$$\begin{aligned}\int_{-B/2}^{B/2}H(f)\,\mathrm{d}f&=\int_{-B/2}^{B/2}\left[\frac{1+K}{2}+\frac{1-K}{2}\cos\left(\frac{2\pi f}{B}\right)\right]\mathrm{d}f\\&=\left[\left(\frac{1+K}{2}\right)f+\left(\frac{1-K}{2}\right)\left(\frac{B}{2\pi}\right)\sin\left(\frac{2\pi f}{B}\right)\right]_{-B/2}^{B/2}=\frac{1+K}{2}\cdot B\end{aligned} \tag{3-126}$$

$$\int_{-B/2}^{B/2}H^2(f)\,\mathrm{d}f=\int_{-B/2}^{B/2}\left[\frac{1+K}{2}+\frac{1-K}{2}\cos\left(\frac{2\pi f}{B}\right)\right]^2\mathrm{d}f=\frac{B}{8}(3K^2+2K+3) \tag{3-127}$$

把式（3－126）和式（3－127）代入式（3－125）可得

$$L=10\lg\left[\frac{\left(\frac{1+K}{2}\cdot B\right)^2}{B\cdot\frac{B}{8}(3K^2+2K+3)}\right]=10\lg\left[\frac{2(K^2+2K+1)}{3K^2+2K+3}\right] \tag{3-128}$$

可见，信噪比损失与加权函数的基底函数 K 有关，即与加权函数的形式有关。

（2）最大旁瓣电平。

加权后输出主瓣的最大值由式（3－121）可得

$$V_{UW}(0,0)=\sqrt{\frac{\tau}{B}}\left(\frac{1+K}{2}\right)B \tag{3-129}$$

因为加权后，输出波形的旁瓣最大值不再像辛格函数的旁瓣那样有规律地变化，因此，首先要找出最大旁瓣出现的位置。

令 $t=m/B, m=0.5,1,1.5,2,\cdots$，把它代入 $V_{UW}(t,0)$ 的表达式，并绘出 $V_{UW}(m/B,0)/V_{UW}(0,0)$ 与 m/B 的关系曲线，由曲线上找出最大旁瓣出现的位置 t_1，然后按

$$20\lg\frac{V_{UW}(t_1,0)}{V_{UW}(0,0)}=20\lg\frac{V_{UW}(t_1,0)}{\sqrt{\frac{\tau}{B}}\left(\frac{1+K}{2}\right)B}(\mathrm{dB}) \tag{3-130}$$

计算出最大旁瓣电平。

(3)主瓣加宽系数。

因为不加权匹配滤波器输出的谱是矩形谱，所以归一化输出的时间波形是 $\mathrm{sinc}(Bt)$，即

$$\frac{V_U(t,0)}{V_U(0,0)}=\mathrm{sinc}(Bt) \tag{3-131}$$

如果把 $V_U(t,0)$ 幅度下降到 0.707 电平的宽度定义为主瓣的宽度，由式(3-131)可以求出 $t=0.443/B$，即 $V_U(0.443/B,0)/V_U(0,0)=0.707$。经加权后，输出的归一化波形为

$$\frac{V_{UW}(t,0)}{V_{UW}(0,0)}=\mathrm{sinc}(B\tau)+\frac{1-K}{2(1+K)}[\mathrm{sinc}(B\tau+1)+\mathrm{sinc}(B\tau-1)] \tag{3-132}$$

用试探法找出时间 t_2，使 $V_{UW}(t_2,0)/V_{UW}(0,0)=0.707$，用 -3dB 加宽系数为 $t_2/(0.443/\mathrm{B})$。

下面以汉明加权为例计算上述 3 个指标。

根据式(3-128)，信噪比损失为

$$L=10\lg\left[\frac{2(K^2+2K+1)}{3K^2+2K+3}\right]=10\lg\left[\frac{2\times[(0.08)^2+2\times0.08+1]}{3(0.08)^2+2\times0.08+3}\right]=-1.34\mathrm{dB} \tag{3-133}$$

对于汉明加权，$V_{UW}(m/B,0)/V_{UW}(0,0)$ 与 m/B 的关系曲线如图 3-39 所示。由图可以看出，当 $t_1=4.5/B$ 时旁瓣最大。把这个值代入式(3-130)，经计算得到最大旁瓣与主瓣之比为 -42.68dB。

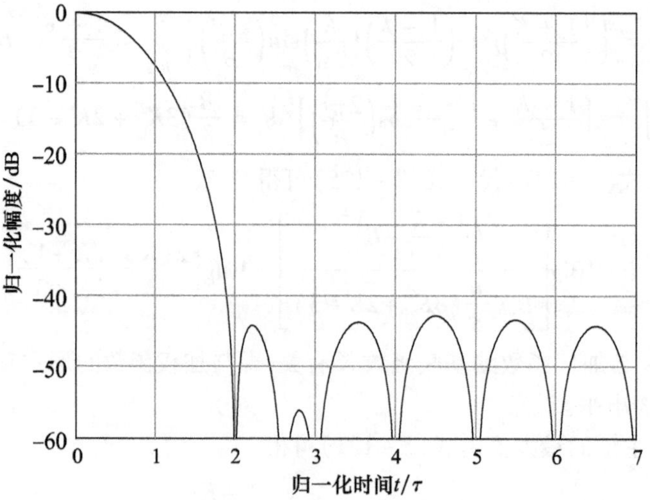

图 3-39　汉明加权 $V_{UW}(m/B,0)/V_{UW}(0,0)$ 与 m/B 的关系

应用插入法计算式(3－132)，当 $t_2=0.6512/B$ 时，$V_{UW}(0.6512/B,0)/V_{UW}(0,0)=0.707$，所以－3dB加宽系数为 $t_2/(0.443/B)=1.47$。

表3－2给出了几种加权函数的性能指标，供选择加权函数时参考。

表3－2　典型加权窗函数性能表

加权函数	最大旁瓣电平/dB	信噪比损失/dB	－3dB加宽系数	旁瓣衰减速率/(dB倍频程)
矩形函数	－13.2	0	1	4
汉明加权	－42.7	－1.34	1.47	6
3：1锥加权	－26.7	－0.52	1.21	6
泰勒加权	－40.0	－1.14	1.41	6
余弦加权	－23.6	－1.00	1.56	12
余弦平方加权	－31.7	－1.76	1.62	18
余弦立方加权	－39.0	－2.38	1.87	24
余弦四方加权	－47.0	－2.88	2.20	30

3.3　相位编码信号

线性调频脉冲信号调制函数(频率调制函数或相位调制函数)是连续函数。本节讨论一种相位调制函数是离散的有限状态的信号，一般称为相位编码信号。

相位编码信号具有脉内和脉间编码两种方式，其中脉内编码比较常见，且是一种典型的脉冲压缩信号。它将一个宽脉冲等分成若干个子脉冲，用离散的相位值对这些子脉冲的相位进行调制，这一编码序列是有限的 N 个值，取值区间为 $0\sim2\pi$。按调相码元个数的不同，可分为二相编码(二进制元)信号和多相编码(多进制码元)信号。根据编码信号的自相关和互相关特性，通常可分为互补编码、完全互补、正交互补信号。

3.3.1　二相编码信号

1. 二相编码信号基本概念

相位编码信号与线性调频信号不同，它是将宽矩形脉冲信号分成许多个彼此相接的短脉冲(称子脉冲或码元)，每个脉冲的宽度相同、载频相同。但是每个脉冲之间载频的相位不同，彼此间有特定的关系。

相位编码信号的复数表示一般可写为 $s(t)=a(t)\exp[\mathrm{j}\varphi(t)]\exp(\mathrm{j}2\pi f_0 t)$，式中，$u(t)=a(t)\exp[\mathrm{j}\varphi(t)]$ 为复包络，$\varphi(t)$ 为相位调制函数，这个相位函数在子脉冲存在时间内是固定的，对不同的子脉冲它可取不同值。如果相位函数 $\varphi(t)$ 只有两个值，即 $0,\pi$，那么对应这个相位调制函数的信号就称为二相编码信号。

为了进一步了解二相编码信号，图3－40给出了一个二相编码信号的高频波形示意图。这个信号的持续时宽为 τ，在 τ 内分成 P 个宽度为 τ_1 的子脉冲，每个子脉冲都有其特定的相位关系。子脉冲个数 P 又称为码长。

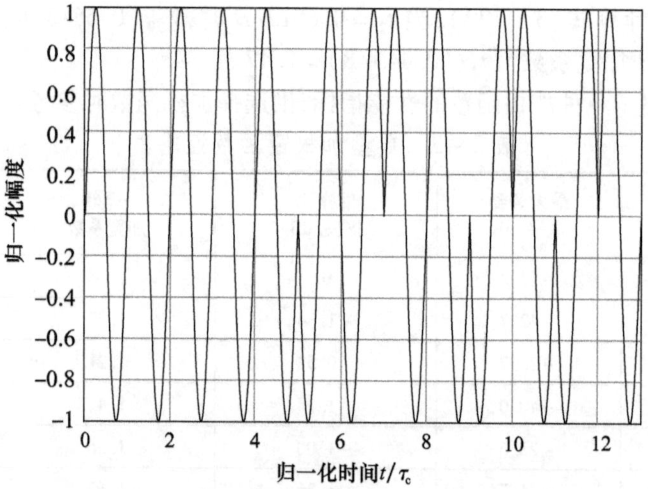

图 3-40　二相编码信号的高频波形示意图

在高频波形中，相连子脉冲的相位反转点是否连续取决于子脉冲宽度 τ_1 和载频的关系。$\tau_1 = 1/f_0$ 连续，$\tau_1 \neq 1/f_0$ 就不连续。通常采用两种简单方法表示二相编码信号。

一种是令 $c_k = \exp[\mathrm{j}\varphi(t)]$，因为 $\varphi(t)$ 只有 0，π 两个值，所以 $c_k = \pm 1$。

采用这种表示法后，一个二相编码信号就可用二元序列 $\{c_k\}$ 表示。对图 3-40 所示的二相编码信号就可表示为 $\{c_k\} = \{+1, +1, +1, +1, +1, -1, -1, +1, +1, -1, +1, -1, +1\}$ 或 $\{c_k\} = \{+\ +\ +\ +\ +\ -\ -\ +\ +\ -\ +\ -\ +\}$。

二元序列 $\{c_k\}$ 有时也称为二元波形，利用二元波形表示图 3-40 所示二相编码信号的模拟波形如图 3-41 所示。

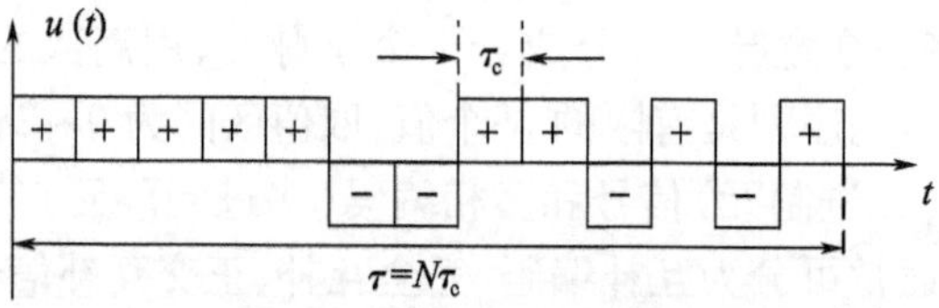

图 3-41　二相编码信号的模拟波形

另一种表示法是采用序列 $\{d_k\}$，即

$$d_k = \begin{cases} 0 & (\varphi(t) = 0) \\ 1 & (\varphi(t) = \pi) \end{cases} \tag{3-134}$$

对图 3-40 所示的相位编码信号采用序列 $\{d_k\}$ 表示可写为 $\{d_k\} = \{0,0,0,0,0,1,1,0,0,1,0,1,0\}$。

二相编码信号的三种表示法之间的关系如表 3-3 所列。两个二元序列 $\{c_k\}$ 之积按一般乘法运算，而两个二元序列 $\{d_k\}$ 之积按模 2 加法运算。

表 3-4 和表 3-5 分别给出了上述两种运算表。

表 3-3　三种表示法关系

$\{\varphi_k\}$	$\{C_k\}$	$\{d_k\}$
0	+1	0
π	-1	1

表 3-4　乘法运算表

乘	+1	-1
+1	+1	-1
-1	-1	+1

表 3-5　模 2 加法运算表

⊕	0	1
0	0	1
1	1	0

2. 二相编码信号的频谱

如果二相编码信号采用二元序列 $\{c_k\}$ 表示,则二相编码信号复包络为

$$u(t) = \begin{cases} \dfrac{1}{\sqrt{P}}\displaystyle\sum_{k=0}^{P-1} c_k u_1(t - k\tau_1) & (0 < t < \tau) \\ 0 & (\text{其他}) \end{cases} \tag{3-135}$$

式中:$u_1(t)$ 为子脉冲的复包络;τ_1 为子脉冲宽度;P 为子脉冲个数;$\tau = P\tau_1$,为二相编码信号的持续时间。

利用 δ 函数的性质,式(3-135)可改写为

$$\begin{aligned} u(t) &= u_1(t) * \frac{1}{\sqrt{P}}\sum_{k=0}^{P-1} c_k \delta(t - k\tau_1) \\ &= u_1(t) * u_2(t) \end{aligned} \tag{3-136}$$

式中:

$$u_2(t) = \frac{1}{\sqrt{P}}\sum_{k=0}^{P-1} c_k \delta(t - k\tau_1) \tag{3-137}$$

是由序列 $\{c_k\}$ 决定的采样函数。

若子脉冲的复包络为

$$u_1(t) = \begin{cases} \dfrac{1}{\sqrt{\tau_1}} & (0<t<\tau_1) \\ 0 & (\text{其他}) \end{cases} \tag{3-138}$$

根据傅里叶变换的性质,可以求出下列关系:

$$u_1(t) = \frac{1}{\sqrt{\tau_1}}\text{rect}\left(\frac{t - \frac{\tau_1}{2}}{\tau_1}\right) \Leftrightarrow U_1(f) = \sqrt{\tau_1}\,\text{sinc}(f\tau_1)\exp(-\mathrm{j}\pi f\tau_1) \tag{3-139}$$

$$u_2(t) = \frac{1}{\sqrt{P}}\sum_{k=0}^{P-1} c_k \delta(t - k\tau_1) \Leftrightarrow U_2(f) = \frac{1}{\sqrt{P}}\sum_{k=0}^{P-1} c_k \exp(-\mathrm{j}2\pi f k\tau_1) \tag{3-140}$$

由卷积定理,并利用式(3-136),二相编码信号的频谱就可直接写为

$$U(f) = U_1(f)U_2(f) = \left[\frac{\sqrt{\tau_1}}{\sqrt{P}}\text{sinc}(f\tau_1)\exp(-\mathrm{j}\pi f\tau_1)\right]\left[\sum_{k=0}^{P-1} c_k \exp(-\mathrm{j}2\pi f k\tau_1)\right] \tag{3-141}$$

可见，二相编码信号的频谱是子脉冲频谱 $U_1(f)$ 与附加因子 $U_2(f)$ 相乘的结果，而附加因子 $U_2(f)$ 与所采用的编码形式有关。

经过数学计算，可得

$$\sum_{k=0}^{P-1} c_k \exp(-\mathrm{j}2\pi f k\tau_1) = \left[P + 2\sum_{k=1}^{P-1}\sum_{n=k}^{P-1} c_n c_{n-k}\cos(2\pi f k\tau_1)\right]^{1/2} \tag{3-142}$$

把它代入式(3-141)，二相编码信号的频谱最后可写为

$$U(f) = \frac{\sqrt{\tau_1}}{\sqrt{P}}\mathrm{sinc}(f\tau_1)\exp(-\mathrm{j}\pi f\tau_1)\left[P + 2\sum_{k=1}^{P-1}\sum_{n=k}^{P-1} c_n c_{n-k}\cos(2\pi f k\tau_1)\right]^{1/2} \tag{3-143}$$

图 3-42 给出了 13 位巴克码的频谱，作为对比，图中对 13 位巴克码波形以及具有相同脉宽简单脉冲的频谱进行了比较。由图 3-42 可以看出，二相编码信号的频谱宽度 B 与子脉冲的频谱宽度 $1/\tau_1$ 相近，即 $B = 1/\tau_1 = P/P\tau_1 = P/\tau$。因此，二相编码信号的时宽带宽积，即压缩比为 $D = B\tau = P$。压缩比表达式说明，二相编码信号的时刻带宽积是由子脉冲数 P 决定的。这种信号的带宽 B 可通过子脉冲宽度 τ_1 得到，而时宽可通过选取子脉冲数 P 得到，因此二相编码信号的时宽和带宽是独立选取的，只要 P 取大就可得到大时宽带宽积。

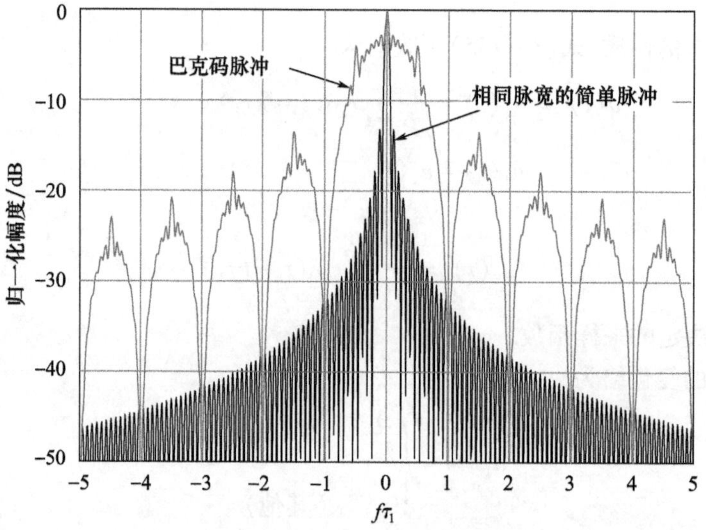

图 3-42 二相编码信号的频谱

3. 二相编码信号的模糊函数

1）模糊函数

二相编码信号的模糊函数，就是它时间-频率复合自相关函数，根据定义为

$$\begin{aligned}\chi(\tau_d, f_d) &= \int_{-\infty}^{\infty} u(t)u^*(t+\tau_d)\exp(\mathrm{j}2\pi f_d t)\,\mathrm{d}t \\ &= [u(\tau_d)\exp(\mathrm{j}2\pi f_d t)] * u^*(-\tau_d)\end{aligned} \tag{3-144}$$

将式(3-136)代入式(3-144)，利用线性卷积的运算性质，可以得到二相编码信号的模糊函数为

$$\begin{aligned}\chi(\tau_d,f_d) &= \{[u_1(\tau_d)\exp(j2\pi f_d\tau_d)] * u_1^*(-\tau_d)\} * \{[u_2(\tau_d)\exp(j2\pi f_d\tau_d)] * u_2^*(-\tau_d)\} \\ &= \chi_1(\tau_d,f_d) \underset{\tau_d}{*} \chi_2(\tau_d,f_d) \\ &= \sum_{m=-(P-1)}^{P-1} \chi_1(\tau_d - m\tau_1,f_d)\chi_2(m\tau_1,f_d)\end{aligned} \tag{3-145}$$

式中:$\chi_1(\tau_d,f_d)$为$u_1(t)$的模糊函数,其表达式见(3-71);$\chi_2(\tau_d,f_d)$为$u_2(t)$的模糊函数,经数学计算可得其结果为

$$\chi_2(m\tau_1,f_d) = \begin{cases}\dfrac{1}{P}\displaystyle\sum_{k=0}^{P-1-m} c_k c_{k+m}\exp(j2\pi f_d k\tau_1) & (0 \leqslant m \leqslant (P-1)) \\ \dfrac{1}{P}\displaystyle\sum_{k=-m}^{P-1} c_k c_{k+m}\exp(j2\pi f_d k\tau_1) & (-(P-1) \leqslant m \leqslant 0)\end{cases} \tag{3-146}$$

由式(3-145)可见,二相编码信号的模糊函数与采用的编码形式$\{c_k\}$有关。5位巴克码序列$\{c_k\}=\{+\ +\ +\ -\ +\}$,图3-43为5位巴克码的模糊图。由图可以看出,二相编码信号的模糊图是图钉型模糊图,在原点呈尖锐的单峰,其体积在τ_d轴上的分布范围为2τ,在f_d轴上分布无限,在τ_d轴附近具有较低的旁瓣,在其他范围旁瓣是较大的。模糊图是通过τ_d轴和f_d轴对称的,不存在距离多普勒耦合。

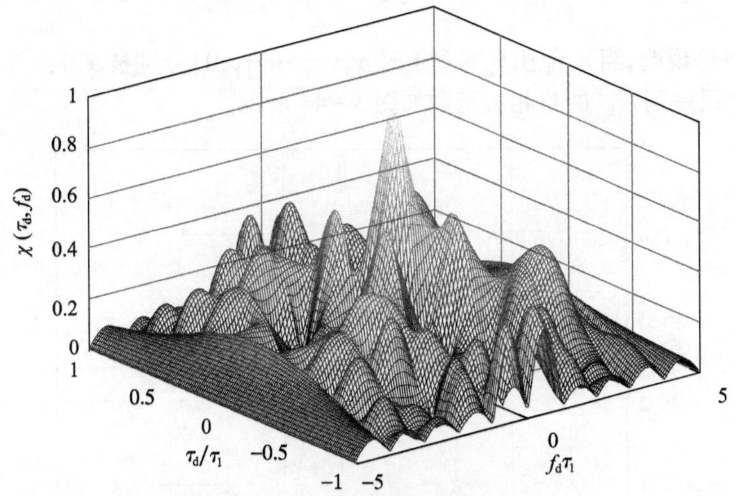

图3-43 二相编码信号的模糊图

因为二相编码信号是多普勒敏感信号,主要用在目标多普勒变化范围较窄的场合,因此,在选择序列时,主要依据其自相关函数。

2)模糊图切割

根据式(3-145),当$f_d=0$时可以得到二相编码信号的自相关函数,即

$$\chi(\tau_d,0) = \frac{1}{P}\sum_{m=-(P-1)}^{P-1} \chi_1(\tau_d - m\tau_1,0)\chi_2(m,0) \tag{3-147}$$

式中:$\chi_1(\tau_d,0)=(\tau_1-|\tau_d|)/\tau_1$为子脉冲自相关函数;$\chi_2(m,0)$为二相编码信号的非周期自相关函数,其表达式可写为$\chi_2(m,0)=\sum_{i=0}^{P-1-m} c_i c_{i+m}$。

因为 $\sum_{m=-(P-1)}^{P-1}\chi_1(\tau_d - m\tau_1,0)$ 是子脉冲$\chi_1(\tau_d,0)$串，因此，二相编码信号的自相关函数实际上是由$(2P-1)$个彼此相隔的τ_1子脉冲$\chi_1(\tau_d,0)$串被$\chi_2(m,0)$加权的结果。

那么$\chi_2(m,0)$加权后对二相编码信号的$\chi(\tau_d,0)$有什么影响呢？下面通过5位巴克码序列二相编码信号来说明。5位巴克码序列的子脉冲数$P=5$。根据$\chi_2(m,0)$的表达式，便有

$$\begin{cases}\chi_2(0,0) = \sum_{i=0}^{4} c_i c_i = c_0c_0 + c_1c_1 + c_2c_2 + c_3c_3 + c_4c_4 = 5 \\ \chi_2(1,0) = \sum_{i=0}^{3} c_i c_{i+1} = c_0c_1 + c_1c_2 + c_2c_3 + c_3c_4 = 0 \\ \chi_2(2,0) = \sum_{i=0}^{2} c_i c_{i+2} = c_0c_2 + c_1c_3 + c_2c_4 = 1 \\ \chi_2(3,0) = \sum_{i=0}^{1} c_i c_{i+3} = c_0c_3 + c_1c_4 = 0 \\ \chi_2(4,0) = \sum_{i=0}^{0} c_i c_{i+4} = c_0c_4 = 1 \end{cases} \tag{3-148}$$

式(3-148)说明，当m值由0取到4时，$\chi_1(\tau_d - m\tau_1,0)$分别被5、0、1、0、1系数加权。因此5位巴克码序列$\{c_k\}$的自相关函数如图3-44所示。

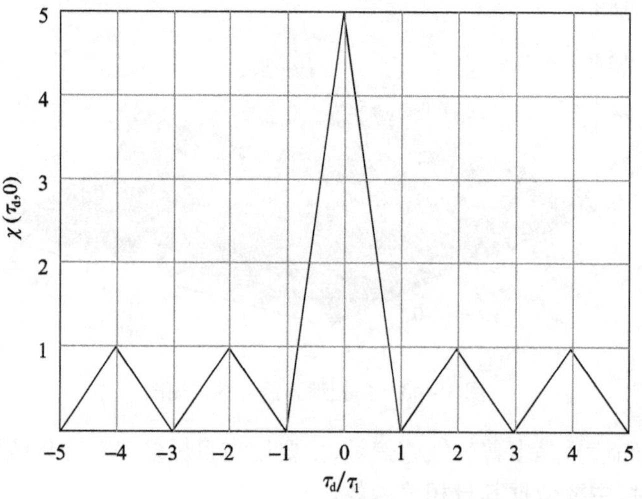

图3-44　5位巴克码序列的自相关函数

由式(3-148)可以看出以下几个结论：

(1)不同的二元序列$\{c_k\}$，对应不同的m值就有不同的$\chi_2(m,0)$值，这样便有不同的$\chi(\tau_d,0)$。

(2)无论什么形式的二元序列$\{c_k\}$，$\chi_2(0,0)$值均为序列长度P，即$\chi(\tau_d,0)$的主峰均为P，不同的$\{c_k\}$形式只能改变$\chi(\tau_d,0)$的旁瓣形状。

(3)因为讨论的二相编码是有限长度码，即非周期码，在计算$\chi_2(m,0)$时每个码元并不都参加全部运算，因此$\chi_2(m,0)$称为非周期自相关函数。

当 $f_d \neq 0$ 时，在频率轴上选取不同的多普勒值对模糊图进行切割，对 31 位 M 序列的模糊图切割出的图形如图 3－45 所示。

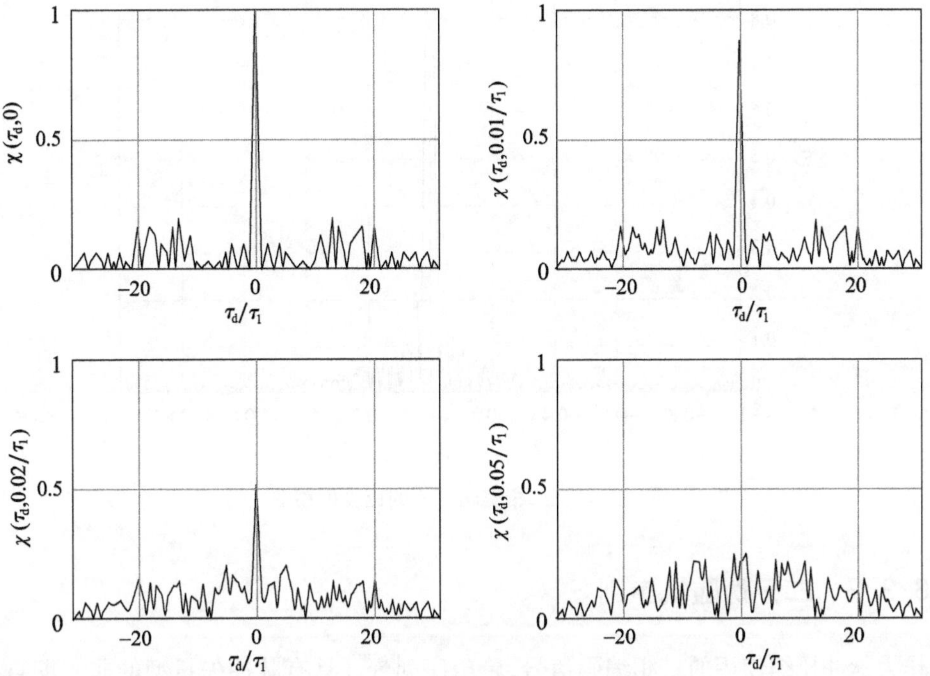

图 3－45　模糊图不同多普勒切割波形

由图 3－45 可以看出，当 $f_d \neq 0$ 时，二相编码信号的自相关函数将出现如下变化：

(1) 主峰将降低，降低的程度与多普勒频移的大小有关，多普勒值越大，峰值降得越多。

(2) 主峰最大值不产生时移，因为模糊图是通过 f_d 轴对称的，不存在距离多普勒耦合。

(3) 主峰和旁瓣形状都将出现不同程度的变化。一般来说，旁瓣电平将会增加，其程度均与码型和多普勒值有关。

当 $f_d \neq 0$ 时，二相编码信号匹配滤波器输出信号的主峰将降低，而旁瓣将增大，主旁瓣比迅速降低。因此，二相编码信号是多普勒敏感信号，只能用在目标多普勒变化范围较窄的场合。

因为速度模糊函数的表达式为

$$|\chi(0,f_d)| = \left|\int_{-\infty}^{\infty} U^*(f)U(f-f_d)\,df\right| = \left|\int_{-\infty}^{\infty} |u(t)|^2 \exp(j2\pi f_d t)\,dt\right| \tag{3-149}$$

将式(3－135)代入式(3－149)，得到二相编码信号的速度模糊函数，即

$$|\chi(0,f_d)| = |\mathrm{sinc}(P\tau_1 f_d)| = \left|\frac{|\sin(\pi f_d P\tau_1)|}{\pi f_d P\tau_1}\right| \tag{3-150}$$

31 位 M 序列的速度模糊图如图 3－46 所示。可以看出，二相编码信号和时宽为 $P\tau_1$ 单载频矩形脉冲信号、线性调频信号一样，具有相同的测速性能。

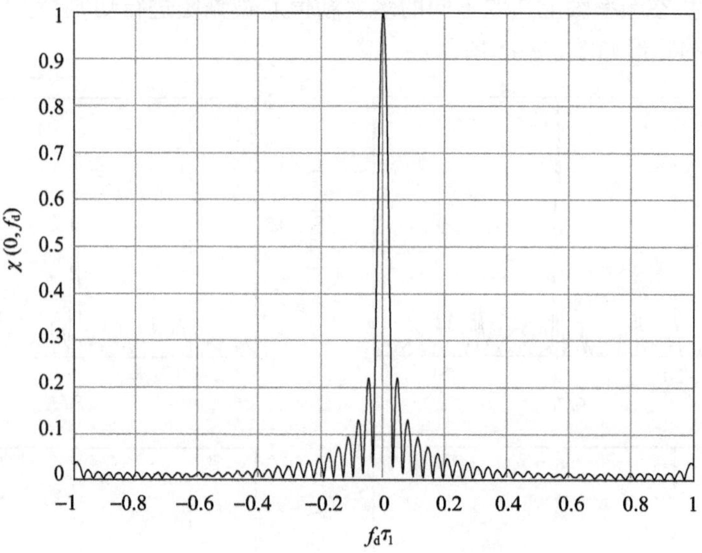

图 3－46　二相编码信号的速度模糊图

3.3.2　二元伪随机序列

作为脉冲压缩使用的二相编码信号，希望序列$\{c_k\}$具有脉冲矢量型的非周期自相关函数。所谓脉冲矢量型非周期自相关函数是指具有类似白噪声的自相关函数。实际上能满足这个要求的二元序列就是真正的二元随机序列。

二元随机序列具有以下几个特点：

(1)平滑特性。在二元随机序列中"＋1"和"－1"出现的数目大致相等。

(2)游程特性。"＋1"或"－1"连续出现的状态称为游程，连续出现的个数称为游程长度。在二元随机序列的一个周期内，长度为 1 的游程数是总游程数 $1/2^1$，长度为 2 的是总游程数的 $1/2^2$，长度为 3 的是总游程数的 $1/2^3$，……，长度为 n 的是总游程数的 $1/2^n$。

(3)相关特性。二元随机序列的自相关函数类似白噪声的自相关函数(δ 函数)。

由于真正的二元随机序列的产生和处理都较困难，实际上一般采用在一定程度上满足上述要求的二元伪随机序列。二元伪随机序列是一种完全确定的、有规律的序列，它还具有以下特点：

(1)在二元伪随机序列中，"－1"的数目只比"＋1"的数目多 1 个。

(2)二元伪随机序列的频谱是具有一定包络的线状谱，而二元伪随机序列的频谱是均匀的连续谱。

(3)二元伪随机序列容易重复实现，产生和处理都比较容易。

1. 巴克码

巴克(R. H. Barker)码，也称为巴克序列，是巴克研究设计的一种二元伪随机序列，它的非周期自相关函数$\chi_2(m,0)$类似白噪声的自相关函数。

若二元伪随机序列的非周期自相关函数满足：

$$
\begin{aligned}
|\chi_2(m,0)| &= \sum_{k=0}^{P-1-m} c_k c_{k+m} \\
&= \begin{cases} P & (m \neq 0) \\ \pm 1 \text{ 或 } 0 & (m \neq 0) \end{cases}
\end{aligned}
\tag{3-151}
$$

则这个二元伪随机序列就称为巴克码。这种序列的非周期自相关函数只有 4 个可能值，最大值为 P，最小值为 0 或 ±1。

这种序列作为脉冲信号用于机载雷达是很理想的，但是人们能找到的巴克码长度较短，种类也不多。到目前为止，人们已找到的巴克码只有 9 种，其中最长序列 $P=13$。表 3－6 给出了 9 种巴克码及其自相关函数。

表 3－6　九种巴克码及其自相关函数

长度 N	序列$\{c_k\}$	$\chi_2(m,0)$　$m=0,1,2,\cdots,N-1$	主旁瓣比/dB
2	+ +, − +	2, +1;2, −1	6
3	+ + −	3,0, −1	9.6
4	+ + − +, + + + −	4, −1,0, +1;4, +1,0, −1	12
5	+ + + − +	5,0, +1,0, +1	14
7	+ + + − − + −	7,0, −1,0, −1,0, −1	16.9
11	+ + + − − − + − − + −	11,0, −1,0, −1,0, −1,0, −1,0, −1	20.8
13	+ + + + + − − + + − + − +	13,0, +1,0, +1,0, +1,0, +1,0, +1,0, +1	22.3

由表 3－6 可以看出，偶数巴克码和奇数巴克码有两点区别：偶数巴克码的旁瓣是 +1,0 和 −1 交替出现的，而奇数巴克码的旁瓣电平是 +1,0 或 −1,0 交替出现的；偶数巴克码靠近主瓣的幅度是 +1 或 −1，而奇数巴克码靠近主瓣的幅度是 0。表 3－6 中的每组巴克码共有 4 组同构码，即原码、反码、反序码和反补码（反序码的补码）。例如：5 位巴克码原码为{ +　+　+　−　+ }，反码为{ −　−　−　+　− }，反序码为{ +　−　+　+　+ }，反补码为{ −　+　−　−　− }。这 4 个同构码具有相同的自相关函数，即相同的自相关峰值和副瓣特性。

巴克码的最大缺陷是其长度有限，已经证明，$P>13$ 的奇数长度的巴克码是不存在的。到目前为止，未曾找到 $4<P<11664$ 的偶数长度的巴克码。

把各种巴克码的二元序列$\{c_k\}$代入式（3－145），就可得到各种巴克码的模糊函数。13 位巴克码的模糊函数如图 3－47（a）所示，图 3－47（b）是 13 位巴克码的模糊函数的等高线图。图 3－47（c）是距离模糊函数图，其主旁瓣均为底宽为 $2\tau_1$ 的三角形，主峰高度归一化到 1，其旁瓣均为 1/13，主旁瓣比为 22.3dB，这个自相关函数和白噪声自相关函数极为相似。图 3－47（d）为速度模糊函数图。

为了明显地看出巴克码的性能，下面将 13 位巴克码和同样时宽的线性调频脉冲信号进行比较。

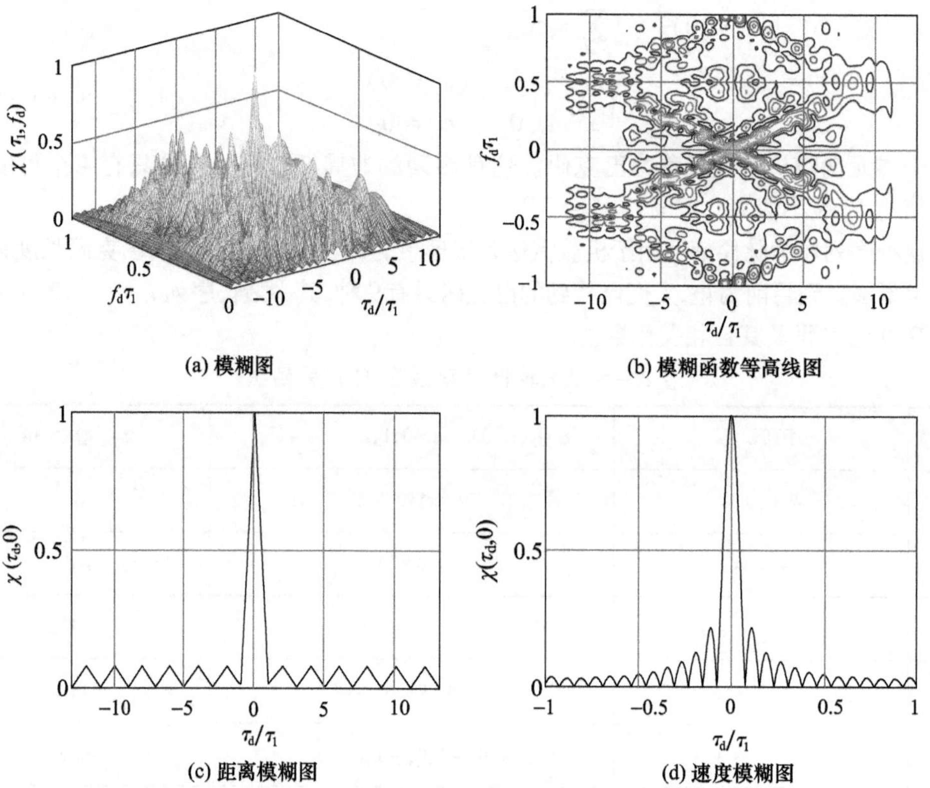

图 3-47　13 位巴克码的模糊函数

首先把 13 位巴克码的每次相位反转看成是载频增加 π 弧度，并假设两次相位反转相位是 2π 而不是 0。因此 13 位巴克码的相位特性如图 3-48 所示。这个相位特性可用平方相位逼近，因为在信号存在时间 τ 内总的相位变化为 6π，即 $\pi K\tau^2 = 6\pi$ 或 $K = 6/\tau^2$。

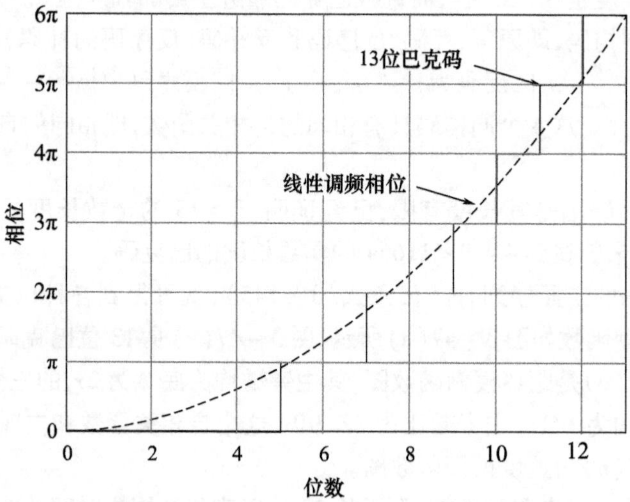

图 3-48　13 位巴克码与线性调频脉冲相位特性的比较

如果线性调频脉冲信号的存在时间也为 τ，而且调频斜率也为 K，那么巴克码的逼近相位特性刚好与同样时宽的线性调频脉冲信号的相位特性相同，因此线性调频脉冲信号的最大频偏为 $B = K \cdot \tau = 6/\tau = 4(3/2\tau)$。

线性调频脉冲信号的有效带宽为

$$B_e = B = 4\left(\frac{3}{2\tau}\right) \tag{3-152}$$

13 位巴克码的有效带宽为

$$B_e = 12.1\left(\frac{3}{2\tau}\right) \tag{3-153}$$

比较式(3-153)和式(3-152)可以看出，巴克码的有效带宽比具有相同时宽的线性调频脉冲的有效带宽增大了 3 倍，因此距离分辨力有所改善。巴克码的距离分辨力之所以有改善是因其相位调制比线性调频脉冲信号有更高的非线性。

从两种信号的自相关函数 $|\chi(\tau_d,0)|$ 来看，13 位巴克码自相关函数主瓣在 τ_d 轴上的宽度是由子脉冲宽度 τ_1 决定，线性调频脉冲信号的主瓣在 τ_d 轴上的宽度由 $1/B$ 决定，因为 $1/B = \tau/6 = 13\tau_1/6 \approx 2\tau_1$。所以 13 位巴克码在 τ_d 轴上的宽度小于线性调频脉冲 $|\chi(\tau_d,0)|$ 在 τ_d 轴上的宽度。因此，13 位巴克码邻近目标的距离分辨能力比同样时宽的线性调频信号要好。这两种信号的时宽相同时，其速度分辨力相同，因为它们的有效时宽都是由时宽 τ 决定的。

13 位巴克码比同样时宽的线性调频脉冲信号的测距精度高，因为 13 位巴克码的均方根带宽为

$$\beta_0 \cong \sqrt{\frac{2B}{\tau_1}} = \sqrt{\frac{2}{\tau_1^2}} \tag{3-154}$$

线性调频信号的均方根带宽为

$$\beta_0 = \sqrt{\frac{(\pi B)^2}{3}} = \sqrt{\frac{\pi^2}{3} \cdot \frac{1}{4\tau_1^2}} \tag{3-155}$$

比较式(3-154)和式(3-155)可得巴克码的均方根带宽为线性调频信号均方根带宽的 1.56 倍。

由于线性调频脉冲信号是多普勒不敏感信号，而巴克码是多普勒敏感信号，所以巴克码只能用在目标多普勒变化范围较窄的场合。

巴克码的主旁瓣比比线性调频脉冲信号提高了 9 dB。巴克码的旁瓣是恒定的，线性调频脉冲信号是旁瓣随时间变化的，因此，从掩盖远区目标来看，巴克码不如线性调频脉冲信号。

2. M 序列

M 序列是一种常用的二元伪随机序列，可由 n 级线性反馈移位寄存器产生。其长度 $P = 2n-1$，n 为移位寄存器的级数，对于 n 级反馈移位寄存器来说，这个序列是最长的，故又称为最长线性反馈序列伪随机码。

M 序列的统计特性与白噪声的统计特性相近。

下面以 3 级线性反馈移位寄存器为例，说明 M 序列的产生方法。如图 3-49 所示，假定移位寄存器的初始状态为 0、1、0。当移位脉冲未加之前，Ⅰ、Ⅲ模 2 加的输出为 0，这个值待存入Ⅰ。

当第1个移位脉冲加入时，Ⅰ和Ⅲ模2加的结果0存入Ⅰ，Ⅰ中的0被移位存入Ⅱ，Ⅱ中的1被移位存入Ⅲ，Ⅲ中的0被移出，即为输出的结果。

当第2个移位脉冲加入时，移位过程与上相同，这样循环下去的过程及输出如表3-7所列，表中所示的周期为7。

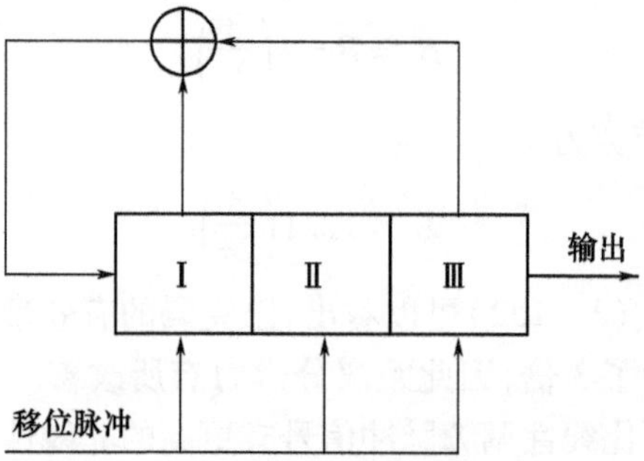

图3-49 M序列产生器原理框图

表3-7 M序列寄存器状态及输出对应表

寄存器号	Ⅰ⊕Ⅲ	Ⅰ	Ⅱ	Ⅲ	输出
初始状态	0	0	1	0	无
第一状态	1	0	0	1	0(+)
第二状态	1	1	0	0	1(-)
第三状态	1	1	1	0	0(+)
第四状态	0	1	1	1	0(+)
第五状态	1	0	1	1	1(-)
第六状态	0	1	0	1	1(-)
第七状态	0	0	1	0	1(-)
第八状态	1	0	0	1	0(+)
第九状态	1	1	0	0	1(-)

由表3-7可看出，第一状态与第八状态完全相同，第二状态与第九状态相同，依此类推。这就是说，该移位寄存器输出的序列具有周期性，每个周期的序列为{0 1 0 0 1 1 1}或{+ - + + - - -}，其周期的长度为7。

对给定的n级移位寄存器来说，可获得的M序列的总数为

$$M=\frac{P}{n}\prod_{i}\left[1-\frac{1}{p_i}\right]=\frac{2^n-1}{n}\prod_{i}\left[1-\frac{1}{p_i}\right] \tag{3-156}$$

式中：p_i为P的素数因子。表3-8给出了$n\leqslant10$时M序列的长度和数量，并给出一个产

生M序列的反馈连接。

表3-8 M序列的长度和数量与反馈连接对应表

级数 n	M序列的长度 P	M序列的数目	反馈连接
2	3	1	2,1
3	7	2	3,2
4	15	2	4,3
5	31	6	5,3
6	63	6	6,5
7	127	18	7,6
8	255	16	8,6,5,4
9	511	48	9,5
10	1023	60	10,7

图3-50给出了 $P=7(n=3)$ M序列的模糊图。由图可以看出,M序列的模糊图在定范围内模糊图近似呈现为图钉型,在 τ_d 轴附近具有较低的旁瓣,在 f_d 较大的区域内是不平均的丘陵形,有不规则的较高旁瓣存在。在 τ_d 轴上有周期出现的峰值,随着周期 P 的加大,峰间的距离将加大。图3-50(b)是7位M序列的模糊函数的等高线图。图3-50(c)是距离模糊函数图。图3-50(d)为速度模糊函数图。

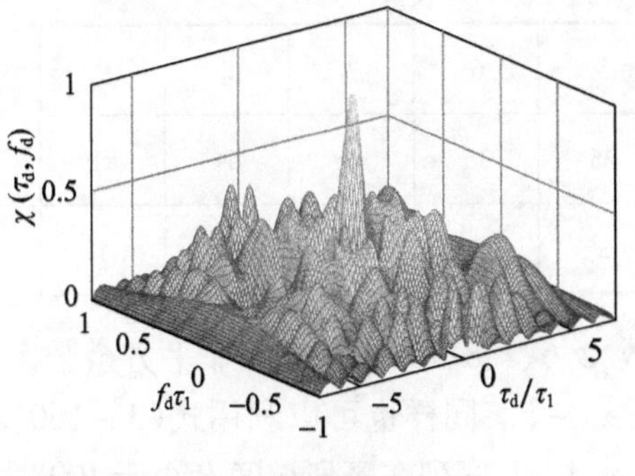

(a) 模糊图

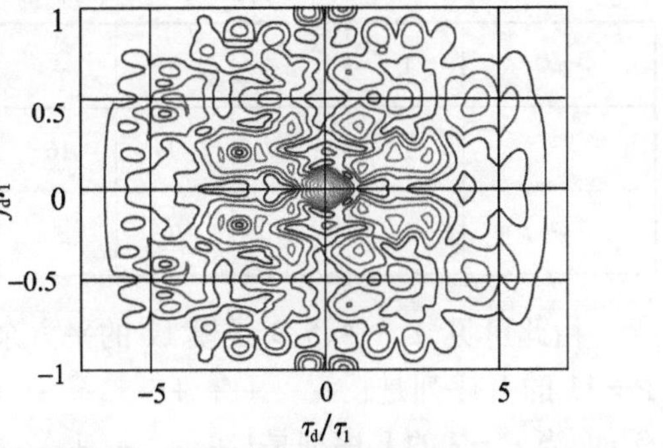

(b) 模糊函数等高线图

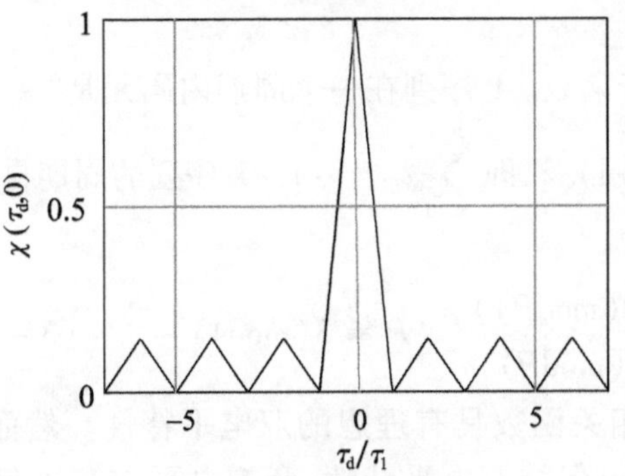

(c) 距离模糊图

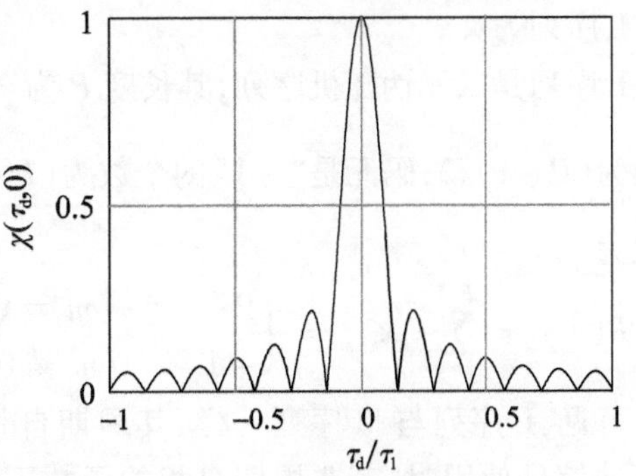

(d) 速度模糊图

图3-50 M序列的模糊图

3. L序列

L序列即勒让德(Legendre)序列,也称为平方余数序列。L序列也是一种二元伪随机序列码。L序列可定义为长度是 $P\equiv3(\mathrm{mod}4)$ 型素数的二元周期序列,表示为

$$X_{\mathrm{L}}=\{\cdots,x_0,x_1,x_2,\cdots,x_{P-1},\cdots\}\qquad(x_k\in(+1,-1))\tag{3-157}$$

且 x_k 按下式取值为 +1 或 -1,即

$$x_k=\begin{cases}\left(\dfrac{n}{P}\right) & (n=1,2,\cdots,P-1)\\ -1 & (k\equiv0(\mathrm{mod}P))\end{cases}\tag{3-158}$$

式中:(n/P) 称为勒让德符号,它可以表示为

$$\left(\frac{n}{P}\right)=\begin{cases}+1 & (n\text{ 是模 }P\text{ 的平方余数})\\ -1 & (n\text{ 是模 }P\text{ 的非平方余数})\end{cases}\tag{3-159}$$

勒让德符号 (n/P) 的含义是,如果 P 是奇素数,n 是与 P 互质的整数,如果 $x^2\equiv n(\mathrm{mod}P)$ 有整数解,则整数 n 是模 P 的平方余数,否则 n 就是模 P 的非平方余数。勒让德符号的计算公式为

$$\left(\frac{n}{P}\right)=(-1)\sum_{l=1}^{(P-1)/2}\left[\frac{2nl}{P}\right]\tag{3-160}$$

式中:幕指数求和式中符号[·]的含义是,对于实数 z,$[z]$ 表示小于 z 的最大整数。

例如 $P=11$,平方余数可计算见表 3-9。

表 3-9 L序列 $P=11$ 时的平方余数

x	1	2	3	4	5	6	7	8	9	10
x^2	1	4	9	16	25	36	49	64	81	100
$\mathrm{ren}(x^2/P)$	1	4	9	5	3	3	5	9	4	1

由此可见,1、3、4、5、9 是模 11 的平方余数,2、6、7、8、10 是模 n 的非平方余数。因此,$P=11$ 的 L序列是{+ - + + + - - - + - -}。同样也可以利用式(3-160)求得,例如,当 $P=7$ 的 L序列是{+ + - + - - -}。L序列在序列长度 P 小于 100 时,只存在 13 个,其长度分别为 3、11、9、23、31、43、47、59、67、71、79 和 83。表 3-10 列出了 $P\leqslant31$ 的 6 个 L序列。

L序列是二元伪随机序列,其长度 P 为奇素数。L序列在一个周期内码元是"+1"的个数为 $(P-1)/2$,码元是"-1"的个数为 $(P+1)/2$,即 $\sum_{k=0}^{P-1}x_k=-1$。L序列的周期自相关函数为

$$R(m)=\sum_{k=0}^{P-1}x_kx_{k+m}=\begin{cases}P & (m\equiv0(\mathrm{mod}P))\\ -1 & (m\neq0(\mathrm{mod}P))\end{cases}\qquad(P\equiv3(\mathrm{mod}4))\tag{3-161}$$

可见,L序列与 M 序列一样,其周期自相关函数具有理想的双电平特性。然而,作为脉冲信号使用时,其非周期自相关函数不再保持双电平特性,旁瓣电平较高。例如,11 位 L序列的非周期自相关函数为 $R(m)=\{11,0,-1,-2,+3,0,-1,-4,+1,0,-1\}$。

表 3-10 $P \leqslant 31$ 的 6 个 L 序列

P	L 序列
3	+ - -
7	+ + - + - - -
11	+ - + + + - - - + - -
19	+ - - + + + + - + - + - - - - + + - -
23	+ + + + - + - + + - - + + - - + - + - - - - -
31	+ + - + + - + + + + - - - + - + - + + + - - - - + - - + - - -

表 3-10 所列的 19 位 L 序列的模糊图 $|\chi(\tau_d, f_d)|$ 见图 3-51(a)，等高线图见图 3-51(b)，距离模糊图 $|\chi(\tau_d, 0)|$ 见图 3-51(c)，速度模糊图 $|\chi(0, f_d)|$ 见图 3-51(d)。

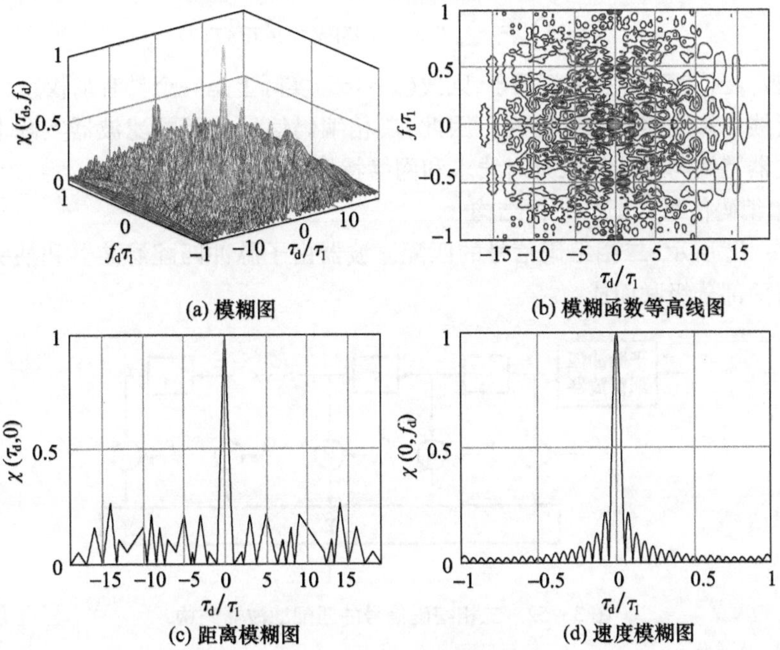

(a) 模糊图　(b) 模糊函数等高线图

(c) 距离模糊图　(d) 速度模糊图

图 3-51 L 序列的模糊图

3.3.3 二相编码信号的处理

1. 二相编码信号的匹配滤波器特性

根据匹配滤波器理论，二相编码信号匹配滤波器的频率特性应是 $H(f) = U^*(f)\exp(-j2\pi f t_0)$，式中，$U(f)$ 为二相编码信号的频谱。由式(3-141)得到

$$U^*(f) = \sqrt{\frac{\tau_1}{P}}\,\mathrm{sinc}(f\tau_1)\exp(j\pi f\tau_1)\sum_{k=0}^{P-1} c_k \exp(j2\pi f k\tau_1) \tag{3-162}$$

所以二相编码信号匹配滤波器的频率特性为

$$H(f) = \sqrt{\frac{\tau_1}{P}}\operatorname{sinc}(f\tau_1)\exp(\mathrm{j}\pi f\tau_1)\cdot\sum_{k=0}^{P-1}c_k\exp(\mathrm{j}2\pi fk\tau_1)\cdot\exp(-\mathrm{j}2\pi ft_0)$$
$$= U_1^*(f)\cdot U_2^*(f)\exp(-\mathrm{j}2\pi ft_0) \tag{3-163}$$

式中：$U_1^*(f)$为子脉冲的匹配滤波器。

令 $t_0=(P-1)\tau_1$，这样假设相当于在信号全部结束时刻，信号达到最大值，因此

$$H(f) = U_1^*(f)\cdot\sum_{k=0}^{P-1}c_k\exp(\mathrm{j}2\pi fk\tau_1)\cdot\exp[-\mathrm{j}2\pi f(P-1)\tau_1]$$
$$= U_1^*(f)\{c_0+c_1\exp(\mathrm{j}2\pi f\tau_1)+\cdots+c_{P-1}\exp[\mathrm{j}2\pi f(P-1)\tau_1]\}\exp[-\mathrm{j}2\pi f(P-1)\tau_1]$$
$$= U_1^*(f)\{c_0\exp[-\mathrm{j}2\pi f(P-1)\tau_1]+c_1\exp[-\mathrm{j}2\pi f(P-2)\tau_1]+\cdots+c_{P-1}\}$$
$$= U_1^*(f)\cdot\sum_{k=0}^{P-1}c_{(P-1)-k}\exp(-\mathrm{j}2\pi fk\tau_1) = U_1^*(f)\cdot U_3^*(f) \tag{3-164}$$

式中：

$$U_3^*(f) = \sum_{k=0}^{P-1}c_{(P-1)-k}\exp(-\mathrm{j}2\pi fk\tau_1) \tag{3-165}$$

如果把 $c_{(P-1)-k}$看成是加权因子，则式(3-165)实际上是一个具有加权系数的$(P-1)$节抽头延时线求和网络的频率特性。因此，二相编码信号的匹配滤波器实际上就是子脉冲匹配滤波器特性与抽头加权延时线求和网络特性之积。

2. 二相编码信号匹配滤波器结构

如图3-52所示，二相编码信号的匹配滤波器由子脉冲匹配滤波器和抽头加权延时线求和网络两部分级联而成。

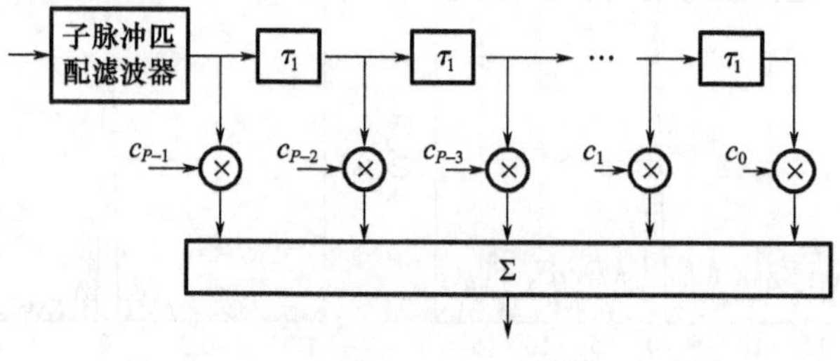

图3-52 二相编码信号的匹配滤波器结构

下面以码型为{ + + + - + }的5位巴克码为例，介绍二相编码信号的匹配滤波器结构。根据式(3-165)，5位巴克码的匹配滤波器结构如图3-53所示。它是由四节延时线（每节延时时间为τ_1）构成的加权延时线求和网络和子脉冲匹配滤波器串联构成的。根据式(3-165)，每节延时线的加权系数刚好是5位巴克码编码序列的镜像，即镜像码。

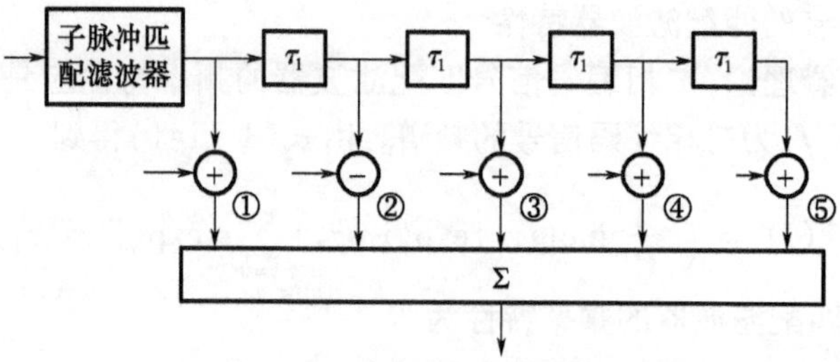

图3-53 5位巴克码匹配滤波器的结构

这个匹配滤波器在 5 个抽头点和求和后的输出波形如图 3－54 所示。

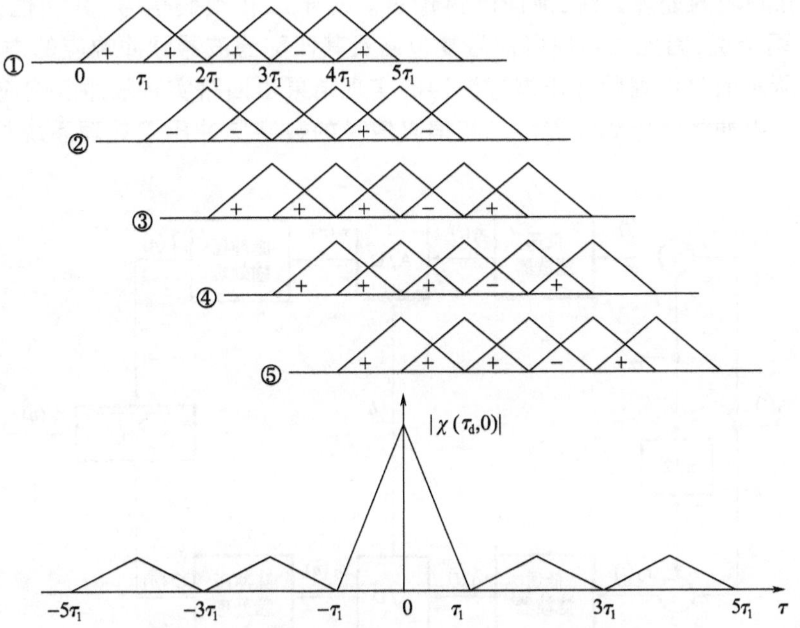

图 3－54　延时线各抽头输出及求和输出波形

图 3－54 中，+表示 0 相位，－表示 π 相位，+ －相加刚好抵消，－ －或+ +相加叠加。由此可见，编码的形式决定了匹配滤波器输出的包络，即决定了自相关函数的形状。

由图可以看出，匹配滤波器输出的最大值确实出现在信号结束时刻。另外，前面讨论的非周期自相关函数的计算方法就是根据匹配滤波器的分析结果导出的。

对于组合巴克码的处理，其匹配滤波器可以采用串联结构，即先对组合码（外码）进行匹配滤波处理，然后对内码进行匹配处理。这种处理方法不仅节省设备量，而且结构紧凑。

图 3－55 给出了以 3 位巴克码作为基本码元 $B_i(3)$ 组成的 4 位巴克码 $B_o(4)$ 的匹配滤波器结构，其中 $B_o(4)$ 匹配滤波器的延时时间是基本码元的脉冲宽度 $3\tau_1$，$B_i(3)$ 匹配滤波器的延时时间是子脉冲宽度 τ_1。

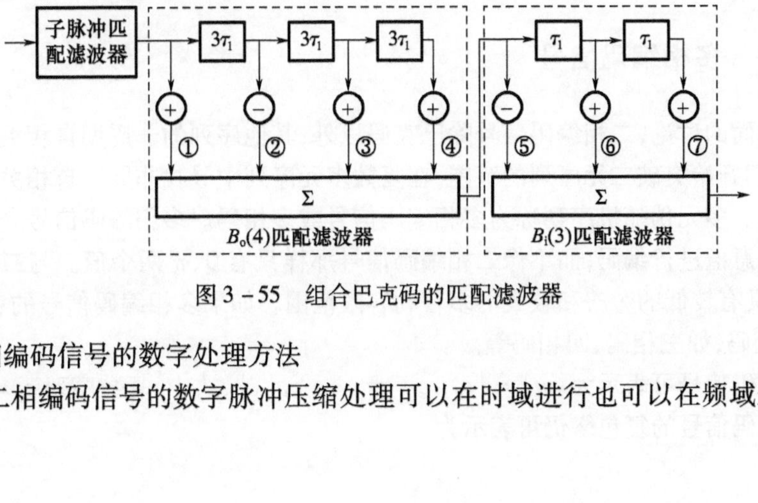

图 3－55　组合巴克码的匹配滤波器

3. 二相编码信号的数字处理方法

同样，二相编码信号的数字脉冲压缩处理可以在时域进行也可以在频域进行。一般情况下采用时域处理,而长序列则采用频域处理。

时域和频域的处理方法,前面已讨论过。对于二相编码信号,其相位函数 $\varphi(t)$ 只有 0、π 两个值,因此二相编码信号复包络及其匹配滤波器脉冲响应的虚部均为 0,图 3 - 37 所示的复序列脉冲压缩滤波器的实现结果由四路实有限冲激响应滤波器变为两路实有限冲激响应滤波器。二相编码信号的数字脉冲压缩处理系统如图 3 - 56 所示。

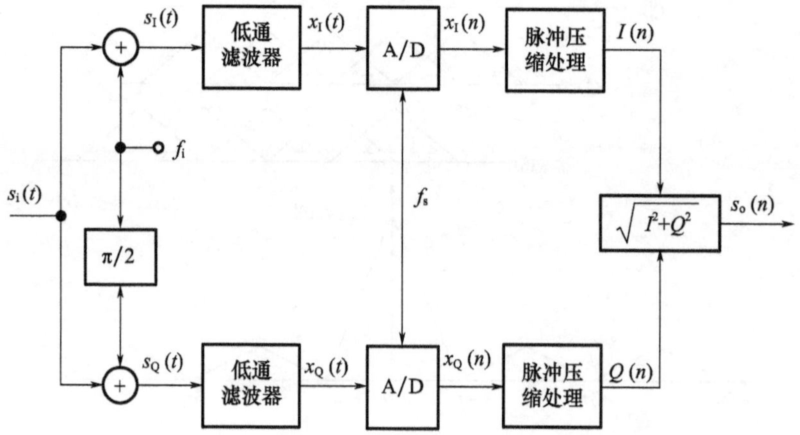

图 3 - 56　二相编码信号的数字脉冲压缩处理系统

图 3 - 56 中的正交相位检波器可以采用数字正交相位检波器,脉冲压缩处理采用图 3 - 52 所示的匹配滤波器结构。如果后续处理只需要包络信息,则可进行包络检波,也就是将脉冲压缩滤波器的输出进行求模运算,否则直接将 $I(n)$ 和 $Q(n)$ 送出即可,求模运算还消去了随机初相 φ_0的影响。

如图 3 - 52 所示的抽头加权延时线求和网络一般采用有限冲激响应滤波器实现。如果二相编码信号的时宽为 τ,而采样间隔为 $T_s = 1/f_s$,则在信号持续时间内的采样点数为 $N_s = \tau/T_s = \tau f_s$。因此,有限冲激响应滤波器的阶数应等于 $N = \tau f_s$,取决于时宽 τ 和采样频率 f_s。对完全正交的复信号进行采样,最低采样频率 f_s 等于信号带宽 B 即可,因此二相编码信号数字脉冲压缩处理系统的最低采样频率 $f_s = B = 1/\tau_1$,即一个子脉冲内采样一个点,此时有限冲激响应滤波器的阶数等于码长 $N = \tau f_s = (P\tau_1) \times (1/\tau_1) = P$。

3.3.4　多相编码信号

通过前面的讨论,二相编码信号除巴克码以外,其他序列的非周期自相关函数都不理想,因此人们开始突破二元序列的范围,在复数多元序列中寻找非周期自相关函数良好的伪随机序列。多元伪随机序列称为多相编码信号或多相码。多相编码信号允许对子脉冲的相位以任意值进行编码,而不像二相编码信号那样只有 0、π 两个值。与二相编码信号相比,它们具有较低的旁瓣和较大的多普勒容限范围。如果多相编码信号的相位数为 N,则称为 N 相码,如三相码、四相码等。

多相编码信号可表示为 $\{c_k\} = \{c_0, c_1, c_2, \cdots, c_{P-1}\}$,式中,复数序列 $c_k = \exp\{j\varphi_k\}$。

多相编码信号的复包络仍可表示为

$$u(t)=\begin{cases}\dfrac{1}{\sqrt{P}}\sum\limits_{k=0}^{P-1}c_k u_1(t-k\tau_1) & (0<t<\tau)\\ 0 & (\text{其他})\end{cases}$$
$$u_1(t)=\begin{cases}\dfrac{1}{\sqrt{\tau_1}} & (0<t<\tau_1)\\ 0 & (\text{其他})\end{cases} \tag{3-166}$$

式中：$\{c_k\}$为复数序列。

多相编码信号种类很多，常用的包括法兰克多相码，$P1$、$P2$、$P3$、$P4$、$P(n,k)$码，泰勒四相码和赫夫曼码等。下面介绍法兰克多相码和泰勒四相码。

1. 法兰克多相码

法兰克多相码是由法兰克(Frank)和海米勒(Heimiler)提出的，所以也称为FH序列。法兰克多相码可以看成是对步进线性调频波形的近似，采用N个频率阶跃，每个频率上采样N个离散相位。法兰克多相码的长度必须为$P=N^2$，N表示序列的相数。法兰克多相码的相位序列为

$$\varphi_{n,k}=\frac{2\pi}{N}(n-1)(k-1) \tag{3-167}$$

式中：$n=1,2,\cdots,N$；$k=1,2,\cdots,N$。法兰克多相码的相位序列也可由下列$N\times N$维矩阵导出。

$$\begin{bmatrix} 0 & 0 & 0 & \cdots & 0\\ 0 & 1 & 2 & \cdots & (N-1)\\ 0 & 2 & 4 & \cdots & 2(N-1)\\ \vdots & \vdots & \vdots & & \vdots\\ 0 & (N-1) & 2(N-1) & \cdots & (N-1)^2 \end{bmatrix} \tag{3-168}$$

式中：基本移相为$2\pi s/N$，s是与N互质的整数，这里取$s=1$。矩阵的每个元数表示基本移相的倍乘系数。根据矩阵按行(或列)依次串行排列，可得到长度为$P=N^2$的法兰克N相码。

例如，$N=3$时，基本移相为$2\pi/3$，矩阵为

$$\boldsymbol{B}=\begin{bmatrix}0&0&0\\0&1&2\\0&2&4\end{bmatrix}\text{或}\begin{bmatrix}0&0&0\\0&1&2\\0&2&1\end{bmatrix} \tag{3-169}$$

可得到长度为$P=N^2=9$的三相码，即$\{\varphi_k\}=\{0,0,0,0,2\pi/3,4\pi/3,0,4\pi/3,2\pi/3\}$或$\{c_k\}=\{1,1,1,1,\exp(j2\pi/3),\exp(j4\pi/3),1,\exp(j4\pi/3),\exp(j2\pi/3)\}$

法兰克码的非周期自相关函数为

$$R(m)=\sum_{k=0}^{N-1}c_k c_{k+m}^*=\begin{cases}N & (m\equiv 0(\mathrm{mod}N))\\ 0 & (m\not\equiv 0(\mathrm{mod}N))\end{cases} \tag{3-170}$$

法兰克多相码的非周期自相关函数主瓣高度为$P=N^2$，旁瓣高度的上限为$1/\sin(\pi/N)$。当N很大时，$\sin(\pi/N)\approx\pi/N$，即旁瓣高度趋于N/π，所以主旁瓣比趋近于πN。与同样长度的M序列或L序列相比，主旁瓣比提高了大约10dB，但是相位数N太大了，信号产生和处理都较困难，所以N通常取8以下。

2. 泰勒四相码

泰勒四相码是由泰勒提出的一种具有独特性能的四相编码信号,其子脉冲具有半余弦形状,其邻子脉冲的相位变化限制在 ±90°之间。较之采用矩形子脉冲的相位编码信号,它具有辐射频谱衰降快,接收机滤波器失配损失和数字脉压时距离采样损失小等独特的优点,因而得到了广泛的关注。

泰勒四相码可由一个半余弦子脉冲(底宽为 $2\tau_1$)通过抽头延迟线(抽头延时线单元延时为 τ_1)加权网络产生,如图 3-57 所示。

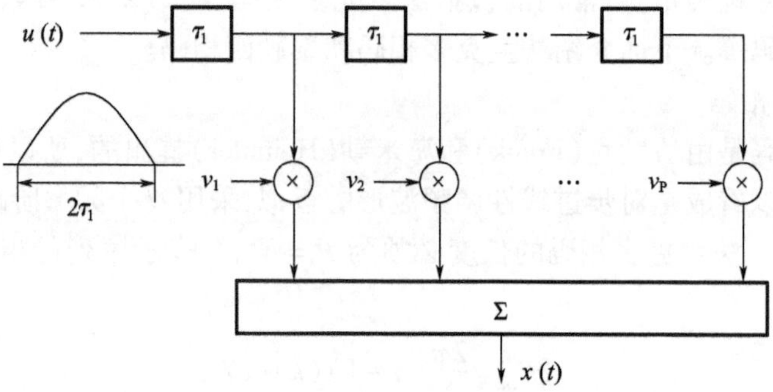

图 3-57　泰勒四相码信号产生器

图 3-57 中,加权系数$\{\nu_k\}$是通过二相编码信号$\{c_k\}$变换得到的,即 $\nu_k = \mathrm{j}^{s(k-1)}c_k$,$k=1,2,\cdots,P$,式中,$s$ 固定为 1 或 -1,P 为四相码序列长度。二相编码信号$\{c_k\} = \{\exp(\mathrm{j}\varphi_k)\}$。由此产生子脉冲的相位值为 0、π/2、π、3π/2。以半余弦子脉冲取代矩形子脉冲和经 $\nu_k = \mathrm{j}^{s(k-1)}c_k$ 的变换过程,就称为二-四相码(BTQ)变换。

因此,泰勒四相码信号的复包络可以表示为

$$x(t) = \sum_{k=1}^{P}\nu_k u(t-k\tau_1) = \sum_{k=1}^{P}\mathrm{j}^{s(k-1)}c_k u(t-k\tau_1)$$
$$= a(t)\exp[\mathrm{j}\varphi(t)] \qquad (0 \leqslant t \leqslant (P+1)\tau_1) \tag{3-171}$$

式中:子脉冲 $u(t)$ 为半余弦函数,可表示为

$$u(t) = \cos\left(\frac{\pi t}{2\tau_1}\right)\exp[\mathrm{j}\varphi(t)] \qquad (-\tau_1 \leqslant t \leqslant \tau_1) \tag{3-172}$$

而 $a(t)$ 和 $\mathrm{j}\varphi(t)$ 分别为泰勒四相码信号的复包络幅度和相位函数,可表示为

$$a(t) = \begin{cases} \sin\left(\dfrac{2\pi t}{4\tau_1}\right) & (0 \leqslant t \leqslant \tau_1) \\ 1 & (\tau_1 \leqslant t \leqslant P\tau_1) \\ \cos\left[\dfrac{2\pi(t-P\tau_1)}{4\tau_1}\right] & (P\tau_1 \leqslant t \leqslant (P+1)\tau_1) \end{cases} \tag{3-173}$$

$$\varphi(k\tau_1) = \begin{cases} 0 & (k=0) \\ s(k-1)\pi/2 + \varphi_k & (k=1,2,\cdots,P) \\ 0 & (k=P+1) \end{cases} \tag{3-174}$$

3.4 频率编码信号

通常所说的频率编码信号是指时－频编码信号，接下来分别讨论几种常见的频率编码信号。

3.4.1 时频编码信号

时频编码信号的复数形式可统一表示为

$$s(t) = \sum_{n=0}^{N-1} u_1(t - nT_r)\exp(j2\pi\Delta f_n t)\exp(j2\pi f_0 t) \tag{3-175}$$

式中：$u_1(t)$为矩形脉冲信号；N为脉冲序列长度；T_r为子脉冲重复周期；Δf_n为第n个子脉冲的载频相对于载频f_0的频率变化量。

改变Δf_n可对应不同的信号，例如：

(1)若Δf_n恒等于0，则式(3－175)的信号退化成相参脉冲串信号。

(2)若$\Delta f_n = c_n\Delta f$，Δf为载频跳变单位步长，$\{c_n\}$为Costas序列，式(3－175)则变成Costas频率编码信号。

(3)若$\Delta f_n = \pm n\Delta f$，$n=0,1,\cdots,N-1$，式(3－175)则变成频率步进信号。

(4)若$\Delta f_n = r\Delta f$，$r\in[a,b]$，a，b为实数，式(3－175)则变成随机调频或频率捷变信号。

进一步地，公式(3－175)复包络$u(t)$可表示为

$$u(t) = \sum_{n=0}^{N-1} u_1(t - nT_r)\exp(j2\pi\Delta f_n t) \tag{3-176}$$

将式(3－176)代入模糊函数表达式(2－5)，可得时频编码信号的模糊函数表达式为

$$\chi(\tau_d, f_d) = \int_{-\infty}^{\infty}\sum_{n=0}^{N-1} u_1(t - nT_r)\exp(j2\pi\Delta f_n t) \sum_{m=0}^{N-1} u_1(t - mT_r + \tau_d)\exp[-j2\pi\Delta f_m(t+\tau_d)]\exp(j2\pi f_d t)\mathrm{d}t \tag{3-177}$$

令$\Delta f_{mn} = (\Delta f_m - \Delta f_n)$，变换积分顺序可得

$$\chi(\tau_d, f_d) = \sum_{n=0}^{N-1}\sum_{m=0}^{N-1}\exp[-j2\pi\Delta f_m\tau_d] \int_{-\infty}^{\infty} u_1(t - nT_r)u_1(t - mT_r + \tau_d)\exp(-j2\pi\Delta f_{mn}t)\exp(j2\pi f_d t)\mathrm{d}t \tag{3-178}$$

令$x = t - nT_r$，则$t = x + nT_r$，将其代入式(3－178)，有

$$\chi(\tau_d, f_d) = \sum_{n=0}^{N-1}\sum_{m=0}^{N-1}\exp[-j2\pi\Delta f_m\tau_d]\exp(-j2\pi\Delta f_{mn}nT_r)\exp(j2\pi f_d nT_r)\cdot \int_{-\infty}^{\infty} u_1(x)u_1(x + \tau_d - (m-n)T_r)\exp[j2\pi(f_d - \Delta f_{mn})x]\mathrm{d}x \tag{3-179}$$

令式(3-179)中 $x=t$,并整理得

$$\begin{aligned}\chi(\tau_d,f_d) &= \sum_{n=0}^{N-1}\sum_{m=0}^{N-1}\exp[-j2\pi\Delta f_m\tau_d]\exp[j2\pi(f_d-\Delta f_{mn})nT_r]\cdot \\ &\quad \int_{-\infty}^{\infty}u_1(t)u_1(t+\tau_d-(m-n)T_r)\exp[j2\pi(f_d-\Delta f_{mn})t]dt \\ &= \sum_{n=0}^{N-1}\sum_{m=0}^{N-1}\exp[-j2\pi\Delta f_m\tau_d]\exp[j2\pi(f_d-\Delta f_{mn})nT_r] \\ &\quad \chi_1(\tau_d-(m-n)T_r,f_d-\Delta f_{mn}) \end{aligned}\tag{3-180}$$

式(3-180)中,$\chi_1(\tau_d,f_d)$是指单载频矩形脉冲信号 $u_1(t)$的模糊函数,参考单载频矩形脉冲信号的模糊函数表达式,式(3-180)还可写为

$$\begin{aligned}\chi(\tau_d,f_d) &= \sum_{m=n=0}^{N-1}\exp[-j2\pi\Delta f_m\tau_d]\exp(j2\pi f_d nT_r)+ \\ &\quad \sum_{n=0}^{N-1}\sum_{m=0,m\neq n}^{N-1}\exp[-j2\pi\Delta f_m\tau_d]\exp[j2\pi(f_d-\Delta f_{mn})nT_r] \\ &\quad \chi_1(\tau_d-(m-n)T_r,f_d-\Delta f_{mn}) = \chi^{(1)}(\tau_d,f_d)+\chi^{(2)}(\tau_d,f_d)\end{aligned}\tag{3-181}$$

式中,$\chi^{(1)}(\tau_d,f_d)$代表式(3-181)中 $m=n$ 对应的表达式,它受$\chi_1(\tau_d,f_d)$调制,且仅在 2 倍脉宽之内不为零,因此它被称为中心模糊函数,相应地,$\chi^{(2)}(\tau_d,f_d)$则被称为旁瓣模糊带函数,它由单载频矩形脉冲信号的联合模糊函数按一定规律时延、频移后加权叠加而成。频率编码信号主瓣的距离、速度分辨能力由$\chi^{(1)}(\tau_d,f_d)$决定,与旁瓣模糊带无关。

3.4.2 步进频率信号

步进频率(step frequency,也称为频率步进)信号是一组载频按固定步长 Δf 增加或减小的相参脉冲串序列,随脉冲序号增加的为正向步进;反之为负向步进。步进频率信号是一种典型的频率编码信号,也是抑制常用的高距离分辨率雷达信号。它的每个脉冲的带宽可以是窄的,通过脉冲间的综合,可等效提高脉冲串信号的带宽,频率步进步长 Δf 越大,脉冲个数越多,信号总带宽就越大,距离分辨力也就越高。与超宽带极窄脉冲雷达信号相比,它具有相对小的瞬时带宽,这样可显著降低对数字采样及处理速度的要求。频率步进体制可以用于非调制脉冲序列,也可以和调制脉冲(如线性调频)结合使用,形成脉内调频或调相-脉间频率步进的复合调制信号,进一步提高数据率。

接下来将对非调制的频率步进信号进行讨论。

1. 步进频率信号的形式

根据式(3-175),当 $\Delta f_n=\pm n\Delta f$,正负向频率步进信号可表示为

$$s(t) = \sum_{n=0}^{N-1}u_1(t-nT_r)\exp[j2\pi(f_0\pm n\Delta f)t]\tag{3-182}$$

其复包络为

$$u(t) = \sum_{n=0}^{N-1}u_1(t-nT_r)\exp(\pm j2\pi n\Delta ft)\tag{3-183}$$

式中:N 为脉冲序列中步进脉冲个数;T_r为脉冲重复周期;f_0为载频中心值。

正向步进频率信号的波形示意图如图 3-58 所示。

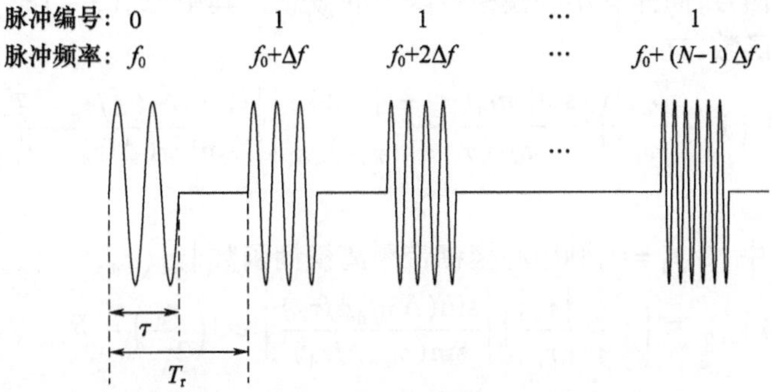

图 3－58 正向频率步进信号波形

步进频率信号的载频变化规律如图 3－59 所示，其信号的时频关系与线性调频信号极为相似，可以看作阶梯化的线性调频信号，式(3－182)中的 ± 号表示步进频率信号的频率步进可以增加或递减，对应正负线性调频信号。步进频率信号的模糊函数与线性调频信号的模糊函数具有较强的相似性。

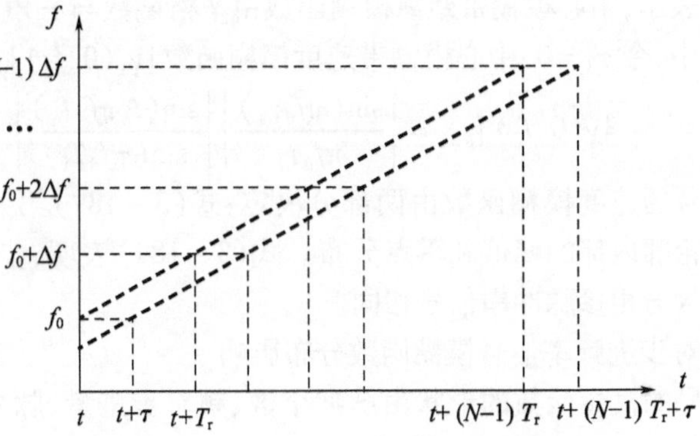

图 3－59 正向频率步进信号载频变化规律

2. 步进频率信号的模糊函数

1）步进频率信号模糊函数的表达式

令式(3－180)中的 $\Delta f_n = n\Delta f$ 时，即得到步进频率信号的模糊函数为

$$\chi(\tau_d,f_d) = \sum_{n=0}^{N-1}\sum_{m=0}^{N-1}\exp[-j2\pi m\Delta f\tau_d]\exp\{j2\pi[f_d-(m-n)\Delta f]nT_r\}\cdot \chi_1(\tau_d-(m-n)T_r,f_d-(m-n)\Delta f) \tag{3-184}$$

令式(3－184)中 $p=m-n$，经简化得

$$\chi(\tau_d,f_d) = \sum_{p=-(N-1)}^{N-1}\exp\{j\pi[(N-1-p)(f_d-p\Delta f)T_r-(N-1-p)\Delta f\tau_d]\}\cdot \chi_1(\tau_d-pT_r,f_d-p\Delta f)\frac{\sin\{(N-|p|)\pi[(f_d-p\Delta f)T_r-\Delta f\tau_d]\}}{\sin\{\pi[(f_d-p\Delta f)T_r-\Delta f\tau_d]\}} \tag{3-185}$$

由式(3－185)可以看出，步进频率信号的模糊函数是由一系列 p 取不同值的单载频矩形脉冲模糊函数 $\chi_1(\tau_d,f_d)$ 移到 $(\tau_d=pT_r,f_d=p\Delta f)$ 处，然后加权叠加，加权因子决定了模糊函数在 $\tau_d f_d$ 平面上的分布情况。

对步进频率信号，同样有中心模糊带函数的概念。其中，式(3-185)中 $p=0$ 部分即对应中心模糊带函数，有

$$|\chi(\tau_d,f_d)|_{p=0}=\left(1-\frac{|\tau_d|}{\tau_1}\right)\left|\frac{\sin[\pi f_d(\tau_1-|\tau_d|)]}{\pi f_d(\tau_1-|\tau_d|)}\right|\left|\frac{\sin[N\pi(\Delta f\tau_d-T_r f_d)]}{\sin[\pi(\Delta f\tau_d-T_r f_d)]}\right|\mathrm{rect}\left(\frac{\tau_d}{2\tau_1}\right) \tag{3-186}$$

式(3-186)中，令 $f_d=0$，则中心模糊带距离模糊函数 $|\chi_1(\tau_d,f_d)|_{p=0}$ 为

$$|\chi(\tau_d,0)|_{p=0}=\left(1-\frac{|\tau_d|}{\tau_1}\right)\left|\frac{\sin(N\pi f_d\Delta f\tau_d)}{\sin(\pi f_d\Delta f\tau_d)}\right|\mathrm{rect}\left(\frac{\tau_d}{2\tau_1}\right)=R_1(\tau_d)R_2(\tau_d) \tag{3-187}$$

式中：

$$\begin{cases}R_1(\tau_d)=\left(1-\dfrac{|\tau_d|}{\tau_1}\right)\mathrm{rect}\left(\dfrac{\tau_d}{2\tau_1}\right)\\ R_2(\tau_d)=\left|\dfrac{\sin(N\pi f_d\Delta f\tau_d)}{\sin(\pi f_d\Delta f\tau_d)}\right|\end{cases} \tag{3-188}$$

式(3-188)表示，中心模糊带距离模糊函数由辛格函数与三角函数的乘积决定。

式(3-186)中，令 $\tau_d=0$，中心模糊带速度模糊函数 $|\chi_1(0,f_d)|_{p=0}$ 为

$$|\chi(0,f_d)|_{p=0}=\left|\frac{\sin(\pi f_d\tau_1)}{\pi f_d\tau_1}\right|\left|\frac{\sin(N\pi f_d T_r)}{\sin(\pi f_d T_r)}\right| \tag{3-189}$$

步进频率信号的速度模糊函数由两部分决定：式(3-189)第一项决定了外围轮廓，而后一项决定了轮廓内部的峰值和零点分布。式(3-189)表明，步进频率信号中心模糊带的速度模糊函数与相参脉冲串信号相同。

2)不同参数对步进频率信号模糊函数分布影响

步进频率信号的模糊函数的形状由脉冲个数、频率步进量、脉冲宽度、脉冲重复周期共同决定。

步进频率信号的模糊函数与相参脉冲串信号一样，具有$(2N-1)$个带条。因为各脉冲之间存在频率跳变，各脉冲区别较大，步进频率信号模糊图中心模糊带指外分布的$2(N-1)$个周期模糊旁瓣幅度均较低。

考察中心模糊带分布，由式(3-188)中的 $R_2(\tau)$ 可知，在 $|\tau_d|\leqslant\tau_1$ 内第一零点出现在 $1/N\Delta f\approx 1/B$ 处，式中，N 是脉冲个数，Δf 是频率步进量，两者的乘积可近似认为等于信号的总带宽 B。

对式(3-188)进一步分析，当 $R_2(\tau)$ 的分母为 0 时，中心模糊带的距离模糊函数将产生栅瓣，且栅瓣出现的时刻为 $|\tau_d|=n/\Delta f(|\tau_d|\leqslant\tau_1)$，式中，$n$ 为整数，表示出现栅瓣的个数。显然，产生栅瓣的条件是 $n\geqslant1$，即 $\tau_1\Delta f>1$。

进一步地，可通过步进频率信号模糊函数峰脊分布理解出现栅瓣的条件，见图3-60，从图3-60同样可以看出，为了保证零多普勒切面单位脉冲宽度范围内不产生栅瓣，应有 $\tau_1\Delta f\leqslant1$。而事实上，栅瓣总有一定宽度，如果 $\tau_1\Delta f$ 太接近于1，栅瓣的部分体积仍将落入单位脉冲宽度范围内。因此，为了避免这种情况发生，通常需要使 $\tau_1\Delta f\leqslant(1-1/N)$，甚至是 $\tau_1\Delta f\leqslant(1-2/N)$。

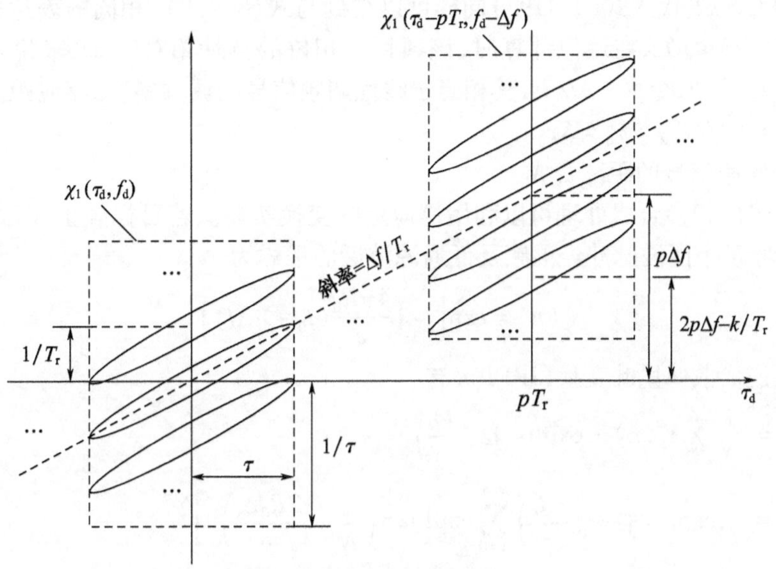

图3-60 步进频率信号模糊函数峰脊示意图

由以上的讨论可知,脉冲个数 N、频率步进量 Δf 及脉冲宽度 τ_1 影响信号距离模糊函数的性质,包括信号中心模糊带内第一零点位置,以及是否在中心模糊带产生栅瓣等,步进频率信号脉冲重复周期 T_r 则主要影响信号的速度模糊函数。

3. 步进频率信号的回波分析

1)步进频率信号目标回波模型

假设目标在空间中沿雷达视线方向做径向直线运动,步进频率信号可以表示为

$$s_t(t)=\sum_{n=0}^{N-1}u_1(t-nT_r)\exp[j2\pi(f_0+n\Delta f)t] \tag{3-190}$$

忽略回波幅度变化,经目标反射后的回波可以表示为

$$s_r(t)=\sum_{n=0}^{N-1}u_1(t-nT_r-t_R)\exp[j2\pi(f_0+n\Delta f)(t-t_R)] \tag{3-191}$$

式中:t_R 为信号的双程延迟,可表示为 $t_R=2(R_0-\nu t)/c$;R_0 为目标初始径向距离;ν 为目标径向速度。

将式(3-191)所示信号与如下信号进行混频处理:

$$s_{ref}(t)=\sum_{n=0}^{N-1}\mathrm{rect}\left(\frac{t-T_r/2-nT_r}{T_r}\right)\exp[j2\pi(f_0+n\Delta f)t] \tag{3-192}$$

第 n 个回波信号混频后,经过低通滤波器,相位 $\varphi_n(t)$ 为

$$\varphi_n(t)=-2\pi(f_0+n\Delta f)t_R=-2\pi(f_0+n\Delta f)\left(\frac{2R_0}{c}-\frac{2\nu t}{c}\right) \tag{3-193}$$

接下来需要对式(3-193)进行采样,设采样时刻为 $t_n=nT_r+\tau/2+2R_0/c$,则有

$$\begin{aligned}\varphi_n(t)&=-2\pi\left\{f_0\left[\frac{2R_0}{c}-\frac{2\nu t}{c}\left(\frac{\tau}{2}+\frac{2R_0}{c}\right)\right]+\left[\frac{2R_0}{c}\frac{\Delta f}{T_r}\left(1-\frac{2\nu}{c}\right)-\frac{2\nu}{c}\left(f_0+\frac{\Delta f}{T_r}\frac{\tau}{2}\right)\right]nT_r-\frac{\Delta f}{T_r}\frac{2\nu}{c}(nT_r)^2\right\}\\&\approx-2\pi\left[\frac{2R_0}{c}f_0+\left(\frac{\Delta f}{T_r}\frac{2R_0}{c}-\frac{2\nu f_0}{c}\right)nT_r-\frac{\Delta f}{T_r}\frac{2\nu}{c}(nT_r)^2\right]\end{aligned} \tag{3-194}$$

如果用 $t_n = nT_r$ 代入式(3-193)同样可以得到与式(3-194)相同的表达式。这是因为 $(\tau/2 + 2R_0/c) \ll nT_r$,在近似计算时,该项目对相位的贡献相对于 nT_r 来说是可以忽略的。式(3-194)中,令 $K = \Delta f/T_r$,其相当于线性调频信号的调频斜率,相应距离延时引起的频率为 $f_r = (\Delta f/T_r) \cdot \tau_0 = K\tau_0$。

2)步进频率信号的距离合成

回波信号的相参合成处理可以利用逆傅里叶变换实现。若目标静止,即式(3-194)中 $\nu = 0$,则对 N 个回波脉冲经混频及低通滤波后的采样为

$$s_\nu(n) = \exp\left[-\mathrm{j}\frac{4\pi R_0}{c}(f_0 + n\Delta f)\right] \tag{3-195}$$

对其做逆离散傅里叶变换(IDFT),有

$$\begin{aligned}
S_\nu(k) &= \frac{1}{N}\sum_{n=0}^{N-1} s_\nu(n)\cdot\exp\left(-\mathrm{j}2\pi\frac{kn}{N}\right)\\
&= \frac{1}{N}\exp\left(-\mathrm{j}2\pi f_0\frac{2R_0}{c}\right)\sum_{n=0}^{N-1}\exp\left[\mathrm{j}2\pi\left(\frac{k}{N} - \frac{2R_0\Delta f}{c}\right)n\right]\\
&= \frac{1}{N}\exp\left(-\mathrm{j}2\pi f_0\frac{2R_0}{c}\right)\exp\left[\mathrm{j}2\pi\frac{N-1}{2}\left(\frac{k}{N} - \frac{2R_0\Delta f}{c}\right)\right]\frac{\sin\left[N\pi\left(\frac{k}{N} - \frac{2R_0\Delta f}{c}\right)\right]}{\sin\left[\pi\left(\frac{k}{N} - \frac{2R_0\Delta f}{c}\right)\right]}\\
&= \frac{1}{N}\exp\left(-\mathrm{j}2\pi f_0\frac{2R_0}{c}\right)\exp\left[\mathrm{j}2\pi\frac{N-1}{2}a\right]\frac{\sin\left(\frac{Na}{2}\right)}{\sin\left(\frac{a}{2}\right)}
\end{aligned} \tag{3-196}$$

式中

$$a = 2\pi\left(\frac{k}{N} - \frac{2R_0\Delta f}{c}\right) \tag{3-197}$$

对式(3-196)取模可获得目标的合成距离像,表达式为

$$|S_\nu(k)| = \left|\frac{1}{N}\frac{\sin\left(\frac{Na}{2}\right)}{\sin\left(\frac{a}{2}\right)}\right| \tag{3-198}$$

3)步进频率信号的分辨性能

距离延时引起的频率为 $f_r = (\Delta f/T_r) \cdot \tau_0 = K\tau_0$ 式中,令 $\tau_0 = 2R/c$,则有

$$f_r = \frac{\Delta f}{T_r}\frac{2R}{c} \tag{3-199}$$

对式(3-199)两边取差分可得

$$\Delta f_r = \frac{\Delta f}{T_r}\frac{2\Delta R}{c} \tag{3-200}$$

则频率分辨力为

$$\Delta f_r = \frac{1}{NT_r} \tag{3-201}$$

将式(3-201)代入式(3-200)中,可得合成距离像的距离分辨力为

$$\Delta R=\frac{c}{2N\Delta f} \tag{3-202}$$

由式(3－202)可知，步进频率信号的带宽B可表示为$N\Delta f$，这和分析步进频率信号模糊函数时得到的结果是一致的。步进频率信号的距离分辨力可表示为$\Delta R=c/2B$。

对于步进频率信号，其脉冲压缩比为

$$\text{PCR}=\tau\left(\frac{1}{N\Delta f}\right)^{-1}=N\Delta f\tau\leqslant N \tag{3-203}$$

信噪比增益为

$$\text{SNR}_{\text{Gain}}=\text{PCR}\leqslant N \tag{3-204}$$

步进频率信号的无模糊测速范围由脉冲重复频率决定，即$f_{\max}=1/T_{\mathrm{r}}$。令式(3－199)中$f_{\mathrm{r}}=f_{\max}$，可得步进频率信号合成距离像的最大无模糊测距范围为

$$\frac{\Delta f 2R_{\mathrm{u}}}{T_{\mathrm{r}}c}=\frac{1}{T_{\mathrm{r}}}\Rightarrow R_{\mathrm{u}}=\frac{c}{2\Delta f} \tag{3-205}$$

在使用步进频率信号对目标进行测距时，如果目标距离大于无模糊距离范围R_{u}，将发生距离折叠现象。这种距离折叠现象与快速傅里叶变换中存在的频率折叠现象类似。例如，某64点快速傅里叶变换的频率分辨率为50Hz，则该快速傅里叶变换可正确识别－1600～1600Hz的频率。如果用该快速傅里叶变换去分析频率为1800Hz的信号，则该信号的谱线将被折叠出现在200Hz处。因此，为了保证不出现测距模糊，应使频率步进量满足$\Delta f\leqslant c/2R_{\mathrm{u}}$。

4. 目标运动对距离像的影响

前面分析了步进频率信号的回波模型，给出了目标静止情况下的距离合成结果和步进频率信号的分辨力。实际中，目标与雷达之间是存在相对运动的，这种运动将对距离像造成影响，特别是目标高速运动时影响尤为严重。接下来将讨论目标运动速度对步进频率信号距离成像的影响进行定量分析，在此基础上再讨论速度补偿的基本要求。

1）目标运动情况下的回波模型

假定目标往雷达方向运动，初始距离为R_0，瞬时相对速度为v，瞬时加速度为a。回波经混频采样得到的正交分量的相位项可表示为

$$\varphi_n=-2\pi f_n\tau_n \tag{3-206}$$

式中

$$\begin{cases}f_n=f_0+n\Delta f\\ \tau_n=\dfrac{2}{c}\left(R_0-vt_n-\dfrac{1}{2}at_n^2\right)\\ t_n=nT_{\mathrm{r}}\end{cases} \tag{3-207}$$

将式(3－207)代入式(3－206)，可得

$$\varphi_n=\varphi_{n1}+\varphi_{n2}+\varphi_{n3}+\varphi_{n4}+\varphi_{n5}+\varphi_{n6} \tag{3-208}$$

其各子项如下

$$
\begin{cases}
\varphi_{n1} = -2\pi\left(\dfrac{2f_0}{c}R_0\right) \\
\varphi_{n2} = -2\pi\left(\dfrac{2\Delta f R_0}{c\ T_r}\right)nT_r \\
\varphi_{n3} = 2\pi\left(\dfrac{2f_0}{c}\nu\right)nT_r \\
\varphi_{n4} = 2\pi\left(\dfrac{2\Delta f\ \nu}{c\ T_r}\right)(nT_r)^2 \\
\varphi_{n5} = 2\pi\left(\dfrac{f_0}{c}a\right)(nT_r)^2 \\
\varphi_{n6} = 2\pi\left(\dfrac{2f\ a}{c\ T_r}\right)(nT_r)^3
\end{cases}
\tag{3-209}
$$

式(3-209)中，第一项 φ_{n1} 为常数项，φ_{n2} 是由于距离延迟引起的脉间线性相位变化项，是用于脉冲综合的有效相位变化项，φ_{n3}、φ_{n4} 是由于目标速度引起的脉间线性相位项和二次相位项，φ_{n5}、φ_{n6} 是由于目标加速度引起的脉间二次相位项和三次相位项。

对式(3-208)表示的回波做傅里叶反变换有

$$
S_\nu(k) = \frac{1}{N}\sum_{n=0}^{N-1}\exp(\mathrm{j}\varphi_n)\exp\left(\mathrm{j}2\pi\frac{kn}{N}\right) = \frac{1}{N}\sum_{n=0}^{N-1}\exp(\mathrm{j}\phi_n) \tag{3-210}
$$

式中：$\phi_n = \varphi_n + 2\pi kn/N$，对式(3-210)求关于 n 的导数，有

$$
\phi'_n = 2\pi\left[\left(\frac{k}{N} - \frac{2\Delta f}{c}R_0 + \frac{2\Delta f}{c}\nu T_r\right) + 2\left(\frac{2\Delta f}{c}\nu T_r + \frac{f_0}{c}aT_r^2\right)n + 3\left(\frac{\Delta f}{c}aT_r^2\right)n^2\right] \tag{3-211}
$$

令 $\phi'_n = 0$，可得

$$
k = \frac{R_0}{\Delta R} - \frac{f_0}{\Delta f}\frac{\nu T_r}{\Delta R} - \left(2\frac{\nu T_r}{\Delta R} + \frac{f_0}{\Delta f}\frac{aT_r^2}{\Delta R}\right)n - \frac{3}{2}\frac{aT_r^2}{\Delta R}n^2 \tag{3-212}
$$

式中：ΔR 为距离分辨力，见式(3-202)。

k 在一定程度上反映了步进频率信号脉冲合成高分辨距离像的峰值输出时刻。

下面进一步分析目标在不同运动状态下对步进频率信号的测距结果的影响。

情况一：$\nu=0, a=0$ 时

$$
k = k_1 = \frac{R_0}{\Delta R} \tag{3-213}
$$

情况一即目标静止，k 仅和目标初始距离域距离分辨力的比值有关，而与 n 无关，即式(3-210)中各求和项可在同一点达到同相，使得求和后达到最大，即在该点形成一峰值。若初始距离恰好是距离分辨力的整数倍，峰值将落在第 k_1 个单元上，此时该峰值的位置准确地反映了目标的距离信息。

情况二：$\nu\neq0, a=0$ 时

$$
k = k_2 = \frac{R_0}{\Delta R} - \frac{f_0}{\Delta f}\frac{\nu T_r}{\Delta R} - 2\frac{\nu T_r}{\Delta R}n \tag{3-214}
$$

情况二即目标匀速运动。k 由三项组成，其中第一项与 k_1 相同，反映的是目标的距离信息，第二项是一个与目标运动速度成正比的偏移量，这一项会导致综合脉冲时发射"距离走动"现象。第三项的特点是与 n 有关，这说明在目标匀速运动时，式(3-210)中各求

和项不能在同一点达到同相，合成距离像的峰值周围会出现均匀展宽现象，这会导致此时的峰值输出小于情况一下的峰值输出，引起信噪比损失。

情况三：$\nu \neq 0, a \neq 0$ 时

$$k = k_3 = \frac{R_0}{\Delta R} - \frac{f_0}{\Delta f}\frac{\nu T_r}{\Delta R} - \left(2\frac{\nu T_r}{\Delta R} + \frac{f_0}{\Delta f}\frac{aT_r^2}{\Delta R}\right)n - \frac{3}{2}\frac{aT_r^2}{\Delta R}n^2 \tag{3-215}$$

情况三即目标变速运动时，k 的组成更为复杂，但类似于情况二的分析，此时综合脉冲是也将出现"距离走动"、峰值展宽及信噪比损失现象。

下面将对上述情况做定量分析。

2）匀速运动时的展宽因子

由于目标运动，目标速度会使回波产生以下额外的频率分量：

$$f_{d0} = \frac{1}{2\pi}\frac{d\varphi_{n3}}{d(nT_r)} = \frac{2\nu f_0}{c} \tag{3-216}$$

$$f_{d1,n} = \frac{1}{2\pi}\frac{d\varphi_{n4}}{d(nT_r)} = \frac{4\nu\Delta f}{c}n \tag{3-217}$$

式（3-216）、式（3-217）中，f_{d0}会导致合成距离像平移，$f_{d1,n}$会同时导致合成距离像展宽与平移。则由目标匀速运动造成的总频率分量为

$$f_d(n) = f_{d0} + f_{d1,n} = \frac{2f_0}{c}\nu + \frac{4n\Delta f}{c}\nu \tag{3-218}$$

在距离合成时，我们不能将由于目标运动产生的频率分量与目标距离产生的频率分量区分，即对于式（3-209）中的 φ_{n3}与 φ_{n2}，无法从线性相位项中各自分离。此时，由式（3-218）造成的频率展宽反映了合成距离像的展宽程度。

其中式（3-218）造成的频率展宽量可由下式计算：

$$\Delta f_d = \max_n[f_d(n)] - \min_n[f_d(n)] \approx n\Delta f\frac{4\nu}{c} \tag{3-219}$$

式（3-219）中的频率展宽量对应一个时间延迟的展宽量，该展宽量可由距离延时引起的频率为$f_r = (\Delta f/T_r)\cdot\tau_0 = K\tau_0$式关系求得，即

$$\Delta\tau = \frac{\Delta f_d}{K} = \frac{N\Delta f\frac{4\nu}{c}}{\frac{\Delta f}{T_r}} = \frac{4\nu NT_r}{c} \tag{3-220}$$

该延迟展宽对应着目标距离的展宽，即

$$R_{\nu 1} = \frac{c\Delta\tau}{2} = 2\nu NT_r \tag{3-221}$$

通常，将由式（3-221）造成合成距离像峰值展宽的距离分辨单元个数定义为展宽因子 P_ν，即

$$P_\nu = \frac{R_{\nu 1}}{\Delta R} = \frac{2\nu NT_r}{\Delta R} = \frac{4\nu N^2\Delta fT_r}{c} \tag{3-222}$$

峰值展宽现象会导致雷达系统的距离分辨力下降，在设计参数时可以通过减小波形中脉冲个数及减小脉冲重复周期来控制峰值展宽因子。

3)匀速运动时的时移因子

目标匀速运动时,f_{d0}直接导致合成距离像偏移,而$f_{d1,n}$则展宽合成距离像,使峰值出现在均匀展宽中心。因此,目标运动造成的频率偏移为

$$\bar{f}_d = f_{d0} + \frac{1}{2}\Delta f_d = \frac{2\nu f_0}{c} + \frac{2\nu N\Delta f}{c} \tag{3-223}$$

类似于上面展宽因子的讨论,这里频率偏移量对应一个时间延迟偏移量,即

$$\bar{\tau} = \frac{\bar{f}_d}{K} = \frac{T_r 2\nu(f_0 + N\Delta f)}{\Delta f \quad c} \tag{3-224}$$

该时间延迟偏移量对应的目标距离偏移量为

$$R_{\nu 2} = \frac{c\bar{\tau}}{2} = \frac{\nu T_r}{\Delta f}(f_0 + N\Delta f) \tag{3-225}$$

将式(3-225)造成合成距离像峰值偏移的距离分辨单元个数定义为时移因子,即

$$L_\nu = \frac{R_{\nu 2}}{\Delta R} = \frac{\nu f_0 T_r}{\Delta f \Delta R} + \frac{P_\nu}{2} = \frac{1}{2}\left(\frac{f_0}{B} + 1\right)P_\nu \tag{3-226}$$

若目标因距离产生的固有偏移与时移因子L_ν的和超过N(最大不模糊距离对应的距离分辨单元个数)时,将发生“回绕”现象。为了防止“回绕”现象的发生,通常要求$L_\nu \leqslant N/2$。同样,在设计参数时可以通过减小波形中脉冲个数及减小脉冲重复周期来实现对时移因子的控制。

比较式(3-222)与式(3-226),可得

$$\frac{P_\nu}{L_\nu} = \frac{2B}{f_0 + B} < \frac{2B}{f_0} \tag{3-227}$$

4)匀加速运动引起的时移因子和频移因子

当目标存在加速度时,φ_{n5}、φ_{n6}将不再为0。此时,与匀速运动相比,φ_{n5}、φ_{n6}的存在将造成额外的频率分量,进而进一步使合成距离像产生时移与展宽。下面,对由φ_{n5}和φ_{n6}造成的时移与展宽进行定量分析。由φ_{n5}、φ_{n6}造成的频率分量分别为

$$f_{a1,n} = \frac{1}{2\pi}\frac{d\varphi_{n5}}{d(nT_r)} = \frac{2aT_r f_0}{c}n \tag{3-228}$$

$$f_{a2,n} = \frac{1}{2\pi}\frac{d\varphi_{n6}}{d(nT_r)} = \frac{3aT_r\Delta f}{c}n^2 \tag{3-229}$$

可以看出,$f_{a1,n}$与式(3-217)的$f_{d1,n}$类似,同是n的二次式。它造成时移及展宽的原理与$f_{d1,n}$相同,这里直接给出φ_{n5}对应的展宽因子P_{a1}及时移因子L_{a1}如下:

$$P_{a1} = 2a\frac{N^2 T_r^2 f_0}{c} = a\frac{NT_r^2 f_0}{\Delta f \Delta R} \tag{3-230}$$

$$L_{a1} = \frac{1}{2}P_{a1} \tag{3-231}$$

$f_{a2,n}$是关于n的二次式,由$f_{a2,n}$造成的频率展宽将是非均匀的。但这里仍以类似于式(3-219)的方式定义$f_{a2,n}$,对应的频率展宽量为

$$\Delta f_{a2,n} = \max_n[f_{a2,n}] - \min_n[f_{a2,n}] \approx \frac{3aT_r\Delta f N^2}{c} \tag{3-232}$$

类似于前面的分析，$f_{a2,n}$对应的展宽因子为

$$P_{a2}=3a\frac{N^3T_r^2\Delta f}{c}=\frac{3}{2}a\frac{N^2T_r^2}{\Delta R} \tag{3-233}$$

由于$f_{a2,n}$造成的频率展宽将是非均匀的，此时峰值将不会出现在展宽中心，而是向一侧偏移，情况较为复杂，这里直接给出时移因子：

$$L_{a2}=\begin{cases}\left(\frac{1}{4}-\frac{1}{2N}+\frac{1}{2N^2}\right)P_{a2} & (N\text{ 为偶数})\\ \left(\frac{1}{4}-\frac{1}{2N}+\frac{1}{4N^2}\right)P_{a2} & (N\text{ 为奇数})\\ \frac{1}{4}P_{a2} & (N\to+\infty)\end{cases} \tag{3-234}$$

综合式(3－222)～式(3－234)可知，目标做匀加速运动时，脉冲综合输出总的展宽因子和时移因子可表示为

$$P_{\text{total}}\approx P_\nu+P_{a1}+P_{a2}=4\nu\frac{N^2\Delta fT_r}{c}+2a\frac{N^2T_r^2f_0}{c}+3a\frac{N^3T_r^2\Delta f}{c} \tag{3-235}$$

$$\begin{aligned}L_{\text{total}}&\approx L_\nu+L_{a1}+L_{a2}\\&\approx\frac{1}{2}\left(\frac{f_0}{B}+1\right)P_\nu+\frac{1}{2}P_{a1}+\frac{1}{4}P_{a2}\\&=2\nu\frac{(f_0+N\Delta f)NT_r}{c}+a\frac{N^2T_r^2f_0}{c}+\frac{3}{4}a\frac{N^3T_r^2\Delta f}{c}\end{aligned} \tag{3-236}$$

5）信噪比损失

目标运动引起脉冲合成距离像输出峰值展宽，造成能量的分散，带来信噪比损失。这里将目标静止时式(3－210)输出峰值与目标运动时式(3－210)输出峰值的比值定义为信噪比损失L，即

$$L=20\lg\left[\frac{\frac{1}{N}\times N}{\max\left|\frac{1}{N}\sum_{n=0}^{N-1}\exp(\mathrm{j}\phi_n)\right|}\right] \tag{3-237}$$

通常，信噪比损失与展宽因子有近似关系$L\approx20\lg|P_{\text{total}}|$。展宽因子$P_{\text{total}}$表征的是峰值展宽的距离分辨单元个数，若展宽下的面积不变，近似可以认为P_{total}应与输出峰值大小成反比。

5. 目标运动补偿的精度要求

由上面分析可知，目标运动不仅会使脉冲综合距离像输出偏离真实结果，还会导致距离像峰值下降、展宽，造成分辨力下降、信噪比损失等问题，因此在脉冲综合时必须对回波信号先进行补偿处理。式(3－209)各相位项中，φ_{n3}、φ_{n4}是由目标速度引起的，φ_{n5}、φ_{n6}是由目标加速度引起的。因此这里可定义速度补偿量及加速度补偿量为

$$C_\nu(n)=\exp\left[-\mathrm{j}2\pi\hat{\nu}(f_0+n\Delta f)\frac{2nT_r}{c}\right] \tag{3-238}$$

$$C_a(n)=\exp\left[-\mathrm{j}2\pi\hat{a}(f_0+n\Delta f)\frac{n^2T_r^2}{c}\right] \tag{3-239}$$

式中：$\hat{v}$为目标速度估计值；$\hat{a}$为目标加速度估计值。

速度补偿后，步进频率信号的脉冲综合距离像可表示为

$$S'_{v}(k) = \frac{1}{N}\sum_{n=0}^{N-1}\exp(\mathrm{j}\varphi_n)C_v(n)C_a(n) \tag{3-240}$$

距离补偿误差及加速度补偿误差分别定义为 $\Delta v = |v-\hat{v}|$，$\Delta a = |a-\hat{a}|$。距离补偿及加速度补偿的精度要求通常根据应用背景不同而不同，通常要求补偿后由补偿误差产生的时移及展宽不超过 1/2 个分辨单元。若以此为准则，则速度补偿误差需要满足：

$$\begin{cases} P'_{v} = \dfrac{4N^2\Delta f}{c}\Delta v T_{\mathrm{r}} \leqslant \dfrac{1}{2} \\ L'_{v} = \dfrac{1}{2}\left(\dfrac{f_0}{B}+1\right)P'_{v} \leqslant \dfrac{1}{2} \end{cases} \tag{3-241}$$

进一步整理，可得

$$\Delta v \leqslant \begin{cases} \dfrac{c}{8N^2\Delta f T_{\mathrm{r}}} & (f_0 \leqslant N\Delta f) \\ \dfrac{c}{4NT_{\mathrm{r}}(f_0+\Delta f)} & (f_0 > N\Delta f) \end{cases} \tag{3-242}$$

加速度补偿误差需要满足：

$$\begin{cases} P'_{a1} = 2\Delta a\dfrac{N^2T_{\mathrm{r}}^2 f_0}{c} \leqslant \dfrac{1}{2} \\ P'_{a2} = 3\Delta a\dfrac{N^3T_{\mathrm{r}}^2\Delta f}{c} \leqslant \dfrac{1}{2} \end{cases} \tag{3-243}$$

进一步整理，可得

$$\Delta a \leqslant \begin{cases} \dfrac{c}{4N^2T_{\mathrm{r}}^2 f_0} & \left(f_0 \geqslant \dfrac{3}{2}N\Delta f\right) \\ \dfrac{c}{6N^3T_{\mathrm{r}}^2\Delta f} & \left(f_0 < \dfrac{3}{2}N\Delta f\right) \end{cases} \tag{3-244}$$

6. 全距离的目标距离像合成

式(3-198)给出了步进频率信号距离像合成的基本原理，描述了在一个脉冲宽度内仅包含一个采样点时的距离像合成方法。下面进一步讨论脉冲重复周期内，也就是全程距离的成像问题。

分析这一过程，首先需要考虑两个实际因素。第一，当认为回波脉冲为理想矩形时，可以以脉冲宽度 τ 为采用间隔 T_s 获得回波中的目标信息，这样，一个脉冲内仅采样一点。但实际中由于回波的展宽和发散，使得采样点没有采到回波的最大值，造成幅度损失，为减小幅度损失往往需要提高采样率，通常在一个脉冲内要有多个采样点。第二，在某一个时间采样点上存在多个脉冲回波重叠。这样，在全距离像合成过程中，第一个因素使得某一目标会出现在同一脉冲内多个采样的距离像上。第二个因素导致某一目标出现在时间上重叠的不同脉冲形成的距离像上。这两个因素导致脉冲重复周期内各采样所形成目标距离像出现冗余，各个采样得到的距离像不能直接进行拼接。

图 3-61 是一个目标回波的采样示意图，包含 N 个脉冲，每个脉冲重复周期内有 M 个采样，目标出现第三个采样。

同脉冲串信号处理类似，对N个脉冲同一采样点依次做快速傅里叶逆变换，即第一个采样做N点快速傅里叶逆变换，第二采样点做N点快速傅里叶逆变换，依次完成M个采样的快速傅里叶逆变换，最后得到一个$N\times M$长的“中间”距离像序列，要得到真实的距离信息，就必须精确地按照一定的顺序，从所有采样点的傅里叶逆变换结果中选取某些信息，组成完备的一组距离像，这就是目标抽取算法。

目标抽取算法实质就是从各组抽样的傅里叶逆变换结果中提取出不重复的信息，然后再拼接起来组成完整的一维距离像，所以目标抽取算法又称为距离像去冗余算法。目标抽取算法将每一组傅里叶逆变换结果中有用的距离信息提取出来，去除距离失配冗余，纠正傅里叶逆变换结果中的距离像折叠，根据步进信号参数，正确地除去混叠内的距离信息，将各组提取结果按照正确的顺序拼接成完备的距离像，处理冗余，并使信杂比尽可能地大。

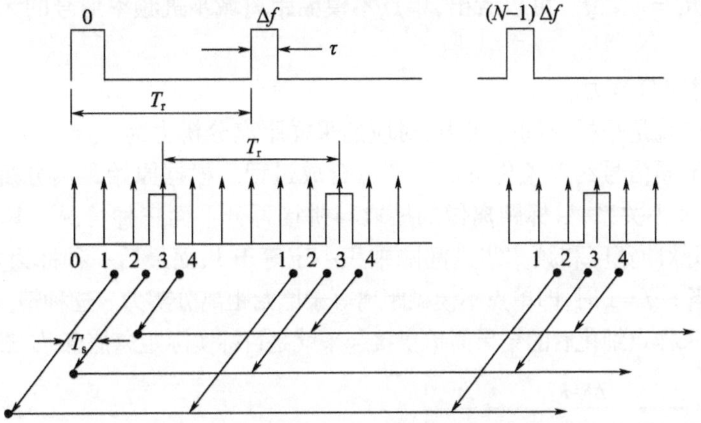

图3-61　步进频率信号回波采样示意图

典型的距离抽取算法主要有同距离舍弃法、同距离选大法和同距离累加法。下面对这3种算法做简要介绍。

1）典型距离抽取原理简介

（1）同距离舍弃法。

任意第m次采样单元的距离信息只有宽度为$cT_s/2$一小段，即距离段为$[mcT_s/2, (m+1)cT_s/2]$。该距离段对应一个距离分辨单元区间$[\mathrm{mod}(mT_sN\Delta f, N), \mathrm{mod}((m+1)T_sN\Delta f, N)]$。

只要将每次采样的上述单元取出，再顺序地拼接在一起，就能够得到完整的一维距离像，这就是舍弃法的原理。

（2）同距离选大法。

对每个采样点取出与脉宽相对应的长度，则对于任意第m次采样单元的距离的全部中心位置为$[mcT_s/2-c\tau/4, mcT_s/2+c\tau/4]$。可以看出，这样取出的相邻采样对应的信息段有信息的重叠。此时对重叠区域进行同距离分辨单元选大，即取幅度较大的点作为提取结果，然后将选大后的单元进行拼接，就构成了距离选大法。

（3）同距离累加法。

累加法对每一个采样点数据抽取原则同选大法，不同的是在重叠区域进行同距离高分辨单元能量积累。在静目标条件下，累加法可以很好地得到目标抽取结果，并能够提高部分信噪比,且不会有伪峰。

2)距离抽取算法与信号参数的约束关系

频率步进信号的信号参数与抽取合成算法密切相关,在介绍距离像全距离合成过程以前,首先给出与之相关的几个参量。

(1)原始分辨力。

与步进信号的距离分辨力相比,原始分辨力要低,它由脉冲宽度 τ 决定,脉冲压缩以前的距离分辨力为 $\Delta R = c\tau/2$。

(2)单点无模糊距离。

步进频率信号可以看成是以 Δf 为间隔的频域采样信号,目标回波经过傅里叶逆变换后得到的时域信号是以 $1/\Delta f$ 为周期的,即傅里叶逆变换后单点无模糊时间 $T_u = 1/\Delta f$,单点不模糊距离 $R_u = c/2\Delta f$。可以看出,单点不模糊距离域步进频率信号的无模糊测距范围是相同的。

(3)采样时间分辨力。

采样间隔也就是采样时间分辨力,对应的采样距离分辨力为 $R_s = cT_s/2$。

下面讨论不同信号约束条件下的距离像合成过程。根据原始距离分辨力 ΔR 与单点不模糊距离 R_u 大小关系,目标距离像的抽取与拼接可分下面三种情况。其中前两种称为紧约束条件,即脉冲宽度和频率步进间隔乘积小于等于 1,而最后一种称为宽约束条件。

第一种是当 $\tau\Delta f = 1$ 时,即单点不模糊距离等于原始距离分辨力。这种情况下没有冗余信息产生,将不同采样点细化后的结果简单拼接起来就是目标实际距离信息,如图 3-62 所示。

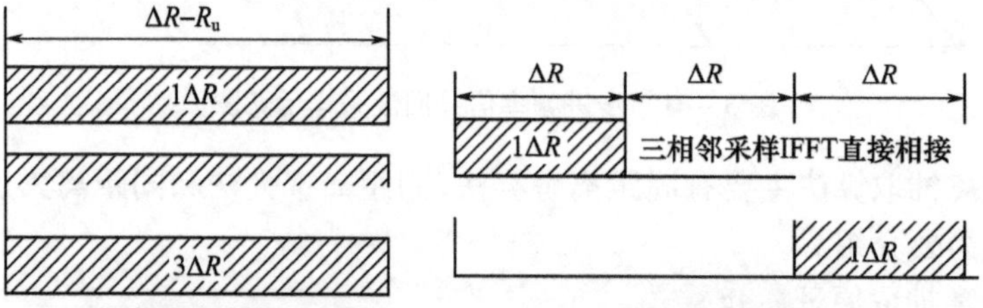

(a) 三相邻脉冲采样的IFFT　　(b) 距离像拼接

图 3-62　距离像拼接示意图 1

第二种是当 $\tau\Delta f < 1$ 时,即单点不模糊距离小于原始距离分辨力,这也是步进频率信号通常需要满足的条件,如图 3-63 所示。这种情况下,由最大不模糊距离单元确定的目标不会在原始距离分辨单元中出现折叠现象,不存在假目标的模糊。此时,需要用抽取算法去除距离窗内由于距离失配冗余造成的无效区域,然后才能进行距离像拼接。

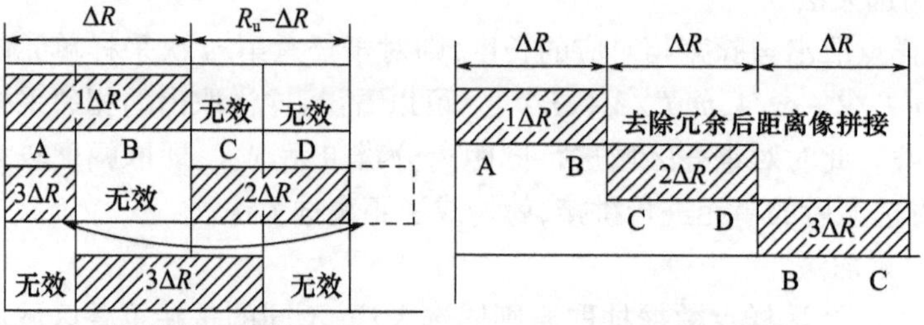

(a) 三相邻脉冲采样的IFFT　　(b) 距离像拼接

图 3-63　距离像拼接示意图 2

第三种是当 $\tau\Delta f>1$ 时，即单点不模糊距离小于原始距离分辨力，如图3－64所示。此时，原始距离分辨单元中的目标会由于最大不模糊距离窗的限定而出现折叠现象，导致目标处理结果出现混叠。

对于 $\tau\Delta f>1$ 的情况，在傅里叶逆变换结果中会出现混叠区域，其长度为 $\Delta R-R_u$。此时，若降低采样间隔，则在每组傅里叶逆变换结果中有效的"距离信息"只有 R_s。所以，只要保证每组傅里叶逆变换结果中有长度为 R_s 的清晰区域，再通过距离像抽取算法，就可以有效地避开混叠区域，获得完备且真实的一维距离像。

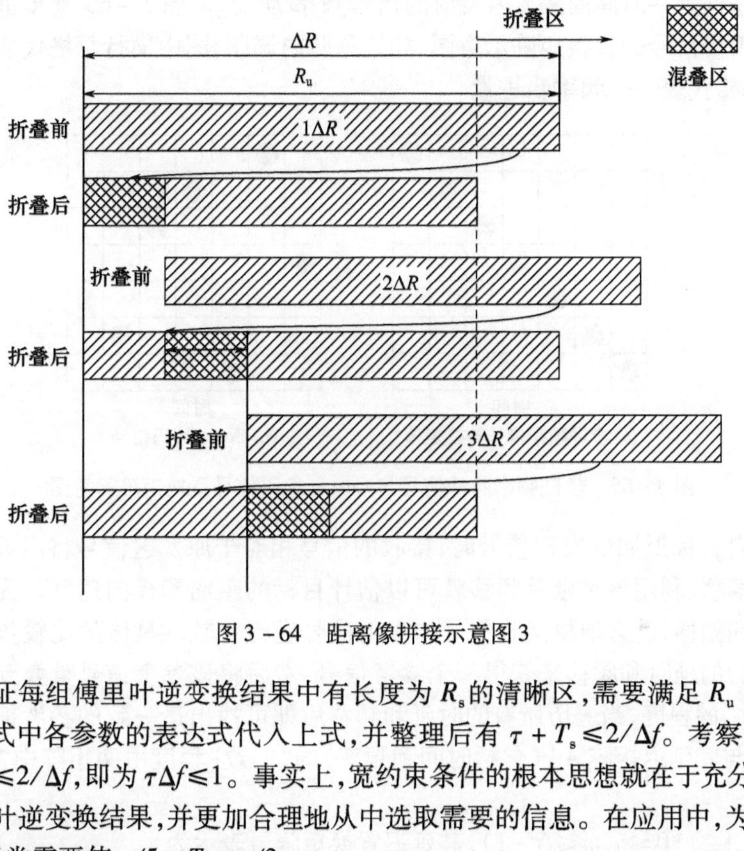

图3－64　距离像拼接示意图3

为了保证每组傅里叶逆变换结果中有长度为 R_s 的清晰区，需要满足 $R_u-(\Delta R-R_u)\geqslant R_s$。将上式中各参数的表达式代入上式，并整理后有 $\tau+T_s\leqslant 2/\Delta f$。考察上式，若 $\tau=T_s$，则 $\tau+T_s\leqslant 2/\Delta f$，即为 $\tau\Delta f\leqslant 1$。事实上，宽约束条件的根本思想就在于充分利用所有采样点的傅里叶逆变换结果，并更加合理地从中选取需要的信息。在应用中，为了有效减小采样损失，通常需要使 $\tau/5\leqslant T_s\leqslant\tau/3$。

综上所述，步进频率信号获得目标以外高分辨距离像的过程如下。

首先对接收到的步进频率信号脉冲串回波进行混频、数字正交化处理；然后采用和式的方法进行目标运动参数估计，对目标进行运动补偿，补偿精度需要满足式(3－242)、式(3－244)；最后根据不同的信号参数约束关系和相应的目标抽取过程(图3－62～图3－64)，采用目标去冗余算法，形成全程距离像。

3.4.3　Costas 编码信号

Costas 编码信号是时－频编码信号的一种，当式(3－175)所示的信号 $\Delta f_n=C_n\Delta f$ 时，并且 $\{C_n\}$ 为 Costas 序列时，其表示的时频编码信号即为脉间 Costas 编码信号。Costas 序列从提出至今，得到了普遍关注，在雷达、通信领域得到了较广泛的应用，其序列构造理论和方法相应得到发展。接下来对 Costas 序列的定义、性质及构造方法进行介绍，然后讨论 Costas 编码信号的模糊函数性质。

1. Costas 序列的定义

考虑这样一个跳频时间序列，该序列从可能的频率跳变集合$\{\Delta f_0,\Delta f_1,\cdots,\Delta f_{M-1}\}$中选出一个或多个频率组成信号，然后再分别以时间间隔$\{t_0,t_1,\cdots,t_{N-1}\}$发出这些信号。假定$M=N$，这样，这个序列可以用一个$N\times N$的置换矩阵$\boldsymbol{A}=\{\boldsymbol{A}_{nm}\}$来表示，其中$N$个行对应于$N$个频率$\{\Delta f_0,\Delta f_1,\cdots,\Delta f_{N-1}\}$，$N$个列代表$N$个时间间隔$\{t_0,t_1,\cdots,t_{N-1}\}$。$\boldsymbol{A}_{nm}=1$的充分必要条件为在时间间隔$t_n$内发射的信号频率为$\Delta f_m$。图 3 - 65 是步进频率脉冲信号与 Costas 编码信号的置换矩阵示意图，如果是脉内调制，图中横行每格代表一个子脉冲宽度，竖列每格代表一个频率步进量。

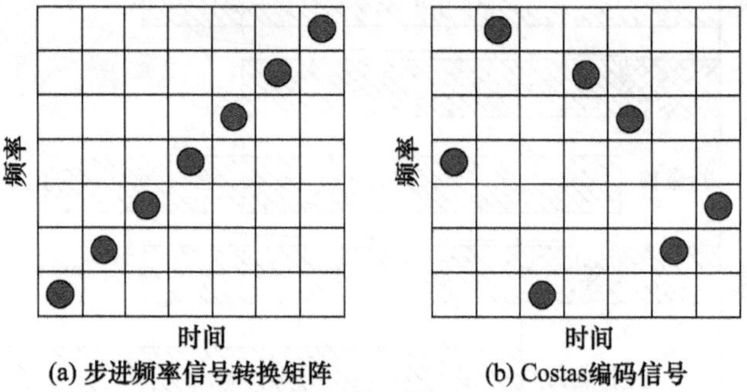

图 3 - 65　步进频率脉冲信号与 Costas 编码信号置换矩阵示意图

当接收自目标返回的发射信号时，接收的信号相对于原发射信号将出现时间上的延时及频率上偏移，利用该时延及频移就可以估计目标的距离和径向速度。为确定接收信号中的时延和频移，就必须将接收信号与发射信号进行比较。具体的比较步骤是将发射信号进行人为的延时和频移来获得一个参考信号，然后将该参考信号重叠到接收信号上得到其"一致"的程度，当遍历所有的时延和频移后即可找出最一致的参考信号。而这里判定矩阵$\boldsymbol{A}$与其延迟矩阵$\boldsymbol{A}^*$（包括时间和频率）的"一致"程度由两矩阵中"1"重叠的次数来度量。

对$\boldsymbol{A}=\{\boldsymbol{A}_{nm}\}(0\leqslant n,m\leqslant N-1)$，其延迟置换矩阵可表示为

$$\boldsymbol{A}^*=\{\boldsymbol{A}^*_{(n+r)(m+s)}\}\qquad(0\leqslant n,m\leqslant N-1)\tag{3-245}$$

式(3 - 245)中，若$n+r$或$m+s$超出$[0,N-1]$的范围，即认为矩阵$\boldsymbol{A}_{(n+r)(m+s)}=0$。那么，矩阵$\boldsymbol{A}$与其延迟矩阵$\boldsymbol{A}^*$的"一致"程度$C(r,s)$可定义为

$$C(r,s)=\sum_{n,m=0}^{N-1}\boldsymbol{A}_{nm}\boldsymbol{A}_{(n+r)(m+s)}\tag{3-246}$$

这里定义的$C(r,s)$就是非循环相关函数。结合式(3 - 245)、式(3 - 246)可以看出，$C(r,s)$满足

$$\begin{cases}C(r,s)=N & (r=s=0)\\ C(r,s)=0 & (|r|\geqslant N\text{或}|s|\geqslant N)\\ 0\leqslant C(r,s)<N & (\text{其他})\end{cases}\tag{3-247}$$

对任意给定的置换矩阵$\boldsymbol{A}$，总可以找到某个延迟使得矩阵$\boldsymbol{A}$与其延迟矩阵$\boldsymbol{A}^*$在指定

的位置处重合,所以有 $\max C(r,s)\geqslant 1,(r,s)\neq(0,0)$。

对于满足下式

$$\max_{(r,s)\neq(0,0)} C(r,s)=1 \tag{3-248}$$

的信号就是模糊旁瓣峰值最小的频率编码信号,它能够最准确地确定出目标的距离和径向速度。科斯塔斯(John P. Costas)研究了脉内 Costas 频率编码波形的模糊函数特征,证实了其不存在模糊旁瓣和距离－速度耦合。由于 Costas 信号具有良好的模糊特性和抗干扰特性,故广泛地应用于雷达系统。图 3－66 是一个 Costas 编码序列与其延迟序列一致性比较的示意图。对于 Costas 编码序列,任意非零延迟置换矩阵与原置换矩阵最多重合一点,这与式(3－248)所表达的含义一致。

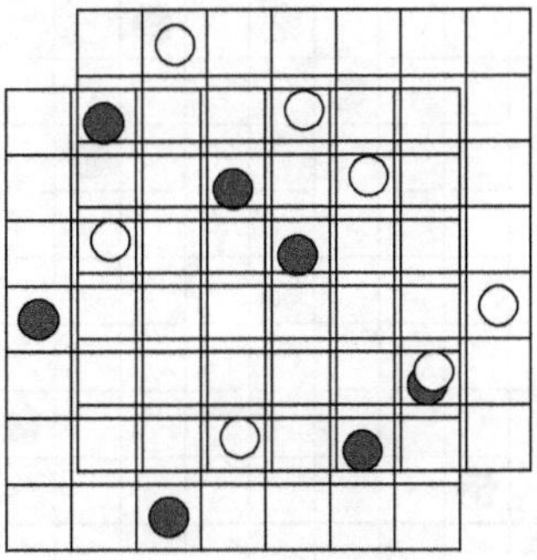

图 3－66　Costas 编码序列与其延迟序列一致性比较示意图

2. Costas 序列的构造

各种长度的 Costas 序列构造问题是编码问题的重点,可以根据式(3－248)的性质,采用计算机穷举搜索的方式获得各长度的 Costas 编码序列,但这种方法所需的计算量非常巨大。目前,采用较多的是基于有限域理论的 Costas 序列构造方法,这些方法主要包括 Welch、Golomb、Lempel 构造法,以及由这些方法延伸出来的一些截短、增长构造法。这里将对 Welch 构造法做简要介绍,以理解 Costas 序列构造的原理。

1) Costas 序列 Welch 构造方法

首先选定一个素数 q,以确定对应的信号脉冲个数或置换矩阵维数 $N=q-1$。对于 q,若存在 γ 满足 $\mathrm{mod}(\gamma^n,q)=1$ 的最小整数 $n_{\min}=q-1$,则 γ 定义为 q 的本原根。

基于以上定义,可以根据以下规则构造 Costas 序列的置换矩阵。对于任意的 $0\leqslant n, m\leqslant q-2$,当且仅当 $n=\gamma^m(\mathrm{mod}q)-1$ 时,置换矩阵中 $\boldsymbol{A}_{nm}=1$,否则 $\boldsymbol{A}_{nm}=0$。

对于一个 Costas 编码的置换矩阵,若其某一角落处值为 1,则删去该元素所在的行和列并保持其他元素不变,产生的新置换矩阵仍表示一个 Costas 编码序列。基于 Welch、Golomb、Lempel 的截短、增长构造法都是利用这一性质进行的。

图 3－67 是按此法构造出的 Costas 编码序列,其中 $q=11,\gamma=2$。分析图 3－67 的情况,首先由 Welch 法生成的置换矩阵在(0,0)点必定存在,删除由此法构造出的矩阵的第一行和第一列之后便可得到一个 9×9 阶的 Costas 阵列。在此基础上,因为原置换矩阵构建时所用本原根为 2,那么原 Costas 阵列图中必定还存在(1,1)这个点,而这个点恰为新生 Costas 阵列的端点。删除新生 Costas 阵列的端点所在的行和列后,便得到了一个 8×8 阶的 Costas 阵列。

除了截短构造法以外，增长构造法也是一种常用的构造方法。经过增长后的 Costas 序列仍然需要满足增加点之后的差分矢量与原本序列之间存在的点之间的差分矢量各不相同。目前给出的增长构造法的限制比较多，只有满足一定码长和一定阶数域的情况下才可以使用这类增长构造法。

2) Costas 序列验证方法

对于给定的某编码序列，可以利用式(3-248)的定义去验证其是否为 Costas 编码序列。设一组码长为 N 的 Costas 编码序列可记为 $\{C_n, 0\leqslant n\leqslant N-1\}$，则其差分向量定义为

$$D_{k,n}=C_{k+n}-C_n \qquad (-n\leqslant k\leqslant N-n-1) \tag{3-249}$$

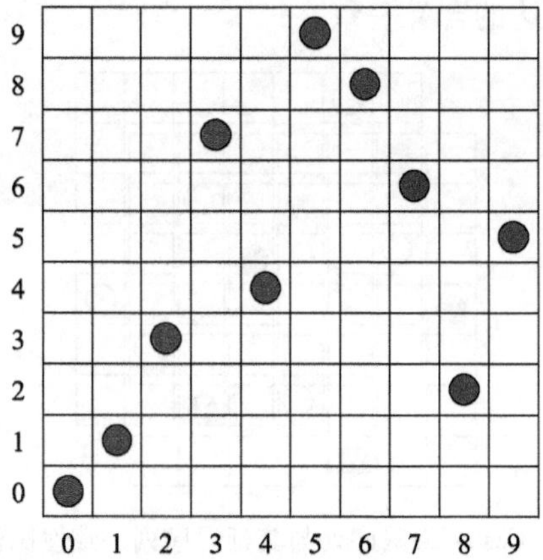

图 3-67 按 Welch 法构造的 Costas 序列

当 $k<0$ 时，有

$$D_{k,n}=C_{k+n}-C_n=-(C_{-k+k+n}-C_{k+n})-D_{-k,k+n} \tag{3-250}$$

且 $k=0$ 时，$D_{k,n}=0$。当 $k\neq 0$ 时，对任意 $n\neq m$，如某序列差分向量满足 $D_{k,n}\neq D_{k,m}$ 时，则该序列称为 Costas 序列。该条件表达的含义是当置换矩阵为互不平等的 $N\times N$ 阶矩阵时，该置换矩阵表示的序列为 Costas 序列。该条件与式(3-248)互为充分必要条件。图 3-68 为一个码长为 7 的 Costas 序列 $\{C_n\}=\{4,7,1,6,5,2,3\}$。

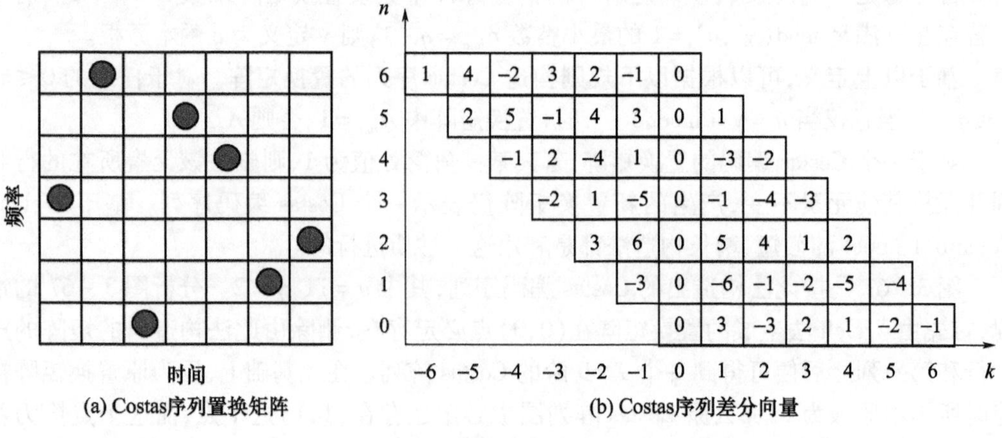

图 3-68 Costas 序列的差分向量

3. 编码信号模糊函数

当式(3-175)所示的信号 $\Delta f_n = C_n \Delta f$ 并且 $\{C_n\}$ 为 Costas 序列时，其表示的时频编码信号即为 Costas 编码信号。对 Costas 编码信号，通常会取载频跳变步长 $\Delta f = 1/\tau$。这里子脉冲宽度与脉冲重复周期相等，即式(3-175)所表示脉冲串退化为单个脉冲，其脉冲长度为 $N\tau$，载频跳变单位步长取 $\Delta f = 1/\tau$。令式(3-181)中 $T_r = \tau$，$\Delta f = 1/\tau$，$\Delta f_n = C_n \Delta f$，并将所用的 Costas 序列 $\{C_n\}$ 代入便可得到对应码长 Costas 编码信号的模糊函数为

$$\begin{aligned}\chi(\tau_d, f_d) &= \sum_{n=0}^{N-1} \exp\left[-j2\pi \frac{C_n}{\tau}\tau_d\right] \exp(j2\pi f_d n\tau) \chi_1(\tau_d, f_d) + \\ &\quad \sum_{n=0}^{N-1} \sum_{m=0, m\neq n}^{N-1} \exp\left[-j2\pi \frac{C_m}{\tau}\tau_d\right] \exp\left[j2\pi\left(f_d - \frac{C_m - C_n}{\tau}\right) n\tau\right] \cdot \\ &\quad \chi_1\left(\tau_d - (m-n)\tau, f_d - \frac{C_m - C_n}{\tau}\right) \\ &= \chi^{(1)}(\tau_d, f_d) + \chi^{(2)}(\tau_d, f_d)\end{aligned} \tag{3-251}$$

式中：$\chi^{(1)}(\tau_d, f_d)$ 为 Costas 编码信号的中心模糊带函数；$\chi^{(2)}(\tau_d, f_d)$ 为 Costas 编码信号的旁瓣模糊带函数，下面分别讨论它们的性质。

4. Costas 编码信号中心模糊带性质

式(3-251)表明，中心模糊带函数 $\chi^{(1)}(\tau_d, f_d)$ 是由单脉冲信号模糊函数加权得到的。给定某一长度的 Costas 序列，对于不同顺序的编码信号，显然其距离和速度自相关函数是相同的。

Costas 编码信号中心模糊带函数的模糊图中，在中心模糊带内也存在一些“旁瓣”。需要指出的是，这里的“旁瓣”与旁瓣模糊带内的旁瓣是不同的概念，这里的“旁瓣”为自旁瓣，它的幅度大小和分布是由不同序列的加权函数所决定的。通常，自旁瓣的幅值较大，Costas 编码信号的良好性能是指在该区域之外的旁瓣模糊带内体现出的低旁瓣性。

Costas 编码信号中心模糊带函数的等高图不存在距离-多普勒耦合，但其对多普勒偏移敏感，多普勒容限较小。由于多普勒敏感性，目标运动时会产生多普勒失配而引起发散。为了聚焦理想，使用时必须进行运动补偿处理。

1）距离分辨力

对中心模糊带函数 $\chi^{(1)}(\tau_d, f_d)$ 取绝对值，有

$$|\chi^{(1)}(\tau_d, f_d)| = |\chi_1(\tau_d, f_d)| \left| \sum_{n=0}^{N-1} \exp\left[-j2\pi \frac{C_n}{\tau}\tau_d\right] \exp(j2\pi f_d n\tau) \right| \tag{3-252}$$

令式(3-252)中 $f_d = 0$，可得 Costas 编码信号的距离自相关函数为

$$|\chi^{(1)}(\tau_d, 0)| = |\chi_1(\tau_d, 0)| \left| \sum_{n=0}^{N-1} \exp\left[-j2\pi \frac{C_n}{\tau}\tau_d\right] \right| \tag{3-253}$$

对于式(3-253)中后一项累加和的绝对值，即使 C_n 的顺序不同，也不影响结果，故可以将其与一般的等比序列求和等价，因此式(3-253)可进一步写为

$$|\chi^{(1)}(\tau_d, 0)| = |\chi_1(\tau_d, 0)| \left| \frac{\sin(\pi N \tau_d / \tau)}{\sin(\pi \tau_d / \tau)} \right| \tag{3-254}$$

由式(3－254)可以看出,Costas 编码波形信号的距离自相关函数等于单载频矩形脉冲信号距离自相关函数乘以一个加权函数。单载频矩形脉冲信号的距离主瓣分辨力为τ,经频率编码以后信号的主瓣分辨力变为τ/N,距离分辨力提高 N 倍。

2)多普勒分辨力

令式(3－252)中 $\tau_d=0$,可以得到频率编码信号的多普勒自相关函数:

$$\begin{aligned}|\chi^{(1)}(0,f_d)| &= |\chi_1(0,f_d)|\left|\sum_{n=0}^{N-1}\exp(j2\pi f_d n\tau)\right| \\ &= |\chi_1(0,f_d)|\left|\frac{\sin(\pi f_d\tau N)}{\sin(\pi f_d\tau)}\right| \end{aligned} \tag{3-255}$$

由式(3－255)可以看出,频率编码信号的多普勒自相关函数同样也是单载频矩形脉冲信号多普勒自相关函数乘以一个加权函数。单载频矩形脉冲信号的多普勒主瓣分辨力为$1/\tau$,经频率编码调制后的主瓣分辨力变为$1/N\tau$,速度分辨力提高 N 倍。

5. Costas 编码信号旁瓣模糊带性质

由上述分析可知,相同码长的 Costas 编码信号取不同的置换组合频率的,其中心模糊带的距离和速度自相关函数是相同的,即不会对频率编码信号的距离－速度分辨力产生影响。由式(3－251)可知,所选取的不同置换顺序的频率组合将决定频率编码信号旁瓣模糊带内的分布情况。因此,这里还需要对$\chi^{(2)}(\tau_d,f_d)$进行分析。首先令

$$\begin{cases}\tau_d-(m-n)\tau=\tau_e \\ f_d-\dfrac{C_m-C_n}{\tau}=f_e\end{cases} \tag{3-256}$$

则式(3－251)中旁瓣模糊带函数为

$$\begin{aligned}\chi^{(2)}(\tau_d,f_d) &= \sum_{n=0}^{N-1}\sum_{m=0,m\neq n}^{N-1}\exp\left[-j2\pi\frac{C_m}{\tau}\tau_d\right]\exp(j2\pi f_e n\tau)\chi_1(\tau_e,f_e) \\ &= \sum_{n=0}^{N-1}\sum_{m=0,m\neq n}^{N-1}\exp\left[-j2\pi\frac{C_m}{\tau}\tau_d\right]\exp(j2\pi f_e n\tau)\exp[j\pi f_e(\tau-\tau_e)]\cdot \\ &\quad\left(1-\frac{|\tau_e|}{\tau}\right)\frac{\sin[\pi f_e(\tau-\tau_e)]}{\pi f_e(\tau-\tau_e)}\end{aligned} \tag{3-257}$$

令 $f_d=0$,则 $f_e=(C_n-C_m)/\tau$,将其代入式(3－257)可得

$$\begin{aligned}\chi^{(2)}(\tau_d,f_d) &= \sum_{n=0}^{N-1}\sum_{m=0,m\neq n}^{N-1}\exp\left[-j2\pi\frac{C_m}{\tau}\tau_d\right]\exp[j2\pi(C_n-C_m)n]\cdot \\ &\quad\exp\left[j\pi(C_n-C_m)\left(1-\frac{\tau_e}{\tau}\right)\right]\cdot\left(1-\frac{|\tau_e|}{\tau}\right)\frac{\sin[\pi(C_n-C_m)(1-|\tau_e|/\tau)]}{\pi(C_n-C_m)(1-|\tau_e|/\tau)} \\ &= \sum_{n=0}^{N-1}\sum_{m=0,m\neq n}^{N-1}\exp\left[-j2\pi\frac{C_m}{\tau}\tau_d\right]\exp\left[j\pi\left(C_n-C_m\right)\left(1-\frac{\tau_e}{\tau}\right)\right]\cdot \\ &\quad\left(1-\frac{|\tau_e|}{\tau}\right)\frac{\sin[\pi(C_n-C_m)(1-|\tau_e|/\tau)]}{\pi(C_n-C_m)(1-|\tau_e|/\tau)}\end{aligned} \tag{3-258}$$

令 $\tau_d=k\tau$,由于$|\tau_e|<\tau$,则有 $\tau_e=(k-m+n)\tau=0$,$m=k+n$,而 $m\neq n$,故 $k\neq 0$,即当 $k=0$ 时,$\chi^{(2)}(\tau_d,f_d)=0$。将式(3－258)代入式(3－257)可得

$$\chi^{(2)}(k\tau,f_d) = \sum_{n=\alpha}^{\beta}\exp(-j2\pi kC_{k+n})\exp(j2\pi f_e n\tau)\chi_1(0,f_e)$$

$$= \sum_{n=\alpha}^{\beta} \exp\left[j(2n+1)\pi\tau\left(f_d - \frac{C_{k+n}-C_n}{\tau}\right)\right] \frac{\sin\left[\pi\tau\left(f_d - \frac{C_{k+n}-C_n}{\tau}\right)\right]}{\pi\tau\left(f_d - \frac{C_{k+n}-C_n}{\tau}\right)}$$

$$= \sum_{n=\alpha}^{\beta} \exp[j(2n+1)\pi(f_d\tau - D_{k,n})] \frac{\sin[\pi(f_d\tau - D_{k,n})]}{\pi(f_d\tau - D_{k,n})} \quad (k \neq 0)$$

(3-259)

式(3-259)中的求和上下限为$\{\alpha,\beta\} = \{0, N-1-k\}, k>0; \{\alpha,\beta\} = \{-k, N-1\}, k<0$。

$$\chi^{(2)}(k\tau, f_d) = \sum_{n=\alpha}^{\beta} \exp(-j2\pi k C_{k+n}) \exp(j2\pi f_e n\tau) \chi_1(0, f_e)$$

$$= \sum_{n=\alpha}^{\beta} \exp\left[j(2n+1)\pi\tau\left(f_d - \frac{C_{k+n}-C_n}{\tau}\right)\right] \frac{\sin\left[\pi\tau\left(f_d - \frac{C_{k+n}-C_n}{\tau}\right)\right]}{\pi\tau\left(f_d - \frac{C_{k+n}-C_n}{\tau}\right)}$$

$$= \sum_{n=\alpha}^{\beta} \exp[j(2n+1)\pi(f_d\tau - D_{k,n})] \frac{\sin[\pi(f_d\tau - D_{k,n})]}{\pi(f_d\tau - D_{k,n})} \quad (k \neq 0)$$

(3-260)

考察式(3-258),当时延为整数倍脉冲宽度,即$\tau_d = k\tau$时,有

$$\chi^{(2)}(\tau_d, f_d) = \begin{cases} \sum_{n=\alpha}^{\beta} \exp(-j\pi D_{k,n}) \frac{\sin(\pi D_{k,n})}{\pi D_{k,n}} & (k \neq 0) \\ 0 & (k = 0) \end{cases} \quad (3-261)$$

式(3-261)中,当$k\neq0$时,$D_{k,n}$必为非零整数,故$\chi^{(2)}(k\tau, 0) = 0$,即在零多普勒切面上的整数倍脉冲时延处必形成零点。

式(3-260)有$N-|k|$个求和项,每一求和项均为辛格函数,当频移为整数倍频率步进量,即$f_d = l/\tau$时,满足$l = D_{k,n}$,则式(3-260)中对应的该求和项取得极值,而其余求和项为0,$\chi^{(2)}(k\tau, f_d)$将出现峰值;当$l\neq D_{k,n}$时,此时所有求和项均为0,$\chi^{(2)}(k\tau, f_d)$取值0,即在整数倍载频跳变步长处形成峰值或者为0的点。

旁瓣模糊带内,在整数倍脉宽时延与整数倍频率步进量频移的交叉点上将形成峰值或者形成零点,其中峰值点的分布可由信号的旁瓣矩阵$\boldsymbol{C} = \{C(r,s)\}$确定。旁瓣矩阵$\boldsymbol{C} = \{C(r,s)\}$中为1的点即代表一个峰值位置。对于一个长度为$N$的Costas编码信号,旁瓣矩阵给出的峰值点有$N(N-1)$个。

由于旁瓣矩阵可以表征信号的平移叠加,且它只列出时延和频移均为整数倍脉宽和频率步进量时的情况,所以旁瓣矩阵可认为是信号模糊函数的离散化表示,是非循环自相关函数的图表化表示。

同样地,在整数倍脉宽时延或整数频率步进量多普勒频移切面上的旁瓣峰值分布情况也可以由旁瓣矩阵的分布得出。

有研究表明,在模糊带内的旁瓣峰值高度平均可达$1/N$,中心峰值密集区域峰值高度可达$2/N$。当所选码长比较长时,时延和频移较小的地方将密集产生旁瓣峰值,由于相互干扰严重,这些区域的旁瓣峰值高度会远大于$1/N$。

因为模糊带内的旁瓣峰值高度反比于码长N,可以通过采用更大码长的Costas编码

信号来降低旁瓣。模糊图反映了 Costas 编码信号的距离 - 速度联合分辨能力，Costas 编码信号模糊图呈“图钉形”，具有良好的时域、频域分辨力。而 100 位 Costas 编码信号的模糊图性能较 7 位 Costas 编码信号的模糊图性能有明显改善，主峰更加尖锐，旁瓣均匀且更小。

习 题

1. 简述相参脉冲串信号的测量精度和分辨力。
2. 简述相位编码信号的编码方式及其特性。
3. 什么是线性调频信号？这种信号具有什么特性？
4. 线性调频脉冲信号模糊图有什么样的特点？
5. 试推导二相编码信号的模糊函数。
6. 简述均匀脉冲串信号的频谱特性。

第4章 数字波束形成

雷达数字波束形成技术是在原有雷达天线波束形成原理的基础上,引入数字信号处理方法后建立起来的一门新技术,它采用数字技术形成波束,所以称为数字波束形成技术。数字波束形成技术是数字信号处理在雷达系统中的典型应用之一。

数字波束形成之所以在雷达系统中受到广泛的重视是由于现代战争的需求,它采用先进的数字信号处理技术实时从阵列天线接收到信号,能够充分利用数字信号处理的优点,满足现代机载雷达对天线波束和空间指向具有自适应能力的需求,并以最短的响应时间调整到最佳工作状态,达到实时地与雷达工作环境相匹配的目的,从而能使雷达系统在恶劣的电磁干扰环境中有效地工作。

现代机载雷达普遍采用相控阵体制,相控阵列的通道数可从几百个到几千个,设备量巨大。简化相控阵列复杂性的方法是在数字化之前采用部分模拟波束形成,组合成若干个子阵。因此,相控阵列的波束形成都是在子阵级上实现的。这样,研究雷达数字波束形成技术均可以线性相控阵列为基础进行。

传统的雷达波束形成是对射频信号或中频信号通过移相和模拟相加来完成的,既可形成发射波束,也可形成接收波束。数字波束形成是在数字基带(零中频)信号上通过加权运算来实现波束形成的,原则上,数字波束形成对发射和接收都是适用的,但在接收状态下才能真正体现数字波束形成的优点。

4.1 数字波束形成的原理

在阵列天线接收系统中,各阵元接收的高频信号 $r_n(t)$ 首先经高放、混频、中放后,得到中频信号 $x_n(t)$;然后将中频信号经数字下变频就获得数字正交信号 $x_n = x_{\mathrm{I}n} + \mathrm{j}x_{\mathrm{Q}n}$;最后对各阵元数字正交信号进行加权系数为 $w_n = w_{\mathrm{I}n} + \mathrm{j}w_{\mathrm{Q}n}$ 的加权运算和 N 个阵元的求和,就能实现数字波束的形成。

4.1.1 接收波束形成

设阵列天线是由 N 个阵元组成的均匀线阵,阵元间距为 d。来自偏离法线方向角度为 θ 的平面波,其复信号可表示为

$$r(t) = a(t)\exp[\mathrm{j}\varphi(t)]\exp(\mathrm{j}2\pi f_0 t) \quad (4-1)$$

式(4-1)表示的是窄带高频信号。

如图4-1所示,以0号阵元为参考点,则平面波到达阵元1比到达阵元0的时间超前$\tau = d\sin\theta/c$,平面波到达阵元2比到达阵元0的时间超前$2\tau = 2d\sin\theta/c$,以此类推,平面波到达阵元$N-1$比到达阵元0的时间超前$(N-1)\tau = (N-1)d\sin\theta/c$。

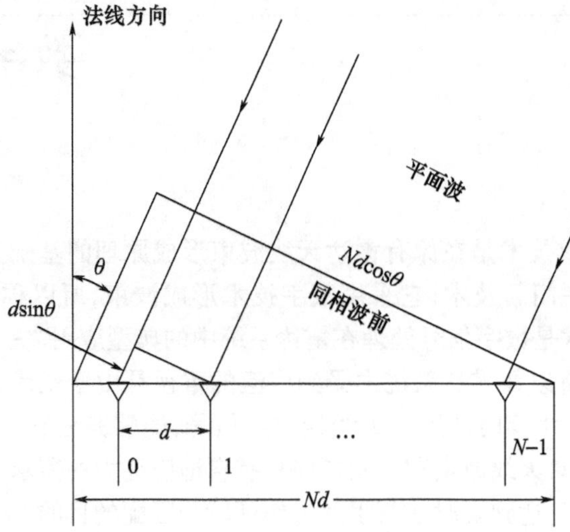

图4-1 N元均匀线阵接收信号示意图

在窄带条件下,接收的阵列信号可表示为

$$r(t) = \begin{bmatrix} r_0(t) \\ r_1(t) \\ \vdots \\ r_{N-1}(t) \end{bmatrix} = \begin{bmatrix} a_0(t)\exp[\mathrm{j}\varphi(t)]\exp(\mathrm{j}2\pi f_0 t) \\ a_1(t)\exp[\mathrm{j}\varphi(t)]\exp[\mathrm{j}2\pi f_0(t+\tau)] \\ \vdots \\ a_{N-1}(t)\exp[\mathrm{j}\varphi(t)]\exp\{\mathrm{j}2\pi f_0[t+(N-1)\tau]\} \end{bmatrix} \tag{4-2}$$

式中:$2\pi f_0\tau = 2\pi f_0 d\sin\theta/c = (2\pi d/\lambda)\sin\theta$,其中$\lambda = c/f_0$为雷达的工作波长,高频复指数载波调制因子$\exp(\mathrm{j}2\pi f_0\tau)$经接收机下变频处理而消失。这样,阵列信号变为

$$x(t) = \begin{bmatrix} x_0(t) \\ x_1(t) \\ \vdots \\ x_{N-1}(t) \end{bmatrix} = \begin{bmatrix} a_0(t)\exp[\mathrm{j}\varphi(t)] \\ a_1(t)\exp[\mathrm{j}\varphi(t)]\exp\left[\mathrm{j}\dfrac{2\pi d}{\lambda}\sin(\theta)\right] \\ \vdots \\ a_{N-1}(t)\exp[\mathrm{j}\varphi(t)]\exp\left[\mathrm{j}(N-1)\dfrac{2\pi d}{\lambda}\sin(\theta)\right] \end{bmatrix} \tag{4-3}$$

如果进一步忽略阵元之间由于波程差所引起的接收信号幅度的微小差别,即认为$a_n(t) = a(t)(n=0,1,\cdots,N-1)$,则阵列信号可写成

$$x(t) = a_0(t)\exp[\mathrm{j}\varphi(t)]\left[1 \quad \exp\left[\mathrm{j}\frac{2\pi d}{\lambda}\sin(\theta)\right] \quad \cdots \quad \exp\left[\mathrm{j}(N-1)\frac{2\pi d}{\lambda}\sin(\theta)\right]\right]^{\mathrm{T}} \tag{4-4}$$

对阵列中各阵元信号的一次同时采样称为快拍(snapshot),在窄带信号条件下,一次快拍各阵元信号的复包络$u(t) = a(t)\exp[\mathrm{j}\varphi(t)]$相同,其相位差才能唯一地反映出平面波的传播方向。

波达方向信息是由载波相位项表示的，与信号波形无关，反映在式(4-4)矢量项中，有

$$s(\theta)=\left[1 \quad \exp\left[\mathrm{j}\frac{2\pi d}{\lambda}\sin(\theta)\right] \quad \cdots \quad \exp\left[\mathrm{j}(N-1)\frac{2\pi d}{\lambda}\sin(\theta)\right]\right]^{\mathrm{T}} \tag{4-5}$$

称为导向矢量或方向矢量(steering vector)。导向矢量是由阵列天线的结构和信号的传播方向决定的，反映了窄带信号条件下，各阵元接收信号相位之间的相互关系。由于阵列天线的结构通常是固定的，所以导向矢量反映了信号的传播方向。

根据阵列信号模型，第 n 个阵元的接收信号可表示为

$$x_n(t)=a_n(t)\exp[\mathrm{j}\varphi(t)]\exp\left[\mathrm{j}n\frac{2\pi d}{\lambda}\sin(\theta)\right] \quad (n=0,1,\cdots,N-1) \tag{4-6}$$

为了实现各阵元信号的同相相加，以获得最大的输出响应，需对各路复数信号进行复数加权，即乘以 $w_n=b_n\exp(\mathrm{j}\varphi_n)(n=0,1,\cdots,N-1)$ 的共轭，然后将各路乘积求和。这样，系统输出为

$$y(t)=\sum_{n=0}^{N-1}a_n(t)\exp[\mathrm{j}\varphi(t)]\exp\left[\mathrm{j}n\frac{2\pi d}{\lambda}\sin(\theta)\right]b_n\exp[-\mathrm{j}\varphi_n] \tag{4-7}$$

在某个时刻对信号进行采样，$a_n(t)\exp[\mathrm{j}\varphi(t)]$ 的样本记为 a_n，结果是 θ 的函数，故写成

$$y(\theta)=\sum_{n=0}^{N-1}a_nb_n\exp\left[\mathrm{j}\left(n\frac{2\pi d}{\lambda}\sin\theta-\varphi_n\right)\right] \tag{4-8}$$

若希望接收波束的指向与法线方向的夹角为 θ_0，则 $|y(\theta)|$ 应在 $\theta=\theta_0$ 时达到最大值，故由式(4-8)得 $\varphi_n=n(2\pi d/\lambda)\sin\theta_0$，这样，系统的输出响应为

$$y(\theta)=\sum_{n=0}^{N-1}a_nb_n\exp\left[\mathrm{j}n\frac{2\pi d}{\lambda}(\sin\theta-\sin\theta_0)\right] \tag{4-9}$$

$|y(\theta)|$ 就是在 θ_0 方向所形成的接收波束。当 $\theta=\theta_0$ 时，阵列接收信号变成同相相加，系统的输出响应 $|y(\theta)|$ 最大。

4.1.2 数字波束形成算法

如果记式(4-9)中的 $n(2\pi d/\lambda)\sin\theta=\psi_n$，$\varphi_n=n(2\pi d/\lambda)\sin\theta_0$，将接收信号 $a_n\exp(\mathrm{j}\psi_n)$ 数字化，并表示为

$$a_n\exp(\mathrm{j}\psi_n)=a_n\cos\psi_n+\mathrm{j}a_n\sin\psi_n=x_{\mathrm{I}n}+\mathrm{j}x_{\mathrm{Q}n}=x_n \quad (n=0,1,\cdots,N-1) \tag{4-10}$$

将加权系数 $b_n\exp(\mathrm{j}\varphi_n)$ 数字化，并表示为

$$b_n\exp(\mathrm{j}\varphi_n)=b_n\cos\varphi_n+\mathrm{j}b_n\sin\varphi_n=w_{\mathrm{I}n}+\mathrm{j}w_{\mathrm{Q}n}=w_n \quad (n=0,1,\cdots,N-1) \tag{4-11}$$

则 $y(\theta)$ 可表示为

$$y(\theta)=\sum_{n=0}^{N-1}w_n^*x_n=\sum_{n=0}^{N-1}(w_{\mathrm{I}n}x_{\mathrm{I}n}+w_{\mathrm{Q}n}x_{\mathrm{Q}n})+\mathrm{j}\sum_{n=0}^{N-1}(w_{\mathrm{I}n}x_{\mathrm{Q}n}+w_{\mathrm{Q}n}x_{\mathrm{I}n}) \tag{4-12}$$

这时 $y(\theta)$ 就是在 θ_0 方向用数字技术所形成的单波束。

如果用矢量表示，令阵列天线接收信号矢量 $\boldsymbol{x}=[x_0x_1\cdots x_{N-1}]^{\mathrm{T}}$，加权矢量 $\boldsymbol{w}=[w_0\ w_1\cdots w_{N-1}]^{\mathrm{T}}$，则 θ_0 方向的数字波束形成用矢量运算表示为 $y(\theta)=\boldsymbol{w}^{\mathrm{H}}\boldsymbol{x}$。

当需要在 M 个方向同时形成 M 个波束时，则根据每个波束要求的空间指向 $\theta_m(m=0,1,\cdots,M-1)$，由 $\varphi_{nm}=n(2\pi d/\lambda)\sin\theta_m(n=0,1,\cdots,N-1;m=0,1,\cdots,M-1)$ 和 $b_n\exp(\mathrm{j}\varphi_{nm})=b_n\cos\varphi_{nm}+\mathrm{j}b_n\sin\varphi_{nm}=w_{\mathrm{I}nm}+\mathrm{j}w_{\mathrm{Q}nm}=w_{nm}$ 计算得到 M 个加权矢量 $\boldsymbol{w}_m$，其中 $\boldsymbol{w}_m$ 是形成指向 θ_m 的波束所需的加权矢量，即 $\boldsymbol{w}_m=[w_{0m}w_{1m}\cdots w_{(N-1)m}]^{\mathrm{T}}$。用加权矩阵 $\boldsymbol{W}$ 表示这 M 个加权矢量，则有

$$\boldsymbol{W}=[\boldsymbol{w}_0\quad \boldsymbol{w}_1\quad \cdots\quad \boldsymbol{w}_{M-1}]
=\begin{bmatrix} w_{00} & w_{10} & \cdots & w_{(N-1)0} \\ w_{01} & w_{11} & \cdots & w_{(N-1)1} \\ \vdots & \vdots & & \vdots \\ w_{0(N-1)} & w_{1(N-1)} & \cdots & w_{(N-1)(M-1)} \end{bmatrix} \tag{4-13}$$

设阵列天线接收信号矢量为 $\boldsymbol{x}=[x_0x_1\cdots x_{N-1}]^{\mathrm{T}}$，则同时形成 M 个波束用矩阵运算表示为

$$y(\theta_m)=\boldsymbol{W}^{\mathrm{H}}\boldsymbol{x}=\begin{bmatrix} \boldsymbol{w}_0^{\mathrm{H}}\boldsymbol{x} \\ \boldsymbol{w}_0^{\mathrm{H}}\boldsymbol{x} \\ \vdots \\ \boldsymbol{w}_{M-1}^{\mathrm{H}}\boldsymbol{x} \end{bmatrix}=\begin{bmatrix} y(\theta_0) \\ y(\theta_1) \\ \vdots \\ y(\theta_{M-1}) \end{bmatrix} \tag{4-14}$$

显然，在同时 M 个波束范围内任一 θ_m 指向的雷达目标回波信号，都将在相应指向的波束通道获得最大输出响应信号，以便于目标信号的检测。

4.1.3 数字波束形成器结构

由数字波束形成的算法可知，数字波束形成器是一个数字有限冲激响应复数滤波器。每个阵元的数字信号与加权系数的共轭相乘、求和，获得波束输出响应信号。根据这样的运算方式，数字波束形成器的结构有三种：并行结构、串行结构和串 - 并行结构。

图 4 - 2 是并行结构数字波束形成器的原理框图，每个阵元的数字信号与加权系数的共轭同时并行相乘，然后将各乘积求和。其特点是各接收通道复数乘法运算是同时进行的。并行结构的优点是波束形成时间短，捷变速度快；缺点是设备量大。图 4 - 2 所示的是单波束形成的原理框图。如果要同时形成 M 个波束，一种方案是将阵列信号矢量 $\boldsymbol{x}$ 分成 M 路，分别与各自的加权矢量 $\boldsymbol{w}_m$ 的共轭并行乘加，得到的是 M 个同时多波束；另一种方案是将阵列信号矢量 $\boldsymbol{x}$ 分时与 M 个加权矢量 $\boldsymbol{w}_m$ 的共轭并行乘加，得到的是 M 个顺序多波束。显然，前者 M 个波束形成时间近似为后者的 M 分之一，但设备量却近似为后者的 M 倍。

串行结构的数字波束形成器采用一个复数乘法累加器，按 $y(\theta)=\sum_{n=0}^{N-1}\boldsymbol{w}_n^*\boldsymbol{x}_n$ 串行完成相乘和累加，实现数字波束形成。如果要同时形成 M 个波束，可将阵列矢量信号 $\boldsymbol{x}$ 分成 M 路，分别与各自的加权矢量 $\boldsymbol{w}_m$ 的共轭串行乘加，得到的是 M 个同时多波束。串行结构

数字波束形成器的优点是设备量少，但波束形成的速度慢，特别是阵元数 N 较大时，需要采用高速的器件并进行系统的设计。

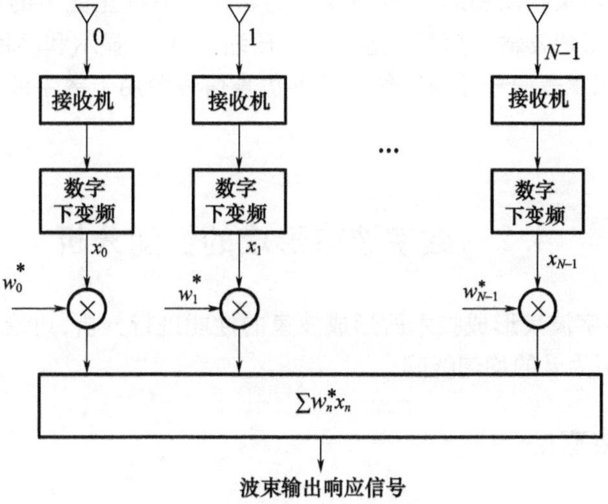

图4-2 并行结构数字波束形成器原理框图

串-并行结构的数字波束形成器把 N 个阵元分成 L 组，组内的阵列信号与加权系数串行乘加，组间并行计算，最后将各组的运算结果相加，实现数字波束形成。如果要同时形成 M 个波束，也可将阵列矢量信号 $\boldsymbol{x}$ 分成 M 路，各路并行计算，路内串-并行运算，形成 M 个同时多波束。其优缺点介于并行结构和串行结构之间。

除了上述数字波束形成器的基本结构外，实际上还有其他的实现结构。形成同时多波束的运算，实际上是一种离散傅里叶变换，因此可以用快速傅里叶变换得到同时多波束响应。快速傅里叶变换的运算效率高，但它限制了自适应控制各个波束的灵活性，且所需要形成的波束数 M 一般小于阵元数 N，所以较少采用快速傅里叶变换算法实现数字波束形成。

前面讨论了数字波束形成的算法和形成器的结构，作为实际的数字波束形成系统，还需要考虑波束形成加权矩阵 $\boldsymbol{W}$ 的实时生成，以便灵活控制波束的指向和形状，在线对系统进行校正等；波束形成器的输出信号也需要做进一步处理。数字波束形成系统的一般组成框图如图4-3所示。

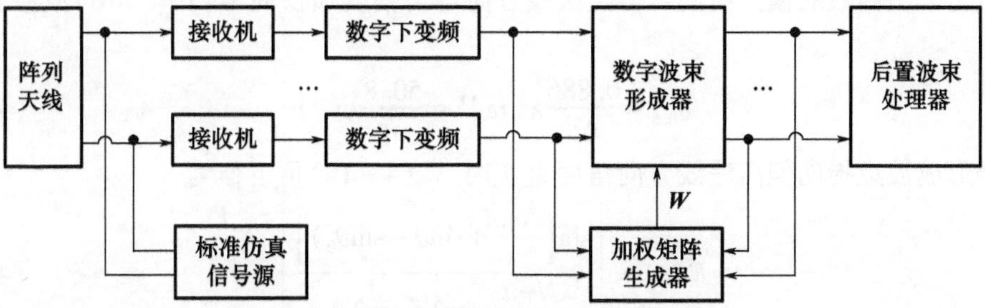

图4-3 数字波束形成系统组成框图

数字波束形成系统按功能分由阵列天线、接收机及数字下变频、加权矩阵 $\boldsymbol{W}$ 生成器、数字波束形成器、后置波束处理器和标准仿真信号源6个主要模块组成。

加权矩阵 $\boldsymbol{W}$ 生成器取接收机通道和波束形成器输出通道的数字信号作为输入信号，实时生成能够控制波束指向和形状、对系统通道特性具有校正能力的加权矩阵 $\boldsymbol{W}$。后置波束处理器对波束形成器输出信号可进行脉冲压缩、动目标显示和动目标检测、恒虚警率检测、脉冲串信号积累等信号处理工作。标准仿真信号源用于数字波束形成系统的校正和调试。

4.2 数字波束形成的性能分析

下面对采样数字波束形成技术所形成波束的性能进行分析，讨论中设阵列天线是阵元数为 N、阵元间距为 d 的均匀线阵。

4.2.1 波束宽度

形成波束指向偏离法线方向角度为 θ_0 时，波束形成器输出响应信号如式(4-9)所示，即

$$y(\theta) = \sum_{n=0}^{N-1} a_n b_n \exp\left[\mathrm{j}n \frac{2\pi d}{\lambda}(\sin\theta - \sin\theta_0) \right] \tag{4-15}$$

忽略阵元间接收信号由于波程差所产生的微小幅度差，即认为 $a_n = a(n=0,1,\cdots,N-1)$；当采用均匀幅度加权时，$b_n = b(n=0,1,\cdots,N-1)$。这样，$|y(\theta)| = Nab$。归一化接收方向性函数化简为

$$F(\theta) = \frac{|y(\theta)|}{|y(\theta)|_{\max}} = = \left| \frac{1}{N} \frac{\sin\left[\frac{N\pi d}{\lambda}(\sin\theta - \sin\theta_0)\right]}{\sin\left[\frac{\pi d}{\lambda}(\sin\theta - \sin\theta_0)\right]} \right| \tag{4-16}$$

当形成波束指向法线方向时，$\theta_0 = 0$，式(4-16)可近似为

$$F(\theta) \approx \left| \frac{\sin\left(\frac{N\pi d}{\lambda}\sin\theta\right)}{\frac{N\pi d}{\lambda}\sin\theta} \right| \tag{4-17}$$

即近似为辛格函数的模。由此可得到法线方向均匀幅度加权的半功率(3dB)波束宽度可近似为

$$\theta_{0.5} \approx \frac{0.886}{Nd}\lambda(\mathrm{rad}) \approx \frac{50.8}{Nd}\lambda(°) \tag{4-18}$$

当形成波束指向偏离法线方向角度为 θ_0 时，式(4-16)可近似为

$$F(\theta) \approx \left| \frac{\sin\left[\frac{N\pi d}{\lambda}(\sin\theta - \sin\theta_0)\right]}{\frac{N\pi d}{\lambda}(\sin\theta - \sin\theta_0)} \right| \tag{4-19}$$

即仍近似为辛格函数的模。由此可得到形成波束指向偏离法线方向角度为 θ_0 时均匀幅度加权的半功率波束宽度可近似为

$$\theta_{0.5s} \approx \frac{0.886\lambda}{Nd\cos\theta_0}(\text{rad}) = \frac{50.8\lambda}{Nd\cos\theta_0}(°) = \frac{\theta_{0.5}}{\cos\theta_0} \quad (4-20)$$

当 $\theta_0 = \pm 60°$时，$\theta_{0.5s} = 2\theta_{0.5}$。

4.2.2　旁瓣电平

1. 均匀幅度加权形成波束的旁瓣电平

均匀幅度加权时，如式(4－17)和式(4－19)所示，归一化接收方向性函数近似为辛格函数的模，因此，形成波束的第一旁瓣电平为 $L_{s1} = -13.46\text{dB}$，第二旁瓣电平为 $L_{s2} = -17.90\text{dB}$，其余旁瓣依次降低。

图 4－4 示出了 $N=8$ 阵元，采用均匀幅度加权在法线方向所形成的波束图形。

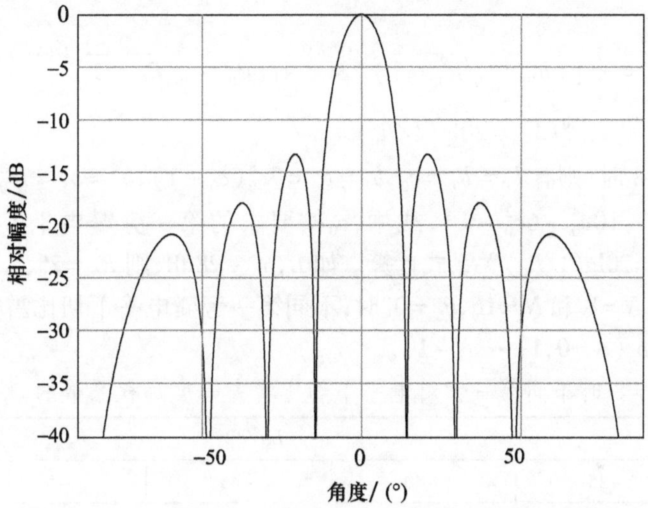

图 4－4　均匀幅度加权时法线方向形成波束的图形

2. 切比雪夫幅度加权形成波束的旁瓣电平

均匀幅度加权时，形成波束的主瓣宽度最窄，但它的旁瓣电平太高，不能满足机载雷达对旁瓣电平的要求。为了降低旁瓣电平，可以采用其他形式的加权函数，如泰勒加权函数、切比雪夫加权函数、汉宁加权函数、汉明加权函数等。下面针对常用的切比雪夫加权函数进行讨论。

切比雪夫幅度加权所形成波束的主要特点：旁瓣电平可以根据指标的要求设计；波束是等旁瓣电平的；不能同时满足低旁瓣电平和窄波束的要求，即要求旁瓣电平低和希望波束窄是矛盾的。对于 N 个阵元的均匀线阵，切比雪夫幅度加权按 N 是偶数还是奇数分别计算切比雪夫幅度加权系数的归一化幅度值 $b_n(n=0,1,\cdots,N-1)$。当 N 为偶数时，归一化的 b_n 可表示为

$$b_n = \sum_{q=N/2-n}^{N/2} (-1)^{N/2-q} c_0^{2q-1} \frac{(N-1)!(q+N/2-2)!}{(q-N/2+n)!(q+N/2-n-1)!(N/2-q)!} \quad (4-21)$$

和

$$b_{N/2+n}=b_{N/2-1-n} \tag{4-22}$$

式(4-21)、式(4-22)中，$n=0,1,\cdots,N/2-1$。当N为奇数时，归一化的b_n可表示为

$$b_n=\sum_{q=(N-1)/2-n}^{(N-1)/2}(-1)^{(N-1)/2-q}c_0^{2q}\frac{(N-1)!(q+(N-1)/2-1)!}{[q-(N-1)/2+n]![q+(N-1)/2-n]![(N-1)/2-q]!} \tag{4-23}$$

和

$$b_{(N-1)/2+n}=b_{(N-1)/2-n} \tag{4-24}$$

式(4-23)和式(4-24)中：$n=0,1,\cdots,(N-1)/2$。式(4-21)和式(4-23)中的c_0与所要求的第一旁瓣电平L_{s1}有关。当要求主瓣峰值与第一旁瓣峰值之比$R=R_0$时，则

$$c_0=\mathrm{ch}\left(\frac{1}{N-1}\mathrm{arcch}R_0\right) \tag{4-25}$$

或表示为

$$c_0=\frac{1}{2}\left[\left(R_0+\sqrt{R_0^2-1}\right)^{1/(N-1)}+\left(R_0-\sqrt{R_0^2-1}\right)^{1/(N-1)}\right] \tag{4-26}$$

此时，第一旁瓣电平L_{s1}为$L_{s1}=20\lg(1/R_0)$。

例如，当$N=8$时，则有$b_0=b_7=c_0^7$，$b_1=b_6=7c_0^5(c_0^2-1)$，$b_2=b_5=7c_0^3(3c_0^4-5c_0^2+2)$，$b_3=b_4=7c_0(5c_0^6-10c_0^4+6c_0^2-1)$，式中，$c_0$按要求的第一旁瓣电平$L_{s1}$由式(4-25)、式(4-26)及$L_{s1}=20\lg(1/R_0)$关系式计算。如$L_{s1}=-28\mathrm{dB}$，则$R_0=25$，$c_0=1.16$。表4-1和表4-2分别是$N=8$和$N=16$，$\theta_0=0°$时，不同第一旁瓣电平下切比雪夫幅度加权系数的归一化幅度值$b_n(n=0,1,\cdots,N-1)$。

表4-1　$N=8$时不同第一旁瓣电平下切比雪夫幅度加权系数的归一化幅度值

b_n	L_{S1}/dB				
	-35	-40	-45	-50	-55
$b_3=b_4$	1.0000	1.0000	1.0000	1.0000	1.0000
$b_2=b_5$	0.8120	0.7843	0.7595	0.7375	0.7182
$b_1=b_6$	0.5187	0.4636	0.4179	0.3803	0.3493
$b_0=b_7$	0.2622	0.1915	0.1461	0.1157	0.0945

表4-2　$N=16$时不同第一旁瓣电平下切比雪夫幅度加权系数的归一化幅度值

b_n	L_{S1}/dB				
	-35	-40	-45	-50	-55
$b_7=b_8$	1.0000	1.0000	1.0000	1.0000	1.0000
$b_6=b_9$	0.9540	0.9441	0.9357	0.9270	0.9188
$b_5=b_{10}$	0.8640	0.8401	0.8164	0.7941	0.7731
$b_4=b_{11}$	0.7429	0.7010	0.6613	0.6249	0.5913
$b_3=b_{12}$	0.6022	0.5447	0.4926	0.4465	0.4057
$b_2=b_{13}$	0.4560	0.3891	0.3319	0.2841	0.2440
$b_1=b_{14}$	0.3175	0.2498	0.1963	0.1549	0.1229
$b_0=b_{15}$	0.2912	0.1792	0.1138	0.0743	0.0499

3. 切比雪夫幅度加权形成波束的宽度展宽因子

前面讨论了均匀幅度加权所形成波束的波束宽度，即法线方向半功率波束宽度如式(4-18)所示，波束指向偏离法线方向 θ_0 角度时，半功率波束宽度如式(4-20)所示。当采用切比雪夫幅度加权时，半功率波束宽度 $\theta_{0.5}$ 将展宽，表示为 $\theta_{0.5\mathrm{w}}=\alpha\theta_{0.5}$，式中，$\alpha$ 为波束展宽因子，其大小与所要求的第一旁瓣电平 L_{s1}(dB)有关。当要求主瓣峰值与第一旁瓣峰值之比 $R=R_0$ 时，有

$$\alpha=1+0.636\left\{\frac{2}{R_0}\mathrm{ch}\left[(\mathrm{arcch}R_0)^2-\pi^2\right]^{1/2}\right\}^2 \tag{4-27}$$

实际应用时，波束展宽因子 α 可由图4-5所示的曲线查得。

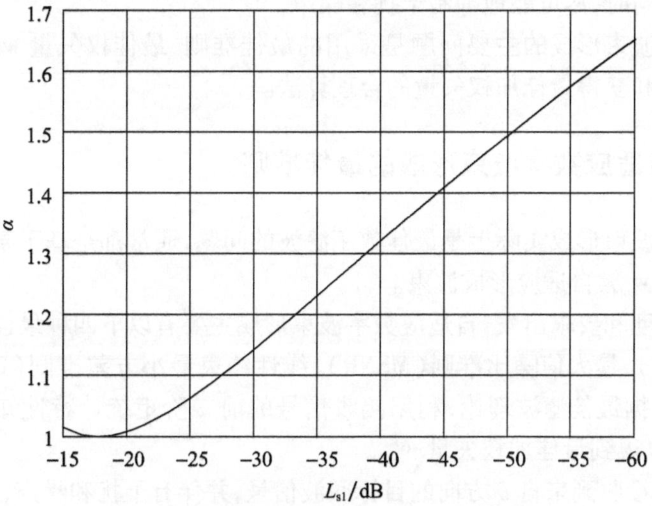

图4-5 波束展宽因子与第一旁瓣电平的关系曲线

图4-6的实线示出了 $N=20$ 的阵列天线采用切比雪夫幅度加权时法线方向形成波束的仿真图，虚线是均匀加权时法线方向形成的波束。

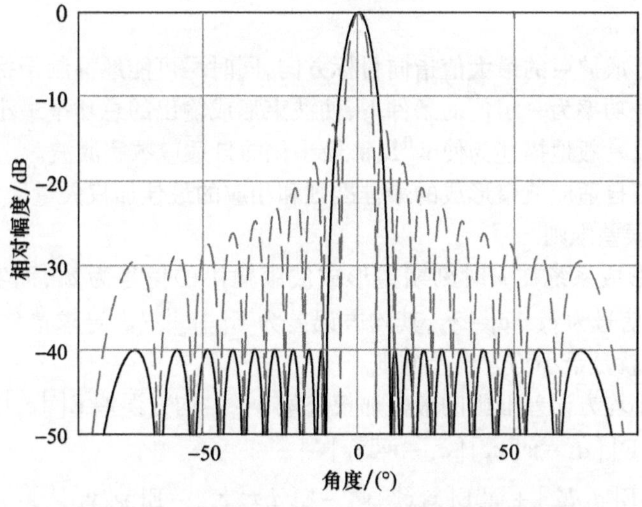

图4-6 切比雪夫幅度加权时法线方向形成波束的测量图

4.3 自适应数字波束形成技术

如果数字波束形成的加权矢量 $\boldsymbol{w}=[w_0 w_1 \cdots w_{N-1}]^{\mathrm{T}}$ 能够随雷达工作环境和系统本身特性而自适应地调整为最佳加权矢量 $\boldsymbol{w}_{\mathrm{opt}}$，使形成的波束满足某种最佳准则的要求，则称为自适应数字波束形成。关于系统本身特性的变化，如阵元之间的互耦、接收通道之间的不平衡性等，可以通过对加权矢量的校正来消除；雷达工作环境的变化，如干扰信号及其波达方向的变化、噪声电平的起伏等，通过加权矢量的最佳化，使形成波束最大值方向指向目标方向 θ 的同时，尽可能地抑制干扰和噪声。

自适应数字波束形成的主要问题是采用的最佳准则、最佳权矢量 $\boldsymbol{w}_{\mathrm{opt}}$ 与阵列信号统计特性的关系式和获得最佳加权矢量的合理算法。

4.3.1 自适应数字波束形成的最佳准则

自适应数字波束形成实际上是最佳数字滤波的问题，通常都是基于某种最佳准则，获得最佳加权矢量 $\boldsymbol{w}_{\mathrm{opt}}$，自适应形成波束。

从不同的角度和要求出发，自适应数字波束形成主要有以下四种最佳准则：最小均方误差准则（MMSE）、最大信噪比准则（MSNR）、线性约束最小方差准则（LCMV）和最小二乘准则（LS）。根据最佳滤波理论，利用接收信号的前二阶矩统计特性知识，并基于采用的最佳准则，可以得到最佳加权矢量 $\boldsymbol{w}_{\mathrm{opt}}$。

设 N 元阵列接收到来自 θ 方向的目标回波信号，并伴有干扰和噪声，阵列信号矢量为 $\boldsymbol{x}=[x_0 x_1 \cdots x_{N-1}]^{\mathrm{T}}$。为了方便起见，并不失一般性，假定阵列信号 $\boldsymbol{x}$ 是 N 维平稳随机序列。加权矢量为 $\boldsymbol{w}=[w_0 w_1 \cdots w_{N-1}]^{\mathrm{T}}$。则波束形成输出信号的平均功率为

$$P_x=\mathrm{E}[y(\theta)y^*(\theta)]=\mathrm{E}[(\boldsymbol{w}^{\mathrm{H}}\boldsymbol{x})(\boldsymbol{w}^{\mathrm{H}}\boldsymbol{x})^*]=\boldsymbol{w}^{\mathrm{H}}\boldsymbol{R}_x\boldsymbol{w} \tag{4-28}$$

式中：$\boldsymbol{R}_x=\mathrm{E}[\boldsymbol{x}\boldsymbol{x}^{\mathrm{H}}]$，为阵列信号矢量 $\boldsymbol{x}$ 的自相关矩阵；$\boldsymbol{x}^{\mathrm{H}}$ 为阵列信号矢量 $\boldsymbol{x}$ 的共轭转置。

因为自适应形成波束的最大值指向目标方向，同时尽可能地抑制干扰和杂波，这等价为在保证目标信号功率为一定值的条件下，使波束形成输出的总功率最小。因此，自适应数字波束形成可以一般地描述为使 $\boldsymbol{w}^{\mathrm{H}}\boldsymbol{R}_x\boldsymbol{w}$ 最小化的自适应数字滤波。

下面具体介绍自适应波束形成的最佳准则和相应的最佳加权矢量 $\boldsymbol{w}_{\mathrm{opt}}$。

1. 最小均方误差准则

设数字波束形成系统在 k 时刻期望形成波束输出的信号为 d_k，而实际输出信号为 $y_k=\boldsymbol{w}_k^{\mathrm{H}}\boldsymbol{x}_k$，则误差信号为 $e_k=d_k-y_k$，其均方误差为 $\mathrm{E}[|e_k|^2]$。寻求最佳加权矢量 $\boldsymbol{w}_{\mathrm{opt}}$ 使均方误差最小化，就是最小均方误差准则。

现在求解最小均方误差准则的最佳加权矢量 $\boldsymbol{w}_{\mathrm{opt}}$。均方误差 $\mathrm{E}[|e_k|^2]$ 可表示为

$$\mathrm{E}[|e_k|^2]\begin{bmatrix}=\mathrm{E}\{[d_k-\boldsymbol{w}_k^{\mathrm{H}}\boldsymbol{x}_k][d_k-\boldsymbol{w}_k^{\mathrm{H}}\boldsymbol{x}_k]^*\} \\ =\mathrm{E}[d_k d_k^*]+\boldsymbol{w}_k^{\mathrm{H}}\mathrm{E}[\boldsymbol{x}_k\boldsymbol{x}_k^{\mathrm{H}}]\boldsymbol{w}_k-\mathrm{E}[d_k\boldsymbol{x}_k^{\mathrm{H}}\boldsymbol{x}_k]-\mathrm{E}[\boldsymbol{w}_k^{\mathrm{H}}\boldsymbol{x}_k d_k^*] \\ =\mathrm{E}[|d_k|^2]+\boldsymbol{w}_k^{\mathrm{H}}\mathrm{E}[\boldsymbol{x}_k\boldsymbol{x}_k^{\mathrm{H}}]\boldsymbol{w}_k-\{\boldsymbol{w}_k^{\mathrm{H}}\mathrm{E}[\boldsymbol{x}_k d_k^*]\}^*-\boldsymbol{w}_k^{\mathrm{H}}\mathrm{E}[\boldsymbol{x}_k d_k^*]\end{bmatrix} \tag{4-29}$$

式中：$\boldsymbol{x}_k^{\mathrm{H}}$ 为阵列信号矢量 $\boldsymbol{x}_k$ 的共轭转置。考虑平稳随机信号，其平均统计量与计算时刻 k 无关，于是令

$$\begin{cases} \mathrm{E}[\boldsymbol{x}_k\boldsymbol{x}_k^{\mathrm{H}}] = \mathrm{E}[\boldsymbol{x}\boldsymbol{x}^{\mathrm{H}}] = \boldsymbol{R}_x \\ \mathrm{E}[\boldsymbol{x}_k d_k^*] = \mathrm{E}[\boldsymbol{x}d^*] = \boldsymbol{r}_{xd} \end{cases} \tag{4-30}$$

式中：$\boldsymbol{R}_x$ 为阵列信号矢量 $\boldsymbol{x}_k$ 的自相关矩阵；$\boldsymbol{r}_{xd}$ 为阵列信号矢量 $\boldsymbol{x}_k$ 与期望形成波束输出信号 d_k 的互相关矢量。

这样，均方误差 $\mathrm{E}[|e_k|^2]$ 可表示为

$$\mathrm{E}[|e_k|^2] = \mathrm{E}[|d_k|^2] + \boldsymbol{w}_k^{\mathrm{H}}\boldsymbol{R}_x\boldsymbol{w}_k - 2\mathrm{Re}(\boldsymbol{w}_k^{\mathrm{H}}\boldsymbol{r}_{xd}) \tag{4-31}$$

使 $\mathrm{E}[|e_k|^2]$ 达到最小的最佳加权矢量 $\boldsymbol{w}_{\mathrm{opt}}$，可以通过求 $\mathrm{E}[|e_k|^2]$ 对 $\boldsymbol{w}_k$ 的梯度得到。利用梯度公式

$$\nabla_k = \frac{\partial}{\partial \boldsymbol{w}_k}(\boldsymbol{w}_k^{\mathrm{H}}\boldsymbol{R}_x\boldsymbol{w}_k) = 2\boldsymbol{R}_x\boldsymbol{w}_k \tag{4-32}$$

和

$$\nabla_k = \frac{\partial}{\partial \boldsymbol{w}_k}[\mathrm{Re}(\boldsymbol{w}_k^{\mathrm{H}}\boldsymbol{r}_{xd})] = \boldsymbol{r}_{xd} \tag{4-33}$$

及式(4-31)，可求出 $\mathrm{E}[|e_k|^2]$ 对 $\boldsymbol{w}_k$ 的梯度，并由最佳加权矢量处的梯度等于 0，可得

$$2\boldsymbol{R}_x\boldsymbol{w}_k - 2\boldsymbol{r}_{xd}\big|_{\boldsymbol{w}_k=\boldsymbol{w}_{\mathrm{opt}}} = 0 \tag{4-34}$$

从而解得最佳加权矢量 $\boldsymbol{w}_{\mathrm{opt}}$ 为 $\boldsymbol{w}_{\mathrm{opt}} = \boldsymbol{R}_x^{-1}\boldsymbol{r}_{xd}$，式中，$\boldsymbol{R}_x = \mathrm{E}[\boldsymbol{x}_k\boldsymbol{x}_k^{\mathrm{H}}] = \mathrm{E}[\boldsymbol{x}\boldsymbol{x}^{\mathrm{H}}]$，为阵列信号矢量 $\boldsymbol{x}_k$ 的自相关矩阵，平稳随机信号情况下与统计计算时刻 k 无关；$\boldsymbol{r}_{xd} = \mathrm{E}[\boldsymbol{x}_k d_k^*] = \mathrm{E}[\boldsymbol{x}d^*]$，为阵列信号矢量 $\boldsymbol{x}_k$ 与期望形成波束输出信号 d_k 的互相关矢量，平稳随机信号的情况下也与统计计算时刻 k 无关。

在平稳随机信号情况下，最小均方误差准则的最佳加权矢量与计算时刻 k 无关，所以可表示为 $\boldsymbol{w}_{\mathrm{opt}} = \boldsymbol{R}_x^{-1}\boldsymbol{r}_{xd}$。

2. 最大信噪比准则

在有定向干扰加噪声的情况下，目标信号从偏离法线方向 θ 的角度入射到阵面上。若波束形成输出信号中目标信号的平均输出功率为 P_{S}，而干扰加噪声的平均输出功率为 P_{N}，寻求最佳加权矢量 $\boldsymbol{w}_{\mathrm{opt}}$ 使功率信噪比 $\rho = P_{\mathrm{S}}/P_{\mathrm{N}}$ 最大化，就是最大信噪比准则。

下面求解最大信噪比准则的最佳加权矢量 $\boldsymbol{w}_{\mathrm{opt}}$。

将第 k 时刻的阵元接收信号 $x_{nk}(n=0,1,\cdots,N-1)$ 表示为列矢量，则

$$\begin{aligned} \boldsymbol{x}_k &= [x_{0k} \quad x_{1k} \quad \cdots \quad x_{(N-1)k}]^{\mathrm{T}} \\ &= a_k\left[1 \quad \exp\left(\mathrm{j}\frac{2\pi d}{\lambda}\sin\theta\right) \quad \cdots \quad \exp\left[\mathrm{j}(N-1)\frac{2\pi d}{\lambda}\sin\theta\right]\right] + \\ &\quad [\nu_{0k} \quad \nu_{1k} \quad \cdots \quad \nu_{(N-1)k}]^{\mathrm{T}} = a_k\boldsymbol{s}(\theta) + \boldsymbol{\nu}_k \end{aligned} \tag{4-35}$$

式中：a_k 为各阵元接收目标信号复包络的样本 a_{nk}，近似相同；$\boldsymbol{s}(\theta)$ 为目标信号导向矢量，它包含了阵元接收目标信号的方向信息，且与时间无关，$a_k\boldsymbol{s}(\theta)$ 为目标信号矢量；$\boldsymbol{\nu}_k$ 为零均值平稳的加性外部干扰加内部噪声矢量。

阵列信号矢量 $\boldsymbol{x}_k$ 的自相关矩阵为

$$\begin{aligned}\boldsymbol{R}_x &= \mathrm{E}[\boldsymbol{x}_k\boldsymbol{x}_k^{\mathrm{H}}] \\ &= \mathrm{E}\{[a_k\boldsymbol{s}(\theta)+\boldsymbol{v}_k][a_k\boldsymbol{s}(\theta)+\boldsymbol{v}_k]^{\mathrm{H}}\} \\ &= \mathrm{E}[a_k\boldsymbol{s}(\theta)\boldsymbol{s}^{\mathrm{H}}(\theta)a_k^{\mathrm{H}}]+\mathrm{E}[\boldsymbol{v}_k\boldsymbol{v}_k^{\mathrm{H}}] \\ &= \sigma_S^2\boldsymbol{s}(\theta)\boldsymbol{s}^{\mathrm{H}}(\theta)+\boldsymbol{R}_\nu \\ &= \boldsymbol{R}_s+\boldsymbol{R}_\nu \end{aligned} \tag{4-36}$$

式中：$\boldsymbol{x}_k^{\mathrm{H}}$ 为接收信号矢量 $\boldsymbol{x}_k$ 的共轭转置；$\boldsymbol{s}^{\mathrm{H}}(\theta)$ 为目标信号导向矢量 $\boldsymbol{s}(\theta)$ 的共轭转置；$\boldsymbol{R}_{\mathrm{s}}=\sigma_{\mathrm{s}}^2$；$\boldsymbol{s}(\theta)\boldsymbol{s}^{\mathrm{H}}(\theta)$ 为目标信号矢量的自相关矩阵，$\sigma_{\mathrm{s}}^2=\mathrm{E}[a_ka_k^{\mathrm{H}}]=\mathrm{E}[aa^{\mathrm{H}}]$；$\boldsymbol{v}_k^{\mathrm{H}}$ 为干扰加噪声矢量 $\boldsymbol{v}_k$ 的共轭转置；$\boldsymbol{R}_\nu=\mathrm{E}[\boldsymbol{v}_k\boldsymbol{v}_k^{\mathrm{H}}]=\mathrm{E}[\boldsymbol{v}\boldsymbol{v}^{\mathrm{H}}]$，为干扰加噪声矢量的协方差矩阵；目标信号矢量 $a_k\boldsymbol{s}(\theta)$ 与干扰加噪声矢量 $\boldsymbol{v}$ 互不相关。

如果加权矢量为 $\boldsymbol{w}_k=[w_{0k}w_{1k}\cdots w_{(N-1)k}]^{\mathrm{T}}$，则加权后的阵列信号之和为波束形成输出信号，即

$$y_k(\theta)=\sum_{n=0}^{N-1}\boldsymbol{w}_{nk}^*\boldsymbol{x}_{nk}=\boldsymbol{w}_k^{\mathrm{H}}\boldsymbol{x}_k=\boldsymbol{w}_k^{\mathrm{H}}[a_k\boldsymbol{s}(\theta)+\boldsymbol{v}_k] \tag{4-37}$$

波束形成输出信号中目标信号的平均输出功率为

$$\begin{aligned}P_{\mathrm{S}} &= \mathrm{E}\{[\boldsymbol{w}_k^{\mathrm{H}}a_k\boldsymbol{s}(\theta)][\boldsymbol{w}_k^{\mathrm{H}}a_k\boldsymbol{s}(\theta)]^*\} \\ &= \boldsymbol{w}_k^{\mathrm{H}}\mathrm{E}[a_k\boldsymbol{s}(\theta)\boldsymbol{s}^{\mathrm{H}}(\theta)a_k^{\mathrm{H}}]\boldsymbol{w}_k \\ &= \boldsymbol{w}_k^{\mathrm{H}}\boldsymbol{R}_{\mathrm{s}}\boldsymbol{w}_k \end{aligned} \tag{4-38}$$

而干扰加噪声矢量 $\boldsymbol{v}_k$，其平均输出功率为

$$\begin{aligned}P_{\mathrm{N}} &= \mathrm{E}[(\boldsymbol{w}_k^{\mathrm{H}}\boldsymbol{v}_k)(\boldsymbol{w}_k^{\mathrm{H}}\boldsymbol{v}_k)^*] \\ &= \boldsymbol{w}_k^{\mathrm{H}}\mathrm{E}[\boldsymbol{v}_k\boldsymbol{v}_k^{\mathrm{H}}]\boldsymbol{w}_k \\ &= \boldsymbol{w}_k^{\mathrm{H}}\boldsymbol{R}_\nu\boldsymbol{w}_k \end{aligned} \tag{4-39}$$

这样，波束形成输出目标信号与输出干扰加噪声的功率比为

$$\rho=\frac{P_{\mathrm{S}}}{P_{\mathrm{N}}}=\frac{\boldsymbol{w}_k^{\mathrm{H}}\boldsymbol{R}_{\mathrm{s}}\boldsymbol{w}_k}{\boldsymbol{w}_k^{\mathrm{H}}\boldsymbol{R}_\nu\boldsymbol{w}_k} \tag{4-40}$$

采用最大信噪比准则，使 $\rho=P_{\mathrm{S}}/P_{\mathrm{N}}$ 最大的加权矢量 $\boldsymbol{w}_k$ 就是最佳加权矢量 $\boldsymbol{w}_{\mathrm{opt}}$，它是 $\boldsymbol{x}_k$ 的自相关矩阵 $\boldsymbol{R}_x$ 对 $(\boldsymbol{R}_s,\boldsymbol{R}_\nu)$ 的最大广义特征值 $\boldsymbol{\lambda}_{\max}$ 所对应的特征矢量，可表示为 $\boldsymbol{R}_s\boldsymbol{w}_{\mathrm{opt}}=\boldsymbol{\lambda}_{\max}\boldsymbol{R}_\nu\boldsymbol{w}_{\mathrm{opt}}$，即 $\sigma_{\mathrm{s}}^2\boldsymbol{s}(\theta)\boldsymbol{s}^{\mathrm{H}}(\theta)\boldsymbol{w}_{\mathrm{opt}}=\boldsymbol{\lambda}_{\max}\boldsymbol{R}_\nu\boldsymbol{w}_{\mathrm{opt}}$。由此解得最佳加权矢量 $\boldsymbol{w}_{\mathrm{opt}}$ 为 $\boldsymbol{w}_{\mathrm{opt}}=\mu\boldsymbol{R}_x^{-1}\boldsymbol{s}(\theta)$，式中，$\mu=\boldsymbol{s}^{\mathrm{H}}(\theta)\boldsymbol{w}_{\mathrm{opt}}/\boldsymbol{\lambda}_{\max}$；$\boldsymbol{R}_\nu=\mathrm{E}[\boldsymbol{v}\boldsymbol{v}^{\mathrm{H}}]$，为干扰加噪声矢量的协方差矩阵。事实上，$\mu$ 取任意非零的常数都不影响形成波束输出的功率信噪比和波束方向图。显然，当干扰加噪声为白噪声的情况下，$\boldsymbol{R}_\nu=\sigma_{\mathrm{s}}^2\boldsymbol{I}$，则最佳加权矢量 $\boldsymbol{w}_{\mathrm{opt}}=\boldsymbol{s}(\theta)$，为普通波束形成的加权矢量。

在平稳随机信号情况下，最大信噪比准则的最佳加权矢量与计算时刻 k 无关，所以可表示为 $\boldsymbol{w}_{\mathrm{opt}}=\mu\boldsymbol{R}_\nu^{-1}\boldsymbol{s}(\theta)$。

3. 线性约束最小方差准则

若目标信号从偏离法线方向 θ 的角度入射到阵面上，并伴有干扰加噪声，则 k 时刻的阵列信号矢量 $\boldsymbol{x}_k$ 可表示为 $\boldsymbol{x}_k=a_k\boldsymbol{s}(\theta)+\boldsymbol{v}_k$。形成波束输出信号的平均功率为

$$\begin{aligned}P_{\mathrm{S}} &= \mathrm{E}[|\boldsymbol{w}_k^{\mathrm{H}}\boldsymbol{x}_k|^2] \\ &= \mathrm{E}[(\boldsymbol{w}_k^{\mathrm{H}}\boldsymbol{x}_k)(\boldsymbol{w}_k^{\mathrm{H}}\boldsymbol{x}_k)^*]=\boldsymbol{w}_k^{\mathrm{H}}\boldsymbol{R}_x\boldsymbol{w}_k \\ &= \sigma_s^2\mathrm{E}[|\boldsymbol{w}_k^{\mathrm{H}}\boldsymbol{s}(\theta)|^2]+\boldsymbol{w}_k^{\mathrm{H}}\boldsymbol{R}_\nu\boldsymbol{w}_k \end{aligned} \tag{4-41}$$

式中：前一部分为来自 θ 方向目标信号的输出功率，后一部分为干扰加噪声的平均输出功率。其中，σ_s^2 为单个阵元接收目标信号的功率。如果加权矢量变化时，固定目标信号的输出功率使它不变，而使干扰加噪声的平均输出功率最小，则形成波束输出的功率信噪比最大。由于 σ_s^2 与加权矢量 $\boldsymbol{w}_k$ 无关，所以可以约束 $\boldsymbol{w}_k^{\mathrm{H}}\boldsymbol{s}(\theta)$ 为一定值，即固定信号分量，然后形成波束输出信号的方差 $\mathrm{E}[\,|\boldsymbol{w}_k^{\mathrm{H}}\boldsymbol{x}_k|^2]$ 最小化，这就是线性约束最小方差准则。

现在求解线性约束最小方差准则的最佳加权矢量 $\boldsymbol{w}_{k\mathrm{opt}}$。

利用拉格朗日乘子 λ，构造目标函数：

$$F(\boldsymbol{w}_k,\lambda)=\boldsymbol{w}_k^{\mathrm{H}}\boldsymbol{R}_x\boldsymbol{w}_k+\lambda[\mathrm{w}_k^{\mathrm{H}}\mathrm{s}(\theta)-1] \tag{4-42}$$

这里将 $\boldsymbol{w}_k^{\mathrm{H}}\boldsymbol{s}(\theta)$ 约束为 1，即 $\boldsymbol{w}_k^{\mathrm{H}}\boldsymbol{s}(\theta)=1$。将 $F(\boldsymbol{w}_k,\lambda)$ 对 $\boldsymbol{w}_k$ 求偏导数，可得

$$\frac{\partial}{\partial \boldsymbol{w}_k}F(\boldsymbol{w}_k,\lambda)=2\boldsymbol{R}_x\boldsymbol{w}_k+\lambda\boldsymbol{s}(\theta) \tag{4-43}$$

在最佳加权矢量处，目标函数的导数等于 0，即

$$2\boldsymbol{R}_x\boldsymbol{w}_k+\lambda\boldsymbol{s}(\theta)\,|_{\boldsymbol{w}_k=\boldsymbol{w}_{k\mathrm{opt}}}=0 \tag{4-44}$$

由式(4-44)解得

$$\boldsymbol{w}_{k\mathrm{opt}}=-\frac{1}{2}\lambda\boldsymbol{R}_x^{-1}\boldsymbol{s}(\theta) \tag{4-45}$$

而由约束条件得 $\boldsymbol{w}_{k\mathrm{opt}}=1/\boldsymbol{s}^{\mathrm{H}}(\theta)$，所以，由式(4-45)可得

$$\lambda=-2\frac{1}{\boldsymbol{s}^{\mathrm{H}}(\theta)\boldsymbol{R}_x^{-1}\boldsymbol{s}(\theta)}=-2\mu \tag{4-46}$$

式中：任意非零常数 μ 可表示为

$$\mu=\frac{1}{\boldsymbol{s}^{\mathrm{H}}(\theta)\boldsymbol{R}_x^{-1}\boldsymbol{s}(\theta)} \tag{4-47}$$

这样，由式(4-45)得最佳加权矢量 $\boldsymbol{w}_{k\mathrm{opt}}$ 为 $\boldsymbol{w}_{k\mathrm{opt}}=\mu\boldsymbol{R}_x^{-1}\boldsymbol{s}(\theta)$。

在平稳随机信号情况下，线性约束最小方差准则的最佳加权矢量与计算时刻 k 无关，所以可表示为 $\boldsymbol{w}_{\mathrm{opt}}=\mu\boldsymbol{R}_x^{-1}\boldsymbol{s}(\theta)$

4. 最小二乘准则

前面讨论的最小均方误差准则，是使均方误差 $\mathrm{E}[\,|e_k|^2]$ 最小，其中，$e_k=d_k-y_k$，d_k 是第 k 时刻形成波束期望的输出信号，而 y_k 是实际的输出信号。如果采用误差的平方和 $\sum|e_k|^2$ 最小作为最佳准则，就是一般的最小二乘准则。下面我们介绍采用加权的误差平方和最小为准则的最小二乘(WLS)准则。

现在求解最小二乘准则的最佳加权矢量 $\boldsymbol{w}_{k\mathrm{opt}}$。

设第 $i(i=1,2,\cdots,k)$ 时刻的阵列信号矢量为 $\boldsymbol{x}_i$，形成波束期望输出的信号为 d_i，而实际输出的信号为 $y_i=\boldsymbol{w}_k^{\mathrm{H}}\boldsymbol{x}_i$。注意：$\boldsymbol{w}_k$ 均为 k 时刻的加权矢量，这是因为加权矢量在更新过程中，总是越来越接近最佳，都有 k 时刻的加权矢量 $\boldsymbol{w}_k$ 可以使误差信号小，构成的代价函数更合理。这样，i 时刻的误差信号为 $e_i=d_i-y_i=d_i-\boldsymbol{w}_k^{\mathrm{H}}\boldsymbol{x}_i(i=1,2,\cdots,k)$。

与一般的最小二乘算法不同，这里考虑一种指数加权的最小二乘方法，它使用指数加权的误差平方和作为代价函数，即

$$J(\boldsymbol{w}_k)=\sum_{i=1}^{k}\lambda^{k-i}\,|e_i|^2=\sum_{i=1}^{k}\lambda^{k-i}\,|d_i-\boldsymbol{w}_k^{\mathrm{H}}\boldsymbol{x}_i|^2 \tag{4-48}$$

式中：加权因子 λ 称为遗忘因子，取值范围为 $0<\lambda\leqslant 1$，其作用是对离 k 时刻越近的误差加的权重越大，而对离 k 时刻越远的误差加的权重越小。换言之，λ 代表对各时刻误差遗忘的程度的大小，故称为遗忘因子。显然，若 $\lambda=1$，相当于各时刻的误差被同等对待，无一遗忘，即具有无穷记忆的功能，此时，指数加权的最小二乘方法退化为一般的最小二乘方法；若取 $\lambda=0$，则只有当前时刻的误差起作用，过去的误差完全被遗忘，不起任何作用，无法寻求最佳加权矢量，是不合适的。为了加强对信号统计特性由缓慢变化的适应性，这种指数加权的遗忘因子 λ 一般为 0.95 ~ 0.9995。

将代价函数 $J(\boldsymbol{w}_k)$ 对求 $\boldsymbol{w}_k$ 偏导数，令结果等于0，可解得最佳加权矢量 $\boldsymbol{w}_{k\text{opt}}$ 的结果为

$$\begin{aligned}\frac{\partial}{\partial \boldsymbol{w}_k}J(\boldsymbol{w}_k) &= -2\sum_{i=1}^{k}\lambda^{k-i}\boldsymbol{x}_i(d_i-\boldsymbol{w}_k^{\mathrm{H}}\boldsymbol{x}_i)^*\\ &= -2\sum_{i=1}^{k}\lambda^{k-i}\boldsymbol{x}_i d_i^* + 2\sum_{i=1}^{k}\lambda^{k-i}\boldsymbol{x}_i\boldsymbol{x}_i^{\mathrm{H}}\boldsymbol{w}_k\big|_{\boldsymbol{w}_k=\boldsymbol{w}_{k\text{opt}}}\\ &= 0\end{aligned} \tag{4-49}$$

其解为

$$\boldsymbol{w}_{k\text{opt}} = \left(\sum_{i=1}^{k}\lambda^{k-i}\boldsymbol{x}_i\boldsymbol{x}_i^{\mathrm{H}}\right)^{-1}\left(\sum_{i=1}^{k}\lambda^{k-i}\boldsymbol{x}_i d_i^*\right) = \boldsymbol{R}_k^{-1}\boldsymbol{r}_k \tag{4-50}$$

其中

$$\begin{cases}\boldsymbol{R}_k = \sum_{i=1}^{k}\lambda^{k-i}\boldsymbol{x}_i\boldsymbol{x}_i^{\mathrm{H}}\\ \boldsymbol{r}_k = \sum_{i=1}^{k}\lambda^{k-i}\boldsymbol{x}_i d_i^*\end{cases} \tag{4-51}$$

分别为阵列信号矢量的自相关矩阵和阵列信号矢量与期望输出的互相关矢量。

前面已给出了自适应数字波束形成常用的四个最佳准则，前三个准则虽然具有不同的表达形式和各自的优缺点，但是在共同的应用条件下，三个准则是等价的，即它们具有相同的最佳加权矢量 $\boldsymbol{w}_{\text{opt}}$。证明如下。

因为最小均方误差准则最佳加权矢量 $\boldsymbol{w}_{\text{opt}}$ 中的 $\boldsymbol{r}_{xd}$ 为 $\boldsymbol{r}_{xd}=\mathrm{E}[\boldsymbol{x}d^*]=\mathrm{E}[a\boldsymbol{s}(\theta)d^*]=\mathrm{E}[ad^*]\boldsymbol{s}(\theta)$。令 $\mu=\mathrm{E}[ad^*]$，并注意到 μ 为任意非零常数，所以有最小均方误差准则的最佳加权矢量 $\boldsymbol{w}_{\text{opt}}=\mu\boldsymbol{R}_x^{-1}\boldsymbol{s}(\theta)$，等于线性约束最小方差准则的最佳加权矢量 $\boldsymbol{w}_{\text{opt}}$，即最小均方误差准则与线性约束最小方差准则等价。又因为线性约束最小方差准则最佳加权矢量 $\boldsymbol{w}_{\text{opt}}$ 中的 $\boldsymbol{R}_x$ 可表示为

$$\begin{aligned}\boldsymbol{R}_x &= \mathrm{E}[\boldsymbol{x}\boldsymbol{x}^{\mathrm{H}}]\\ &= \mathrm{E}\{[a\boldsymbol{s}(\theta)+\boldsymbol{v}][a\boldsymbol{s}(\theta)+\boldsymbol{v}]^{\mathrm{H}}\}\\ &= \sigma_s^2\boldsymbol{s}(\theta)\boldsymbol{s}^{\mathrm{H}}(\theta)+\boldsymbol{R}_v\end{aligned} \tag{4-52}$$

利用矩阵求逆引理：

$$(\boldsymbol{b}\boldsymbol{b}^{\mathrm{H}}+\boldsymbol{A})^{-1} = \boldsymbol{A}^{-1} - \frac{\boldsymbol{A}^{-1}\boldsymbol{b}\boldsymbol{b}^{\mathrm{H}}\boldsymbol{A}^{-1}}{1+\boldsymbol{b}^{\mathrm{H}}\boldsymbol{A}^{-1}\boldsymbol{b}} \tag{4-53}$$

可得

$$\boldsymbol{R}_x^{-1} = \boldsymbol{R}_v^{-1} - \frac{\sigma_s^2\boldsymbol{R}_v^{-1}\boldsymbol{s}(\theta)\boldsymbol{s}^{\mathrm{H}}(\theta)\boldsymbol{R}_v^{-1}}{1+\sigma_s^2\boldsymbol{s}^{\mathrm{H}}(\theta)\boldsymbol{R}_v^{-1}\boldsymbol{s}(\theta)} \tag{4-54}$$

这样，线性约束最小方差准则的最佳加权矢量为

$$w_{opt}=\mu R_v^{-1}s(\theta)\left[1-\frac{\sigma_s^2 s^H(\theta)R_v^{-1}s(\theta)}{1+\sigma_s^2 s^H(\theta)R_v^{-1}s(\theta)}\right] \tag{4-55}$$

因为μ为任意非零常数，所以可将

$$\mu\left[1-\frac{\sigma_s^2 s^H(\theta)R_v^{-1}s(\theta)}{1+\sigma_s^2 s^H(\theta)R_v^{-1}s(\theta)}\right] \tag{4-56}$$

用μ表示，于是有线性约束最小方差准则的最佳加权矢量$w_{opt}=\mu R_x^{-1}s(\theta)$，等于最大信噪比准则的最佳加权矢量$w_{opt}$，即线性约束最小方差准则与最大信噪比准则等价。

4.3.2　自适应数字波束形成算法

自适应数字波束形成就是空间采样信号的自适应数字滤波，因此获得最佳加权矢量的算法可以直接采用时域信号自适应数字滤波的各种算法。这些算法中常用的主要有基于梯度估计的最小均方误差算法、基于直接矩阵运算的采样协方差矩阵求逆算法和基于矩阵分块运算导出的递推最小二乘算法等。最小均方误差算法实现较简单，但收敛速度较慢；采样协方差矩阵求逆算法有较快的收敛速度，但数值稳定性稍差，要求有较高的运算精度；最小二乘算法的收敛速度快，数值稳定性也较好。

由于自适应数字波束形成系统的最佳加权矢量要与阵列接收信号当前的统计特性相匹配，所以一个非常重要的问题是获得最佳加权矢量所需要的运算时间要尽可能短，即收敛速度要尽可能快。因此，下面介绍收敛速度较快的采样协方差矩阵求逆算法和递推最小二乘算法。

1. 采样协方差矩阵求逆算法

我们可以采用采样协方差矩阵求逆算法来实现w_{opt}的直接计算，这是一种全自适应阵列处理方法。该算法的运算速度主要由确定干扰加噪声矢量v的协方差矩阵R_v所需的时间和矩阵求逆所需的时间来决定。虽然理论上确定R_v涉及无限长时间的平均，但也已证明，可以由干扰加噪声环境的$2N$个独立采样得到R_v的良好估计，使干扰对消效果与最佳值之差限制在3dB以内。这里N为自适应的自由度数目，而一次采样是一组阵元信号。因此，一旦求得足够的样本数据，就可求得R_v的估计值$\hat{R}_v$，然后通过矩阵求逆并与矢量相乘，获得最佳加权矢量w_{opt}。图4-7是采用采样协方差矩阵求逆算法的自适应数字波束形成器的原理框图。

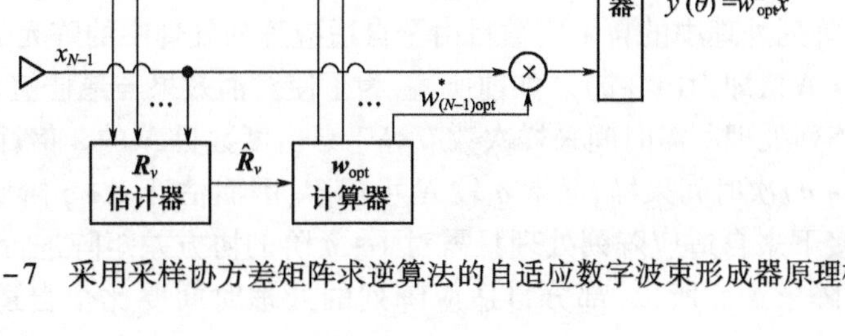

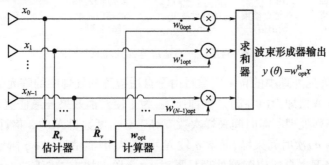

图4-7　采用采样协方差矩阵求逆算法的自适应数字波束形成器原理框图

2. 自适应 - 自适应阵列处理

采样协方差矩阵求逆算法自适应数字波束形成是一种全自适应阵列处理方法。自适应 - 自适应阵列处理技术是一种干扰对消新技术，也是一种部分自适应阵列处理方法。这种技术具有全自适应阵列处理的优点，还克服了它所存在的一些缺点，如计算量大、在干扰源位置以外的其他方向上旁瓣特性差以及暂态特性不好等，但这种技术是以硬件的复杂性为代价实现的。

自适应 - 自适应阵列处理技术采用三步处理方式。第一步采用阵列输出信号的离散傅里叶变换、最大熵法信号的频谱估计，或者用辅助波束在角度上搜索等方法，确定干扰源的数目并对其方位进行估计。第二步根据干扰源的数目和方位，形成指向这些干扰源的辅助波束，一个辅助波束指向一个干扰源。这些波束是利用整个阵列信号且与主波束形成网络并联的一些辅助波束形成网络形成的。所形成的辅助波束数目等于干扰源的数目，如有必要，这些波束也可以采用幅度加权的方式形成，以便获得较低的旁瓣电平。第三步利用主波束形成网络端口输出信号与指向干扰源的辅助波束形成网络端口输出信号一起形成部分自适应 $1+q$ 维变换阵列信号，q 为干扰源的数目，然后利用类似于采样协方差矩阵求逆算法实现自适应数字波束形成，如图 4 - 8 所示。

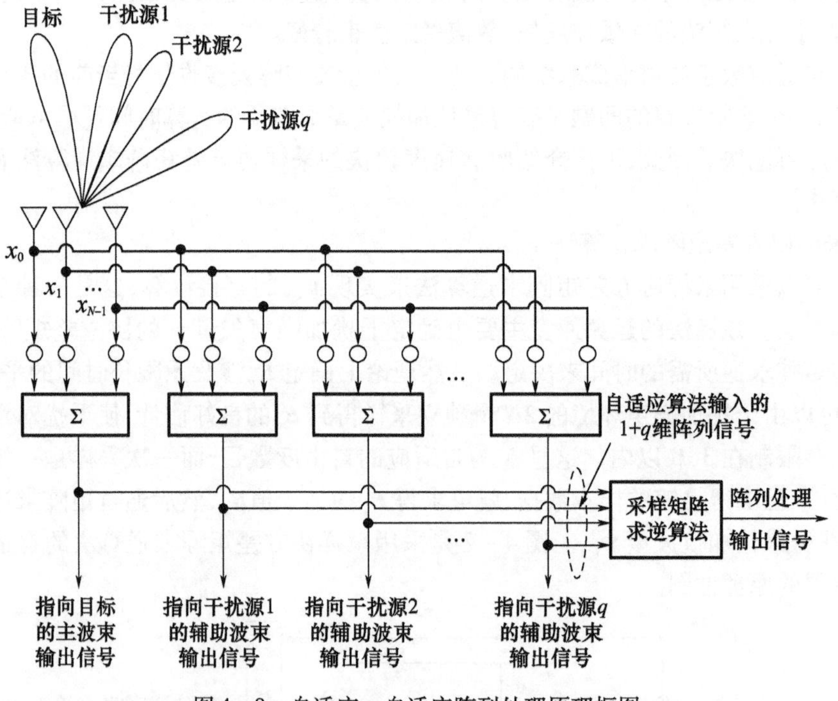

图 4 - 8　自适应 - 自适应阵列处理原理框图

部分自适应阵列处理中的自由度数目由全自适应阵列处理中的阵元数 N 减少为 1 加干扰源数目 $q(q<N)$，即为 $(1+q)$。如前所述，为了使对消效果与最佳值之差限制在 3dB 以内，全自适应阵列处理所需时间采样次数应等于自由度数目 N 的 2 倍；而部分自适应阵列处理只需 $2(1+q)$ 次时间采样，通常 q 较 N 小得多，因而估计 $1+q$ 阶协方差矩阵的时间将大大缩短；接下来自适应阵列处理只需对 $1+q$ 阶的协方差矩阵进行求逆，而不是对 N 阶的协方差矩阵求逆。所以，部分自适应阵列的处理时间要比全自适应阵列处理短

得多。

下方对窄带高频信号、N 元均匀线阵的情况做简要分析。将 N 个接收通道接收到的干扰加噪声看作是长度为 N 的序列 $\nu_n(n=0,1,\cdots,N-1)$，其自相关函数的估计为

$$\hat{r}_\nu(m) = \frac{1}{N}\sum_{n=0}^{N-1}\nu_n\nu_{n-m}^* \qquad (m = 0, \pm 1,\cdots, \pm (N-1)) \tag{4-57}$$

为了对$\hat{r}_\nu(m)$做 $L(L\geqslant 2N-1)$点离散傅里叶变换，以估计序列 ν_n的功率谱$\hat{P}_\nu(k)$，需将$\hat{r}_\nu(m)$的区间从 $-(N-1)\sim(N-1)$移到$0\sim 2(N-1)$。为此，令 $l=m+N-1$，则

$$\hat{r}_\nu(l) = \begin{cases}\hat{r}_\nu(l-N+1) & (l=0,1,\cdots,2(N-1))\\ 0 & (l=0,1,\cdots,2(N-1))\end{cases} \tag{4-58}$$

这样，$\hat{r}_\nu(l)$的 L 点离散傅里叶变换为

$$\hat{P}_\nu(k) = \sum_{l=0}^{L-1}\hat{r}_\nu(l)\exp[-\mathrm{j}(2\pi/L)kl] \qquad (k = 0,1,\cdots,L-1) \tag{4-59}$$

结果$\hat{P}_\nu(k)$就是来自某个角度 θ 的干扰加噪声序列 ν_n的功率谱估计。为了确定干扰源的角度 θ，可在离散傅里叶变换的噪声电平以上设置一个适当的门限来检测干扰源，其角度由干扰功率谱的峰值对应的 k 值计算得到。利用关系式

$$\frac{2\pi d}{\lambda}\sin\theta = \frac{2\pi k}{L} \qquad (k=0,1,\cdots,L/2-1) \tag{4-60}$$

和

$$\frac{2\pi d}{\lambda}\sin\theta = \frac{2\pi(k-L)}{L} \qquad (k=L/2,L/2+1,\cdots,L-1) \tag{4-61}$$

得

$$\theta = \arcsin\frac{\lambda}{Ld}k \qquad (k=0,1,\cdots,L/2-1) \tag{4-62}$$

和

$$\theta = \arcsin\frac{\lambda}{Ld}(k-L) \qquad (k=L/2,L/2+1,\cdots,L-1) \tag{4-63}$$

所以，一旦干扰功率谱的峰值对应的 k 值得到，就可由式(4-62)、式(4-63)计算出干扰源的角度 θ。

q 个干扰源的角度一经确定，就可以形成 q 个辅助波束。主波束输出信号与辅助波束输出信号构成 $1+q$ 维等效阵列信号。若辅助波束接收到位于主波束方向上的信号可以忽略不计，则由 $1+q$ 维等效阵列信号可以估计出协方差矩阵 $\boldsymbol{R}_{\mathrm{T}}$，于是根据采样矩阵求逆算法，自适应-自适应阵列处理的最佳加权矢量为

$$\boldsymbol{w}_{\mathrm{opt}} = \alpha\hat{\boldsymbol{R}}_{\mathrm{T}}^{-1}\boldsymbol{s}_{\mathrm{T}} \tag{4-64}$$

式中：α 为任意的非零常数；$\boldsymbol{s}_{\mathrm{T}}$为 $1+q$ 维列矢量，基于前面的分析，该矢量为 $\boldsymbol{s}_{\mathrm{T}}=[1\ 0\ \cdots\ 0]^{\mathrm{T}}$。

最后对全自适应阵列处理自适应数字波束形成与部分自适应阵列处理数字波束形成作简要比较。

如果辅助波束的数目等于或大于干扰源的数目，则部分自适应阵列处理的性能基本上与全自适应阵列处理的性能相同。

全自适应阵列处理时，为了获得不超过 3dB 的性能损失，所需要的快拍采样次数为

2N;而部分自适应阵列处理只需 2(1 + q)次快拍采样,通常 q 比 N 小得多。

全自适应阵列处理需要估计 N 阶的协方差矩阵$\hat{\boldsymbol{R}}_\nu$,并求逆,它们都需要 N^3 次数量级的复数乘法和复数加法运算;而部分自适应阵列处理要估计并求逆的协方差矩阵$\hat{\boldsymbol{R}}_{\mathrm{T}}$的阶数降为 $1+q$,这将大大减少运算量,提高自适应阵列处理的收敛速度。

3. 递推最小二乘算法

最小二乘准则中,为了避免获得最佳加权矢量 $\boldsymbol{w}_{k\mathrm{opt}}$ 所需的矩阵求逆带来的困难和复杂的运算。下面研究它的递推算法,并将 $\boldsymbol{w}_{k\mathrm{opt}}$ 简记为 $\boldsymbol{w}_k$。

根据 $\boldsymbol{R}_k$ 和 $\boldsymbol{r}_k$ 的定义式(4-51),可得其递推计算公式分别为

$$\begin{cases}\boldsymbol{R}_k=\lambda\boldsymbol{R}_{k-1}+\boldsymbol{x}_k\boldsymbol{x}_k^{\mathrm{H}}\\ \boldsymbol{r}_k=\lambda\boldsymbol{r}_{k-1}+\boldsymbol{x}_k d_k^*\end{cases}\tag{4-65}$$

利用矩阵求逆引理式(4-53),得 $\boldsymbol{R}_k$ 的逆矩阵 $\boldsymbol{R}_k^{-1}$ 的递推计算公式为

$$\begin{aligned}\boldsymbol{R}_k^{-1}&=\frac{1}{\lambda}\left(\boldsymbol{R}_{k-1}^{-1}-\frac{\boldsymbol{R}_{k-1}^{-1}\boldsymbol{x}_k\boldsymbol{x}_k^{\mathrm{H}}\boldsymbol{R}_{k-1}^{-1}}{\lambda+\boldsymbol{x}_k^{\mathrm{H}}\boldsymbol{R}_{k-1}^{-1}\boldsymbol{x}_k}\right)\\&=\frac{1}{\lambda}(\boldsymbol{R}_{k-1}^{-1}-\boldsymbol{K}_k\boldsymbol{x}_k^{\mathrm{H}}\boldsymbol{R}_{k-1}^{-1})\end{aligned}\tag{4-66}$$

式中:$\boldsymbol{K}_k$ 称为增益矢量,定义为

$$\boldsymbol{K}_k=\frac{\boldsymbol{R}_{k-1}^{-1}\boldsymbol{x}_k}{\lambda+\boldsymbol{x}_k^{\mathrm{H}}\boldsymbol{R}_{k-1}^{-1}\boldsymbol{x}_k}\tag{4-67}$$

利用式(4-66)和式(4-67),可以证明

$$\begin{aligned}\boldsymbol{R}_k^{-1}\boldsymbol{x}_k&=\frac{1}{\lambda}(\boldsymbol{R}_{k-1}^{-1}\boldsymbol{x}_k-\boldsymbol{K}_k\boldsymbol{x}_k^{\mathrm{H}}\boldsymbol{R}_{k-1}^{-1}\boldsymbol{x}_k)\\&=\frac{1}{\lambda}[(\lambda+\boldsymbol{x}_k^{\mathrm{H}}\boldsymbol{R}_{k-1}^{-1}\boldsymbol{x}_k)\boldsymbol{K}_k-\boldsymbol{K}_k\boldsymbol{x}_k^{\mathrm{H}}\boldsymbol{R}_{k-1}^{-1}\boldsymbol{x}_k]\\&=\boldsymbol{K}_k\end{aligned}\tag{4-68}$$

这样,由式(4-50)可得加权矢量 $\boldsymbol{w}_k$ 的计算公式为

$$\begin{aligned}\boldsymbol{w}_k&=\boldsymbol{R}_k^{-1}\boldsymbol{r}_k\\&=\frac{1}{\lambda}(\boldsymbol{R}_{k-1}^{-1}-\boldsymbol{K}_k\boldsymbol{x}_k^{\mathrm{H}}\boldsymbol{R}_{k-1}^{-1})(\lambda\boldsymbol{r}_{k-1}+\boldsymbol{x}_k d_k^*)\\&=\boldsymbol{R}_{k-1}^{-1}\boldsymbol{r}_{k-1}+\frac{1}{\lambda}(\boldsymbol{R}_{k-1}^{-1}\boldsymbol{x}_k-\boldsymbol{K}_k\boldsymbol{x}_k^{\mathrm{H}}\boldsymbol{R}_{k-1}^{-1}\boldsymbol{x}_k)d_k^*-\boldsymbol{K}_k\boldsymbol{x}_k^{\mathrm{H}}\boldsymbol{R}_{k-1}^{-1}\mathrm{r}_{k-1}\end{aligned}\tag{4-69}$$

式(4-69)中的第一项和第三项中的 $\boldsymbol{R}_k^{-1}\boldsymbol{r}_{k-1}=\mathrm{w}_{k-1}$;根据式(4-68)、式(4-69)中的中间一项等于 $\boldsymbol{K}_k d_k^*$,于是得到加权矢量 $\boldsymbol{w}_k$ 的递推计算公式为

$$\begin{aligned}\boldsymbol{w}_k&=\boldsymbol{w}_{k-1}+\boldsymbol{K}_k d_k^*-\boldsymbol{K}_k\boldsymbol{x}_k^{\mathrm{H}}\boldsymbol{w}_{k-1}\\&=\boldsymbol{w}_{k-1}+\boldsymbol{K}_k(d_k^*-\boldsymbol{x}_k^{\mathrm{H}}\boldsymbol{w}_{k-1})\\&=\boldsymbol{w}_{k-1}+\boldsymbol{K}_k(d_k-\boldsymbol{w}_{k-1}\boldsymbol{x}_k)^*\\&=\boldsymbol{w}_{k-1}+\boldsymbol{K}_k e_k^*\end{aligned}\tag{4-70}$$

式中:$e_k=d_k-\mathrm{w}_{k-1}^{\mathrm{H}}\boldsymbol{x}_k$,为先验估计(预测)误差。

综上结果,可以得到递推最小二乘算法如下。

步骤 1:初始化,确定遗忘因子 λ 的值;$\boldsymbol{w}_0=0$;$\boldsymbol{R}_0^{-1}=\delta^{-1}\boldsymbol{I}$,其中 δ 是一个很小的正

数值。

步骤 2：加权矢量更新：$k=1,2,\cdots$

$$\begin{cases} e_k = d_k - \boldsymbol{w}_{k-1}^{\mathrm{H}} \boldsymbol{x}_k \\ \boldsymbol{K}_k = \dfrac{\boldsymbol{R}_{k-1}^{-1} \boldsymbol{x}_k}{\lambda + \boldsymbol{x}_k^{\mathrm{H}} \boldsymbol{R}_{k-1}^{-1} \boldsymbol{x}_k} \\ \boldsymbol{R}_{k-1}^{-1} = \dfrac{1}{\lambda}(\boldsymbol{R}_{k-1}^{-1} - \boldsymbol{K}_k \boldsymbol{x}_k^{\mathrm{H}} \boldsymbol{R}_{k-1}^{-1}) \\ \boldsymbol{w}_k = \boldsymbol{w}_{k-1} + \boldsymbol{K}_k e_k^* \end{cases} \tag{4-71}$$

递推最小二乘算法需要初始化 λ、$\boldsymbol{w}_0$ 和 $\boldsymbol{R}_0^{-1}$，作为递推的初始状态。

如前面所给出的，遗忘因子 λ 的值一般取 0.95～0.9995。根据遗忘因子的作用，在平稳情况下，其值可以取得大些；而在非平稳情况下，其值应取得小些。

为了在自相关矩阵 $\boldsymbol{R}_k$ 的计算中减小初始值 $\boldsymbol{R}_0$ 的作用，δ 应为一个很小的正数值。δ 的典型取值为 0.01 或更小。如果简单地取 $\delta=1$，将严重地影响递推最小二乘算法的收敛速度及收敛结果，这是应当注意的。

习　题

1. 设有一个 $N=8$ 的均匀线阵，阵元间距 $d=\lambda/2$，计算在阵列法线方向该阵列的波束宽度、天线增益、副瓣电平。
2. 比较几种不同结构数字波束形成器的特点。
3. 简述采样协方差矩阵求逆算法的基本原理。
4. 简述接收波束形成的基本原理。
5. 对比分析不同自适应数字波束形成最佳准则的最佳加权矢量。

第5章 脉冲多普勒处理

脉冲雷达的多普勒处理是指对接收到的来自某一固定距离单元、一段时间内多个脉冲的信号，进行滤波或谱分析处理。其目的一般是在存在严重杂波的情况下抑制杂波，提高信噪比，并使目标检测成为可能。机载雷达下视时，地杂波的能量横跨所有距离大于机载高度值的距离单元，雷达平台的运动会使得杂波频谱展宽。由于慢时间数据按照雷达脉冲重复频率进行采样，所以其多普勒谱是周期性的，并且周期等于脉冲重复频率。谱区中以杂波作为主要干扰的部分通常称为杂波区，杂波区的宽度由雷达平台运动、载频和脉冲重复频率决定。而以噪声作为主要干扰的谱区通常称为无杂波区，杂波区和无杂波区之间的过渡部分有时定义为过渡区。在过渡区内，噪声和杂波都是主要的干扰源。运动目标可以出现在谱的任何位置，具体的位置取决于它们相对于雷达的径向速度。

大多数情况下，杂波、目标和噪声信号的相对幅度关系为目标信号幅度高出噪声电平（信噪比远大于1dB），但低于杂波幅度（信杂比远小于1）。在这种情况下，单独依靠慢时间信号幅度不可能可靠地检测出目标，这是因为目标的存在与否对整个信号的能量影响不大。多普勒处理被用来在多普勒域分离目标和杂波信号，可以把杂波信号滤除掉，保留下来的目标信号便成为最强的信号；也可以把多普勒谱直接计算出来，从而使位于杂波区外的目标信号可以根据其远远超过噪声电平的频率分量被检测出来。

与常规雷达不同的是，动目标显示通常是完全在时域对慢时间信号进行处理的情况，而脉冲多普勒处理指的是在多普勒域对信号进行处理的情况。动目标显示处理需要的运算量较少，但也只能获得有限的信息；脉冲多普勒处理要求有较大的运算量，但能获得更多信息和更高的信干比。本书只考虑利用数字技术实现的相参多普勒处理，这也是现代雷达普遍采用的方法。

5.1 杂波的统计模型

杂波指的是接收信号中由不是雷达目标的面散射或者体散射引起的回波分量。这些散射体包括地球表面的陆地和海洋，雨云等气象散射，箔条云等人造的分布式散射体，有时是干扰，而有时又是人们感兴趣的期望信号。例如，利用合成孔径成像雷达对地球表面进行成像时，地面回波就是合成孔径雷达的目标；而对于致力于发现地面运动车辆的机载或者星载监视雷达，目标周围的地杂波就是干扰信号。杂波可分为两大类：表面杂波和空中杂波。表面杂波是来自地球表面（含陆地表面和海洋表面）的回波，包括树木、植被、地形、人工建筑及海面（海杂波），简称面杂波；空中杂波是指来自雷达空间探测范围内占据一定体积的散射体的回波，包括箔条、云、雨、雾、霾、冰雹、鸟、昆虫等，甚至包括折射率不同的各层大气之间的众多分界面，也称为体杂波。

从雷达信号处理的角度考虑，主要关心的是如何对杂波回波进行建模，以便在杂波背景中检测到目标。同人造目标一样，地杂波也是由多个散射体构造的复杂目标，因而其回波也高度依赖于雷达系统参数以及地面与雷达之间的相对几何关系。所以，如同复杂目标一样，杂波也被建模成随机过程。除了时间相关之外，杂波还呈现出空间相关性，即相邻分辨单元的回波也有可能相关。

杂波和目标具有不同的概率密度函数、时间相关性、空间相关性、多普勒特性以及功率，利用这些差异可以有效分离出目标信号和杂波信号。杂波和噪声有两个主要区别：首先，杂波的功率谱不是白的（它是相关干扰）；其次，由于杂波回波是发射信号的回波，它的功率与雷达和场景的参数密切相关，这些参数包括天线增益、发射功率以及雷达到地面的距离。而噪声则完全不受这些因素的影响，它只与雷达接收机的噪声系数以及带宽有关。

5.1.1　后向散射系数

陆地和海洋的表面产生的面杂波散射特性是由它的雷达截面积的均值或者中值、后向散射系数 σ^0（无量纲的量）、后向散射系数变化的概率密度函数以及它的空间和时间相关性来刻画的。后向散射系数 σ^0 表示单位表面面积的平均雷达截面积，描述雷达截面积变化的多个概率密度函数也可以很好地表征 σ^0，常用的有指数分布、对数正态分布以及韦布尔分布。

地杂波的实际情况十分复杂，因为它具有空间上的显著不均匀性，以及时间上的不稳定性。为了简化问题的分析，可用大面积上与较长时间上的平均值来表征某地区的地面情况。雷达观测到地面的 σ^0 与地形、环境（如表面粗糙度、湿度）、气象（风速、方向、降雨量）、相对几何关系（特别是擦地角 δ，即地表面到发射波束主轴之间的夹角，也称为入射余角），以及雷达系统参数（波长、极化）有关。因此，只利用概率密度函数这一个参数不足以表征杂波，还需要对 σ^0 与上述参数的关系进行建模。考虑地杂波，σ^0 通常的变化范围为 -60 ~ -10dB。多年来通过很多次的测量，人们已经总结出了各种条件下陆地散射的统计特性，得到了各种地形和条件下 σ^0 的表格，也建立了 σ^0 变化的模型。图 5-1 为一组沙漠的后向散射系数随雷达频率以及擦地角变化的典型数据示意图。

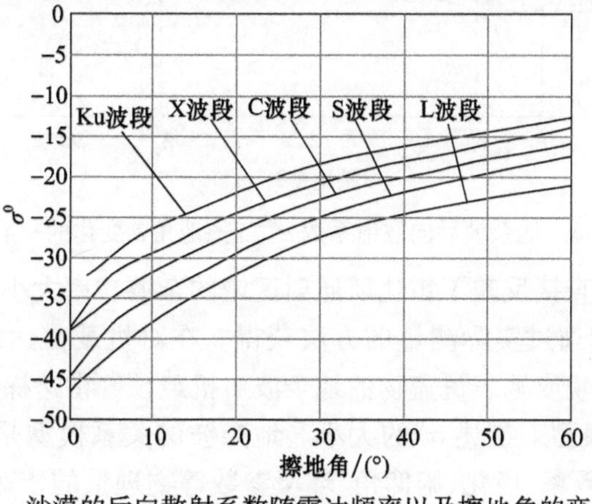

图 5-1　沙漠的后向散射系数随雷达频率以及擦地角的变化特性

一般情况下，σ^0随雷达频率的增加而增加，随擦地角的减小而减小。当工作频率一定时，σ^0随擦地角的变化范围为20～25dB；而当擦地角一定时，σ^0随频率变化的范围约为10dB。图5－2给出了S波段频率一定时，不同地形条件下σ^0随擦地角变化情况的示意图。一般情况下，反射率随地形粗糙度的增加而增加，大致趋势是从平滑的沙漠地形到复杂的城市地形，反射率逐渐增加。

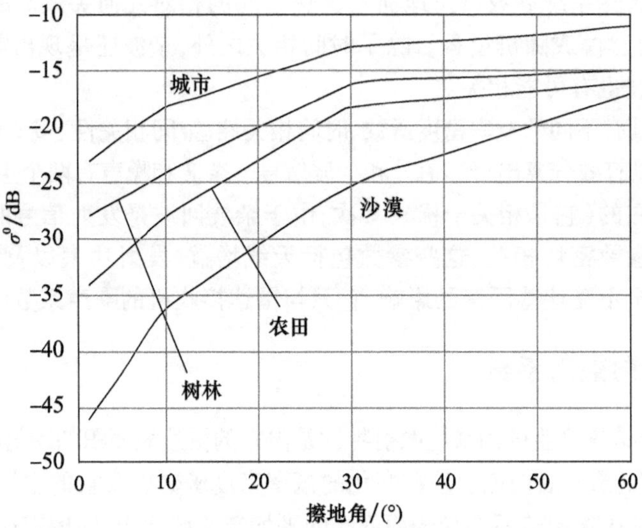

图5－2　S波段雷达后向散射系数随地形以及擦地角的变化特性

如图5-2所示，后向散射系数σ^0随擦地角的变化发生明显变化。通常，当擦地角较小时，σ^0随擦地角的变小而快速减小；当擦地角较大时（雷达视线垂直于地面），σ^0随擦地角的增大而快速增大；而在这之间的“平坦区”，σ^0的变化则比较缓慢。图5－3给出了后向散射系数σ^0随擦地角δ变化的示意图。

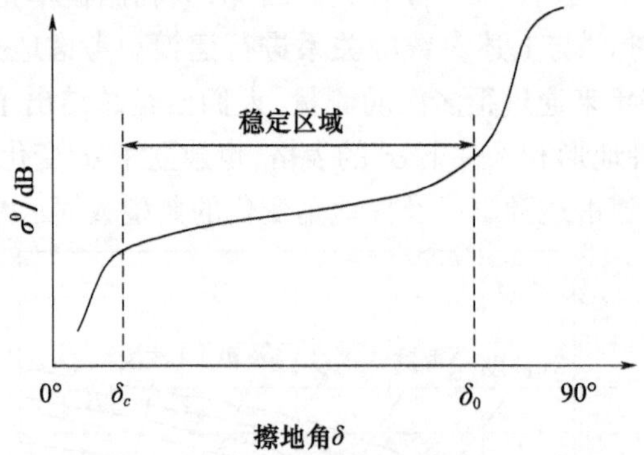

图5－3　地杂波后向散射系数σ^0随擦地角δ变化的一般特性

后向散射系数σ^0直接反映了雷达所照射区域的杂波功率大小，对于某一确定区域的后向散射系数σ^0，可以通过实际测量的方法获得。在对机载雷达系统进行仿真研究时，为了分析不同地形、地貌或地表覆盖物的地杂波对机载预警雷达探测性能的影响程度，通常采用地杂波的关系模型来描述σ^0的大小。地杂波的关系模型是指描述由试验数据拟合后向散射系数σ^0与频率、极化、俯仰角、环境参数等物理量的依赖关系的模型。常用的地杂波关系模型如下。

1. 常数模型

在平坦区，常用“恒定 γ”模型描述 σ^0，即

$$\sigma^0 = \gamma\sin\delta \tag{5-1}$$

式中：γ 表示指定雷达频率以及极化方式条件下，特定杂波的散射系数；γ 和 σ^0 都为散射系数，所以在阅读文献时，需特别注意区分作者所用的散射系数指的是哪一个。

实测数据表明，在擦地角很大的范围内（约 5°～70°），γ 基本是一个常数。由于影响机载雷达探测目标的旁瓣杂波主要来自于这一擦地角范围内，γ 是较合适的地面散射特性表征参数。

常数模型表明，σ^0 在擦地角为 90°方向可以取得最大值，而当擦地角趋于 0°时，σ^0 也慢慢减小而趋于 0。但是，常数模型并不能准确反映出当擦地角接近于 0°和 90°时，σ^0 的变化情况。对于这两种极端情况，必须采用其他模型表示 σ^0。

2. GIT 模型

许多文献认为 σ^0 与一些重要参数有关，并给出了 σ^0 的预测模型。美国佐治亚理工学院（GTRI）的 GIT 模型是其中的典型代表，表示为

$$\sigma^0 = A\,(\delta + C)^B \exp\left[\frac{-D}{1 + \sigma_h/(10\lambda)}\right] \tag{5-2}$$

式中：δ 为擦地角；σ_{h} 为均方根表面粗糙度，与地形种类等因素有关；λ 为雷达工作波长；A、B、C 和 D 为与地形以及雷达频率有关的参数，与雷达频率、地形种类有关。表 5-1 给出了 X 波段雷达的测量值。

表 5-1　GIT 模型 X 波段地杂波模型的参数

参数	杂波类型						
	土壤/沙子	草地	庄稼	树木	城市	湿雪	干雪
A	0.25	0.023	0.006	0.002	2.0	0.0246	0.195
B	0.83	1.5	1.5	0.64	1.8	1.7	1.7
C	0.0013	0.012	0.012	0.002	0.015	0.0016	0.0016
D	2.3	0	0	0	0	0	0

3. Morchin 模型

Morchin 模型的表达式为

$$\sigma^0 = \frac{A\sigma_c^0\sin\delta}{\lambda} + u\cot^2\beta_0\exp\left[-\frac{\tan^2(B-\delta)}{\tan^2\beta_0}\right] \tag{5-3}$$

式中：$u = \sqrt{f_0}/4.7$，f_0 为雷达的工作频率（GHz）；δ 为擦地角，当地类为沙漠，且 $\delta < \theta_c$ 时，$\sigma_c^0 = (\delta/\theta_c)^k$，Morchin 建议系数 k 值取 1，$\theta_c = \arcsin(\lambda/4\pi h_e)$，$h_e \approx 9.3\beta_0^{2.2}$；当 $\delta > \theta_c$ 或地类为其他地类时，$\sigma_c^0 = 1$；A、B、β_0 等是与地类有关的参数，如表 5-2 所列。

表 5-2　Morchin 模型的参数

地类	A	B	β_0	σ_c^0
沙漠	0.00126	π/2	0.14	δ/θ_c

续表

地类	A	B	β_0	σ_c^0
农田	0.004	π/2	0.2	1
丘陵	0.0126	π/2	0.4	1
高山	0.04	1.24	0.5	1

根据 Morchin 模型表达式以及表 5-2 的数据，选用雷达工作频率为 10GHz，可绘制出不同地类下后向散射系数 σ^0 与不同擦地角 δ 下的关系曲线，如图 5-4 所示。

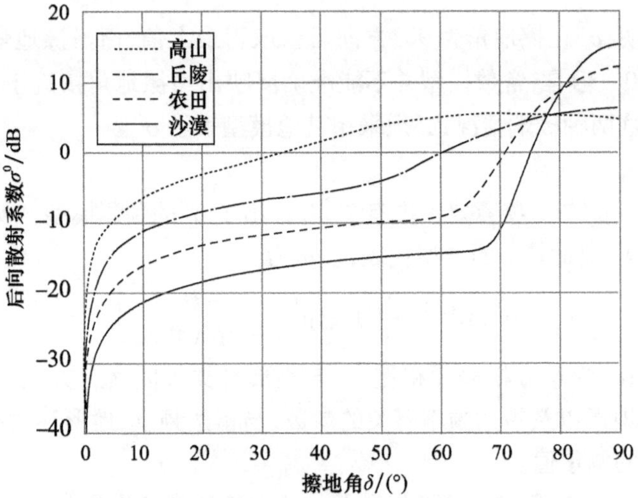

图 5-4　后向散射系数 σ^0 与地类及擦地角 δ 的关系

比较图 5-4 中不同地类的后向散射系数 σ^0，由沙漠、农田、丘陵到高山，随着地面起伏程度的增加，后向散射系数 σ^0 差别明显，在同一擦地角 δ 下，不同地面环境的后向散射系数 σ^0 的差值为 5~25dB 左右。在 $\delta<70°$ 时，沙漠的后向散射系数最小，高山的后向散射系数最大；在平坦区，起伏不大的地面，如沙漠，后向散射系数 σ^0 与擦地角 δ 的关系变化不明显。当 δ 较大接近 90°时，起伏不大的地面，如沙漠，后向散射系数由于镜面反射而急剧增大；反之，在较粗糙的地面，如高山，σ^0 随 δ 的关系变化不大，此时，沙漠的后向散射系数变为最大，而高山的后向散射系数变为最小。

海面杂波的后向散射系数 σ^0 也存在类似的模型，它除了与雷达频率、擦地角和极化方式等参数有关外，还与风速、风向、浪高以及多路径等参数有关。

5.1.2　杂波的幅度统计模型

雷达照射到地面的分辨单元内一般包括许多随机分布的散射体，它们的介电常数和几何特性等都是随机变量，由于实际雷达波束照射的地表面区域的复杂性，机载雷达接收到的杂波信号会有类似于噪声变化的方式随时间变化。造成这种变化的原因一般有两种：一种是雷达照射区域内散射点的运动，如地表的植被会随风运动；另一种是雷达波束移动或扫描时照射区域内散射点的变化所产生。这样，机载雷达接收到的地杂波是随机变化的，即 σ^0 在时间上具有随机起伏的性质，需要使用统计方法进行研究。描述地杂波的一个主要统计参数就是它的幅度的统计分布特性，其统计特性随杂波环境的不同而不同。通常可用地杂波通过雷达接收机的包络检波器后的包络幅值概率密度函数来描述。合理的地杂波幅度模型可以简化检测问题，并为雷达检测器及检测门限的设计提供依据。常用的概率密度函数有瑞利分布、对数正态分布、韦布尔分布、K 分布、伽马分布等，即常用杂波幅度分布模型有以下几种。

1. 瑞利分布

瑞利(Rayleigh)分布是一种描述高斯背景下雷达杂波幅度的有效模型。若粗糙地面的散射单元是均匀的，则根据中心极限定理，合成后的杂波近似服从高斯分布，经过包络检波以后，杂波包络幅度服从瑞利分布；当一个杂波单元内含有大量相互独立、没有明显贡献的散射源时，杂波包络也服从瑞利分布，其概率密度函数为

$$p(x)=\begin{cases}\dfrac{x}{\sigma^2}e^{-\frac{x^2}{2\sigma^2}} & (x\geqslant 0)\\ 0 & (x<0)\end{cases}\tag{5-4}$$

式中：x 为杂波的幅度；σ 为 x 的标准偏差，σ^2 为杂波的平均功率。

瑞利分布的均值 $\mathrm{E}(x)=\sigma\sqrt{\pi/2}$，方差 $\mathrm{Var}(x)=(4-\pi)\sigma^2/2$。

瑞利分布是描述雷达地杂波时适用范围最广的一种分布，非瑞利分布与瑞利分布的区别，主要在于概率密度函数的拖尾上。此外，对于工作在无杂波区的高脉冲重复频率的机载雷达而言，由于接收机噪声一般服从高斯分布，所以噪声包络幅度也可以用瑞利分布来描述。不同分布参数 σ 时，瑞利分布的概率密度函数曲线如图 5-5 所示。

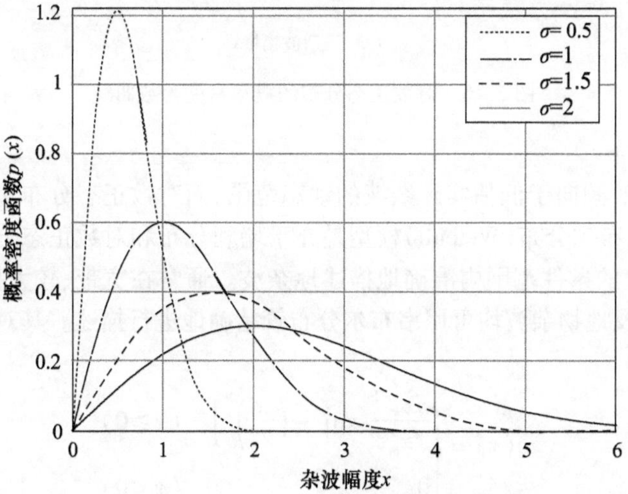

图 5-5　不同分布参数 σ 时，瑞利分布的概率密度函数曲线

2. 对数正态分布

当雷达分辨力较高而且擦地角很大时，对应于接近镜面反射的较为平坦的地物环境，杂波包络幅度的分布往往偏离瑞利分布，在高端出现较长的拖尾，即幅度较大的杂波出现的概率较高。这是因为单个分辨单元的散射点的数目减少，从而难以满足中心极限定理的条件。对数正态(log-normal)分布适用于描述此类杂波，可用来分析一些擦地角较大、

复杂地形的杂波或高分辨率雷达的海杂波。其对应的概率密度函数为

$$p(x)=\begin{cases}\dfrac{1}{\sqrt{2\pi}\sigma x}\exp\left[-\dfrac{1}{2\sigma^2}\left(\ln\dfrac{x}{x_m}\right)^2\right] & (x\geqslant 0)\\ 0 & (x<0)\end{cases} \tag{5-5}$$

式中:x_m为尺度参数,是 x 的中值;σ 为分布参数,是 $\ln x$ 的标准差。

对数正态分布有两个参数,比起只有一个参数的瑞利分布,它可以更好地与实验数据拟合。尺度参数 x_m取 1,不同分布参数 σ 时,对数正态分布的概率密度函数曲线如图 5－6 所示。

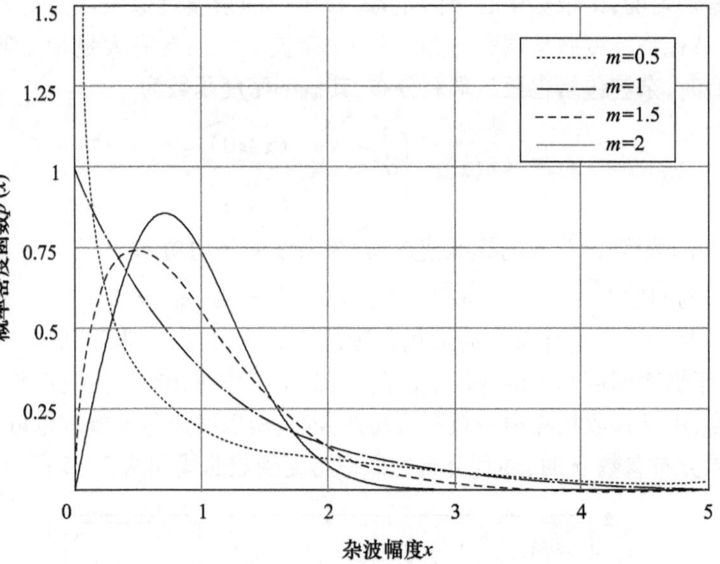

图 5－6　对数正态分布的概率密度函数曲线

3. 韦布尔分布

瑞利分布一般倾向于低估实际杂波的动态范围,而对数正态分布倾向于高估实际杂波的动态范围,韦布尔分布(Weibull)模型是介于瑞利分布和对数正态分布之间的一种杂波模型,能在很宽的条件范围内准确地描述地杂波。通常在宽带、较大擦地角情况下,一般海情的海杂波及地物杂波均可用韦布尔分布较精确地进行描述。其对应的概率密度函数为

$$p(x)=\begin{cases}\dfrac{nx^{n-1}}{x_m^n}\exp\left[-\left(\dfrac{x}{x_m}\right)^n\right] & (x\geqslant 0)\\ 0 & (x<0)\end{cases} \tag{5-6}$$

式中:x_m为 x 的中值,它是尺度参数且 $x_m>0$;n 为形状参数且 $n>0$。一般来说,$0<n\leqslant 2$,当 $n=1$ 时,韦布尔分布即为指数分布;当 $n=2$ 时,韦布尔分布退化为瑞利分布。

尺度参数 x_m 取 1,不同形状参数 n 时,韦布尔分布的概率密度函数曲线如图 5－7 所示。

表 5－3 给出了当用韦布尔分布与不同类型的地物杂波和海浪杂波数据相吻合时,韦布尔分布参数 n 的取值。

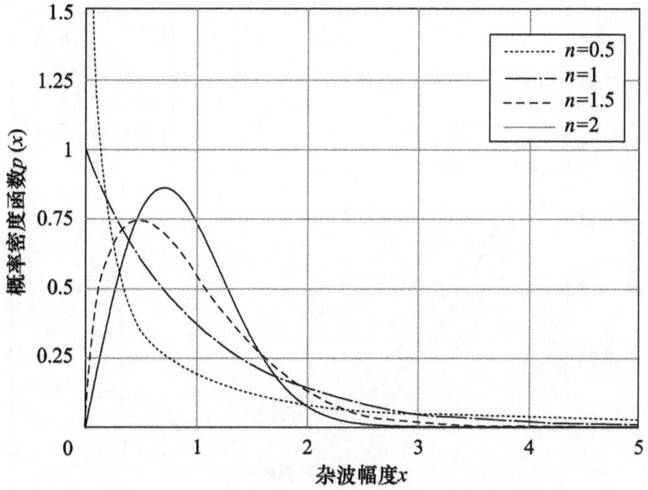

图 5 - 7　韦布尔分布的概率密度函数曲线

表 5 - 3　韦布尔分布杂波的分布参数 n

地形海情	频段	波束宽度/(°)	入射角/(°)	脉冲宽度/μs	参数 n
有岩石的高山	S	1.5	—	2	0.512
有森林的山	L	1.7	0.5	3	0.626
森林	X	1.4	0.7	0.17	0.506 ~ 0.531
耕作田地	X	1.4	0.7 ~ 0.5	0.17	0.606 ~ 2.0
海情Ⅰ	X	0.5	4.7	0.02	1.452
海情Ⅱ	Ku	5.0	1.0 ~ 30	0.10	1.160 ~ 1.783

从信号检测的观点说，瑞利分布模型代表比较平稳的杂波环境，对数正态分布模型代表比较恶劣的杂波环境，而韦布尔分布模型适用于宽广的杂波环境，在许多情况下，它是一种比较合适的杂波分布模型。

4. *K* 分布

随着雷达技术特别是高分辨率雷达技术的发展，要求更准确地描述雷达杂波的时变随机性，上述三种杂波模型并不能很好反映这种情况下的实际杂波特性，尤其是海杂波特性。

K 分布模型是描述海杂波的经验模型，它可以看作是功率受一随机过程调制的复高斯过程，其中功率调制过程是伽马分布。作为这样一种复合分布模型，它可以由一个均值是慢变化的瑞利分布来表示（这个慢变化的均值服从分布伽马分布），其概率密度函数为

$$p(x)=\begin{cases}\dfrac{2a}{\Gamma(m)}\left(\dfrac{ax}{2}\right)^{m}K_{m-1}(ax) & (x\geqslant 0)\\ 0 & (x<0)\end{cases} \tag{5-7}$$

式中：a 为尺度参数；m 为形状参数且 $m>0$；$\Gamma(\cdot)$ 为伽马函数；$K_m(\cdot)$ 为 m 阶第二类修正贝塞尔函数。当 $a=2$，不同形状参数 m 时，K 分布的概率密度函数曲线如图 5 - 8 所示。

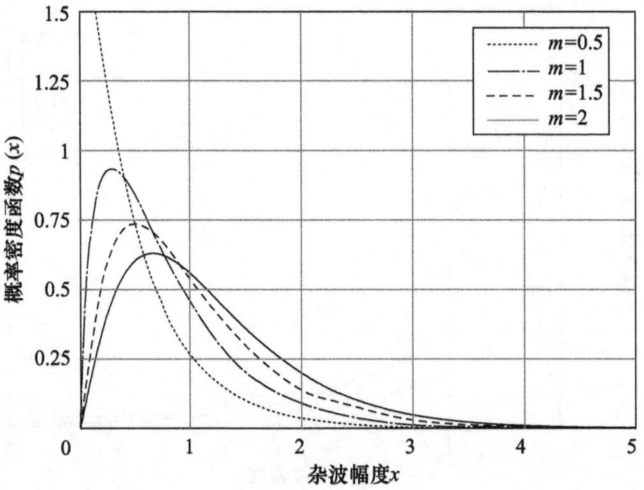

图5-8　K分布的概率密度函数曲线

对高分辨率雷达在低视角工作时获得的海杂波回波包络的研究表明，用K分布的复合形式可以很好地与观测数据匹配。该模型不仅在很宽的条件范围内与杂波幅度分布很好地匹配，而且还可以正确地表征杂波回波脉冲间的相关特性。用K分布的复合形式表示海杂波主要基于如下假设：在每个给定距离方位分辨单元中的海杂波幅度服从复高斯分布（称为散斑，Speckle），其方差在时间和空间上服从伽马分布。

5. 伽马分布

虽然K分布模型能够在大多数情况下与实际的海杂波模型相匹配，但是当估算的参数很大，如 $m>200$ 时，K分布模型就不太合适了，在这种情况下，可以用伽马（Gamma）分布替代K分布。该模型优点就是能在很宽范围内与实际的海杂波相匹配。伽马分布的概率密度函数表示为

$$p(x)=\begin{cases}\dfrac{a^m}{\Gamma(m)}(x)^{m-1}\exp(-ax) & (x\geqslant 0)\\ 0 & (x<0)\end{cases} \tag{5-8}$$

式中：a 为尺度参数；m 为形状参数且 $m>0$；$\Gamma(\cdot)$ 为伽马函数。

当 $a=1$，不同形状参数 m 时，伽马分布的概率密度函数曲线如图5-9所示。

实际上对于各种类型杂波数据分布的描述，并不存在一个综合的表达式能够概括所有现有的和常用的分布密度函数。但是，对于上述几种概括化的杂波分布模型，由于对各种分布模型的选用具备灵活性，并且能够在特定条件下更精确地逼近真实的杂波数据，因此这种工作还是具有很强的理论和实际意义。

5.1.3　杂波的功率谱统计模型

雷达杂波的功率谱是描述杂波特性的另一种重要手段，不同于幅度统计分布特性，功率谱是杂波自相关函数的傅里叶变换，描述了不同时刻杂波相关程度。常见的描述雷达杂波功率谱分布的模型主要有高斯谱模型、立方谱模型、指数谱模型和幂次谱模型等。

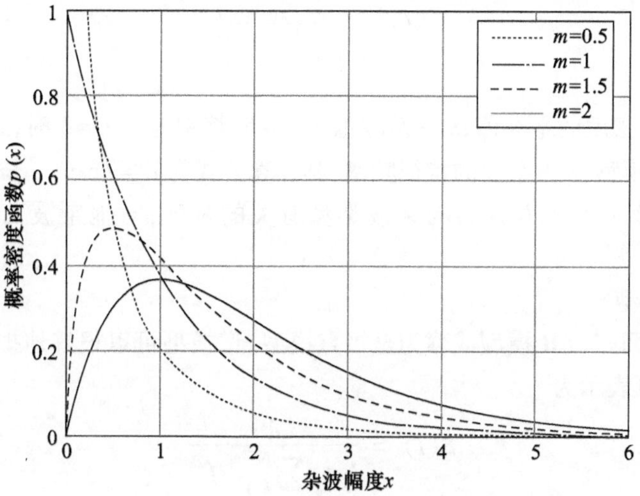

图 5－9　伽马分布的概率密度函数曲线

1. 高斯谱模型

归一化高斯功率谱密度函数可表示为

$$S(f)=\frac{1}{\sqrt{2\pi\sigma_f^2}}\exp\left[-\frac{(f-f_c)^2}{2\sigma_f^2}\right] \tag{5-9}$$

式中：f_c为杂波中心频率；σ_f为杂波谱标准差，其与杂波速度起伏展宽值 σ_v和雷达工作波长 λ 有关，即 $\sigma_f=2\sigma_v/\lambda$。

高斯谱模型的另一种表示方法为

$$S(f)=S_0\exp\left[-a\left(\frac{f-f_c}{f_3}\right)^2\right] \tag{5-10}$$

式中：S_0为杂波谱密度的平均值；f_3为杂波功率谱的半功率点宽度；a 为与杂波概率密度函数有关的参数，当杂波为高斯分布时，$a=2\sqrt{\ln 2}=1.665$。

2. 立方谱模型

归一化立方功率谱密度函数可表示为

$$S(f)=\frac{S_0}{1+\left|\frac{f-f_c}{f_h}\right|^3} \tag{5-11}$$

式中：S_0为杂波谱密度的平均值；f_h为杂波的特征频率，一般情况下 $f_h=1.22\exp(-0.2634\nu_w)$，$\nu_w$为风速。

3. 指数谱模型

归一化指数功率谱密度函数可表示为

$$S(f)=S_0\exp\left(-\frac{f-f_c}{f_h}\right) \tag{5-12}$$

式中：S_0为杂波谱密度的平均值；f_h为杂波的特征频率。

4. 幂次谱模型

归一化 n 次幂型功率谱密度函数可表示为

$$S(f)=\frac{S_0}{1+\left|\frac{f-f_c}{f_h}\right|^n} \tag{5-13}$$

式中：S_0为杂波谱密度的平均值；n一般取值为2~5，特别地当$n=3$时，式(5-13)杂波功率谱即为立方谱模型；f_h为杂波的特征频率，其计算公式为$f_h=k\exp(-\beta\nu_w)$，其中，ν_w为风速(kn)，一般取0~25kn，k、β为与杂波类型有关的常数，对地杂波而言，$k=1.333$Hz，$\beta=0.1356$。

5. 自回归模型

利用低阶自回归(AR模型或称为全极点模型)谱模型可以很好地拟合立方型和高斯型功率谱，模型可表示为

$$S(f)=\frac{A}{1+\sum_{k-1}^{N}\alpha_k f^{2k}} \tag{5-14}$$

当N的取值为2~4时，式(5-14)可以很好地匹配地基雷达的实测杂波谱。研究表明，对于机载雷达的陆地杂波，$N>10$时，才能较好地匹配实际杂波谱。AR杂波谱模型的优点是它的参数可以直接根据测量数据计算得出，而且可以采用Levinson-Durbin算法或其他类似算法对其进行实时调整。另外，AR参数可以用于设计最优的自适应杂波抑制滤波器，但该模型的缺点是随着模型阶数的增加，计算量会迅速增大。

6. Billingsley模型

机载雷达检测地面目标时，常用另外一个去相关模型，即Billingsley模型，它是近些年才提出来的。该模型能够较好地表征被风吹动的树木及其他草本植物杂波的相关特性，这类杂波是最常见的地杂波。在该模型中，假设杂波时域功率谱是双边指数衰减函数与多普勒频率原点处的冲激函数之和，即

$$S_\sigma(f)=\sigma_c^2\Big[\underbrace{\frac{\alpha}{1+\alpha}\delta_D(f)}_{\text{直流项}}+\underbrace{\frac{1}{1+\alpha}\left(\frac{\beta\lambda}{4}\right)\exp\left(-\frac{\beta\lambda}{2}|f|\right)}_{\text{交流项}}\Big] \tag{5-15}$$

式中：α为直流分量与交流分量的比值，与风速以及雷达频率有关；β决定了功率谱交流分量的宽度，主要与风速有关。对应的自相关函数为

$$\Phi_\sigma(\nu)=\sigma_c^2\left(\frac{\alpha}{1+\alpha}+\frac{1}{1+\alpha}\frac{(\beta\lambda)^2}{(\beta\lambda)^2+(4\pi\nu)^2}\right) \tag{5-16}$$

通过对大量的观测结果进行分析，Billingsley给出了α和β的经验公式，即

$$\alpha=489.8\cdot w^{-1.55}f_0^{-1.21} \tag{5-17}$$

$$\beta^{-1}=0.1048[\lg_0 w+0.4147] \tag{5-18}$$

式中：w为风速(mile/h)；f_0为雷达工作频率(GHz)。

需要注意的是，β和去相关时间都与雷达工作频率无关，这与早期的模型有点冲突。在应用式(5-18)时，要留意变量的单位，w的单位为mile/h，β的单位为m/s。

式(5-15)和式(5-16)中的直流项代表杂波回波中恒定的非随机分量，有时候也称为接收信号的"持续分量"，该分量对应杂波反射率的幅度和相位都是不变的。这种直流分量是由裸地、岩石以及树干等固定散射体引起的；而交流分量则是由树叶、树枝以及草叶等运动散射体引起的。

5.2　主瓣杂波抑制

主瓣杂波是雷达天线主瓣波束照射地面时被雷达接收的散射回波,其强度与雷达发射功率、天线主瓣的增益、地面对电磁波的反射能力及载机离地高度等因素有关。由于与主瓣相交的地面面积很大,且主瓣增益又高,所以主瓣杂波通常很强,比来自任何飞机的回波都要强得多,可以比雷达接收机的热噪声强 70～90dB(一般回波信号只比热噪声高 10dB 左右)。为防止后续相参积累处理中强主瓣杂波频谱泄漏对目标检测的影响,需要进行主瓣杂波抑制。实现主瓣杂波抑制的依据是运动目标的回波脉冲在幅度上发生变化,而静止目标的回波脉冲在幅度上保持不变。因此,主瓣杂波抑制的最简单实现形式就是比较连续回波脉冲的幅度。这一过程可以在杂波延迟线对消器中完成。

5.2.1　杂波对消器

杂波对消器用来滤除主瓣杂波,其基本原理如图 5－10 所示。

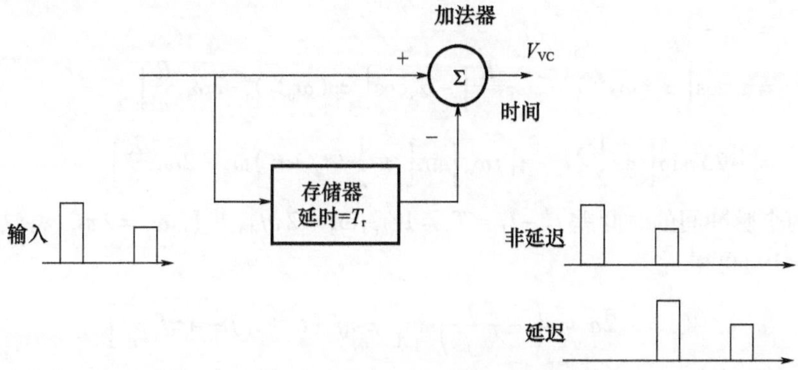

图 5－10　杂波对消器的基本原理框图

杂波对消器有模拟式和数字式两类,但其原理相同,即将前一个重复周期的回波信号延迟一个周期后与下一个重复周期同距离的信号相减。实现杂波对消的依据是运动目标的回波脉冲在幅度上发生变化,而静止目标的回波脉冲在幅度上保持不变。因此,杂波对消最简单的实现形式就是比较连续回波脉冲的幅度。这一过程可以在单延迟线对消器中完成,如图 5－10 所示。该电路将基带(视频)信号分为两路:其中一路的时延为一个脉冲重复间隔 T_r;而另一路没有时延,两路均连接到差分放大器上。在图 5－10 中,进入单延迟线中的一组脉冲包含两个脉冲,输送到延迟线路的第一个脉冲经时延 T_r 到达差分放大器,输送到非延迟线路的第二个脉冲在经历时间 T_r 后也达到差分放大器,此时延迟线路的第一脉冲和非延迟线路的第二个脉冲在时间上重合,两者构成差分放大器的两个输入。差分放大器的输出电压对应于两个输入脉冲之间的电压差。这样,该电路在两个连续脉冲间形成差分。该过程随着更多脉冲达到输入端而不停地运行下去,那么此对消电路持续输出一系列等于连续输入脉冲电压差的电压。还值得注意的是,这里所考虑的单延迟线对消电路在第一个脉冲到达时间上并没有产生有效输出,换言之,单延迟线对消器需要两个输入脉冲才能获得有效输出。

设发射信号为 $a_1\sin(\omega_t t)$，则接收信号为 $a_2\sin(\omega_r t-2\omega_t R/c)$，式中，$\omega_r=\omega_t\pm\omega_d$，$2\omega_t R/c$ 表示到目标双程距离上的相移。因此，接收信号也可以表示为 $a_2\sin[(\omega_t\pm\omega_d)t-2\omega_t R/c]$。

接收信号在乘法混频器中与从发射信号耦合出来的信号进行相参混频，这种零差式下变频将接收信号转换到基带输出。因此，该混频器的输出为 $a_1\sin(\omega_t t)a_2\sin[(\omega_t\pm\omega_d)t-2\omega_t R/c]=(a_1a_2/2)\cos[(2\omega_t\pm\omega_d)t-2\omega_t R/c]+(a_1a_2/2)\cos[(\pm\omega_d t)-2\omega_t R/c]$。式中，第一项位于 2 倍于发射频率的频率附近，容易被滤除掉，那么只剩下由式中第二项表示的分量，而由该分量即可得到多普勒频率。因此，滤波后的基带输出为 $(a_1a_2/2)\cos[(\pm\omega_d t)-2\omega_t R/c]$。该输出的峰值幅度在某种程度上是随机的，所以为方便起见，令 $a_3=(a_1a_2/2)$。该基带信号也可称作视频信号，它就是对消电路的视频输入信号。那么，对消器视频输入的包络 V_v 可表示为 $V_v=a_3\cos[(\pm\omega_d t)-2\omega_t R/c]$。

对于脉冲雷达而言，V_v 在脉冲出现时间上的数值很重要。考虑在时间 t_1 和 t_2 处的 V_v 值，这两个时间点对应于两个连续脉冲的出现时间，则有 $V_{v1}=a_3\cos[(\pm\omega_d t)-2\omega_t R/c]$，$V_{v2}=a_3\cos[(\pm\omega_d t)-2\omega_t R/c]$。对消器将这两个脉冲在时间上重合在一起，并输出两脉冲的电压差。因此，对消后的视频输出 V_{vc} 可表示为

$$
\begin{aligned}
V_{vc}&=V_{v2}-V_{v1}\\
&=a_3\cos\left[\pm(\omega_d t_1)-2\omega_t\frac{R}{c}\right]-a_3\cos\left[\pm(\omega_d t_2)-2\omega_t\frac{R}{c}\right]\\
&=-2a_3\sin\left[\pm\frac{1}{2}(t_2-t_1)\omega_d\right]\sin\left[\pm\frac{1}{2}(t_2+t_1)\omega_d-2\omega_t\frac{R}{c}\right]
\end{aligned}
\tag{5-19}
$$

上述两个脉冲间的时间差 $t_2-t_1=T_r=1/f_r$，$\omega_d=2\pi f_d$，并且 $\omega_t=2\pi f_t$，将这些表达式代入式(5-19)可得

$$
V_{vc}=-2a_3\sin\left(\pm\pi\frac{f_d}{f_r}\right)\sin\left[\pm\pi f_d(t_2+t_1)-4\pi f_t\frac{R}{c}\right]\tag{5-20}
$$

式(5-20)中第二个正弦项 $\sin[\pm\pi f_d(t_2+t_1)-4\pi f_t R/c]$ 表示对消后视频输出具有运行在多普勒频率 f_d 上的正弦波包络和与距离相关的相移 $4\pi f_t R/c$（该相移发生在到目标的双程距离上）。$-2a_3\sin(\pm\pi f_d/f_r)$ 项表示正弦波包络的峰值幅度，该项取决于多普勒频率与脉冲重复频率的比值。应再次强调的是，真实的对消后视频输出实际上是具有雷达脉冲重复频率的一系列脉冲，其包络即为式(5-20)。因此，对消后视频输出脉冲仍可提供对多普勒频率波形的采样，但是这些脉冲的幅度由式(5-20)中的第一个正弦项进行了缩放。对消器的响应可由 $-2a_3\sin(\pm\pi f_d/f_r)$ 项的绝对值，即 $|V_{vc}|$ 来表示。

当 $f_d=0$ 时，有 $|-2a_3\sin(\pm\pi f_d/f_r)|=0$。因此，零多普勒频移的目标回波没有输出，从而静态杂波被抑制。对消器响应达到最大值 $2a_3$ 的条件是 $\sin(\pi f_d/f_r)=1$，$\pi f_d/f_r=\pi/2$。也就是 $f_d=f_r/2$。

同时，距离 R 的大小正好使相移项 $2\omega_t R/c$ 置连续脉冲回波于多普勒频率波形的正负峰值处，如图 5-11 所示。脉冲的电压电平在 $+a_3$ 和 $-a_3$ 之间变化，因此产生的最大差值为 $2a_3$。此时，这些脉冲在相位间隔 $\Delta\varphi=180°$ 处对多普勒频率波形进行采样。

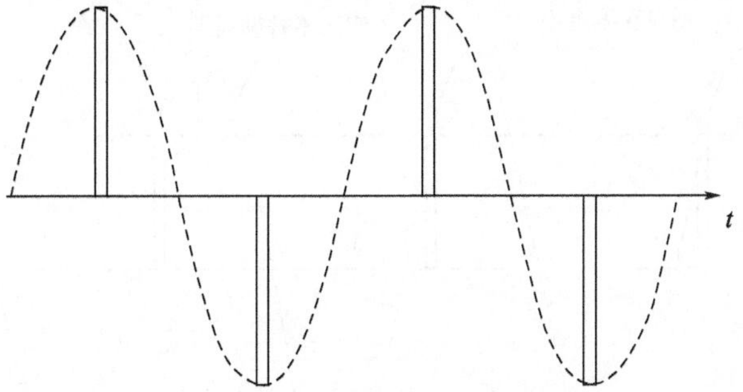

图 5-11　杂波对消器的峰值响应

$|-2A_3\sin(\pm\pi f_d/f_r)|$关于$f_d$的函数曲线表示对消器的频率响应，如图 5-12 所示。该图显示了在零多普勒频率处对消器输出为 0，而当$f_d=f_r/2$时，对消器输出达到峰值$2a_3$。还应当注意到，在频率轴上，滤波响应不断重复。由于被采样的信号是多普勒频率f_d，且采样频率为脉冲重复频率f_r，必须充分认识到欠采样将导致模糊出现。当$f_d>f_r/2$时，对消器响应将出现重复，从而引发多普勒频率模糊，这一现象在图 5-12 中的重复图形上可以明显看出。

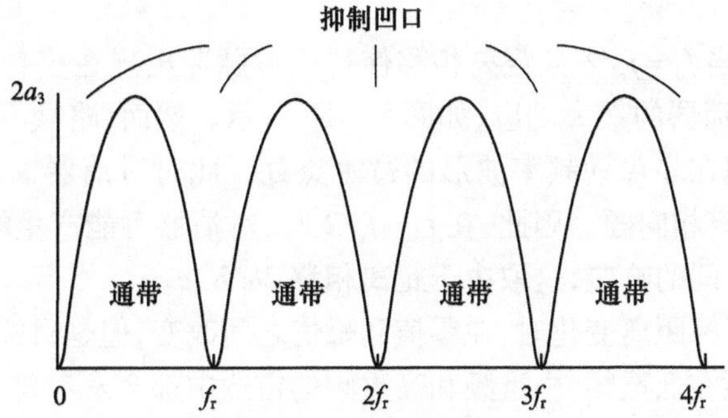

图 5-12　杂波对消器频率特性

对$f_d=0$的静态杂波的抑制会在$f_d=mf_r$处重复发生，其中m为正整数。由于杂波谱在多普勒频移等于脉冲重复频率的整数倍处重复，前面描述的单延迟线对消电路不仅在零多普勒频率处抑制杂波，而且还在等于脉冲重复频率整数倍的多普勒频移处抑制回波。从对多普勒频率波形进行相位采样的角度去看这一现象，能够容易理解对消器频率响应中重复出现的抑制零位。如果多普勒频移等于脉冲重复频率，那么连续不断而来的脉冲将出现在多普勒周期波形的同一处相位上，因此脉冲具有相等的幅度并被对消器抑制掉。$f_d=f_r$时的情况如图 5-13 所示。同样，当脉冲在相位间隔$\Delta\varphi=(180+360m)°$处对多普勒频率采样时(当$f_d=(2m+1)f_r/2$且出现适当的距离相移时)，对消器响应的峰值会重复出现。

上述的对消器响应可导致抑制带宽不足、盲相和盲速的问题。

1. 抑制带宽不足

图 5-12 所示的滤波特性表现出较窄的阻带，这将导致对具有低多普勒频移的杂波和慢速运动目标的抑制不够充分，这些回波都不是受关注的。例如，仅当$|f_d|\leqslant 0.01f_r$时

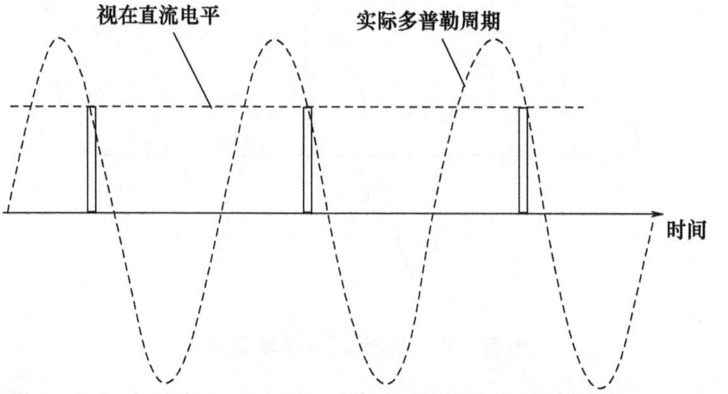

图 5－13　在 $f_d = f_r$ 时出现模糊的基带采样

才可获得 30dB 的抑制度。此外，当天线波束扫过静止目标时，扫描会给一连串的脉冲带来调制，这将被感知为较小的多普勒频移，因而该静止目标的回波将无法被完全抑制。出现扫描调制是因为在天线波束扫过固定目标时所出现的主瓣增益变化。那么，实际应用通常需要较宽的抑制带宽。为此，需要更加复杂的对消电路，后续将对此展开描述。

2. 盲相

前面已经指出，当 $f_d = f_r/2$ 且距离相移使得回波脉冲出现在多普勒频率波形的正负峰值处时，可获得对消器的最大响应，如图 5－11 所示。然而，略微不同的距离相移将可能导致回波脉冲出现在多普勒频率波形的过零点处。此时对消器输出为 0，因而导致无法发现目标，这就是盲相问题。因此，在 $f_d = f_r/2$ 时，对消器可能产生峰值响应或零响应，抑或产生介于两者之间的响应，这取决于距离相移 $2\omega_t R/c$。

对消器响应在目标距离变化时，在零值和峰值之间改变，但是目标可能在某时刻上位于盲相点上。该问题在低重频、中重频和高重频的雷达中都会发生，将射频信号下变频为零频基带输出的脉冲多普勒雷达也不例外。盲相问题可通过使用正交检波电路来解决，该电路用于将射频信号下变频至两个互相正交的基带通道，即 I 通道（同相通道）和 Q 通道（正交通道），它们可被视作完整表示基带信号的实部和虚部。因此，这两个通道可生成对基带信号的复表示。该复信号的幅度 $\sqrt{I^2 + Q^2}$ 正比于每个通道电压的平方和，因此它与距离相移无关，是一个常数。通过使用完整的复基带信号，可以解决盲相问题。

可以看出，简单对消器的凹口有时可能比杂波谱线占有的宽度要窄得多。但是，很容易将它们展宽。最简单的办法是将一个以上的对消器串联在一起，也就是将它们级联起来。

例如，使用双延迟线对消器可以增大抑制带宽，双延迟线对消器由两个单延迟线对消器串联组成，如图 5－14 所示。

双延迟线对消器直到第三个视频脉冲被送到输入端时才产生有效输出，因此在分析中必须考虑三个视频脉冲输入。前两个脉冲分别出现在时间 t_1 和 t_2 上，电压分别为 V_{v1} 和 V_{v2}。第三个脉冲输入出现在时间 t_3 上，其电压 V_{v3} 为 $V_{v3} = A_3\cos[(\pm\omega_d t_3) - 2\omega_t R/c]$。此时，第一级在时间 t_2 和 t_3 上有两个有效的输出脉冲，其电压幅度分别表示为 V_{vc2} 和 V_{vc3}。根据对单延迟线对消器的分析，可得

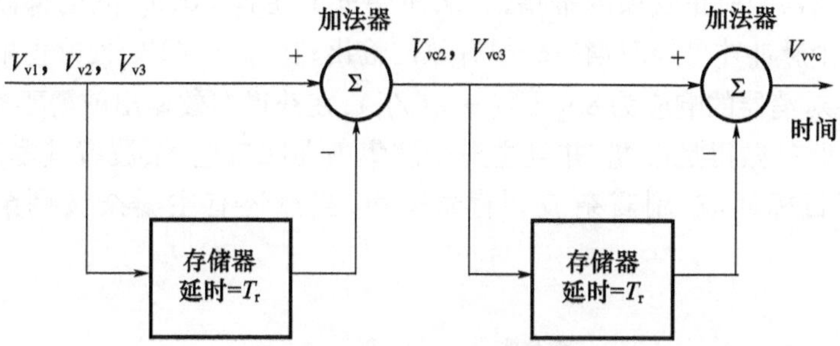

图 5-14　双延迟线对消器

$$V_{vc2}=V_{v2}-V_{v1}=-2a_3\sin\left(\pm\pi\frac{f_d}{f_r}\right)\sin\left[\pm\pi f_d(t_2+t_1)-4\pi f_t\frac{R}{c}\right] \tag{5-21}$$

和

$$V_{vc3}=V_{v3}-V_{v3}=-2a_3\sin\left(\pm\pi\frac{f_d}{f_r}\right)\sin\left[\pm\pi f_d(t_3+t_2)-4\pi f_t\frac{R}{c}\right] \tag{5-22}$$

这两个脉冲形成第二级电路的输入，然后在时间 t_3 上输出脉冲电压 V_{vvc}，即：

$$V_{vcc}=V_{vc3}-V_{vc2}=(V_{v3}-V_{v2})-(V_{v2}-V_{v1})=V_{v3}-2V_{v2}+V_{v1} \tag{5-23}$$

可得

$$V_{vcc}=-4a_3\sin^2\left(\pm\pi\frac{f_d}{f_r}\right)\cos\left[2\pi f_d\left(t_3-\frac{1}{f_r}\right)-4\pi f_t\frac{R}{c}\right] \tag{5-24}$$

式(5-24)表明，经双延迟线对消器对消后的输出仍然具有多普勒频率波形的包络和与距离相关的相移。双延迟线对消电路的响应由式中的 $-4a_3\sin^2(\pm\pi f_d/f_r)$ 项表示，如图 5-15 所示。该图表明在零多普勒频率处对消器输出为 0，当 $f_d=f_r/2$ 时达到输出峰值 $4a$。与单延迟线对消器的情况一样，双延迟线对消器也容易发生盲相问题，并且在 $f_d>f_r/2$ 时其响应将出现重复，从而引发多普勒频率模糊。由于双延迟线对消器的响应表示为正弦平方的函数，这种对消器在 $f_d=0$ 附近具有较宽的凹口抑制带宽，并且在 $f_d=mf_r$ 处重复出现。这也将导致在较宽的频带上实现杂波对消的同时，会在较宽的频带上出现盲速。在这种情况下，当 $|f_d|\leqslant 0.057f_r$ 时，可获得 30dB 的抑制度，此时被抑制的多普勒频率带宽比单延迟线对消器的情况大很多。

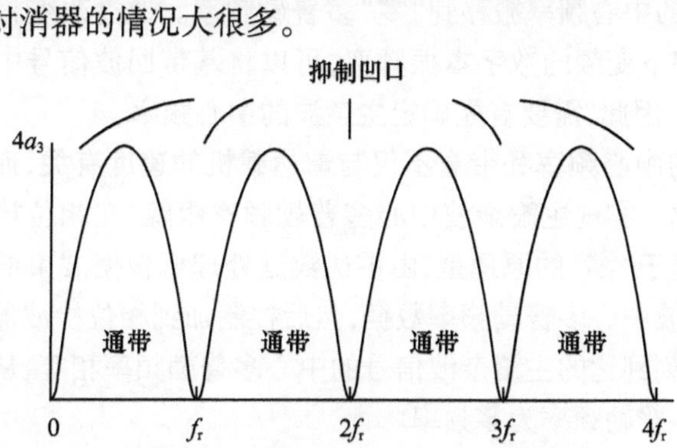

图 5-15　双延迟线对消器的响应

通过串联更多级的单延迟线对消器,可以制造出更加复杂的延迟线对消器。每增加一级将增大对消器响应正弦项的幂指数,从而展宽了在 $f_d=0, mf_r$ 处的抑制带宽;需要在输入端增加一个脉冲才可经对消后获得有效的输出;在 $f_d=f_r/2$ 处使峰值响应增加 1 倍。例如,3 延迟线对消器的响应为 $8A_3\sin^3(\pm\pi f_d/f_r)$,在获得有效输出前需要输入 4 个脉冲。

如果抑制凹口做得足够宽,并且主瓣杂波集中在凹口里,杂波就基本对消。对消后的输出中将有目标回波、副瓣杂波和背景噪声,当然还有主瓣杂波剩余,如图 5-16 所示。

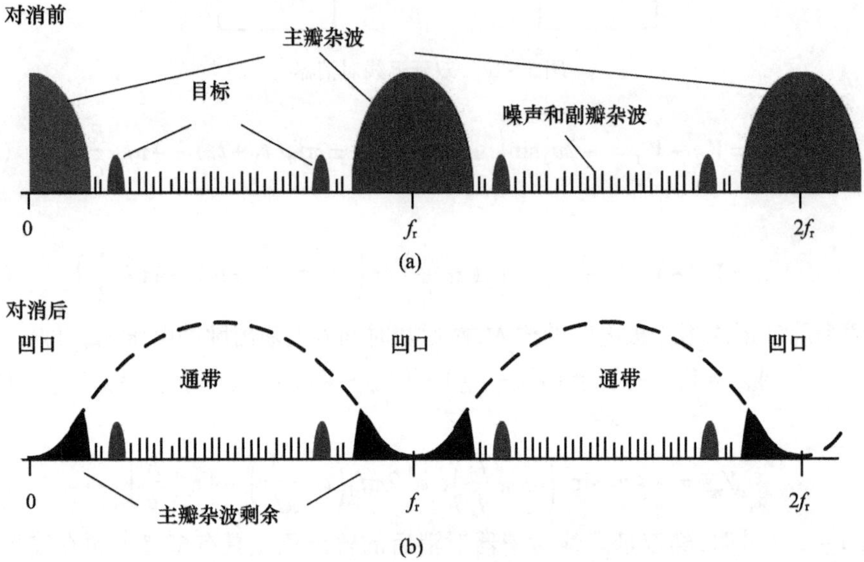

图 5-16　主瓣杂波对消器的输出

接在每个杂波对消器后面的多普勒滤波器不仅消除大部分主瓣杂波剩余,而且还大大降低与目标信号相抗衡的副瓣杂波幅度和噪声平均电平。适当选择目标门限电平,还能进一步减小杂波和噪声产生虚警的可能性。

杂波对消器通常用于地面雷达滤除固定地面杂波,这是因为雷达与地物背景之间没有相对运动,主杂波集中于多普勒频率"零"附近。机载雷达在采用杂波对消器滤除主杂波前,需要将主杂波的中心频率搬移到"零"多普勒频率。通过改变接收机下变频的本振信号频率或改变数字下变频的数字本振频率,可以将基带回波信号中的主杂波信号搬移到"零"多普勒附近。因此,需要首先确定主杂波的中心频率。

主瓣杂波频谱的中心频率和带宽不仅与雷达载机的速度有关,而且还随雷达天线的扫描视角变化而变化。实现主瓣杂波中心多普勒频率跟踪,在相位检波器内对主瓣杂波中心多普勒频率偏置于"零"的原理是,由雷达数据处理机根据波束的扫描视角和载机的速度,计算出主瓣杂波中心多普勒频率数据,然后控制加到相位检波器的基准频率源的基准频率,使其与该时刻到达的主瓣杂波信号的中心多普勒频率相等,从而使相位检波器输出的主瓣杂波中心多普勒频率为零频率。

由于杂波对消前进行了频率迁移,所以在进行杂波对消后还需要对回波信号的频率进行恢复,以获得真实的目标多普勒频率。

5.2.2 杂波对消性能分析

在对杂波对消性能的量化分析中,应考虑杂波对消器的频率响应和杂波谱。对于不同的雷达,这两者是不一样的,它们高度依赖于杂波环境。设 $S_c(f)$ 为杂波的功率谱密度,$H(f)$ 为对消器的频谱(电压)响应。雷达抑制杂波的能力称为杂波衰减(clutter attenuation,CA),定义为对消器输入的杂波功率与对消器输出的杂波功率的比值,可通过求杂波功率谱密度 $S_c(f)$ 在整个杂波频谱上的积分与被对消器响应 $H(f)$ 改变后的杂波功率谱密度在整个杂波频谱上的积分的比值得到,即

$$\mathrm{CA} = \frac{\int_0^{\infty} S_c(f)\,\mathrm{d}f}{\int_0^{\infty} S_c(f)\,|H(f)|^2\,\mathrm{d}f} \tag{5-25}$$

对消器响应和杂波谱均在脉冲重复频率整数倍处开始重复。因此,整个杂波谱上的杂波衰减可通过研究从0到 f_r 范围上的带宽来获得,积分上限可相应地进行调整,即

$$\mathrm{CA} = \frac{\int_0^{f_r} S_c(f)\,\mathrm{d}f}{\int_0^{f_r} S_c(f)\,|H(f)|^2\,\mathrm{d}f} \tag{5-26}$$

式(5-26)积分经常无法获得解析解,因为一般情况下,$S_c(f)$ 是未知的(即使已知,也无法得到解析解),通常需要求助于数值近似法。

动目标显示雷达对杂波环境下雷达性能的影响可使用动目标显示系统的改善因子(improvement factor,IF)来有效度量。改善因子定义为对消器输出端信杂比与输入端信杂比的比值。

实际中,该比值是目标多普勒频率的函数,因而改善因子是在关注的所有多普勒频率上取得的均值。那么,改善因子可表示为

$$\mathrm{IF} = \frac{(S/C)_{\mathrm{out}}}{(S/C)_{\mathrm{in}}} \tag{5-27}$$

式中:S 和 C 分别为目标信号功率和杂波功率。

杂波衰减和改善因子的关系为

$$\mathrm{IF} = \mathrm{CA} \cdot \frac{S_{\mathrm{out}}}{S_{\mathrm{in}}} \tag{5-28}$$

式中:S_{out} 为所需要的对消器输出信号;S_{in} 为所需要的对消器输入信号;$S_{\mathrm{out}}/S_{\mathrm{in}}$ 为目标信号增益,在使用单延迟线对消器时,其值为2,而在使用双延迟线对消器时,其值为6。改善因子的实际值可高达50~60dB。

对消器的输出需要具有一定的信杂比,以便能够在所需的检测概率和虚警概率下进行目标检测。其具体值取决于杂波的统计特征。不过,如果假定杂波具有服从高斯分布的统计特征,那么在杂波条件下的雷达所需的信杂比与在噪声条件下的雷达所需的信噪比是相同的。

动目标显示雷达的改善因子是对对消器从输入到输出上的信杂比改善程度的度量。因此,可以计算对消器输入端所需的信杂比。实际上,改善因子通常大到足以使所需输入

信杂比小于1(分贝值为负值),从而能检测远弱于环境杂波的目标。这种从杂波中挖出信号的能力正是动目标显示系统所具有的,该能力由杂波下可见度(subclutter visibility, SCV)来描述。这里需要注意的是,杂波下可见度定义为杂波与信号之比 C/S,而非信号与杂波之比 S/C。这样做是为了确保当以分贝表示杂波下可见度时,不会出现负值。杂波下可见度、改善因子和输出信杂比之间的关系为 $SCV_{out} = IF_{out} - (S/C)_{out}$,式中各参数的数值均用 dB 表示。

典型系统的杂波下可见度至少为30dB,因此当目标回波功率只有杂波功率的1/1000时仍可被检测到。

如果说最优设计的滤波器能够给出最大改善因子和最大杂波衰减,那么使用正负号交替的二项式系数作为加权因子的横向滤波器是接近于最优设计的。

5.3 快速傅里叶变换处理

数字窄带多普勒滤波器组是采用快速傅里叶变换算法对雷达回波信号进行频谱分析的一种方法,它是离散傅里叶变换(DFT)的一种快速算法,它使傅里叶变换的算法时间大大缩短,从而使傅里叶变换技术能真正在计算机上实现实时频谱分析。

5.3.1 离散傅里叶变换分析

一个 N 点长时间序列 $\{X(n)\}$ 的离散傅里叶变换定义为

$$X(k) = \sum_{n=0}^{N-1} x(n)\exp\left(-\mathrm{j}\frac{2\pi}{N}nk\right) \quad (k = 0,1,2,\cdots,N-1) \tag{5-29}$$

利用该函数 $\exp(-\mathrm{j}2\pi nk/N)$ 的正交性,可以得出相应的逆离散傅里叶变换为

$$x(n) = \frac{1}{N}\sum_{k=0}^{N-1} X(k)\exp\left(\mathrm{j}\frac{2\pi}{N}nk\right) \quad (n = 0,1,2,\cdots,N-1) \tag{5-30}$$

下面我们利用图5-17所示的过程来说明离散傅里叶变换的物理意义。图5-17中(a)表示给出连续时间函数 $x(t)$ 和它的频谱 $X(f)$。首先对 $x(t)$ 进行取样,以得到便于计算机计算的离散值,即用图5-17(b)所示的取样函数去乘 $x(t)$。若设取样间隔为 Δt,则取样后所得到时间序列 $x(n\Delta t)$ 和相应的频谱 $X'(f)$ 如图5-17(c)所示。由于 $x(n\Delta t)$ 为取样函数与 $x(t)$ 的乘积,因此,$X'(f)$ 为取样函数的频谱与 $X(f)$ 的卷积,所以其频谱按 $1/\Delta t$ 重复出现。当取样频率 $1/\Delta t$ 取得足够高,取样后的频谱交叠现象可以忽略不计。

在实际计算中,我们不可能处理一个无限长序列,因此必须将 $x(n\Delta t)$ 截断,即用窗口函数 $g(t)$ 去乘 $x(n\Delta t)$。图5-17(d)为矩形窗口函数和它相应的频谱 $G(f)$,矩形窗口函数的宽度 $T = N\Delta t$。图5-17(e)为截断后的序列和它相应的频谱,由于时域的截断将在频域引起吉伯斯(Gibbs)效应,因此图5-17(e)的频谱出现"波纹"。

最后一步是进行频率域取样,频域取样函数和它对应的时域波形如图5-17(f)所示。频域取样间隔 $\Delta f = 1/T = 1/N\Delta t$。

经过频域取样后得出周期的离散频谱 $X(k\Delta f)$,相应的时域信号为周期的离散信号 $x(n\Delta t)$,如图5-17(g)所示。

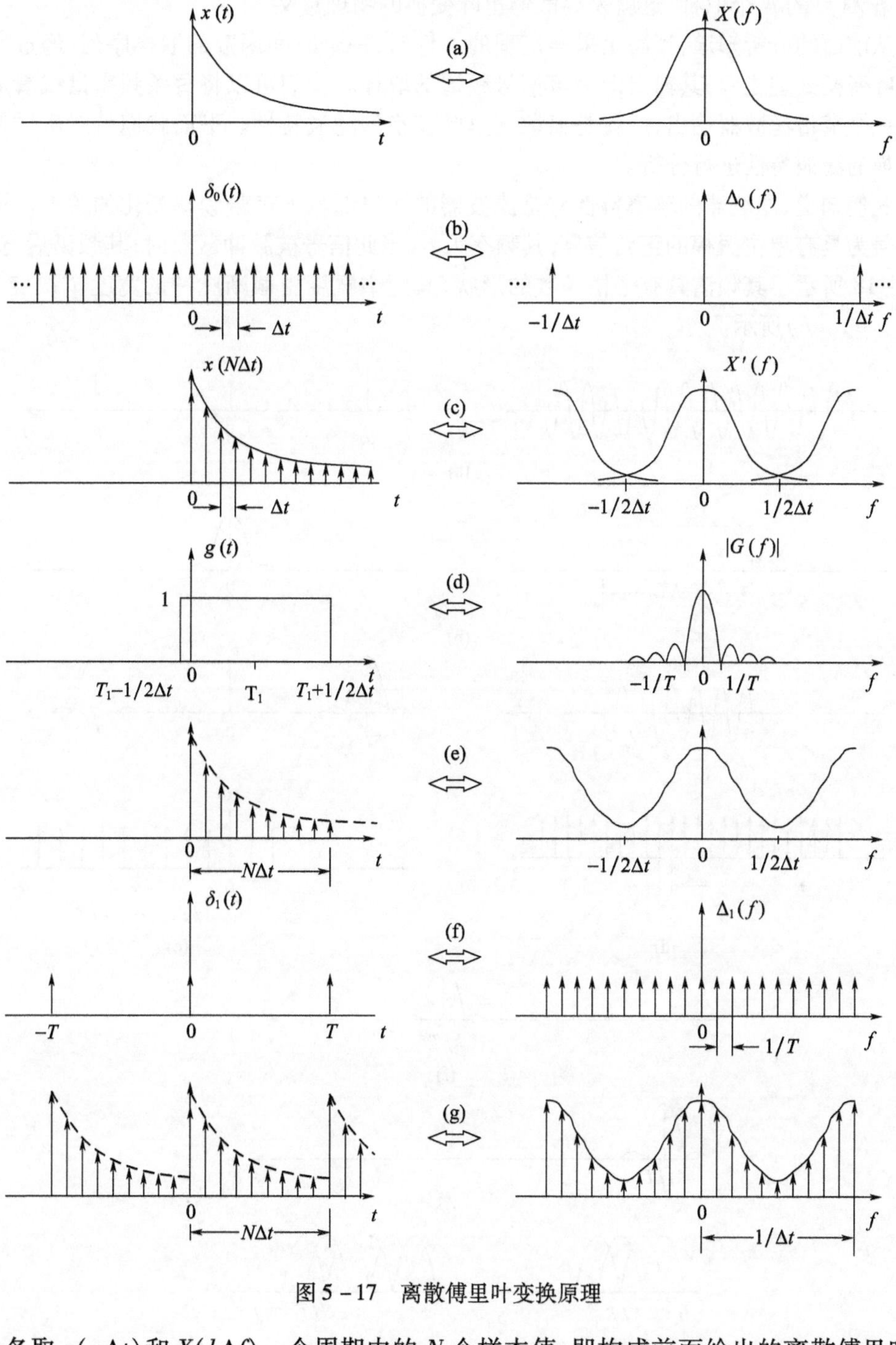

图 5-17　离散傅里叶变换原理

各取 $x(n\Delta t)$ 和 $X(k\Delta f)$ 一个周期内的 N 个样本值，即构成前面给出的离散傅里叶变换对。

综上所述，如果对于在有限的时间间隔 0 ~ T 截取的时间信号 $x(t)$ 均匀抽取 N 个样本，当取样频率 $f_s = N/T$ 大于信号 $x(t)$ 的最高频率分量 f_c 的两倍时（满足取样定理，不会发生信号丢失），对这 N 个样本进行离散傅里叶变换所得到的频谱序列 $X(k)$，即为 $x(t)$

的频谱 $X(f)$ 的 N 个取样,这就是离散傅里叶变换的物理意义。

从前面的分析知道,当满足采样定理的条件时,一个时间函数的取样序列,经过离散傅里叶变换处理之后,其输出即为该信号频谱的取样。我们可以将每条频率谱线看成对应于一个窄带滤波器输出,这就是离散傅里叶变换的滤波特性。下面我们就对离散傅里叶变换的滤波特性进行分析。

我们知道,滤波器的频率特性就是滤波器的输出随输入信号频率变化的关系。设输入信号为具有单位振幅的正弦信号,其频率为 f_1,当此信号被脉冲截断时,其频谱展宽,如图 5-18 所示。其频谱具有辛格函数的形状,其频谱宽度由截断脉冲的宽度 T 决定 $2/T$ 如图 5-18(c)所示。

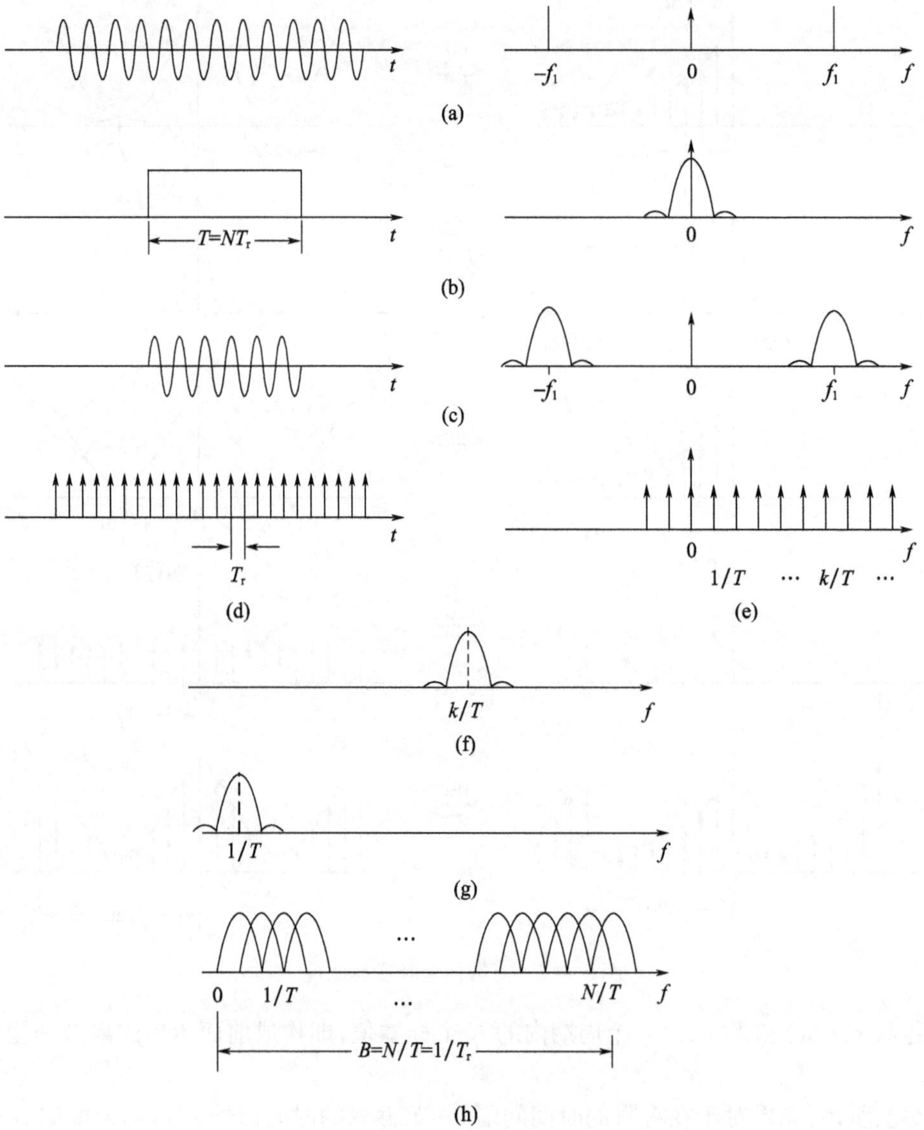

图 5-18 离散傅里叶变换滤波特性

当对此信号从时域取样进行离散傅里叶变换时，其采样时间间隔 $\Delta t = T_r$（采样频率等于 f_r），如图 5 - 18(d)所示。截断脉冲的宽度 T 与采样时间间隔 Δt 的关系是 $T = N \cdot \Delta t$。

而离散傅里叶变换从频域进行取样的取样频率位置是固定的 k/T，对某一取样频率点 k/T 来说，其输出 $X(k)$ 的大小，显然与取样频谱中对应频率分量相一致，当被取样信号的频率 $f = k/T$ 时，输出最大，而当被取样信号的频率 f 偏离 k/T 时，其输出减小，其减小规律与被取样的频谱规律相同，如图 5 - 18(f)(g)所示。即对应每个取样频率点都可看成是一个窄带滤波器，其对应的频率特性具有辛格函数形状，中心频率为 k/T，0 到 0 宽度等于 $2/T$，其 3dB 带宽近似等于 $1/T$，并且具有频率副瓣。

这样，对离散傅里叶变换输出的 N 点频率抽样来说，可以构成一个由 N 个窄带滤波器组成的滤波器组，其频率特性如图 5 - 18(h)所示，其相邻滤波器中心频率间隔为 $1/T$，整个滤波器组覆盖的频率宽度为 N/T。

显然，在时域采样频率已定的情况下，离散傅里叶变换构成的滤波器特性与截断时间长度 T 有很大关系，即 T 越长（采样点数 N 越大），则每个窄带滤波器的带宽越窄，即频率分辨力越好（当然相应的离散傅里叶变换的频率取样点的数目增大，频率取样数目 N 与时域中对信号采样的数目相等）。

从上面的分析中还可以看出，离散傅里叶变换构成的窄带滤波器也存在频率副瓣（旁瓣），这是由截断的窗口函数造成的。前面对离散傅里叶变换的分析采用的窗口函数为矩形窗，其旁瓣电平只比主瓣低约 13.2dB。副瓣的存在直接影响着滤波器特性，因此要加以抑制。

抑制副瓣的方法，可以采用不同的窗口函数来对时域信号进行截断。离散傅里叶变换中常用的窗口函数有汉宁窗、汉明窗、布莱克曼窗等，此处不作介绍。抑制副瓣的另一种方法是幅度加权，即时域采样的每个数据，按一定的关系乘上一个加权系数，这样也能使副瓣减小到能够接收的电平。

5.3.2　快速傅里叶变换处理原理

从原理上讲，离散傅里叶变换给出了实现多普勒滤波器组功能的可能性，但直接用离散傅里叶变换算法去计算多普勒滤波器组的 N 个输出，需要进行的运算量很大，特别是频率取样点数 N 数值大的时候更为突出。为了说明这一点，我们将离散傅里叶变换的算式改变为如下形式：

$$\begin{aligned} X(k) &= \sum_{n=0}^{N-1} x(n) \cdot \exp\left(-\mathrm{j}\frac{2\pi}{N}\right) nk \\ &= \sum_{n=0}^{N-1} x(n) \cdot W^{nk} \quad (k = 0,1,2,\cdots\cdots,N) \end{aligned} \tag{5-31}$$

式中：$W = \exp(-\mathrm{j}2\pi/N) = \exp(-\mathrm{j}\theta)$。

利用式(5 - 31)将每个频率点的输出算式展开可得

$$
\begin{cases}
X(0) = \sum_{n=0}^{N-1} x(n) \cdot W^{0n} = x(0)W^0 + x(1)W^0 + \cdots + x(N-1)W^0 \\
X(1) = \sum_{n=0}^{N-1} x(n) \cdot W^{1n} = x(0)W^1 + x(1)W^1 + \cdots + x(N-1)W^{(N-1)} \\
X(2) = \sum_{n=0}^{N-1} x(n) \cdot W^{2n} = x(0)W^0 + x(1)W^2 + \cdots + x(N-1)W^{2(N-1)} \\
\qquad\qquad\vdots \\
X(N-1) = \sum_{n=0}^{N-1} x(n) \cdot W^{(N-1)n} = x(0)W^0 + x(1)W^{(N-1)} + \cdots + x(N-1)W^{(N-1)(N-1)}
\end{cases}
\tag{5-32}
$$

从式(5－32)可以看出,每一行有 N 次复数相乘,$N-1$ 次复数相加运算。共有 N 行,则有 N^2 次复数相乘,$N(N-1)$ 次复数相加运算。如果 $N=1024$,则仅复数相乘的次数就需要 $N^2=1048576$,即一百多万次。显然要想利用离散傅里叶变换实现实时频域分析是很困难的。

通过前面的分析可以看出,利用傅里叶变换算法,对一个距离门内多个发射周期内的视频回波采样数据进行运算即可得出该距离在目标驻留时间内目标回波的多普勒频率,即对应该多普勒频率的滤波器有输出。其输出信号的强度与 N 个采样数据之和成正比(因为每一取样频率的算式为 N 个采样数据与系数相乘的代数和),如果目标的多普勒频率在窄带滤波器的中心频率上,则比例系数为最大。因此,对 N 点回波采样做快速傅里叶变换处理相当于对 N 个脉冲进行相参积累,从而提高了对目标的检测能力。另外,为了减少副瓣对滤波器性能的影响,在进行快速傅里叶变换运算之前,需对采样数据进行加权处理。

在采用快速傅里叶变换对脉冲多普勒雷达回波信号进行频域滤波处理时,快速傅里叶变换处理的取样点数、运算字长和运算速度的选择应当根据雷达有关参数以及雷达对信号处理机性能的要求综合考虑。

快速傅里叶变换所等效的窄带滤波器组的频带宽度取决于采样时间间隔 Δt,即 $B=1/\Delta t=f_r$。对脉冲雷达来说,对回波信号多普勒频率进行频域检测,快速傅里叶变换所等效的窄带滤波器组的频带宽度等于雷达的脉冲重复频率。显然,总带宽一旦确定,取样点数 N 越大,频率分辨力就越高,但设备的复杂程度也相应地增加。此外,变换点数 N 还受到天线目标驻留时间(即天线波束扫过一个波束宽度所需的时间)的限制。由此可见,当目标驻留时间一定时,变换点数 N 取得过大是没有意义的。变换点数 N 还应当与处理机的运算速度和运算字长综合考虑,以便在设备允许的条件下,同时满足雷达对信号处理机的实时性和处理精度等方面的要求。

5.3.3 快速傅里叶变换损失

在理想情况下,快速傅里叶变换处理需要对 N 个回波进行相参处理。因此,可获得的最好信号处理增益为 N。但是,快速傅里叶变换处理产生的实际处理增益要略微低一些。实际处理增益比最大值降低的程度称为处理损失。快速傅里叶变换处理损失由如下原因引起:多普勒单元的跨越效应、滤波器频率响应损失、加窗离散傅里叶变换的损失、增大的等效噪声带宽等。

当目标的多普勒频移落在两个多普勒单元中心频率之间时,多普勒单元的跨越效应就会发生。结果是目标回波出现在靠近相邻两个多普勒单元通带的边缘处。此时,目标回波功率分布在这两个多普勒单元上,没有一个单独的单元接收到全部的目标回波功率,任何一个单元上减少的功率均可导致跨越损耗。

滤波器频率响应损失与多普勒单元跨越效应的效果相似,因为与滤波器峰值不重合的目标响应也会得到变小的输出,离开滤波器峰值处的较小目标响应体现了滤波器的频率响应损耗。

窗函数将导致变小的峰值响应,减小的程度就是加窗离散傅里叶变换的损失。由于主瓣响应在施加窗函数时变宽,所以更多的噪声将进入每个多普勒单元中。施加窗函数时信噪比受到双重打击:一方面,减小的主瓣响应导致目标信号强度减弱;另一方面,噪声带宽的增大带来了更多的噪声。

总的快速傅里叶变换处理损失通常为2 ~4dB,典型值约为3dB。

习　题

1. 何为地杂波的关系模型,试比较其与杂波幅度模型的异同点。
2. 什么是杂波的功率谱统计模型?列出四种不同的杂波功率谱分布特性模型。
3. 比较一次对消和二次对消杂波对消器的性能。
4. 总结快速傅里叶变换的损失有哪些?
5. 简述杂波对消器的基本原理。

第 6 章 空时自适应处理

机载雷达的地物杂波呈现为空时二维耦合谱特性，这就决定了机载雷达杂波抑制基本属于空时二维滤波问题，而且其二维处理需实时自适应实现，即杂波抑制需使用空时二维自适应处理。自适应处理既可实现与复杂外界环境的有效匹配，同时又可在一定程度上补偿系统误差的影响，因而可大大改善系统的性能。但自适应处理往往需要系统能灵活形成多波束和在线实时计算自适应权，从而涉及较大的运算量。数字波束形成技术及超大规模集成电路的迅速发展，为精确控制空时自适应权值和加快处理速度提供了保障，从而为空时二维自适应处理的实际应用提供了有利条件。

空时二维自适应信号处理已成为雷达领域的研究热点之一，是高性能机载雷达的一项关键技术。对这一技术的研究已进行了多年，主要是围绕机载雷达展开的，其核心问题是有效地抑制杂波和干扰。这一技术同样可用于其他雷达，如星载雷达、舰载雷达等，实现杂波抑制与运动补偿，甚至已扩展到导航、通信等领域。

6.1 机载雷达的空时信号

空时自适应处理是同时利用多普勒与波达方向信息来区分运动目标与静止杂波的，雷达脉冲序列（时间采样）用于提取多普勒信息，相控阵天线（空间采样）用于提取波达方向信息。因此，研究空时信号环境主要就是研究机载雷达空时杂波谱，空时杂波谱与空时采样有关，其中空间采样与阵列天线布阵有关。

6.1.1 空时信号环境

机载相控阵天线一般为 $M\times N$ 的平面阵，此处讨论的是 $M\times N$ 矩形正侧面阵，且行和列间距 d 均为半波长。发射时以全孔径发射，接收时将天线按列先进行微波合成，得到一行由 N 个等效阵元组成的线阵，空域采样在 N 个等效阵元上进行。设载机水平飞行，速度为 v，散射体相对于阵列的空间锥角为 ψ、方位角为 θ、俯仰角为 φ，如图 6－1 所示。

假设天线主瓣指向为 θ_0、φ_0，阵列采用可分离加权，列子阵和行子阵的加权系数分别为 I_m，I_n（$m=1,2,\cdots,M;n=1,2,\cdots,N$），由图 6－1 可得列子阵发射方向图为

$$F(\varphi)=\sum_{m=1}^{M}I_m\exp\left[\mathrm{j}\frac{2\pi d}{\lambda}(m-1)(\sin\varphi-\sin\varphi_0)\right] \tag{6-1}$$

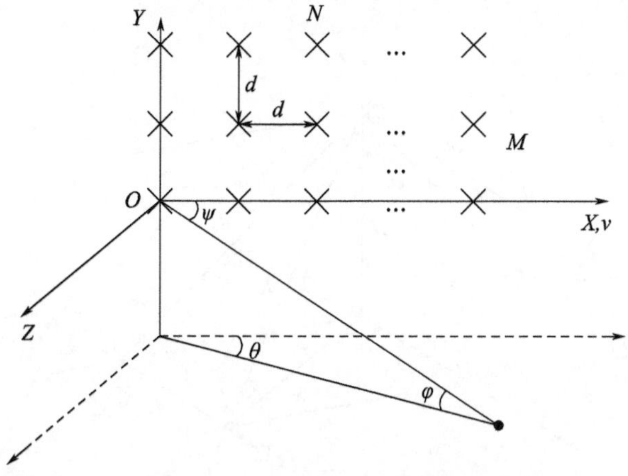

图6-1 矩形正侧面阵几何关系

行子阵发射方向图为

$$F(\theta) = \sum_{n=1}^{N} I_n \exp\left[\mathrm{j}\frac{2\pi d}{\lambda}(n-1)(\cos\theta\cos\varphi - \cos\theta_0\cos\varphi_0)\right]$$
$$= \sum_{n=1}^{N} I_n \exp\left[\mathrm{j}\frac{2\pi d}{\lambda}(n-1)(\cos\psi - \cos\psi_0)\right] \tag{6-2}$$

整个阵面总的发射方向图为

$$F(\theta,\varphi) = \sum_{n=1}^{N}\sum_{m=1}^{M} I_m I_n \exp\left\{\mathrm{j}\frac{2\pi d}{\lambda}[(n-1)(\cos\psi - \cos\psi_0) + (m-1)(\sin\varphi - \sin\varphi_0)]\right\} \tag{6-3}$$

一般在接收时,假设接收天线先按列进行合成,形成一行由 N 个等效阵元组成的等距线阵,空域采样在各个等效阵元上进行,因为等效阵元是由列子阵合成得到的,因此具有方向性,其方向图即为相应列子阵的接收方向图:

$$g_n(\varphi) = f(\varphi) = \sum_{m=1}^{M} I_m \exp\left[\mathrm{j}\frac{2\pi d}{\lambda}(m-1)(\sin\varphi - \sin\varphi_0)\right] \quad (n = 1,2,\cdots,N) \tag{6-4}$$

在不存在阵元误差的理想情况下,各个等效阵元是一样的,具有相同的接收方向图,即 $g_1(\varphi)=g_2(\varphi)=\cdots=g_N(\varphi)$。图6-2是存在偏航情况下的运动平台阵列天线的地面动目标检测示意图,X 轴与相位中心排布方向平行,Z 轴垂直于地面向上。图中 ψ_v 表示目标与平台速度方向的空间锥角,ψ_a 表示目标与天线方向的空间锥角,θ_d 为偏航角,R_0 表示目标到平台的最近斜距,H 为平台高度,R 为地面点到发射通道的斜距,X_0 表示目标的方位坐标,θ 表示目标散射点的方位角,φ 表示目标散射点的俯仰角,ν 为平台速度,ν_r 为目标的径向速度,ν_X、ν_Y、ν_Z 分别为目标速度在 X、Y、Z 轴的分量,N 为系统阵元个数,K 为脉冲数。

设地面动目标初始位置为 $(X_0, Y_0, 0)$,当存在偏航角 θ_d 时(仅在 XOY 平面内偏航),在 t 时刻目标位置为 $(X_0-\nu_X t, Y_0-\nu_Y t, \nu_Z t)$,这里以靠近坐标中心的速度方向为正。第 n 个接收通道的坐标初始位置为 $(d_n, 0, H)$,在 t 时刻,该通道位置为 $(d_n+\nu t\cos\theta_d, \nu t\sin\theta_d, H)$,则斜距 $R_n(t)$ 可以表示为

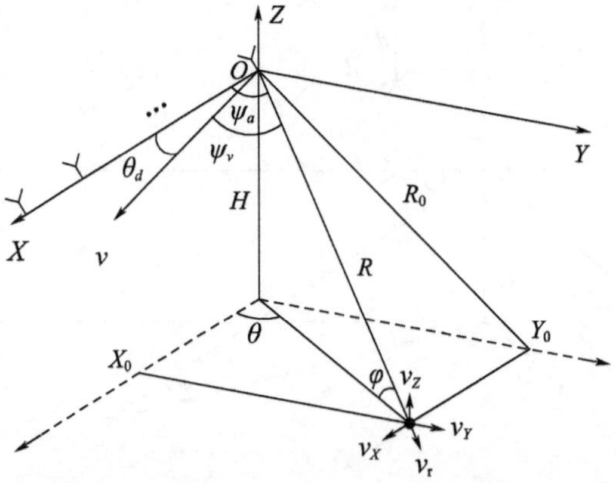

图 6-2　运动平台阵列天线地面动目标检测示意图

$$R_n(t)=\sqrt{(X_0-\nu_Xt-d_n-\nu t\cos\theta_{\mathrm{d}})^2+(Y_0-\nu_Yt-\nu t\sin\theta_{\mathrm{d}})^2+(\nu_Zt-H)^2} \tag{6-5}$$

对式(6-5)进行泰勒展开,忽略三次及三次以上高次项可得

$$R_n(t)=R+\frac{d_n^2}{2R}-\frac{X_0d_n}{R}-\frac{Y_0t(\nu_Y+\nu\sin\theta_{\mathrm{d}})}{R}-\frac{X_0t(\nu_X+\nu\cos\theta_{\mathrm{d}})}{R}-\frac{H\nu_Zt}{R}+\frac{(\nu_Y+\nu\sin\theta_{\mathrm{d}})^2+(\nu_X+\nu\cos\theta_{\mathrm{d}})^2}{2R}t^2+\frac{\nu_Z^2t^2}{2R}+\frac{d_nt(\nu_X+\nu\cos\theta_{\mathrm{d}})}{R} \tag{6-6}$$

补偿掉常数项 R 和 $d_n^2/2R$,同时对 $d_nt(\nu_X+\nu\cos\theta_{\mathrm{d}})/R$ 近似补偿(一般认为目标速度远小于平台运动速度,补偿时可以忽略),短时处理时可忽略时间的二次项部分,则经过补偿与近似处理后的距离方程为

$$\widehat{R}_n(t)\approx-\frac{X_0d_n}{R}-\frac{Y_0t(\nu_Y+\nu\sin\theta_{\mathrm{d}})}{R}-\frac{X_0t(\nu_X+\nu\cos\theta_{\mathrm{d}})}{R}-\frac{H\nu_Zt}{R} \tag{6-7}$$

由图 6-2 中的几何关系可得

$$\nu_{\mathrm{r}}=\frac{X_0\nu_X}{R}+\frac{Y_0\nu_Y}{R}+\frac{Z_0\nu_Z}{R} \tag{6-8}$$

$$\nu\cos\psi_v=\frac{X_0\nu\cos\theta_{\mathrm{d}}}{R}+\frac{Y_0\nu\sin\theta_{\mathrm{d}}}{R} \tag{6-9}$$

$$\frac{X_0}{R}=\cos\psi_a \tag{6-10}$$

将式(6-8)~式(6-10)代入式(6-7)可得

$$\begin{aligned}\widetilde{R}_n(t)&\approx-\nu_{\mathrm{r}}t-\nu t\cos\psi_v-d_n\cos\psi_a\\&=-\nu_{\mathrm{r}}t-\nu t\cos(\theta+\theta_{\mathrm{d}})\cos\varphi-d_n\cos\theta\cos\varphi\end{aligned} \tag{6-11}$$

对于接收信号的模型,假设发射信号为窄带信号,其中心频率为 ω_0,发射信号可表示为 $u(t)=A\exp(\mathrm{j}\omega_0t)$。第 n 个通道的接收信号可表示为 $u_{\mathrm{r}}(t)=\sigma A\exp[\mathrm{j}\omega_0(t-t_R)]$,式中:$\sigma$ 为目标的反射系数(未考虑方向图的影响);t_R 为从信号发射到第 n 个通道接收到回波信号的延时,可表示为

$$t_R = \frac{R_t(t)+R_r(t)}{c} = \frac{\nu_r t - \nu t\cos\psi_\nu + \nu_r t - \nu t\cos\psi_\nu - d_n\cos\psi_a}{c}$$
$$= \frac{2\nu_r t - 2\nu t\cos\psi_\nu - d_n\cos\psi_a}{c} \tag{6-12}$$

式中：t 为从雷达发射第一个脉冲开始计时的，因此发射第 K 个脉冲时，$t=(K-1)T_r$。

式(6-12)可分成两个部分，即空间部分 $d_n\cos\psi_a/c$ 和时间部分 $(2\nu t\cos\psi_\nu-2\nu_r t)/c$，$T_r=1/f_r$ 为发射脉冲间隔，由此可得空域角频率为 $\omega_s=(2\pi d/\lambda)\cos\psi_a=(2\pi d/\lambda)\cos\theta\cos\varphi$，时域角频率为 $\omega_t=4\pi\nu\cos\psi_\nu/\lambda f_r-4\pi\nu_r/\lambda f_r=4\pi\nu\cos(\theta+\theta_d)\cos\varphi/\lambda f_r-4\pi\nu_r/\lambda f_r$。若不存在偏航角且为静止目标时，$\omega_t=4\pi\nu\cos\theta\cos\varphi/\lambda f_r$。

空域导向矢量为 $\boldsymbol{S}_s(\omega_s)=[1,\exp(j\omega_s),\cdots,\exp[j(N-1)\omega_s]]$，时域导向矢量为 $\boldsymbol{S}_t(\omega_t)=[1,\exp(j\omega_t),\cdots,\exp[j(K-1)\omega_t]]^T$，空时导向矢量为 $\boldsymbol{S}=\boldsymbol{S}_t(\omega_t)\otimes\boldsymbol{S}_s(\omega_s)=[1,\cdots,\exp[j(N-1)\omega_s],\exp(j\omega_t),\cdots,\exp[j(N-1)\omega_s\exp(j\omega_t),\cdots,\exp[j(K-1)\omega_t,\cdots,\exp[j(N-1)\omega_s\exp[j(K-1)\omega_t]$。式中：$\otimes$ 为 Kronecker 积；K 为发射脉冲数。

下面分析杂波的数学模型，设 $M\times N$ 的面阵，经列向合成后，在 N 个等效阵元上进行空域采样，设一个相参处理间隔内(CPI)的脉冲数为 K，针对第 l 个距离门，$x(n,k)(n=1,2,\cdots,N,k=1,2,\cdots,K)$ 表示第 n 个等效阵元在第 k 个脉冲采样的采样数据，因此所有等效阵元在一个相参处理间隔内的采样数据可用 $NK\times1$ 维的矢量可表示为

$$\boldsymbol{x}=[\boldsymbol{x}_s^T(1),\boldsymbol{x}_s^T(2),\cdots,\boldsymbol{x}_s^T(K)]^T \tag{6-13}$$

式中：$\boldsymbol{x}_s(k)=[x(1,k),x(2,k),\cdots,x(N,k)]^T(k=1,2,\cdots,K)$ 为第 k 个脉冲采样的阵列数据。

接收信号一般由目标信号 $\boldsymbol{s}_0$、杂波信号 $\boldsymbol{c}$ 和噪声信号 $\boldsymbol{n}$ 组成，即 $\boldsymbol{x}=\boldsymbol{s}_0+\boldsymbol{c}+\boldsymbol{n}$。

按照式(6-13)的定义，有 $\boldsymbol{s}_0=[s_0(1,1),\cdots,s_0(N,1),\cdots,s_0(1,K),\cdots,s_0(N,K)]^T$，$\boldsymbol{c}=[c(1,1),\cdots,c(N,1),\cdots,c(1,K),\cdots,c(N,K)]^T$，$\boldsymbol{n}=[n(1,1),\cdots,n(N,1),\cdots,n(1,K),\cdots,n(N,K)]^T$。

假设噪声为零均值高斯白噪声，方差为 σ^2，则杂波与噪声的协方差矩阵为

$$\boldsymbol{R}=\mathrm{E}[(\boldsymbol{c}+\boldsymbol{n})(\boldsymbol{c}+\boldsymbol{n})^H]=\boldsymbol{R}_c+\sigma^2\boldsymbol{I} \tag{6-14}$$

式中：$\boldsymbol{R}_c$ 为杂波相关矩阵；$\boldsymbol{I}$ 为 NK 维的单位阵。

在实际应用中，杂波协方差矩阵的计算是用待检测距离单元两侧的 L 个距离门上的数据估计得到的，在均匀杂波背景下，选取的 L 个训练样本满足独立同分布(IID)条件，此时可根据最大似然估计得到杂波协方差矩阵的无偏估计为

$$\hat{\boldsymbol{R}}=\frac{1}{L}\sum_{l=1}^{L}\boldsymbol{x}_l\boldsymbol{x}_l^H \tag{6-15}$$

6.1.2 空时信号建模

对于传统的地基脉冲雷达利用回波信号的多普勒频率信息，即对雷达回波脉冲序列(即时域采样信号)进行多普勒频率滤波处理，便可将运动目标从静止的地物杂波背景中分离出来。但是，将雷达搬到高空运动平台上后，静止的地物杂波相对于雷达也是运动的，一般情况下的机载雷达天线阵面与杂波关系如图6-3所示。

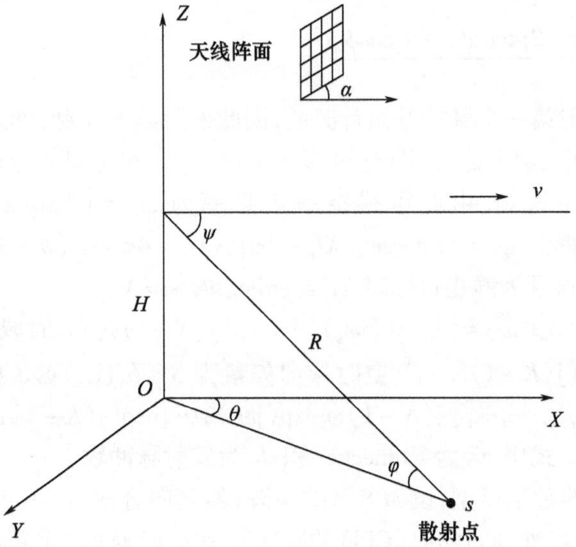

图 6-3 天线阵面与杂波关系图

在图 6-3 中,载机的速度 v 平行于地平面,雷达发射波长为 λ,天线阵面与载机速度矢量之间的夹角为 α,杂波散射点相对于天线阵面的俯仰角与方位角分别为 φ 和 θ,对应的空间锥角为 ψ,它们之间具有 $\cos\psi=\cos\theta\cos\varphi$ 的关系。该杂波散射点的多普勒频率为

$$f_{\mathrm{d}}=\frac{2\nu}{\lambda}\cos(\theta+\alpha)\cos\varphi=f_{\mathrm{dm}}(\cos\psi\cos\alpha-\sin\alpha\sqrt{\cos^2\varphi-\cos^2\psi}) \tag{6-16}$$

式中:f_{dm} 为最大多普勒频率,可以表示为 $f_{\mathrm{dm}}=2\nu/\lambda$。将式(6-16)改写成

$$\cos\psi\cos\alpha-\frac{f_{\mathrm{d}}}{f_{\mathrm{dm}}}=\sin\alpha\sqrt{\cos^2\varphi-\cos^2\psi} \tag{6-17}$$

对式(6-17)两边平方并化简后,可得

$$\left(\frac{f_{\mathrm{d}}}{f_{\mathrm{dm}}}\right)^2-2\frac{f_{\mathrm{d}}}{f_{\mathrm{dm}}}\cos\psi\cos\alpha+\cos^2\psi=\sin^2\alpha\cos^2\varphi \tag{6-18}$$

将表示脉冲重复频率 f_{r} 代入式(6-18),可得

$$\left(\frac{f_{\mathrm{r}}}{f_{\mathrm{dm}}}\right)^2\left(\frac{f_{\mathrm{d}}}{f_{\mathrm{r}}}\right)^2-\frac{f_{\mathrm{r}}2f_{\mathrm{d}}}{f_{\mathrm{dm}}f_{\mathrm{r}}}\cos\psi\cos\alpha+\cos^2\psi=\sin^2\alpha\cos^2\varphi \tag{6-19}$$

对于 α 的取值,通常做如下的规定:$\alpha=0$ 时为正侧视阵;$\alpha=\pi/2$ 时为前视阵;$0<\alpha<\pi$ 时为斜视阵。

对于空时二维处理而言,控制时域滤波的权相当于改变其多普勒(f_{d})响应特性,而控制空域等效线阵的权相当于改变其锥角余弦($\cos\psi$)的波束响应。因此,从空时二维滤波的角度来研究雷达二维杂波谱,取 $2f_{\mathrm{d}}/f_{\mathrm{r}}$ 和 $\cos\psi$ 作为横纵坐标是合适的。对于一般情况,式(6-19)在 $2f_{\mathrm{d}}/f_{\mathrm{r}}\sim\cos\psi$ 坐标里为一个斜椭圆方程。椭圆的大小与俯仰角 φ 的余弦有关,图 6-4 中均画出了 α 为几种不同值的杂波多普勒方位分布曲线,雷达载机高度为 6km。

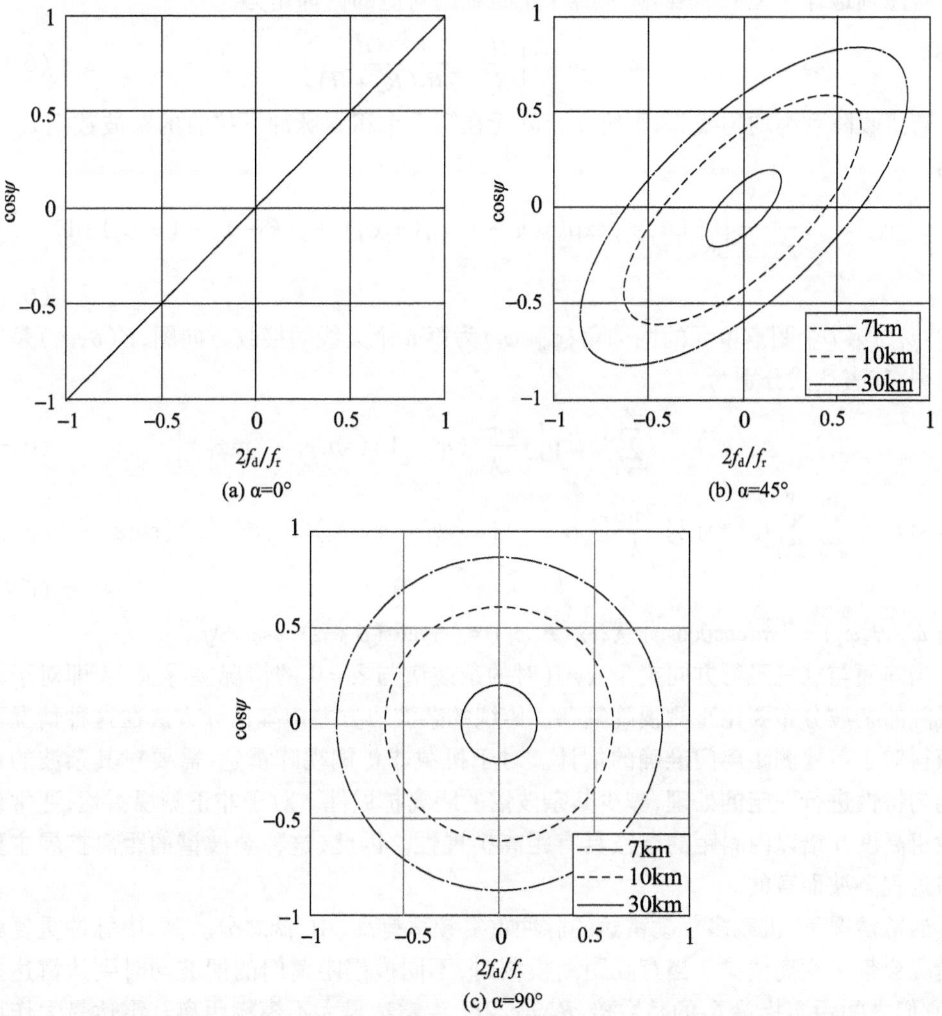

图 6-4　空时二维地杂波谱分布图

实际上，当斜距较大时，φ 的值较小，$\cos\varphi$ 接近于 1。所以式(6-19)的椭圆在远距离的情况下基本不会发生变化。此外，图 6-4(b)和(c)的椭圆杂波谱对应于某一个 $\cos\varphi$ 有两个多普勒频率，这是由于天线正负两面多普勒频率不同造成的。如果阵面后板有良好反射特性，且近场影响很小而使后向辐射可以忽略不计，则实际杂波谱只存在于椭圆中的一半。

在 $\varphi=0°$(正侧视阵)的特殊情形下，式(6-19)将变成一个直线方程，二维杂波谱是一条斜率为 $f_r/2f_{dm}$ 的直线，如图 6-4(a)所示，且与俯仰角 φ 无关。这是最适宜于作二维滤波的理想情形，只要沿图 6-4(a)的杂波谱线形成深凹口的二维滤波权，它就将适用于所有不同斜距(不同俯仰角)的杂波。

通常情况下，对于机载雷达，第 l 个距离门对应的斜距为

$$R_l=\frac{c}{2f_s}l\left(l\in\left[1,\frac{f_s}{f_r}\right]\right) \tag{6-20}$$

式中：f_s 为距离采样频率。

考虑到地球半径 R_e 的影响，则第 l 个距离门对应的俯仰角为

$$\varphi_l = \arcsin\left[\frac{H}{R_l} + \frac{R_l^2 - H^2}{2R_l(R_e + H)}\right] \tag{6-21}$$

若接收阵列为均匀线阵，则第 n 个阵元在第 k 个积累脉冲下接收的杂波数据 c_{nk} 可表示为

$$c_{nk} = \frac{g_{nl}(\varphi_l)}{R_l^2}\int_0^{\pi} F(\theta,\varphi_l)\exp[\mathrm{j}(n-1)\omega_s(\theta,\varphi_l) + \mathrm{j}(k-1)\omega_t(\theta,\varphi_l)]\mathrm{d}\theta \tag{6-22}$$

式中：φ_l 为第 l 个距离单元的俯仰角；$g_{nl}(\varphi_l)$ 为第 n 个天线的接收方向图；$F(\theta,\varphi_l)$ 是发射方向图，其表达式分别为

$$g_{nl}(\varphi_l) = \sum_{m=1}^{M} I_m \exp\left[\mathrm{j}\frac{2\pi d}{\lambda}(m-1)(\sin\varphi_l - \sin\varphi_0)\right] \tag{6-23}$$

$$F(\theta,\varphi) = \sum_{n=1}^{N}\sum_{m=1}^{M} I_m I_n \exp\left\{\mathrm{j}\frac{2\pi d}{\lambda}[(n-1)(\cos\psi_l - \cos\psi_0) + (m-1)(\sin\varphi_l - \sin\varphi_0)]\right\} \tag{6-24}$$

且有 $\omega_s(\theta,\varphi_l) = 2\pi d\cos\theta\cos\varphi_l/\lambda$，$\omega_t(\theta,\varphi_l) = 4\pi v\cos(\theta+\alpha)\cos\varphi_l/\lambda f_r$。

当阵面与载机飞行方向夹角 $\alpha \neq 0$ 时的杂波谱与 $\alpha = 0$ 的情况差异很大，即对于非正侧视阵的杂波分布要比正侧视阵复杂。传统的杂波协方差矩阵估计方法在这种情况下不能获得对于待检测距离门准确的估计。对于机载非正侧视阵雷达，需要对其杂波的这种非均匀特性进行一定的处理，减少其杂波谱的距离扩展性。对于非正侧视雷达，通常认为在载机高度 6 倍以内斜距的杂波具有距离扩展性。因此，这种杂波谱的距离扩展主要是针对近程杂波而言的。

通常情况下，机载多普勒雷达的脉冲重复频率有高、中、低之分。高、中脉冲重复频率的情况会带来距离模糊。当存在距离模糊时，不同模糊距离门的回波同时到达雷达接收端，它们之间距离相差 R_u 的整数倍，$R_u = c/2f_r$，为雷达最大不模糊距离。雷达最大作用距离为 R_{max}，则模糊的距离门数目为

$$G = \begin{cases} \mathrm{int}\left(\dfrac{R_{max}}{R_u}\right) + 1 & (R_u \geqslant H) \\ \mathrm{int}\left(\dfrac{R_{max}}{R_u}\right) & (R_u < H) \end{cases} \tag{6-25}$$

式中：int(·)表示向零方向取整。

对于第 l 距离门，各个模糊距离门对应的雷达接收斜距为

$$R_{(l,m)} = \frac{c}{2f_s}l + \frac{c}{2f_r}(m-1)l \quad \left(l \in \left[1, \frac{f_s}{f_r}\right], m \in [1, G]\right) \tag{6-26}$$

存在距离模糊情况下的第 n 个阵元在第 k 个积累脉冲下接收的数据 c'_{nk} 的表达式为

$$c'_{nk} = \sum_{m=1}^{G}\frac{g_{nl}(\varphi_{(l,m)})}{R_{(l,m)}^2}\int_0^{\pi} F(\theta,\varphi_{(l,m)})\exp[\mathrm{j}(n-1)\omega_s(\theta,\varphi_{(l,m)}) + \mathrm{j}(k-1)\omega_t(\theta,\varphi_{(l,m)})]\mathrm{d}\theta \tag{6-27}$$

近程的距离模糊杂波影响是很明显的，使得杂波谱在方位多普勒平面上不再重合。

而传统的机载非正侧视阵雷达杂波补偿方法在减小近程杂波的距离依赖性同时，反而会导致远程的距离平稳杂波出现新的距离空变性。因此，当存在距离模糊时，对近程杂波的抑制是解决非正侧视阵雷达存在距离模糊下非均匀杂波抑制的关键。

6.2 空时自适应处理原理

传统的机载雷达如机载预警雷达，其空域为集总天线或波束形成后级联多普勒滤波处理，多普勒处理是指在天线接收到的信号中把多普勒频率不同于目标的杂波分开，对来自不同方向但多普勒频率与目标相同的杂波，只能依靠空域天线方向图的低旁瓣或超低旁瓣来抑制。因此，在这种情况下，特别是面临强杂波时，是否能实现低旁瓣或超低旁瓣天线是实现杂波有效抑制的关键问题。实际上，要研制这样的一副天线是很不容易的，特别是对于天线单元众多的相控阵系统。对于众多单元的相控阵天线来说，其实现超低副瓣的难度远大于直接微波合成的波导裂缝天线，这主要是因为相控阵天线众多单元的一致性更难控制。因此，对相控阵体制的机载雷达可选择其他途径来抑制杂波。

空时二维杂波谱的分布具有复杂性，其主要特点是多普勒展宽，展宽的程度与多种因素有关，反映在空时二维平面上为空时耦合，这就决定了杂波抑制应从空间与时间二维空间中进行。由于杂波随着环境（地域）的变化而变化，为了有效地抑制杂波，应采用自适应处理，而且自适应处理能一定程度地补偿误差的影响。要有效地抑制杂波，一般必须在全空时二维平面内进行滤波处理。例如，要想有效地将沿斜带脊背式分布的杂波滤除，就要求处理器的滤波具有沿杂波分布带的频率响应凹口。

空时二维自适应处理既涉及了时间处理，也涉及了空间处理。为了利用空域信息，即回波信号方向，应进行空域采样，这可由相控阵天线来实现，此时，波达方向信息表现为阵元（或子阵）之间的相位延迟（需要指出的是，实际的回波方向是方位和俯仰二维的）。

关于空间滤波处理可追溯到20世纪70年代，空域滤波的特点主要是利用空域单元（传感器）之间的相位信息，所以研究者常假设使用一线性阵列（或传感器），并对每个单元的输出进行加权求和，在一定的准则下使得不需要的信号（如干扰、噪声等）的输出最小，同时保证有用信号（或称为感兴趣的信号）方向增益一定（或输出最大）。在此背景下，布伦南（Brennan）、里德（Reed）等学者于1973年将一维空域滤波技术推广到了时间与空间二维域中，提出了所谓的自适应雷达理论，并且在高斯杂波背景加确知信号的模型下，根据似然比检测理论导出了一种空时二维自适应处理器，即文献上常称的“最优处理器”。1976年，他们又阐述了这种“最优处理器”在机载相控阵脉冲多普勒雷达中的应用，这种最优处理器实际上与弗罗斯特（Frost）提出用于宽带处理的时变波束形成器具有相同的结构。由于机载雷达的平台运动效应，其杂波回波呈现为宽的多普勒频带，即其频谱是展宽的，相当于宽带干扰。因此，如同宽带处理原理一样，对各个通道延迟加权求和以补偿平台运动效应，使得杂波抑制达到最佳。下面先介绍这种最优处理器。

6.2.1 空时最优处理器的原理、结构与算法

一般来说，空时自适应处理的基本原理可由自适应波束形成理论导出。布伦南首先

提出了空时二维处理思想并用于机载雷达，其实质是将一维空域滤波技术推广到时间与空间二维域中，提出了自适应雷达理论，并在高斯杂波背景加确知信号（目标的空间方向与多普勒频率已知）的模型下，根据似然比检测理论导出了一种空时二维联合自适应处理结构，即“最优处理器”，其空时二维自适应处理原理如图 6－5 所示，图中 N 为均匀线阵天线包含的阵元个数，K 为相参处理间隔内可获得的脉冲数，$w_{nk}(n=1,2,\cdots,N;k=1,2,\cdots,K)$ 为空时二维权系数。

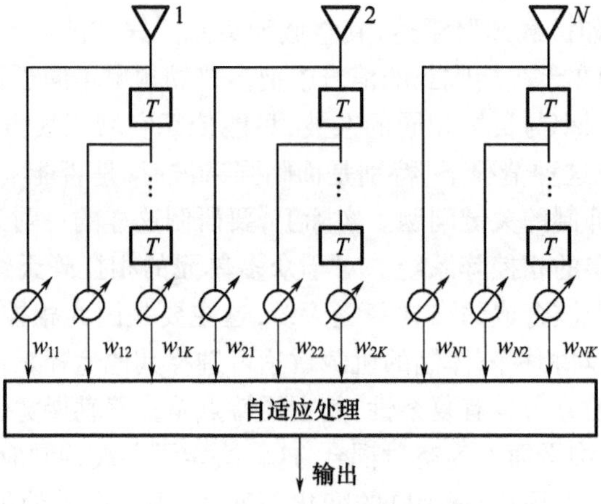

图 6－5　空时二维自适应处理原理图

在一个相参处理间隔中，方向角为 θ 的单个理想点源散射体的空时二维接收信号模型可表示为

$$\boldsymbol{X}=\boldsymbol{w}^{\mathrm{H}}\boldsymbol{S}+\boldsymbol{V} \tag{6-28}$$

式中：$\boldsymbol{w}$ 为空时二维自适应处理所使用的加权矢量，可表示为 $\boldsymbol{w}=[w_{11},\cdots,w_{1N},w_{21},\cdots,w_{2N},\cdots,w_{K1},\cdots,w_{KN}]^{\mathrm{T}}$；$\boldsymbol{X}$ 为接收信号矢量，可表示为 $\boldsymbol{X}=[x_{11},\cdots,x_{1N},x_{21},\cdots,x_{2N},\cdots,x_{K1},\cdots,x_{KN}]^{\mathrm{T}}$；$\boldsymbol{S}$ 为散射体回波矢量，$\boldsymbol{S}=[s_{11},\cdots,s_{1N},s_{21},\cdots,s_{2N},\cdots,s_{K1},\cdots,s_{KN}]^{\mathrm{T}}$；$\boldsymbol{V}$ 为干扰信号矢量，可表示为 $\boldsymbol{V}=[\nu_{11},\cdots,\nu_{1N},\nu_{21},\cdots,\nu_{2N},\cdots,\nu_{K1},\cdots,\nu_{KN}]^{\mathrm{T}}$；$x_{11}$、$s_{11}$、$\nu_{11}$ 分别为第一个阵元第一个脉冲的接收信号采样、散射体回波采样和干扰信号采样，其他以此类推；散射体回波矢量 $\boldsymbol{S}$ 可表示为 $\boldsymbol{S}=\mathrm{Vec}(\boldsymbol{S}_{\mathrm{s}}\boldsymbol{S}_{\mathrm{T}})$，$\mathrm{Vec}(\cdot)$ 为顺序将矩阵中每列进行串接，且 $\boldsymbol{S}_{\mathrm{t}}=[1,\exp(\mathrm{j}2\pi f_{\mathrm{d}}/f_{\mathrm{r}}),\cdots,\exp(\mathrm{j}2\pi(K-1)f_{\mathrm{d}}/f_{\mathrm{r}})]^{\mathrm{T}}$，$\boldsymbol{S}_{\mathrm{s}}=[1,\exp(\mathrm{j}2\pi d\cos\theta/\lambda),\cdots,\exp(\mathrm{j}2\pi(N-1)d\cos\theta/\lambda)]^{\mathrm{T}}$。

图 6－5 所示的处理器可以描述为如下的数学优化问题：

$$\min\ \boldsymbol{w}^{\mathrm{H}}\boldsymbol{R}\boldsymbol{w}\quad(\boldsymbol{w}^{\mathrm{H}}\boldsymbol{S}=1) \tag{6-29}$$

式中：$\boldsymbol{R}=\mathrm{E}[\boldsymbol{X}\boldsymbol{X}^{\mathrm{H}}]$，为由接收数据形成的协方差矩阵，$NK\times NK$ 维。

由（6－29）式可得空时二维最优处理器的权矢量为

$$\boldsymbol{w}_{\mathrm{opt}}=\mu\boldsymbol{R}^{-1}\boldsymbol{S} \tag{6-30}$$

式中：μ 为一常数。

从式（6－30）可以看出，表达式由杂波协方差逆矩阵和目标矢量两部分组成，第一部分相当于对杂波进行白化，第二部分相当于对目标信号进行匹配滤波，因此这实际上是广义的维纳最优匹配滤波器。最优处理器在信号方向有最强的输出，而在杂波分布方向（杂波沿空时二维对角分布)形成二维凹口来滤除杂波。

需要指出的是,上述的二维最优处理器是基于等距线阵的。对实际面阵,应先在平面阵内进行合成,使之成为一个等效的等距线阵,并在子阵级进行波束形成。因此,图6-5中的单元实际为列子阵,列子阵数 N 由雷达方位分辨率确定;而脉冲数 K 则由对杂波抑制性能的要求确定。

6.2.2 空时自适应处理涉及的有关主要问题

1. 运算量

执行自适应处理主要涉及两大部分运算量:一是估算数据协方差矩阵;二是计算自适应权。对于自适应维数为 L_s 的系统,涉及的运算量分别约 $2O(L_{2s})$ 和 $O(L_{3s})$。例如,对于最优处理器,如空域系统自由度为 N,时域自由度为 K,则总的系统自由度为 NK。最优处理器的自适应维数即权矢量的维数也为 NK,则所涉及的运算量约为 $3O(NK)^3$,如果 $N=100, K=64$,那么所涉及的运算量约为 7.86×10^{11}。实际空域天线 N 可能比100还多。如果在二维平面阵单元级进行自适应处理,则运算量就更高。对大自由度的系统,由于其涉及了太大的运算量,实际实现是困难的。即使能够实际实现的系统,大的运算量也会增加处理器的实现复杂度。因此,尽可能地减少运算量是设计处理器时必须充分重视的问题。

2. 采样率

最优处理器中,杂波相关矩阵 $\boldsymbol{R}$ 是未知的,要求由独立同分布的采样来估计,采样样本数直接影响处理器的改善因子和自适应收敛速度。根据最大似然估计 $\boldsymbol{R}=(1/L)\sum_{Li=1}\boldsymbol{X}_i\boldsymbol{X}_{Hi}$ $(i=1,2,\cdots,L,L$ 为独立同分布样本数)可以推导出:

$$\mathrm{var}(\hat{X}\,|\,\hat{\boldsymbol{w}})=\boldsymbol{S}^{\mathrm{H}}\hat{\boldsymbol{R}}^{-1}\boldsymbol{R}\hat{\boldsymbol{R}}^{-1}\boldsymbol{S} \tag{6-31}$$

$$(\mathrm{SCNR}\,|\,\hat{\boldsymbol{w}})_{\mathrm{o}}=\frac{(\boldsymbol{S}^{\mathrm{H}}\hat{\boldsymbol{R}}^{-1}\boldsymbol{S})^2}{\boldsymbol{S}^{\mathrm{H}}\hat{\boldsymbol{R}}^{-1}\boldsymbol{R}\hat{\boldsymbol{R}}^{-1}\boldsymbol{S}} \tag{6-32}$$

定义 $\rho(\boldsymbol{R})=(\mathrm{SCNR}\,|\,\boldsymbol{w})_{\mathrm{o}}/\boldsymbol{S}^{\mathrm{H}}\boldsymbol{R}^{-1}\boldsymbol{S}$,即实际输出信杂噪比与理想输出信杂噪比的比值。显然,$0\leqslant\rho(\boldsymbol{R})\leqslant1$,且有

$$p(\rho)=\frac{L!}{(N-2)!\,(L+1-N)!}(1-\rho)^{N-2}\rho^{L+1-N}\quad(L\geqslant N,0\leqslant\rho\leqslant1) \tag{6-33}$$

$$\mathrm{E}[\rho(\hat{\boldsymbol{R}})]=\frac{L+2-N}{L+1} \tag{6-34}$$

$$\mathrm{var}[\rho(\hat{\boldsymbol{R}})]=\frac{(L+2-N)(N-1)}{(L+1)^2(L+2)} \tag{6-35}$$

$$\mathrm{Loss}=-10\lg\left(\frac{L+2-N}{L+1}\right) \tag{6-36}$$

式中:Loss 表示处理器的性能损失。为使处理损失不超过3dB,要求 $L\geqslant2N$,N 为系统处理的维数。

当系统处理维数即系统自由度较大时,需要的独立同分布样本数是很大的。一方面增加了相关矩阵估计的运算量;另一方面也限制了应用环境。实际中,杂波在空间和时间都是非平稳的,很难获取过多的独立同分布样本,尤其在严重的非均匀杂波环境中,就更

难获得了。因此,样本的获取与选择是一个值得深入研究的问题。

3. 误差影响

实际的二维信号处理系统不可避免地存在着多种误差,空域有空域误差,时域有时域误差。一般误差主要存在于接收系统的前端和模拟电路部分,数字电路部分的误差相对较小,使用数字波束形成精度还是较高的。而且,对误差可适当校正(或补偿)。由于现在高纯频谱的发射机和高稳定的本振技术都达到了相当高的水平,可满足时间维的精度要求,因此讨论二维处理时可以忽略时域误差。

然而,空域则不一样,由于加工装配精度的限制,阵元位置总有一定的误差。同时,天线单元的多个通道也不可能做到完全一致,除了幅相误差(幅相不一致),还有频率响应误差(频响不一致)。无论是常规处理系统还是自适应处理系统,都不可忽略这些误差。由于实际阵列为面阵(M 行 $\times N$ 列),二维处理时域使用 K 个脉冲,如果对每个单元都加以控制,误差可以有效地得到补偿,这实际上已是三维处理问题。但是,相控阵单元有几百个甚至上千个,要调控如此众多的单元是不现实的。所以,必须根据处理的实际需要,先对每列进行微波合成。把合成的列阵看作一个等效天线单元,整个系统就等效为等距线阵,从而把问题降为二维处理。由于对列进行了微波合成,其内部无法进行自适应调控,整个天线单元内部的误差(阵元误差)将是影响二维处理的主要因素,而等效线阵的输出通道与通道之间的不一致性误差(通道误差),可以通过自适应权值加以调整并得到补偿,后面将要讨论,降维的简化处理系统对误差是很敏感的。合理的降维处理可使权系数具有较强的鲁棒性。

通道频响误差与阵元误差一样,二维自适应处理系统应对其有一定的调整能力,但是很有限,而且也会使自适应处理之后的稳态波束畸变严重。因此,一般要通过自适应均衡技术,先对通道进行均衡处理,均衡处理可使通道的一致性达到较好的程度。下面着重讨论阵元误差。

在有阵元误差存在时,误差引起每一个列子阵方向图上的旁瓣增加一"扰动波束",这种扰动波束具有随机性,对于不同的列子阵,它具有不同的形状。

阵元误差表现为各列子阵的俯仰方向图不一致,这种不一致将使以距离单元检测的与目标对抗的杂波输入到天线系统的各个单元的强度不一致。如果使用低重复频率系统,可在目标邻近单元取数据,其相关性较大。各个列子阵天线单元的杂波强度大致相同,阵元误差相当于列间误差。对于高重复频率系统,由于距离模糊,与目标同处于同一个多普勒单元的杂波表现在天线俯仰方向图上是散布的,致使无法仅用列与列的通道间的自适应权值加以有效调整,并达到全部对消。因而对所有距离进行全程统一处理时,有可能导致处理器的性能下降。

4. 环境因素的影响

除了对自身误差具有一定的补偿作用外,自适应处理系统的主要目的是自适应外界环境。实际外界环境的多变性使自适应系统很难与外界的环境达到完全匹配,真实反应并迅速适应外界环境是自适应处理所需解决的另一个问题。因此外界环境的不够理想化,如杂波内部运动、近场散射、载机偏航等,也是一个主要误差。这些现象均不同程度地使杂波的空时二维分布离散,使杂波去相关,自适应杂波抑制能力不同程度地受到这些非理想因素的削弱。

5. 天线方向图

在自适应计算处理器权值时，天线方向图有可能形成畸形主瓣或高旁瓣，不满足目标检测的其他精度要求。若噪声小到可以忽略，则输出最大信噪比和功率方向图主要由小的杂波特征值决定。小特征值对应的特征波束的扰动很大，是引起波束畸变的主要原因。波束畸变将导致虚警的概率增大，有效地进行自适应方向图保形是十分必要的。方向图保形的主要措施是采用对角加载技术，使噪声功率大于杂波的小特征值，去掉小特征矢量波束带来的影响，平滑功率方向图，可以得到较好的性能。

6.3　降维空时自适应处理

降维是空时自适应处理走向实用的关键，降维空时自适应处理的研究始于德国的 Klemm 博士，他与其合作者率先提出了空时级联、时空级联以及辅助通道法（ACR），开启了这项技术研究的大门。由于降维技术是空时自适应处理原理与实际系统应用的桥梁，这使得降维空时自适应处理成为空时自适应处理研究中的主要热点之一。

降维空时自适应处理依据实现结构的不同，可分为固定降维处理器和自适应降维处理器两种。相比前者，后者采用结构的具体形式和相应参数常在一定预处理之后才可得到，且需要的空间通道数较多，并对杂波特性比较敏感。因此，在实际中固定降维处理器的研究更受关注。

在阵列信号处理中，通常把处理域分成两大空间，即阵元空间与波束空间，时间信号处理也有时域与频域之分。在不同的处理域，信号处理往往各有其特点，且有一定的内在联系。如果对空时二维处理域也进行划分，那么可相应地分为四大域（或称为四大空间），即阵元 - 脉冲域、阵元 - 多普勒域、波束 - 脉冲域、波束 - 多普勒域。固定降维处理器也可按照这四种实现域的不同进行分类。

6.3.1　降维空时自适应处理统一理论框架

设机载雷达天线采用平面阵，天线采用可分离加权，每一列先合成为一路，即平面阵等效为一个等距线阵。图 6 - 6 为空时二维自适应信号处理器的统一框架图，其中 $\boldsymbol{Q}_{\mathrm{s}}$ 表示空域变换，$\boldsymbol{Q}_{\mathrm{t}}$ 表示时域变换，$\otimes$ 为 Kronecker 积。对于式（6 - 28）所示的空时二维信号 $\boldsymbol{X}$，经空域一维变换矩阵 $\boldsymbol{Q}_{\mathrm{s}}(N\times N_1)$ 和时域一维变换矩阵 $\boldsymbol{Q}_{\mathrm{t}}(K\times K_1)$ 变换后，可得

$$\boldsymbol{Z}=(\boldsymbol{Q}_{\mathrm{s}}\otimes\boldsymbol{Q}_{\mathrm{t}})^{\mathrm{H}}\boldsymbol{X} \tag{6-37}$$

空时二维变换后，数据 $\boldsymbol{Z}$ 的协方差矩阵可表示为

$$\boldsymbol{R}_{\mathrm{Z}}=(\boldsymbol{Q}_{\mathrm{s}}\otimes\boldsymbol{Q}_{\mathrm{t}})^{\mathrm{H}}\boldsymbol{R}(\boldsymbol{Q}_{\mathrm{s}}\otimes\boldsymbol{Q}_{\mathrm{t}}) \tag{6-38}$$

式中：$\boldsymbol{R}$ 为 $\boldsymbol{X}$ 的协方差矩阵。

相应地，线性最小方差准则下，降维空时自适应处理的最优权值矢量 $\boldsymbol{w}$ 优化模型和最优权值为

$$\min\boldsymbol{w}_{\mathrm{st}}^{\mathrm{H}}(\boldsymbol{Q}_{\mathrm{s}}\otimes\boldsymbol{Q}_{\mathrm{t}})^{\mathrm{H}}\boldsymbol{R}_{\mathrm{Z}}(\boldsymbol{Q}_{\mathrm{s}}\otimes\boldsymbol{Q}_{\mathrm{t}})\boldsymbol{w}_{\mathrm{st}}\quad \text{s. t. } \boldsymbol{w}_{\mathrm{st}}^{\mathrm{H}}[(\boldsymbol{Q}_{\mathrm{s}}\otimes\boldsymbol{Q}_{\mathrm{t}})^{\mathrm{H}}\boldsymbol{S}]=1 \tag{6-39}$$

式中：$\boldsymbol{w}_{\mathrm{st}}=\mu[(\boldsymbol{Q}_{\mathrm{s}}\otimes\boldsymbol{Q}_{\mathrm{t}})^{\mathrm{H}}\boldsymbol{R}(\boldsymbol{Q}_{\mathrm{s}}\otimes\boldsymbol{Q}_{\mathrm{t}})]^{-1}[(\boldsymbol{Q}_{\mathrm{s}}\otimes\boldsymbol{Q}_{\mathrm{t}})^{\mathrm{H}}\boldsymbol{S}]=\mu\boldsymbol{R}_{\mathrm{Z}}^{-1}\boldsymbol{S}_{\mathrm{st}}$。

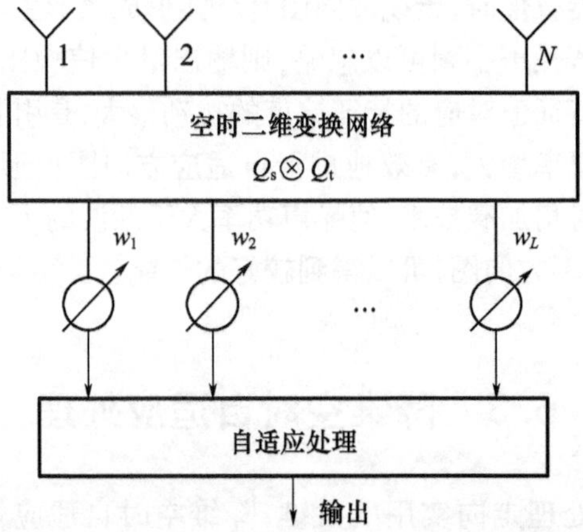

图 6-6 空时二维自适应处理器的统一框架图

虽然采用降维矩阵 $\boldsymbol{Q}_s$ 和 $\boldsymbol{Q}_t$ 后，空时自适应处理仍需先对协方差矩阵进行估计才可计算最佳权值，但相比式(6-30)，如果存在关系 $N_1 < N$ 和 $K_1 < K$，则降维后协方差矩阵估计所需的运算量将会降低，这就是降维处理的理论依据。

同时，依据降维矩阵 $\boldsymbol{Q}_s$ 和 $\boldsymbol{Q}_t$ 取值的不同，降维处理将导致不同的实现方法和得益。下面从上述统一理论框架出发，分别对几种典型降维空时自适应处理技术进行介绍。

6.3.2 几种降维空时自适应处理技术

1. 阵元-脉冲域处理技术

阵元-脉冲域处理技术的典型结构如图 6-7 所示，其中 T_r 表示脉冲重复周期。该处理器的基本原理是用一个固定窗在时间上滑动，每次滑动一个时间节拍，对落入窗内的时空采样信号进行二维自适应处理，且窗的大小可以调节。特别地，当滑窗的规模等于相参积累点数 K 时，即为空时自适应处理技术原理中介绍的最优空时自适应处理器。

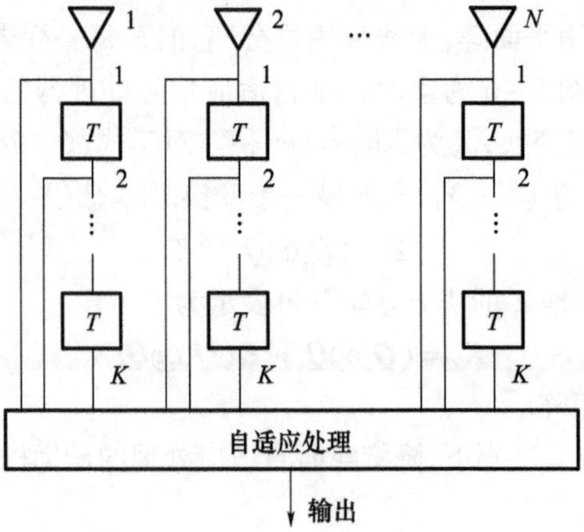

图 6-7 阵元-脉冲域处理系统结构图

对于阵元－脉冲域处理系统，其降维处理有很多形式，下面以子阵处理与三脉冲相消动目标显示为例加以说明。正侧视时，其处理过程等效采用变换矩阵 $\boldsymbol{Q}_s$ 和 $\boldsymbol{Q}_t$ 可分别表示为

$$\boldsymbol{Q}_s=\begin{bmatrix}1&2&1&0&0&\cdots&0\\0&0&1&2&1&\cdots&0\\\vdots&\vdots&\vdots&\vdots&\vdots&&\vdots\\0&\cdots&0&0&1&2&1\end{bmatrix}\tag{6-40}$$

$$\boldsymbol{Q}_t=\begin{bmatrix}1&-2&1&0&0&\cdots&0\\0&1&-2&1&0&\cdots&0\\\vdots&\vdots&&\vdots&\vdots&&\vdots\\0&\cdots&0&0&1&-2&1\end{bmatrix}\tag{6-41}$$

式中：变换矩阵 $\boldsymbol{Q}_s$ 等效于空域分组组处理，“1，2，1”方式加权是较为典型的，它可以使空域单元数减少一半，从而达到降维的目的；而时域变换 $\boldsymbol{Q}_t$ 的作用为时域三脉冲相消处理，可以有效地抑制主杂波，并不具有降维作用。

需要说明的是，这种处理器分组还存在多种变形方式，如重叠和非重叠分组方式，从统一组成框图来看，它们是对空域变换矩阵赋予不同取值的结果。

2. 波束－脉冲域处理技术

波束－脉冲域处理技术的典型处理结构组成如图 6－8 所示，它是一种先空后时的空时联合处理结构，即首先对形成目标指向的波束降维，然后再进行时域处理。该处理器中的波束形成可使用 Butler 波束形成器。此时 $\boldsymbol{Q}_t$ 可为 $K\times K$ 单位阵，而变换矩阵为

$$\boldsymbol{Q}_s=[\ \boldsymbol{S}_s(i),\boldsymbol{w}_1\boldsymbol{S}_s(1),\cdots,\boldsymbol{w}_l\boldsymbol{S}_s(l),\cdots,\boldsymbol{w}_{N_1}\boldsymbol{S}_s(N_1)\ ]\tag{6-42}$$

式中：$l=1,2,\cdots$；N_1 为辅助波束指数，N_1 由杂波和系统的误差决定；$\boldsymbol{S}_s$ 为主波束导向矢量；$\boldsymbol{w}$ 为静态矢量。

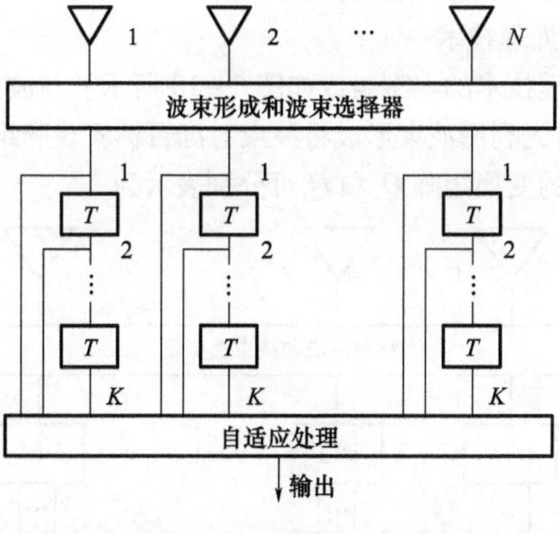

图 6－8　波束－脉冲域处理技术结构组成图

如果空域为理想的无误差情形，那么，N_1 为 2 或 3 系统即可达到最优性能。这种联合处理能很快在空域形成深凹口，以对消多普勒通带内的杂波，从而获得较优的性能。需要指出的是，由于阵元误差的存在，致使杂波谱向空域方向扩散。因此，必须选用更多的空

域波束，系统自由度将增加，运算量也大量增加。进一步减少系统自由度的方案可通过时域降维处理来实现，如采用时域的多普勒滤波处理。

时域的多普勒处理就像空域的波束处理一样，能充分地利用一个可利用的自适应自由度的子集，获得很好的降维处理。因此，经时域多普勒滤波处理之后，这一处理系统将转化为波束-多普勒域处理系统。

3. 多普勒-阵元域处理技术

多普勒-阵元域处理技术的典型处理结构组成如图6-9所示。这种处理器先对空时二维数据 $\boldsymbol{X}$ 作加权离散傅里叶变换滤波处理，将整个空时域分布的杂波局域化为类似于窄带空间干扰的窄谱杂波，进而通过对一个或相邻的多个多普勒通带的自适应处理，以实现杂波抑制。根据系统结构，变换矩阵 $\boldsymbol{Q}_s$ 取 $N\times N$ 单位阵，则

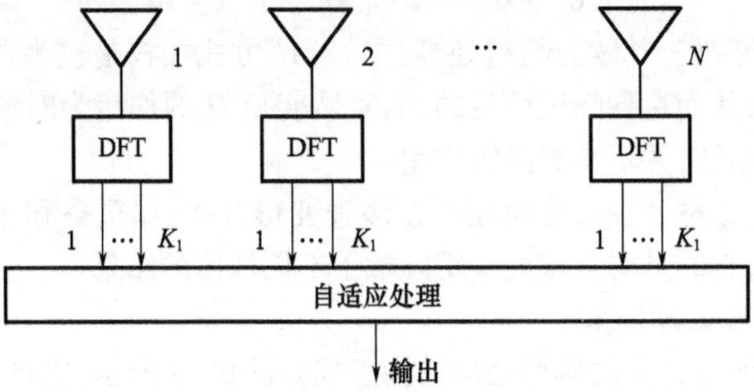

图6-9　多普勒-阵元域处理技术结构组成图

$$\boldsymbol{Q}_t=[\ S_t(j),S_t(1),\cdots,S_t(m),\cdots,S_t(K_1)\ ] \tag{6-43}$$

式中：$m=1,2,\cdots$；K_1 为辅助多普勒通带序号。

按照取值的不同，这种空时自适应处理技术可分为不同方法，如先时后空自适应级联处理（1DT）方法和主杂波区多普勒通道联合处理（mDT）方法。

4. 波束-多普勒域处理技术

波束-多普勒域处理技术的典型组成如图6-10所示。与波束-脉冲域空时自适应技术相似，这种技术也首先利用波束形成将波束对准目标实现降维；然后在频域内作自适应滤波。这种处理结构的变换矩阵 $\boldsymbol{Q}_s$ 和 $\boldsymbol{Q}_t$ 可分别表示为

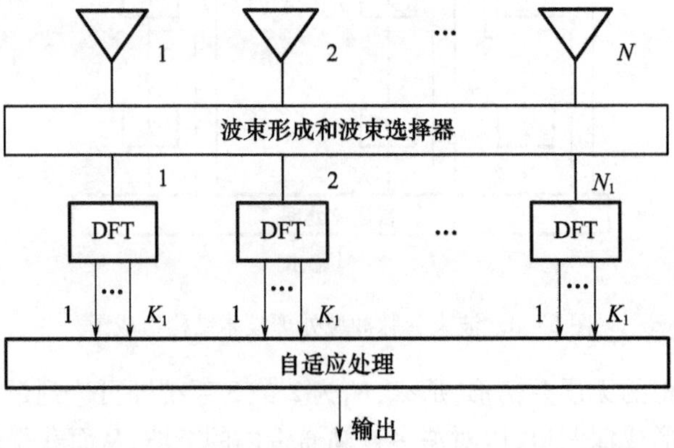

图6-10　波束-多普勒域处理技术结构组成图

$$\boldsymbol{Q}_{\mathrm{s}}=[\,S_{\mathrm{s}}(i),\boldsymbol{w}_1 S_{\mathrm{s}}(1),\cdots,\boldsymbol{w}_l S_{\mathrm{s}}(l),\cdots,\boldsymbol{w}_{N_1} S_{\mathrm{s}}(N_1)\,] \tag{6-44}$$

$$\boldsymbol{Q}_{\mathrm{t}}=[\,S_{\mathrm{t}}(j),\boldsymbol{H}_1 S_{\mathrm{t}}(1),\cdots,\boldsymbol{H}_m S_{\mathrm{t}}(m),\cdots,\boldsymbol{H}_{K_1} S_{\mathrm{t}}(K_1)\,] \tag{6-45}$$

式中：$\boldsymbol{w}_l$和$\boldsymbol{H}_m$分别为空域和时域的静态权矢量。

以上简要介绍了四种不同降维空时自适应处理技术。从其组成框图和原理来看，四种不同降维空时自适应处理技术实际上均可分解为两步，即时域降维和空域降维，利用这两个步骤的两两组合即形成了不同的降维空时自适应处理技术。就时域降维而言，无论是利用动目标显示还是动目标检测，均属传统雷达消除杂波的基本方法。就空域降维而言，其使用的波束形成实际上也为常规相控阵雷达所采用，换句话说，降维空时自适应处理技术乃是传统时域滤波和空间滤波技术的有机结合与扩展。

习　题

1. 简述机载雷达地杂波谱的特点。
2. 简述空时自适应处理技术的基本原理和主要难点。
3. 比较四种降维空时自适应处理技术的特点。
4. 试推导平面阵的发射方向图。

第 7 章 目标信号检测

雷达接收信号中可能包含有目标或没有目标，即存在目标和不存在目标两种情况，不管有没有目标回波信号，雷达接收信号中总是存在噪声和杂波等各种干扰信号，所以雷达目标回波信号的检测是在噪声和杂波干扰背景中的二元信号最佳检测问题。虽然在机载雷达信号处理中可能已经采用了多种技术措施来抑制各种杂波干扰，但杂波往往还是存在剩余，而且噪声和杂波的电平是起伏变化的，因此仍然需要考虑噪声和杂波对雷达目标回波信号检测的影响。

雷达系统设计中，虚警概率 P_f 和检测概率 P_d 是主要的技战术指标之一，通常要求虚警概率 P_f 约束为某个值的条件下，使检测概率 P_d 最大。但实际上，由于噪声和杂波等各种干扰信号的起伏和变化，会引起判决概率的剧烈变化。在雷达系统中，虚警概率 P_f 的较大变化，可能会造成系统工作不正常。例如，过多的虚假目标可能会使后续的数据处理计算机饱和，而虚警概率 P_f 过小，检测概率 P_d 将随之降低，特别对小目标回波信号的检测能力影响更大。因此，采用恒虚警率检测技术是十分必要的。所谓信号的恒虚警率检测，就是在噪声和杂波干扰强度变化的情况下，信号经过恒虚警率处理，使虚警概率 P_f 保持恒定。

根据对噪声和杂波干扰数学模型的掌握程度，实现信号的恒虚警率检测可分为三种方法：如果已知噪声和杂波干扰分布的数学模型，则可以采用参量型检测；如果雷达的工作环境恶劣，干扰复杂，其分布的数学模型未知或时变，则可以采用非参量型检测；如果对干扰统计特性的主导部分已知，但仍不能建立它的确切数学模型，则可以采用一种所谓的稳健性检测。信号的参量型检测和非参量型检测都可以设计成具有恒虚警率性能的检测器。

本章首先简述雷达目标回波信号的最佳检测准则和检测性能；然后分别讨论噪声和杂波背景中雷达目标回波信号的恒虚警率检测问题，重点是参量型恒虚警率检测的原理、检测器组成框图和性能分析及信号的非参量检测。

7.1 目标信号的最佳检测

雷达回波信号有目标不存在和目标存在两个状态，用统计学的术语，分别假设目标不存在为 H_0，假设目标存在为 H_1。雷达目标回波信号的检测属于二元信号的检测，目标是否存在有四种判决结果，对应有四个判决概率。

假设 H_0 为真，判决假设 H_0 成立，即目标不存在并正确判决目标不存在，对应的判决概

率记为 $P(H_0|H_0)$，在雷达目标回波信号检测中称为正确不发现概率。

假设 H_0 为真，判决假设 H_1 成立，即目标不存在但错误判决目标存在，对应的判决概率记为 $P(H_1|H_0)$，在雷达目标回波信号检测中称为虚警概率。

假设 H_1 为真，判决假设 H_1 成立，即目标存在并正确判决目标存在，对应的判决概率记为 $P(H_1|H_1)$，雷达目标回波信号检测中称为检测概率。

假设 H_1 为真，判决假设 H_0 成立，即目标存在但错误判决目标不存在，对应的判决概率记为 $P(H_0|H_1)$，雷达目标回波信号检测中称为漏报概率。

显然，假设 H_0 为真情况下的两个判决概率满足 $P(H_0|H_0)+P(H_1|H_0)=1$；假设 H_1 为真情况下的两个判决概率满足 $P(H_0|H_1)+P(H_1|H_1)=1$。

为了方便，分别把虚警概率 $P(H_1|H_0)$、检测概率 $P(H_1|H_1)$ 和漏报概率 $P(H_0|H_1)$ 表示为 P_f、P_d 和 P_m。雷达系统设计的技战术指标中，虚警概率 P_f 和检测概率 P_d 是两个重要的指标。因此，在雷达目标回波信号检测中，要求在一定的虚警概率 P_f 条件下，检测概率 P_d 达到最大，作为雷达目标信号的最佳检测准则，称为奈曼－皮尔逊（Neymum－Person）准则。

若假设 H_0 下接收信号 $x(n)$ 的概率密度函数为 $p(x|H_0)$，假设 H_1 下接收信号 $x(n)$ 的概率密度函数为 $p(x|H_1)$，根据二元信号最佳检测的似然比检验，奈曼－皮尔逊准则的最佳判决可表示为

$$\lambda(x)=\frac{p(x|H_1)}{p(x|H_0)}\underset{H_0}{\overset{H_1}{\gtrless}}\eta \tag{7-1}$$

式中：$\lambda(x)$ 为似然比函数；η 为似然比检测门限。

似然比函数 $\lambda(x)$ 是随机信号 $x(n)$ 的函数，所以也是一个随机信号。如果似然比函数 $\lambda(x)$ 在假设 H_0 下和假设 H_1 下的概率密度函数分别为 $p(\lambda|H_0)$ 和 $p(\lambda|H_1)$，则

$$P(H_1|H_0)=P_f=\int_\eta^\infty p(\lambda|H_0)\mathrm{d}\lambda \tag{7-2}$$

若要求虚警概率 $P_f=\alpha$，则由式(7－2)可以确定似然比检测门限 η，并进而求得

$$P(H_1|H_1)=P_d=\int_\eta^\infty p(\lambda|H_1)\mathrm{d}\lambda \tag{7-3}$$

似然比检验可等效为将接收信号的全域 R 划分为两个判决子域 R_0 和 R_1（这种划分应满足 $R_0\cup R_1=R, R_0\cap R_1=\varnothing$），当接收信号 $x(n)$ 落入 R_0 域时，则判决假设 H_0 成立；当接收信号 $x(n)$ 落入 R_1 域时，则判决假设 H_1 成立。

考虑到雷达目标回波信号的检测问题，设两个判决子域 R_0 和 R_1 的分界点为 x_0，且大于等于 x_0 的子域为 R_1 域，小于 x_0 的子域为 R_0 域。这样，虚警概率 P_f 可表示为

$$P_f=\int_{x_0}^\infty p(x|H_0)\mathrm{d}x \tag{7-4}$$

当要求虚警概率 $P_f=\alpha$ 时，则由式(7－4)可以确定判决子域的分界点，即信号检测门限 x_0，并进而求得

$$P_d=\int_{x_0}^\infty p(x|H_1)\mathrm{d}x \tag{7-5}$$

基于上面的分析，如果干扰信号的包络服从瑞利分布，则其概率密度函数为

$$p(x|H_0)=\begin{cases}\dfrac{x}{\sigma^2}\exp\left(-\dfrac{x^2}{2\sigma^2}\right) & (x\geqslant 0)\\ 0 & (x<0)\end{cases} \tag{7-6}$$

式中：x 为干扰信号的幅度；σ^2 为窄带高斯干扰信号的方差，它的大小代表干扰信号的强弱。

当信号检测门限为 x_0 时，虚警概率为

$$P_{\mathrm{f}}=\int_{x_0}^{\infty}\frac{x}{\sigma^2}\exp\left(-\frac{x^2}{2\sigma^2}\right)\mathrm{d}x=\exp\left(-\frac{x_0^2}{2\sigma^2}\right) \tag{7-7}$$

这一结果说明，当采用固定门限（x_0 不变）检测时，如果干扰信号的强度 σ^2 发生变化，引起虚警概率 P_{f} 的变化。例如，在某个 σ^2 下，最初按虚警概率 $P_{\mathrm{f}}=10^{-6}$ 调整检测门限 x_0，当干扰信号的功率增加 1dB 时，便使虚警概率由 $P_{\mathrm{f}}=10^{-6}$ 增大到 $P_{\mathrm{f}}=10^{-5}$，即增大 9 倍。这还是单次检测的情况，如果多次积累后检测，虚警概率的变化将更大。

上述分析结果说明，雷达信号的最佳检测要求虚警概率保持不变，但噪声和杂波干扰强度的变化将引起虚警概率的显著改变。因此，必须采取使虚警概率保持恒定的措施，即恒虚警率处理技术，从而实现雷达目标回波信号的恒虚警率检测。

衡量恒虚警率检测的性能，通常主要考虑两个质量指标：恒虚警率性能和恒虚警率损失。

1. 恒虚警率性能

雷达信号检测的恒虚警率性能表明了检测设备在相应的干扰环境中实际所能达到的恒虚警率效果。这是因为理想的恒虚警率检测通常是难以做到的，为此需要研究实际效果偏离理想结果的程度，这就是恒虚警率性能。

2. 恒虚警率损失

为了实现恒虚警率检测而采用的恒虚警率处理，会使雷达目标回波信号的检测性能有所下降，称为恒虚警率损失，用 L_{CFAR} 表示。恒虚警率损失定义为雷达目标回波信号经过恒虚警率处理后，为了达到原信号（处理前的信号）的检测能力所需信噪比的增加量，信号的恒虚警率损失也可以用信号检测能力的降低程度来表示。显然，我们希望这种损失越小越好。

7.2 噪声背景下的自动检测

噪声环境中信号的自动门限检测技术，在整个雷达信号处理技术中是相对比较简单的，但其效果将关系到最终的信号检测性能，所以仍然是一个十分重要的问题。

7.2.1 基本原理

噪声环境中信号的自动门限检测，关键是自动形成与噪声干扰环境相匹配的自动门限检测电平，其原理框图如图 7-1 所示。自动门限检测电平的形成由噪声电平估计和乘系数两部分组成。由于系统噪声平均电平的变化比较缓慢，同时为了消除目标回波信号、杂波干扰信号等对噪声平均电平估计的影响，用于噪声平均电平估计的样本数据应取自

噪声区的采样。为此,原理框图中设计有噪声样本选通电路。

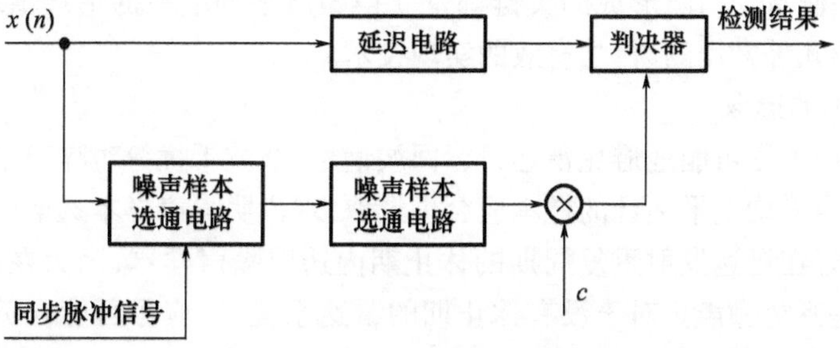

图 7-1 自动门限检测原理框图

接下来研究图 7-1 的工作原理。由于噪声干扰环境中,系统噪声通常认为是高斯噪声,所以经窄带线性系统,其输出噪声包络的概率密度函数服从瑞利分布,即式(7-6)所示。如果进行归一化处理,令 $u = x/\sigma$,则

$$p(u|H_0) = \begin{cases} u\exp\left(-\dfrac{u^2}{2}\right) & (u \geqslant 0) \\ 0 & (u < 0) \end{cases} \tag{7-8}$$

显然,变量 u 的分布与噪声强度 σ^2 无关。这样,对 u 用固定门限检测就不会因噪声强度改变而引起虚警概率变化了。设检测门限为 u_0,则单次检测的虚警概率为

$$P_f = \int_{u_0}^{\infty} p(u|H_0)\,\mathrm{d}u = \int_{u_0}^{\infty} u\exp\left(-\frac{u^2}{2}\right)\mathrm{d}u = \exp\left(-\frac{u_0^2}{2}\right) \tag{7-9}$$

所以,关键是求出噪声干扰的标准差 σ,并进行归一化处理,然后就可以进行固定门限检测了,虚警概率 P_f 取决于检测门限 u_0。

因为瑞利分布的平均值 $\mathrm{E}(x) = \sqrt{\pi/2}\,\sigma$,所以只要求出 $x(n)$ 的平均值 $\mathrm{E}(x)$,就能实现归一化处理。图 7-1 中的噪声平均电平估计器完成对 $x(n)$ 求平均,得到噪声的平均电平估计值 $\hat{x}$,因为 $\mathrm{E}(\hat{x}) = \mathrm{E}(x)$,即 $\hat{x}$ 为无偏估计量,所以只要参与求噪声平均电平估计的样本数足够多,估计值的均方误差就足够小,估计值 $\hat{x}$ 就非常接近于平均值 $\mathrm{E}(x)$。至于 $\mathrm{E}(x)$ 与 σ 之间的常系数 $\sqrt{\pi/2}$,并不影响图 7-1 的工作原理。噪声电平的平均值 $\hat{x}$ 乘以系数 c,所形成的检测门限电平将随噪声干扰强度的变化而变化,从而实现噪声环境中信号的恒虚警率检测。

如果窄带线性系统输出噪声包络的概率密度函数不是服从瑞利分布的,或者噪声包络的平均电平估计结果 $\hat{x}$ 与噪声干扰的强度呈非线性关系,那么可以通过分析或实际测试得到这种非线性关系。然后根据噪声平均电平估计值 $\hat{x}$,利用得到的与噪声干扰强度的非线性关系来调整乘系数 c,原理上仍然能够实现噪声环境中信号的恒虚警率检测。这在以数字信号处理器为核心器件的信号处理系统中并不难实现。

7.2.2 实现技术

机载雷达系统信号形式复杂、工作模式多、自动化程度高,所以即使在同一部雷达系统中,根据其信号形式和工作模式也有相应的不同处理方式。这样,用于噪声环境中信号

检测的自动门限形成也有不同的技术和方法来实现。无论采用哪种实现技术和方法，噪声环境中信号检测自动门限形成的关键都是获得噪声平均电平的估计值$\hat{x}$和乘系数 c 的确定。下面介绍几种常用的、行之有效的实现技术。

1. 噪声样本的选取

如前所述，为了尽可能地避免雷达目标回波信号、杂波干扰等对噪声平均电平估计值的影响，用于噪声平均电平估计的样本应合理选取，现说明噪声样本选取的基本原则。在一般情况下，最好在雷达发射重复周期的休止期内选取噪声样本，因为在休止期内，雷达接收机输出的是系统噪声。对于没有休止期的雷达系统，则应尽可能在远的距离段上选取噪声样本，因为远距离段上即使存在目标回波信号，也相对较弱，对噪声平均电平估计结果的影响较小。

如果雷达系统处于跟踪状态，当采用线性(或非线性)调频脉冲信号、伪随机序列相位编码信号等信号形式时，信号的时宽较宽，目标跟踪波门略宽于信号的时宽，一般为几十微秒量级。由于我们仅对跟踪波门内的信号进行处理，而经匹配压缩滤波器的输出窄目标信号处在接收的宽目标信号的末尾，所以此时用于噪声平均电平估计的噪声样本可以取自信号处理的前段部分单元。

图 7-1 中的噪声样本选通电路用来实现噪声样本的选取。在采用数字信号处理的系统中，噪声样本可取信号检测前信号处理结果的某段地址中的数据。

2. 噪声平均电平的样本平均递归估计

噪声样本平均递归估计是为了得到比较平稳的噪声平均电平估计值而采用的一种方法。设用于噪声平均电平估计的样本总数为 N，它对应着 N 个距离单元，若其中出现虚警的单元数为 N_{fa}，则虚警频率为 N_{fa}/N。当 $N\to\infty$ 时，虚警频率等于虚警概率 P_f。根据概率论中贝努利(Bernoulli)大数定理，假如允许虚警频率与虚警概率之间的差别小于 εP_f(εP_f 为小于 1 的任意正数)，则满足这一要求的概率为

$$P\left[\left|\frac{N_{fa}}{N}-P_f\right|<\varepsilon P_f\right]\geqslant 1-\frac{P_f(1-P_f)}{\varepsilon^2 P_f^2 N} \tag{7-10}$$

如果要求这一概率必须大于等于某值 P，则

$$1-\frac{P_f(1-P_f)}{\varepsilon^2 P_f^2 N}\geqslant P \tag{7-11}$$

解出

$$N\geqslant\frac{1-P_f}{\varepsilon^2 P_f(1-P)} \tag{7-12}$$

例如，若 $\varepsilon=0.5$，$P=0.9$，则当 $P_f=10^{-2}$时，要求 $N\geqslant 4000$。

在雷达信号处理的一个周期内，要获得如此大的噪声样本数一般是做不到的。这里所谓的雷达信号处理的一个周期，可能是雷达的一个探测周期，也可能是一个信号批处理时间，这取决于雷达系统的体制及信号处理的功能和方式。在这种情况下，一种简单而有效的方法是噪声平均电平的样本平均递归估计法，其原理框图如图 7-2 所示。

我们把雷达信号的当前处理周期记为第 m 个周期，取该处理周期的 $n=l$ 到 $n=l+N_m-1$ 共 N_m 个距离单元的噪声样本数据 $x_m(n)$，为了计算方便，N_m 一般为 2 的整次幂。

首先，对 N_m 个噪声样本数据 $x_m(n)$ 求和取平均，即完成噪声样本的平均值估计，可得

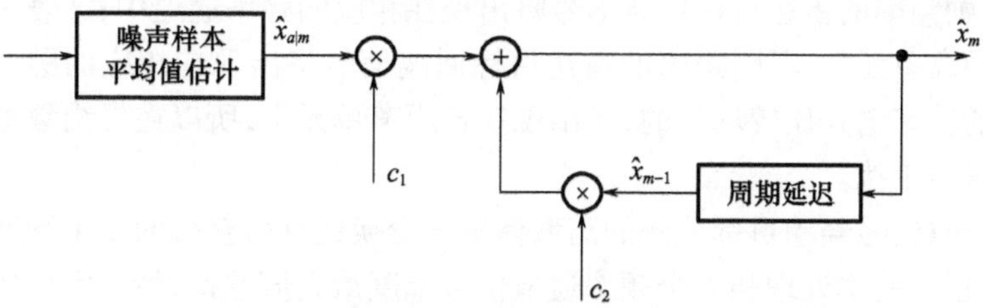

图 7-2　噪声平均电平的样本平均递归估计原理框图

$$\hat{x}_{a|m} = \frac{1}{N_m}\sum_{n=l}^{l+N_m-1} x_m(n) \tag{7-13}$$

然后，将$\hat{x}_{a|m}$与上次递归运算得到的噪声平均电平估计值$\hat{x}_{m-1}$进行加权运算，即

$$\hat{x}_m = c_1\hat{x}_{a|m} + c_2\hat{x}_{m-1} \tag{7-14}$$

式中：$\hat{x}_m$为当前处理周期的噪声平均电平估计值；加权系数 c_1 和 c_2 满足 $c_1 + c_2 = 1$，($c_1 > 0$，$c_2 > 0$)。具体数值分配视情况而定。例如，如果参数 N_m 较小，则噪声样本平均值估计值的均方误差较大，加权系数 c_1 可取较小的值，如 1/8；如果参数 N_m 较大，则加权系数 c_1 可取较大的值，如 1/4。

获得噪声平均电平估计值$\hat{x}_m$后，将它乘以系数 c，所得结果 $c\hat{x}_m$ 就是雷达信号检测的自动门限电平。

在雷达信号的下一个处理周期，即第 $m+1$ 个周期，有

$$\hat{x}_{m+1} = c_1\hat{x}_{a|m+1} + c_2\hat{x}_m \tag{7-15}$$

这样，$c\hat{x}_{m+1}$就是该周期雷达信号检测的自动门限电平。

依此类推，利用当前处理周期的噪声样本平均值估计值和上个处理周期递归运算得到的噪声平均电平估计值进行加权运算，所得结果乘以系数 c，就能得到该处理周期信号检测的自动门限电平，所以我们把这种方法称为噪声平均电平的样本平均递归估计法。这种方法不仅利用了当前处理周期的噪声样本平均值估计值，而且也利用了过去的噪声平均电平估计结果，这相当于增大了用于噪声平均电平估计的噪声样本数，所以能够获得良好的估计效果。

实际应用中，如果雷达信号相邻处理周期由于接收系统自动增益控制等原因使得噪声电平有较大的变化，在这种情况下，若采用噪声平均电平的样本平均递归估计方法，则应尽量增大每个处理周期的噪声样本数 N_m，同时调整加权系数 c_1 和 c_2 的值，即增大 c_1，减小 c_2。

3. 噪声平均电平的二维平均估计

机载雷达系统的信号处理设计有动目标检测的功能。设第 n 个距离单元、相邻 M 个探测周期的雷达回波脉冲串信号为 $x_n(m)$($0 \leqslant n \leqslant N-1; 0 \leqslant m \leqslant M-1$)，采用进行 L($L > M$)点离散傅里叶变换来实现动目标检测，则

$$X_n(k) = \sum_{m=0}^{L-1} x_n(m)\exp[-\mathrm{j}(2\pi/L)km] \quad (0 \leqslant k \leqslant L-1; 0 \leqslant n \leqslant N-1) \tag{7-16}$$

这样运算的结果就构成了一个 $L \times N$ 的频率-距离二维数据矩阵。L 表示频率通道

数,不同多普勒频率的雷达目标回波信号将出现在相应的频率通道中;N 表示雷达作用距离范围内的距离单元数,不同距离的雷达目标回波信号将出现在相应的距离单元中。由于系统噪声的功率谱是比较均匀的,且出现在各距离单元中,所以在二维数据矩阵的各单元中都存在噪声干扰。

对雷达接收信号经动目标检测的离散傅里叶变换运算后获得的 L 个频率通道信号分别进行求模、恒虚警率处理和 L 个频率通道信号幅度最大值选择,最后完成信号的自动门限检测。

为了形成信号检测的自动门限电平,接下来讨论噪声平均电平的二维平均估计方法。L 个频率通道恒虚警率处理的结果仍然是二维的数据矩阵,噪声存在于各单元中。在第 m 个雷达信号处理周期,取每个频率通道的 $n=l$ 到 $n=l+N_m-1$ 共 N_m 个距离单元噪声样本数据 $|X_n(k)|$ $(0\leqslant k\leqslant L-1)$,分别进行平均值估计,得

$$\hat{x}_{k|m}=\frac{1}{N_m}\sum_{n=l}^{l+N_m-1}|X_n(k)| \quad (0\leqslant k\leqslant L-1) \tag{7-17}$$

然后,将各频率通道的噪声平均值估计结果 $\hat{x}_{k|m}$ $(0\leqslant k\leqslant L-1)$ 再进行频率通道间的平均,最终得到噪声平均电平的估计值 $\hat{x}_m$ 为

$$\hat{x}_m=\frac{1}{L}\sum_{k=0}^{L-1}\hat{x}_{k|m}=\frac{1}{L}\sum_{k=0}^{L-1}\left[\frac{1}{N_m}\sum_{n=l}^{l+N_m-1}|X_n(k)|\right] \tag{7-18}$$

这样,参与噪声平均电平估计值估计的噪声样本数为 $N=L\times N_m$。所获得的噪声平均电平估计值 $\hat{x}_m$ 乘以系数 c,就得到了信号检测的自动门限电平。根据上述讨论,雷达目标信号的动目标检测及噪声平均电平的二维平均估计原理框图如图 7-3 所示。

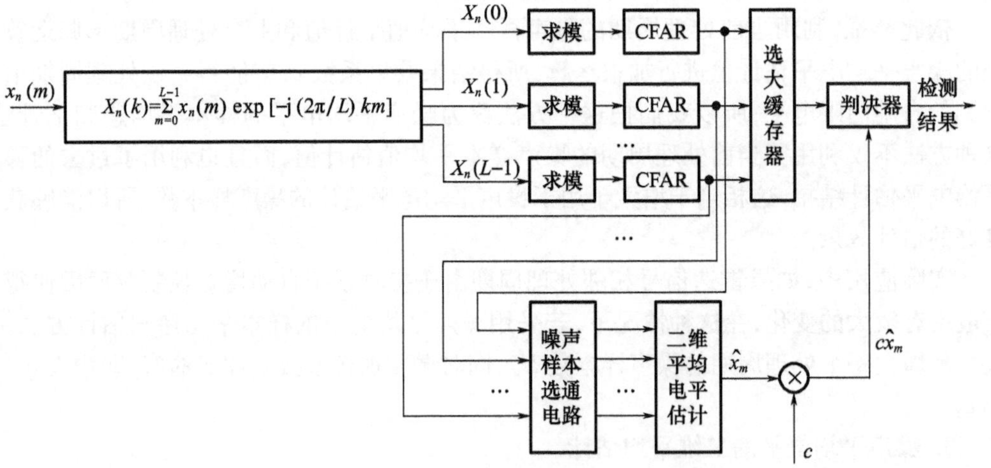

图 7-3 噪声平均电平的二维平均估计原理框图

4. 乘系数的估计

在多数情况下,噪声包络的概率密度函数服从式(7-6)所示的瑞利分布,所以,单次检测的虚警概率为

$$P_f=\int_{c\hat{x}_m}^{\infty}\frac{x}{\sigma^2}\exp\left(-\frac{x^2}{2\sigma^2}\right)dx \tag{7-19}$$

因为瑞利分布的均值 $E(x)=\sqrt{\pi/2}\sigma$，所以式(7－19)可以表示为

$$P_f=\int_{\sqrt{\pi/2}c\hat{\sigma}}^{\infty}\frac{x}{\sigma^2}\exp\left(-\frac{x^2}{2\sigma^2}\right)dx \tag{7-20}$$

如果用 σ 代替估计值 $\hat{\sigma}$，则有

$$P_f=\int_{\sqrt{\pi/2}c\sigma}^{\infty}\frac{x}{\sigma^2}\exp\left(-\frac{x^2}{2\sigma^2}\right)dx=\exp\left(-\frac{\pi c^2}{4}\right) \tag{7-21}$$

这样，根据虚警概率 P_f 的要求，可以得到乘系数 c 的值。例如，当要求 $P_f=3.5\times10^{-6}$ 时，乘系数 $c\approx4$。

7.3　杂波环境下的恒虚警率检测

噪声环境中信号的自动门限检测，通过对噪声平均电平的实时估计，所得估计值乘以系数 c 形成自动门限检测电平，实现信号的恒虚警率检测。我们知道，系统噪声一般变化比较缓慢，且分布在雷达的整个作用范围内；而杂波干扰是一种快变干扰信号，通常只出现在雷达作用范围的某些区域内，并且在各个方向上杂波强度不同，有时甚至差别很大，在距离上，杂波强度也有明显的变化。例如，地物杂波、海浪杂波一般只出现在近程几十千米范围内，除非远区有高大的固定目标或巨大的海浪；云雨等运动杂波只出现在云区或降雨区等。

由于杂波的内部运动、天线扫描、系统不稳定及参数变化等因素将使杂波功率谱展宽，而杂波抑制滤波器的频率响应特性又不可能与杂波的频谱特性完全匹配，所以会有杂波剩余；在杂波的功率谱较宽时，动目标检测可将杂波分配在多个多普勒频率通道中。所以，尽管雷达信号处理中可能已经采用了杂波抑制滤波器和动目标检测处理，但通常仍然需要对各通道采用恒虚警率处理，以进一步抑制杂波干扰，保持虚警概率基本恒定。

实现杂波环境中信号的恒虚警率检测，需要根据杂波干扰信号的统计特性来进行。目前，关于杂波干扰信号统计特性的数学模型主要有三种：已知杂波干扰信号的概率密度函数，采用参量型恒虚警率检测；完全不知道杂波干扰信号的统计特性，采用非参量型恒虚警率检测；知道杂波干扰信号的主要统计特性，但不能确切表示它的概率密度函数，可采用所谓的稳健性检测。下面我们将重点研究杂波干扰信号参量型恒虚警率检测。

7.3.1　瑞利杂波的恒虚警率检测

1. 瑞利杂波恒虚警检测的原理

低分辨率雷达系统中，当天线波束照射角较高、环境比较平稳时，地物、海浪和云雨等分布杂波可以看作是很多独立照射单元所反射信号的叠加，每个照射单元所反射信号的振幅和相位都是随机的。在这种情况下，所有反射信号的合成回波信号的振幅服从式(7－6)代表的瑞利分布，用式(7－6)表示杂波的分布时，σ^2 代表杂波的平均功率。瑞利杂波模型是实际应用中比较常用的一种模型。

瑞利杂波恒虚警率检测的原理同瑞利噪声背景一样，如果将 x 用杂波强度参数 σ 进行归一化处理，结果 $u=x/\sigma$ 的概率密度函数与式(7－8)相同。归一化处理后，u 的分布与杂波强度无关，从而能够实现恒虚警率检测。我们知道，瑞利分布的均值 $\mathrm{E}(x)=\sqrt{\pi/2}\sigma$，所以，只要获得瑞利分布的均值 $\mathrm{E}(x)$ 就可以进行归一化处理，从而实现瑞利杂波的恒虚警率检测，$\mathrm{E}(x)$ 与 σ 之间的常系数 $\sqrt{\pi/2}$ 可以归到检测门限中，不影响恒虚警率检测性能。

2. 邻近单元平均恒虚警检测器

根据瑞利杂波恒虚警率检测的原理，需要实时获得杂波均值的估计值 $\hat{x}_m$，以估计值 $\hat{x}_m$ 代替理论上的杂波均值 $\mathrm{E}(x)$，并完成归一化处理。由于杂波通常是区域性的，只存在于某一方位、高度和距离范围内，所以杂波均值的估计值 $\hat{x}_m$ 只能在被检测距离单元前后邻近的距离单元范围内进行，称为邻近单元平均恒虚警率检测器，如图 7－4 所示。图中，$x_m(n)$ 表示第 m 个探测周期、第 n 个距离单元的雷达回波信号；中间是被检测距离单元，简称检测单元，检测信号为 $x_m(l)$；检测单元前后各有 $N_1/2$ 个参考单元，即 $n=l-N_1/2$ 到 $n=l-1$ 和 $n=l+1$ 到 $n=l+N_1/2$（从前到后），前后共 N_1 个参考单元中的杂波样本数据 $x_m(n)\big|_{n=l-N1/2\sim n=l+N1/2,\,n\neq l}$ 用于杂波均值的求和取平均估计，估计值为

$$\hat{x}_m=\frac{1}{N_1}\sum_{\substack{n=l-N_1/2\\ n\neq l}}^{l+N_1/2}x_m(n) \tag{7-22}$$

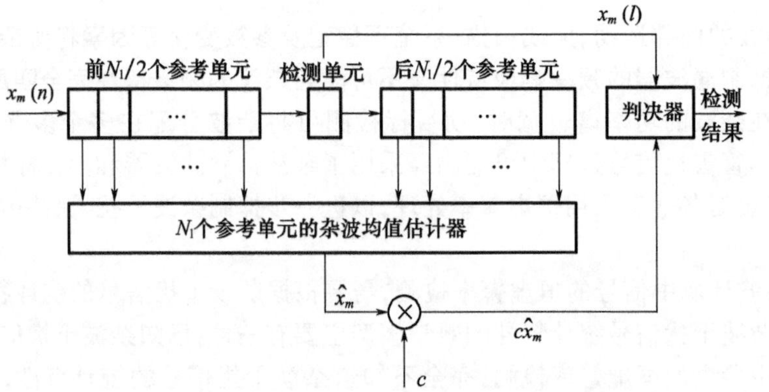

图 7－4　邻近单元平均恒虚警率检测器原理框图

杂波均值的估计值 $\hat{x}_m$ 乘以系数 c 得到检测门限 $c\hat{x}_m$；检测单元的信号 $x_m(l)$ 与检测门限 $c\hat{x}_m$ 进行比较，就得到恒虚警率检测结果。

接下来讨论邻近单元平均恒虚警率检测器的恒虚警率性能和恒虚警率损失。

在邻近单元平均恒虚警率检测器中，用杂波均值的估计值 $\hat{x}_m$ 代替杂波的统计平均值 $\mathrm{E}(x)$ 实现归一化处理，因为估计值 $\hat{x}_m$ 是无偏的，即 $\mathrm{E}(\hat{x}_m)=\mathrm{E}(x)$，所以从统计意义上讲，邻近单元平均恒虚警率检测器是具有恒虚警率检测性能的。实际上，当参考单元数 N_1 足够大且全部被杂波所覆盖时，估计值 $\hat{x}_m$ 与 $\mathrm{E}(x)$ 是十分接近的，检测器仍具有近似理论上的恒虚警率检测性能。然而，由于后面将要讨论的多种因素的限制，参考单元数 N_1 不可能取得很大，常用的典型值为 $N_1=8$、16 或 32，这时检测器的恒虚警率检测性能将受到影

响。如果各参考单元的杂波是互不相关的，则估计值$\hat{x}_m$的均方误差为σ^2/N_1，这意味着若用少量的参考单元杂波样本得到杂波均值的估计值$\hat{x}_m$，估计值$\hat{x}_m$的起伏是比较大的，参考单元数越少，$\hat{x}_m$的起伏越大。显然，当乘系数c一定时，$\hat{x}_m$的起伏将使检测器的虚警概率比理论值有所增大。

如上所述，当参考单元数N_1有限时，杂波均值的估计值$\hat{x}_m$会有一定的起伏。为了保持同样的虚警概率，必须适量提高检测门限（提高乘系数c），但检测门限的提高将使检测概率降低，所以需要提高信噪比来达到原有的检测概率。在有限参考单元数的恒虚警率检测器中，这种为了达到指定的虚警概率和原有的检测概率所需信噪比的提高量称为恒虚警率损失，用L_{CFAR}表示。

在相同积累数目M下，参考单元数N_1越大，恒虚警率损失L_{CFAR}越小；当N_1趋于无穷大时，杂波均值的估计值$\hat{x}_m$趋于统计平均值$\mathrm{E}(x)$而无起伏，这时当然就不会有恒虚警率损失了。例如，当$M=1$、$N_1=5$时，$L_{\mathrm{CFAR}}\approx7.0\mathrm{dB}$；而当$M=1$、$N_1=20$时，$L_{\mathrm{CFAR}}\approx2.0\mathrm{dB}$。雷达目标回波信号通常是脉冲串信号，采用脉冲串信号积累能够改善信噪比，提高检测性能。由于信号积累会对干扰的起伏起到平滑的作用，所以当参考单元数N_1一定时，积累数目M越大，恒虚警率损失L_{CFAR}越小。例如，当$N_1=10$时，只要积累数目$M\geqslant8$，恒虚警率损失L_{CFAR}就可小于1.0dB。值得特别注意的是，积累能够减小干扰的起伏，从而降低恒虚警率损失，是指各次探测间回波干扰为相互统计独立的情况。系统噪声满足这个条件，但地物等杂波干扰在相继的探测间有很强的相关性。因此，当有效的积累数目不大时，参考单元数目N_1不宜取得过小，否则会带来较大的恒虚警率损失。

3. 对数邻近单元平均恒虚警检测器

邻近单元平均恒虚警率检测器是针对瑞利杂波模型的，即雷达接收机是窄带线性系统，归一化处理用除法完成。如果窄带接收系统具有对数特性（如对数中频放大器），则可采用对数邻近单元平均恒虚警率检测器，其归一化处理用减法完成。具有对数特性的窄带接收系统，称为对数接收机。下面首先讨论理想对数接收机情况下的恒虚警率检测问题，然后说明实际对数接收机的影响。

1）理想对数接收机输出信号的统计特性

理想对数接收机输入信号x与输出信号y之间的关系为$y=a\ln(bx)$，式中$x\geqslant0$，$a>0$，$b>0$，a和b都是对数接收机的常参数。由对数接收机输入信号x与输出信号y之间的关系可得

$$x=\frac{1}{b}\exp\left(\frac{y}{a}\right)\quad(x\geqslant0)\tag{7-23}$$

$$\mathrm{d}x=\frac{1}{ab}\exp\left(\frac{y}{a}\right)\mathrm{d}y\tag{7-24}$$

如果将振幅服从瑞利分布，即式（7-6）所示的杂波信号x加到理想对数接收机的输入端，则由一维雅可比变换可得接收机输出杂波信号y将服从如下分布：

$$p(y\mid H_0)=\frac{\exp\left(\frac{2y}{a}\right)}{ab^2\sigma^2}\exp\left[-\frac{\exp\left(\frac{2y}{a}\right)}{2b^2\sigma^2}\right]\tag{7-25}$$

下面求杂波信号y的前二阶统计平均量：均值$\mathrm{E}(y)$和方差$\mathrm{Var}(y)$。

$$
\begin{aligned}
\mathrm{E}(y) &= \int_{-\infty}^{\infty} y p(y)\,\mathrm{d}y \\
&= \int_{-\infty}^{\infty} y \frac{\exp\left(\frac{2y}{a}\right)}{ab^2\sigma^2}\exp\left[-\frac{\exp\left(\frac{2y}{a}\right)}{2b^2\sigma^2}\right]\mathrm{d}y
\end{aligned} \tag{7-26}
$$

令 $z=[\exp(2y/a)]/(2b^2\sigma^2)$，则有

$$
y=\frac{a}{2}[\ln(2b^2\sigma^2)+\ln z] \tag{7-27}
$$

$$
\mathrm{d}z=\frac{\exp\left(\frac{2y}{a}\right)}{ab^2\sigma^2}\mathrm{d}y \tag{7-28}
$$

$$
\mathrm{d}y=\frac{a}{2z}\mathrm{d}z \tag{7-29}
$$

并且，当 $y=\infty$ 时，$z=\infty$；当 $y=-\infty$ 时，$z=0$。

利用上面这些变量关系，杂波信号 y 的均值式(7-26)变为

$$
\begin{aligned}
\mathrm{E}(y) &= \int_0^{\infty}\frac{a}{2}[\ln(2b^2\sigma^2)+\ln z]\frac{2}{a}z\exp(-z)\frac{a}{2z}\mathrm{d}z \\
&= \frac{a}{2}\int_0^{\infty}[\ln(2b^2\sigma^2)\exp(-z)+\ln z\exp(-z)]\mathrm{d}z \\
&= \frac{a}{2}\left[\ln(2b^2\sigma^2)+\int_0^{\infty}\ln z\exp(-z)\mathrm{d}z\right]
\end{aligned} \tag{7-30}
$$

利用积分公式：

$$
\int_0^{\infty}\ln z\exp(-z)\mathrm{d}z=-\frac{1}{c}(\gamma+\ln c) \tag{7-31}
$$

当 c 等于 1 时，有

$$
\int_0^{\infty}\ln z\exp(-z)\mathrm{d}z=-\gamma \tag{7-32}
$$

式中：γ 为欧拉常数，近似值为 $\gamma\approx0.577216$。这样，杂波信号 y 的均值最终为

$$
\mathrm{E}(y)=\frac{a}{2}[\ln(2b^2\sigma^2)-\gamma] \tag{7-33}
$$

为了求出杂波信号 y 的方差 $\mathrm{Var}(y)$，首先求出它的均方值 $\mathrm{E}(y^2)$。y^2 的均方值为

$$
\begin{aligned}
\mathrm{E}(y^2) &= \int_0^{\infty}y^2p(y)\mathrm{d}y=\int_0^{\infty}\frac{a^2}{4}[\ln(2b^2\sigma^2)+\ln z]^2\exp(-z)\mathrm{d}z \\
&= \frac{a^2}{4}\int_0^{\infty}\ln^2(2b^2\sigma^2)\exp(-z)\mathrm{d}z+\frac{a^2}{4}\int_0^{\infty}2\ln(2b^2\sigma^2)\ln z\exp(-z)\mathrm{d}z+\frac{a^2}{4}\int_0^{\infty}\ln^2 z\exp(-z)\mathrm{d}z \\
&= \frac{a^2}{4}\ln^2(2b^2\sigma^2)+\frac{a^2}{2}\ln^2(2b^2\sigma^2)(-\gamma)+\frac{a^2}{4}\int_0^{\infty}\ln^2 z\exp(-z)\mathrm{d}z
\end{aligned} \tag{7-34}
$$

式中：变量 z 仍为 $z=[\exp(2y/a)]/(2b^2\sigma^2)$。利用积分公式：

$$
\int_0^{\infty}\ln^2 z\exp(-z)\mathrm{d}z=\Gamma''(1)=\gamma^2+\frac{\pi^2}{6} \tag{7-35}
$$

则得

$$\mathrm{E}(y^2)=\frac{a^2}{4}\ln^2(2b^2\sigma^2)+\frac{a^2}{2}\ln^2(2b^2\sigma^2)(-\gamma)+\frac{a^2}{4}\left(\gamma^2+\frac{\pi^2}{6}\right) \tag{7-36}$$

杂波信号 y 的方差计算可利用式(7－33)和式(7－36)的结论，最终得到杂波信号 y 的方差为

$$\mathrm{Var}(y)=\mathrm{E}(y^2)-[\mathrm{E}(y)]^2=\frac{a^2}{4}\left(\gamma^2+\frac{\pi^2}{6}\right)-\frac{a^2}{4}\gamma^2=\frac{a^2\pi^2}{24} \tag{7-37}$$

2）理想对数恒虚警率检测的原理

式(7－33)和式(7－37)说明，如果将振幅服从瑞利分布的杂波信号加到具有理想对数特性的接收机输入端，则其输出信号的均值 $\mathrm{E}(y)$ 随输入信号的强度 σ^2 变化而变化，而输出信号的起伏方差 $\mathrm{Var}(y)$ 与输入信号的强度 σ^2 无关，是个常量。这样，如果从对数接收机输出信号中减去它的均值，即令 $u=y-\mathrm{E}(y)$，则变量 u 就与信号的强度 σ^2 无关了。此时将变量 u 与固定门限 u_0 进行信号检测，其虚警概率就是恒定的了，现证明如下。

由式(7－25)及式(7－33)的结果，若令 $u=y-\mathrm{E}(y)$，则由一维雅可比变换可得变量 u 的概率密度函数为

$$\begin{aligned}p(y|H_0)&=\frac{\exp\left[\frac{2}{a}u+\ln(2b^2\sigma^2)-\gamma\right]}{ab^2\sigma^2}\exp\left\{-\frac{\exp\left[\frac{2}{a}u+\ln(2b^2\sigma^2)-\gamma\right]}{2b^2\sigma^2}\right\}\\&=\frac{2}{a}\exp\left(\frac{2}{a}u-\gamma\right)\exp\left[-\exp\left(\frac{2}{a}u-\gamma\right)\right]\end{aligned} \tag{7-38}$$

可见，变量 $u=y-\mathrm{E}(y)$ 的分布与输入杂波强度 σ^2 无关，所以减法归一化结果可以实现恒虚警率检测。将归一化的结果 u 加到阈值为 u_0 的检测器上，则虚警概率为 $u\geqslant u_0$ 的概率，即

$$P_{\mathrm{f}}=\int_{u_0}^{\infty}\frac{2}{a}\exp\left(\frac{2}{a}u-\gamma\right)\exp\left[-\exp\left(\frac{2}{a}u-\gamma\right)\right]\mathrm{d}u=\exp\left[-\exp\left(\frac{2}{a}u_0-\gamma\right)\right] \tag{7-39}$$

显然，当检测门限 u_0 确定后，虚警概率 P_{f} 是恒定的。

由上面的分析可知，理想对数恒虚警率检测的方法是将对数接收机的输出信号减去它的均值，这样归一化的结果就实现了瑞利杂波模型下的恒虚警率检测。

3）对数邻近单元平均恒虚警率检测器

根据对数恒虚警率检测的原理，可以采用多种实现方法，其中，对数邻近单元平均恒虚警率检测器是最常用的一种，如图 7－5 所示。杂波信号的均值是由检测单元前后各 $N_{\ln}/2$ 个参考单元杂波样本数据的平均值估计 $\hat{y}_m$ 来代替的，减法运算实现归一化处理。

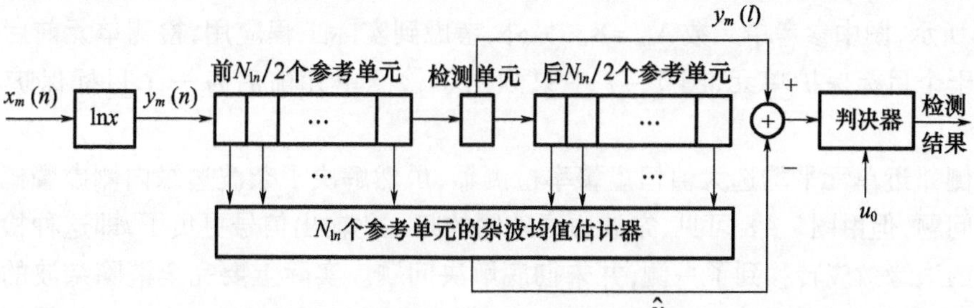

图 7－5　对数邻近单元平均恒虚警率检测器原理框图

接下来讨论对数邻近单元平均恒虚警率检测器设计和应用中的一些主要问题。

(1)杂波的边缘效应。

在平稳瑞利杂波下,对数邻近单元平均恒虚警率检测器具有恒虚警率性能。但在杂波的边缘,即杂波强度剧烈变化的过渡过程期间,结果将有所不同,如图7-6所示,图中参考单元数 $N_{\ln}=8$。杂波的前沿开始进入参考单元后,杂波的均值估计器的输出$\hat{y}_m$逐步增大;当检测单元仍为弱杂波时,归一化输出越来越负,结果虚警概率越来越低,信号的检测能力也有很大的损失;当检测单元恰为强杂波,后参考单元全为弱杂波时,归一化输出突变为最大正值,结果虚警概率为最大;随着杂波逐步进入后参考单元,归一化输出由最大正值逐步减小,虚警概率也由最大值逐步减小,直到全部单元被杂波所占据,检测器进入平稳工作状态,虚警概率恒定。当杂波的后沿开始退出参考单元时,有类似这样的一个逆过程,不再重述。在杂波的边缘,虚警概率剧烈变化的现象,称为对数邻近单元平均恒虚警率检测器的杂波边缘效应。

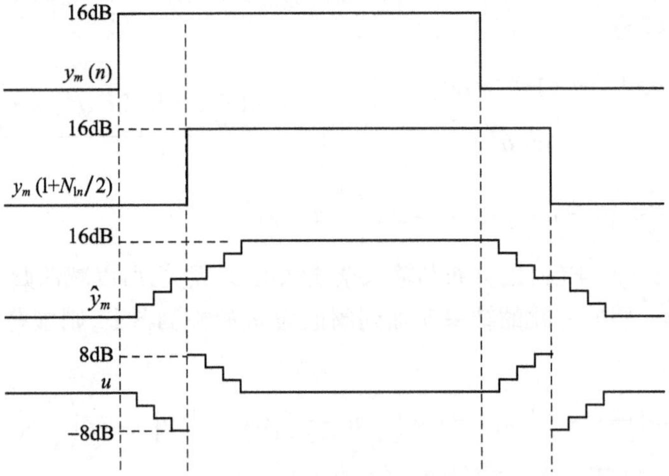

图7-6 杂波的边缘效应

(2)杂波边缘效应的改善措施。

为了消除图7-5所示检测器在杂波边缘内侧虚警概率显著增大的现象,可采用如图7-7所示的改进型,称为两侧对数邻近单元平均选大值恒虚警率检测器。该检测器将检测单元前后两侧的参考单元杂波样本数据分别求平均值估计,并且用二者中较大的估计值$\hat{y}_m$参加归一化处理,这样就不会出现杂波边缘内侧虚警概率显著增大的问题了,如图7-8所示,图中参考单元数 $N_{\ln}=8$。另外,考虑到实际工程应用,检测单元前后通常还应有若干个目标保护单元,图7-7中只画出了检测单元前后各一个目标保护单元的情况。

两侧邻近单元平均选大值恒虚警率检测器,虽然解决了杂波边缘内侧虚警概率显著增大的问题,但由图7-8可见,杂波边缘外侧的归一化输出信号更负了,即这种检测器仅将杂波的边缘效应转移到了一侧,并未彻底解决问题。实际上要完全消除杂波的边缘效应比较困难,但我们可以采用一些比较简单的措施加以改善。例如,在选大值检测器方案的基础上,将选大值电路改为选大值/选小值电路,当检测单元处于弱杂波区时,选前后参考单元杂波样本数据平均估计值二者中较小的估计值参加归一化处理，而当检测单元处于强杂波区时，选平均估计值二者中较大的估计值参加归一化处理，这样可以基本上消除杂波的边缘效应。

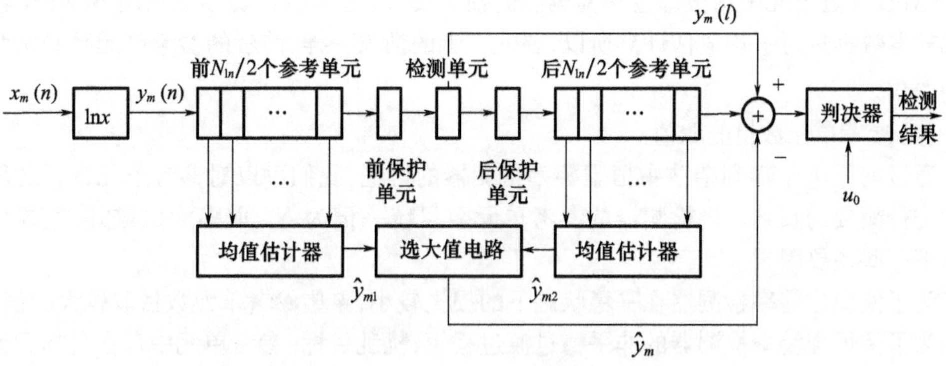

图 7－7　两侧对数邻近单元平均选大值恒虚警率检测器原理框图

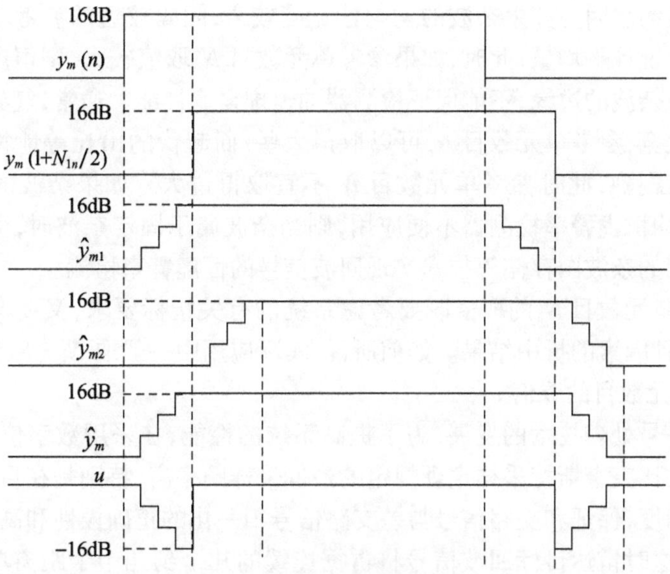

图 7－8　杂波的边缘效应

(3)对数邻近单元平均恒虚警率检测器的损失。

对数邻近单元平均恒虚警率检测器当参考单元数 $N_{\ln}$ 无穷大且处于平稳恒虚警率状态时，没有恒虚警率损失。但是当 $N_{\ln}$ 有限时，会带来损失，其原因同邻近单元平均恒虚警率检测器类似。已经证明，对数邻近单元平均恒虚警率检测器在参考单元数 $N_{\ln}$ 有限且与邻近单元平均恒虚警率检测器的参考单元数 N_1 相同的条件下，前者的损失大于后者。分析结果表明，在系统输入信号为平稳正态干扰的情况下，要使二者的损失一样，参考单元数应满足关系式 $N_{\ln}=(N_{\ln}-0.65)/1.65$，该式说明，在相同的信噪比条件下，$N_{\ln}$ 大约比 N_1 大 65% 时，二者可以得到相同的检测性能。

对数邻近单元平均恒虚警率检测器与邻近单元平均恒虚警率检测器相比较，前者在动态范围方面具有明显的优点（当采用对数接收机时），而且容易实现，但当参考单元数目相同时检测性能稍差。

两侧对数邻近单元平均选大值恒虚警率检测器的损失，在参考单元数目相同的条件下，比对数邻近单元平均恒虚警率检测器的损失要大，因为前者实际上只用 $N_{ln}/2$ 个参考单元样本数据进行平均值估计。所以，要使二者的损失一样，前者的参考单元数必须为后者的$\sqrt{2}$倍。

（4）参考单元数目的取值。

通过前面关于瑞利杂波中恒虚警率检测器的讨论，我们可以对参考单元数目的取值问题进行简要的归纳。将检测器的参考单元数目统一记为 N_c，取多大比较好，主要应考虑以下一些主要因素。

为了使恒虚警率检测器在平稳状态下的损失较小，希望参考单元数目取较大的值。

为了使恒虚警率检测器的非平稳过渡过程短，扰乱目标（参考单元中存在目标回波信号）出现的概率小，则希望参考单元数目取较小的值。

除考虑上面两个因素外，实际上还有一个十分重要的因素，即杂波在空间上的均匀性宽度是必须考虑的。因为如果杂波的均匀性宽度较窄，间隔较远的参考单元中的样本将可能具有不同的统计平均量，此时，如果参考单元数目 N_c取值较大，则恒虚警率检测器相当于始终工作在杂波的边缘，不能保证检测器的恒虚警率性能。通常，气象和海浪杂波的均匀性宽度比较宽，参考单元数目 N_c可以取得大些；而起伏的山丘等地物杂波沿距离和方位的变化比较剧烈，此时参考单元数目 N_c不宜取得过大。如果杂波的均匀性宽度很窄，以致单元平均恒虚警率检测器不便应用，则当杂波属于固定杂波时，可考虑采用类似于慢速目标检测的杂波图存储等技术实现回波信号的恒虚警率检测。

总之，参考单元数目 N_c的取值既要考虑系统的有关指标要求，又要考虑杂波的统计特性，通常是多种因素的折中结果。如前所说，实际应用中一般取 $N_c=8$、16 或 32。

（5）保护单元数目的取值。

随着雷达信号处理技术的发展，为了提高系统的性能，在采用数字信号处理时，设计的采样频率往往比奈奎斯特采样定理规定的最低采样频率高，特别是在目标跟踪状态下，为了提高测距精度，保证和支路信号与差支路信号归一化的正确极性和高精度，采样频率可能取得很高，这时雷达目标回波信号将占据连续的几个到几十个距离单元。在理想的情况下，目标的中心处于所占据距离单元的中间单元，信号幅度最大，两侧对称，信号幅度逐渐减小。在这种情况下，采用单元平均类型的恒虚警率检测器，如果检测单元两侧不加保护单元，则经归一化后的输出信号可能只保留中间单元及附近少量单元的目标信号，且信号的幅度会减小很多，这对信号的检测是非常不利的，也不利于目标的自动捕获与跟踪。保护单元的数目 M_P取决于采用的单元平均恒虚警率检测器的类型、参考单元的数目 N_c以及要求保留的目标回波信号的宽度。例如，当采用选大值对数邻近单元平均恒虚警率检测器时，若 $N_c=8$，当不加保护单元时，归一化后输出中间单元及两侧各 1 个单元共 3 个距离单元宽的目标回波信号；当检测单元前后各加 2 个保护单元时，则归一化后可输出 5 个距离单元宽的目标回波信号。

最后说明，保护单元的数目城也不宜取得过大，否则窄的杂波干扰将被看作为目标回波信号而受到保护，检测器将起不到恒虚警率检测的作用。

(6)实际对数接收机的影响。

前面以理想对数接收机特性为基础讨论了瑞利杂波的恒虚警率检测问题。但实际的对数接收机特性与理想特性稍有差别,可表示为 $y=a\ln(1+bx)$。在这种情况下,实际对数接收机输出杂波的方差并不是常数,而与输入杂波的强度有关。因此,前面讨论的单元平均类型的恒虚警率检测器的恒虚警率性能将受到影响。但是,一般地说,杂波信号的强度远大于目标回波信号的强度,即在杂波干扰中,通常满足 $bx\gg1$。这样,实际对数接收机的特性与理想特性差别很小。所以,如果正确设计对数接收机的工作特性,则它对检测器的恒虚警率性能的影响将是很小的。

4. 多目标情况的恒虚警率检测器

如果参考单元数目较多,且目标比较密集,则参考单元中可能出现其他目标信号(称为扰乱目标)。当扰乱目标信号较强时,将造成均值估计值的显著提高,从而引起恒虚警率检测器检测性能的下降。为了提高恒虚警率检测器抗扰乱目标的能力,可以采用有序恒虚警率检测器,其基本原理框图如图 7-9 所示。

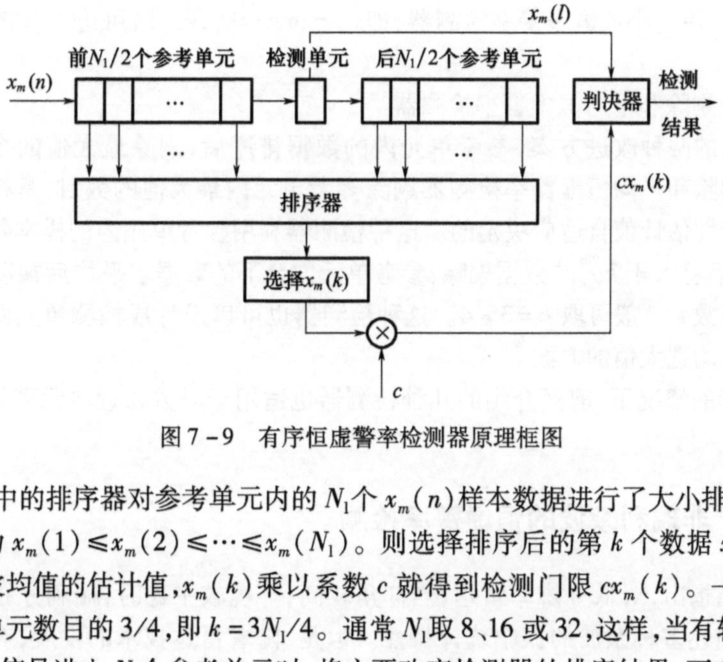

图 7-9　有序恒虚警率检测器原理框图

图 7-9 中的排序器对参考单元内的 N_1 个 $x_m(n)$ 样本数据进行了大小排序,设排序后的重排数据为 $x_m(1)\leqslant x_m(2)\leqslant\cdots\leqslant x_m(N_1)$。则选择排序后的第 k 个数据 $x_m(k)$ 作为参考单元内杂波均值的估计值,$x_m(k)$ 乘以系数 c 就得到检测门限 $cx_m(k)$。一般情况下,k 可取为参考单元数目的 3/4,即 $k=3N_1/4$。通常 N_1 取 8、16 或 32,这样,当有较强的 1 个或 2 个扰乱目标信号进入 N_1 个参考单元时,将主要改变检测器的排序结果,而对检测门限的影响较小,因此在多目标情况下,有序恒虚警率检测器基本上能实现信号的恒虚警率检测。

由于有序恒虚警率检测器选择参考单元内样本数据排序后的第 k 个数据 $x_m(k)$ 作为杂波均值的估计值,起伏较大。为了提高有序恒虚警率检测器的性能,人们陆续提出了多种改进方案。下面简要介绍其中主要的 3 种方案。

1)剔除和平均恒虚警率检测器

在图 7-9 中,将参考单元内的 N_1 个 $x_m(n)$ 样本数据进行了大小排序后的重排数据为 $x_m(1)\leqslant x_m(2)\leqslant\cdots\leqslant x_m(N_1)$。剔除 r 个最大的值 $x_m(N_1),x_m(N_1-1),\cdots,x_m(N_1-r+1)$,对余下数据求平均,即

$$\hat{x}_m = \frac{1}{N_1 - r}\sum_{i=1}^{N_1 - r} x_m(i) \tag{7-40}$$

将$\hat{x}_m$作为杂波均值的估计值，$\hat{x}_m$乘以系数 c 就得到检测门限 $c\hat{x}_m$。根据参考单元数目取值的大小，决定 r 的取值，一般取 1 或 2。我们将这种检测器称为剔除和平均恒虚警率检测器。

2）两侧剔除和平均选大值恒虚警率检测器

为了改善剔除和平均恒虚警率检测器的杂波边缘效应，可以将图 7-9 中检测单元前后两侧参考单元内的数据分别进行大小排序，然后分别剔除各自的 r 个最大的值，对余下的数据分别求平均值估计，得到平均估计值$\hat{x}_{m1}$和$\hat{x}_{m2}$；再选择$\hat{x}_{m1}$和$\hat{x}_{m2}$中较大的一个值$\hat{x}_m$，即$\hat{x}_m = \max\{\hat{x}_{m1}, \hat{x}_{m2}\}$，乘以系数 c 就得到检测阈值 $c\hat{x}_m$。我们将这种检测器称为两侧剔除和平均选大值恒虚警率检测器。这种检测器可以消除杂波边缘虚警概率显著增大的问题。

如果检测单元处于强杂波区时，采用这种选大值恒虚警率检测器；而当检测单元处于弱杂波区时，改用选小值恒虚警率检测器，即$\hat{x}_m = \min\{\hat{x}_{m1}, \hat{x}_{m2}\}$，可进一步改善杂波的边缘效应。

3）自适应剔除和平均恒虚警率检测器

前面介绍的两种改进方案，参考单元内的数据排序后，剔除最大值的个数 r 是固定的。自适应剔除和平均恒虚警率检测器剔除参考单元内最大值的数目，是根据杂波样本数据的统计特性估计值自适应决定的。这种检测器利用参考单元内的样本数据估计杂波的方差$\hat{\sigma}_c^2$；然后将大于 $k\hat{\sigma}_c^2$的数据剔除；参考单元内余下的数据求平均后乘以系数 c，得到检测门限。系数 k 一般可取 $k = 3 \sim 4$。这种检测器也可以设计成检测单元两侧分别自适应剔除和求平均选大值的方案。

在多目标的情况下，前面介绍的几种检测器也适用于对数邻近单元平均恒虚警率检测器。

7.3.2 非瑞利杂波的恒虚警率检测

前面已经指出，对低分辨率雷达，当仰角较高，环境较平稳时，瑞利分布的杂波模型可以较好地描述多种杂波的振幅统计特性。但是，随着雷达技术的发展，对海浪杂波和地物杂波，瑞利分布杂波模型不再能给出令人满意的结果，特别是随着雷达方位和距离分辨率的提高，杂波的振幅分布出现了比瑞利分布更长的“尾巴”，即出现高振幅的概率提高了。因此，如果继续采用瑞利分布杂波模型，将产生较高的虚警概率，且不再是恒虚警率检测。

海浪杂波的分布不仅是脉冲宽度的函数，而且也与雷达的极化方式、工作频率、天线波束视角及海情、风向和风速等多种因素有关，地物杂波的分布也受到类似因素的影响。近年来的研究表明，对高分辨率雷达，其典型参数为：波束宽度$\leqslant 1°$，脉冲宽度$\leqslant 0.1\mu s$，在低入射角下，瑞利分布杂波模型已不能够与杂波环境较好地匹配，而振幅服从对数正态分布或韦布尔分布的杂波模型能够较好地描述杂波的统计特性。它们是非瑞利分布杂波模型。下面讨论这两种杂波模型下的恒虚警率检测问题。

1. 对数正态分布杂波的恒虚警率检测

对数正态分布杂波的幅度概率密度函数如式(5－5)所示，如果将式中 x 取对数，即令 $y=\ln x$，则得到变量 y 的概率密度函数(正态分布)为

$$p(y)=\frac{1}{\sqrt{2\pi}\sigma}\exp\left[-\frac{(y-\ln x_m)^2}{2\sigma^2}\right] \tag{7-41}$$

式中：$\ln x_m$ 为它的均值；σ^2 为它的方差。

进一步对变量 y 进行归一化处理，即令 $u=(y-\ln x_m)/\sigma$，则得到变量 u 的概率密度函数为

$$p(u)=\frac{1}{\sqrt{2\pi}}\exp\left(-\frac{u^2}{2}\right) \tag{7-42}$$

这是与杂波参数 σ 和 x_m 无关的标准正态分布，因而能够实现恒虚警率检测。如果把归一化的输出加到门限为 u_0 检测器上，则虚警概率为

$$P_{\mathrm{f}}=\int_{u_0}^{\infty}\frac{1}{\sqrt{2\pi}}\exp\left(-\frac{u^2}{2}\right)\mathrm{d}u=Q[u_0] \tag{7-43}$$

式中：$Q[u_0]$ 为标准正态分布的右尾积分。

显然，虚警概率也可表示为

$$P_{\mathrm{f}}=1-\int_{-\infty}^{u_0}\frac{1}{\sqrt{2\pi}}\exp\left(-\frac{u^2}{2}\right)\mathrm{d}u \tag{7-44}$$

对数正态分布杂波的恒虚警率检测：首先对输入杂波信号 x 取对数 $y=\ln x$；然后求其均值 $\ln x_m$ 和方差 σ^2，并进行 $u=(y-\ln x_m)/\sigma$ 归一化处理，结果就具有恒虚警率检测性能。利用检测单元前后各 $N_c/2$ 个参考单元的杂波样本数据估计均值 $\hat{y}_m=\widehat{\ln x_m}$ 和方差 $\hat{\sigma}^2$ 时的恒虚警率检测器的原理框图如图 7－10 所示。

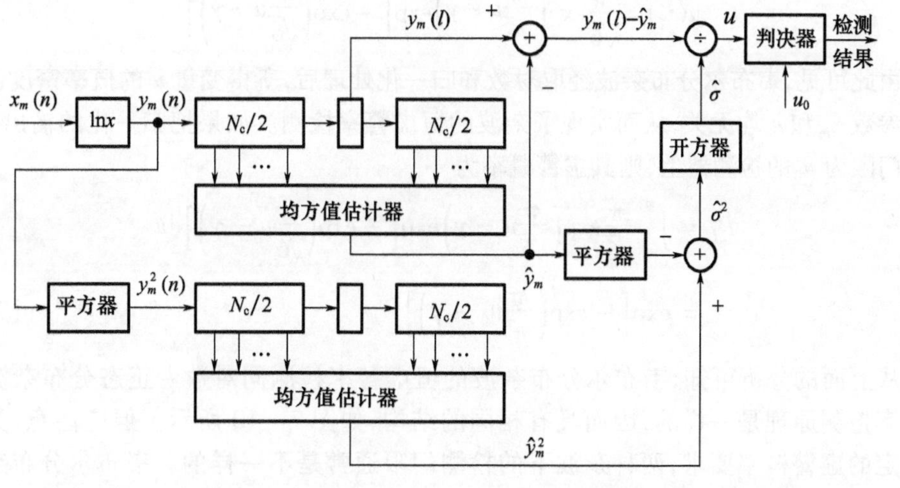

图 7－10 对数正态分布杂波和韦布尔分布杂波恒虚警率检测器原理框图

由于对数正态分布杂波恒虚警率检测器首先对输入信号取对数，压缩了大信号。所以，为了恢复信号对杂波的对比度，通常对归一化处理后的信号取反对数，即令 $\nu=\exp(u)$。则变量 ν 的概率密度函数为

$$p(\nu)=\begin{cases}\dfrac{1}{\sqrt{2\pi}\nu}\exp\left(-\dfrac{(\ln\nu)^2}{2}\right) & (\nu\geqslant 0)\\ 0 & (\nu<0)\end{cases} \tag{7-45}$$

这时,如果检测门限为 ν_0,则虚警概率为

$$P_f=\int_{\nu_0}^{\infty}\frac{1}{\sqrt{2\pi}\nu}\exp\left(-\frac{(\ln\nu)^2}{2}\right)d\nu=1-\int_{-\infty}^{\ln\nu_0}\frac{1}{\sqrt{2\pi}}\exp\left(-\frac{u^2}{2}\right)du \tag{7-46}$$

显然,如果取 $u_0=\ln\nu_0$,则取反对数前后的虚警概率是一样的。

2. 韦布尔分布杂波的恒虚警率检测

韦布尔分布杂波幅度的概率密度函数见式(5-6)。韦布尔分布杂波的恒虚警率检测是以 x_m 和 n 为参变量进行的,当然也适用于 $n=2$ 的瑞利分布杂波。当形状参数 n 为不同值时,虚警概率有很大的差别。

韦布尔分布杂波的恒虚警率检测,也采用归一化的方法,首先令 $y=\ln x$,则得到变量 y 的概率密度函数为

$$p(y)=\frac{n}{x_m^n}\exp(ny)\exp\left[-\frac{\exp(ny)}{x_m^n}\right] \tag{7-47}$$

其均值为 $E(y)=-(\gamma-\ln x_m^n)/n$,$\gamma$ 为欧拉常数,方差为 $\mathrm{Var}(y)=\pi^2/6n^2$。然后对变量 y 进行归一化处理,即令

$$u=\frac{y-E(y)}{\sqrt{\mathrm{Var}(y)}}=\frac{y+\dfrac{1}{n}(\gamma-\ln x_m^n)}{\dfrac{\pi}{\sqrt{6}n}} \tag{7-48}$$

则得到变量 u 的概率密度函数为

$$p(u)=\frac{\pi}{\sqrt{6}}\exp\left(\frac{\pi}{\sqrt{6}}u-\gamma\right)\exp\left[-\exp\left(\frac{\pi}{\sqrt{6}}u-\gamma\right)\right] \tag{7-49}$$

由此可见,韦布尔分布杂波经取对数和归一化处理后,所得变量 u 的概率密度函数与杂波参数 x_m 和 n 均无关,从而实现了杂波的恒虚警率检测。如果把归一化的输出信号 u 加到门限为 u_0 的检测器上,则其虚警概率为

$$\begin{aligned}P_f&=\int_{u_0}^{\infty}\frac{\pi}{\sqrt{6}}\exp\left(\frac{\pi}{\sqrt{6}}u-\gamma\right)\exp\left[-\exp\left(\frac{\pi}{\sqrt{6}}u-\gamma\right)\right]du\\&=\exp\left[-\exp\left(\frac{\pi}{\sqrt{6}}u_0-\gamma\right)\right]\end{aligned} \tag{7-50}$$

从上面的分析可知,韦布尔分布杂波的恒虚警率检测同对数-正态分布杂波的恒虚警率检测原理是一样的,因而具有相同的结构,如图7-10所示。但应注意,为了满足设定的虚警概率要求,两种杂波下的检测门限通常是不一样的。韦布尔分布杂波恒虚警率检测的性能在每一个参考单元 N_c 下,所得 P_f 与 u_0 的关系曲线对所有的 x_m 和 n 值都是一样的。

同其他检测器一样,韦布尔分布杂波恒虚警率损失是 N_c 和 P_f 的函数。图7-10检测器的恒虚警率损失要大得多,这是因为该检测器要同时对杂波的两个参数进行估计。因此,在已知杂波是瑞利分布的情况下,还是应采用邻近单元平均恒虚警率检测器。

如果对归一化处理后的信号取反对数，即令 $v=\exp(u)$，则变量 v 的概率密度函数为

$$p(v)=\begin{cases}\dfrac{\pi}{\sqrt{6}v}\exp\left(\dfrac{\pi}{\sqrt{6}}\ln v-\gamma\right)\exp\left[-\exp\left(\dfrac{\pi}{\sqrt{6}}\ln v-\gamma\right)\right] & (v\geqslant 0)\\ 0 & (v<0)\end{cases} \tag{7-51}$$

在检测门限为 v_0 时，虚警概率为

$$P_{\mathrm{f}}=\exp\left[-\exp\left(\frac{\pi}{\sqrt{6}}\ln v_0-\gamma\right)\right] \tag{7-52}$$

最后说明，在图7-10的恒虚警率检测器的原理框图中，为了保护目标信号，在检测单元前后一般也应加若干个保护单元。

7.4 信号的非参量检测

前面讨论的各种恒虚警率检测都是属于参量型的，即干扰的分布已知，只有未知参数需要估计，并根据估计的结果进行归一化处理，实现信号的恒虚警率检测。如果干扰分布未知，则可以采用非参量检测（又称分布自由检测）。下面分析雷达信号非参量检测的主要类型和性能。

7.4.1 非参量检测的必要性

从前面的讨论我们已经知道，在雷达干扰的分布已知，只有未知参数需要估计的情况下，信号的参量检测利用了干扰的统计特性，能够达到恒虚警率检测的目的。然而，如果雷达的工作环境比较复杂，干扰的分布是未知的，甚至是时变的，没有合适的干扰分布模型与干扰环境相匹配，那么就不能采用参量型检测，所以提出了信号的非参量检测方法。具体地说，采用信号非参量检测的理由如下。

1. 干扰信号分布的数学模型可能不准确

信号的参量检测是基于对雷达干扰信号统计特性的了解（通过理论分析或实验手段），建立干扰信号分布的数学模型，然后根据所建立的模型设计恒虚警率检测器。如果所建立的模型与实际的干扰环境相匹配，则检测器具有恒虚警率性能；如果二者失配，则不仅会使恒虚警率损失增大，而且也达不到恒虚警率检测的目的。信号的非参量检测不存在这一问题，因为它不需要知道干扰属于何种分布。

2. 干扰信号的统计特性可能时变

雷达干扰信号的统计特性不仅与干扰本身的特性有关，而且与雷达参数（如频段、极化方式、脉冲宽度、波束宽度等）有关，也随天线扫描的范围、仰角的高低、气候、海情、风向、风速等多种因素的变化而不同，因而它的统计特性可能是时变的。在这种情况下，可采用能适应干扰环境宽广变化的非参量检测。

3. 干扰信号参数估计误差起伏影响检测性能

信号的参量检测中，即使所建立的干扰模型与干扰环境相匹配，由于检测器要对其参数进行估计，所以需要参考单元的样本数据，受干扰均匀性宽度等因素的影响，参数估计

误差的起伏特性可能会发生变化，从而影响参量型检测器的恒虚警率性能。而信号的非参量检测不需要进行参数估计。

基于上述原因，信号的非参量检测成为恒虚警率检测的一个重要分支而得到发展。应当说明，由于信号的非参量检测不知道或没有利用干扰的先验统计特性信息，损失比较大，特别是在目标回波的脉冲积累数目较小时尤为严重。所以，实际应用中还是应首先考虑采用参量型检测器，在参量型检测器不能应用的情况下，再考虑采用非参量型检测器或稳健性检测器。

信号的非参量检测是以数理统计为基础的一种信号统计检测方法，它可以分成以检测信号的符号为检验统计量的符号检测器和以广义符号为检验统计量的广义符号检测器。

7.4.2 非参量符号检测

1. 符号检测的基本原理

设第 n 个距离单元、第 m 个探测周期的信号为 $x_n(m)$，按距离单元逐一进行信号检测。如果检测信号 $x_n(m)$ 为正，则将其量化为 1；如果检测信号 $x_n(m)$ 为负，则将其量化为 0；如果检测信号 $x_n(m)$ 为 0，则当 m 为奇数时将其量化为 1，当 m 为偶数时将其量化为 0；然后在 M 个相邻探测周期内求和形成检验统计量 T_s，即

$$T_s = \sum_{m=1}^{M} u[x_n(m)] \tag{7-53}$$

其中

$$u[x_n(m)] = \begin{cases} 1 & (x_n(m) > 0 \text{ 或 } x_n(m) = 0(m \text{ 为奇数})) \\ 0 & (x_n(m) < 0 \text{ 或 } x_n(m) = 0(m \text{ 为偶数})) \end{cases} \tag{7-54}$$

将检验统计量 T_s 与检测门限 k 进行比较，当 $T_s \geqslant k$ 时，判决假设 H_1 成立，否则判决假设 H_0 成立，即判决规则为

$$T_s \underset{H_0}{\overset{H_1}{\gtrless}} k \tag{7-55}$$

这就是非参量符号检测的基本原理。

2. 符号检测器的实现框图

根据非参量符号检测的基本原理，检测器由量化器、求和器和判决器组成，如图 7-11 所示，图中的量化器也可以看作是一种限幅器。

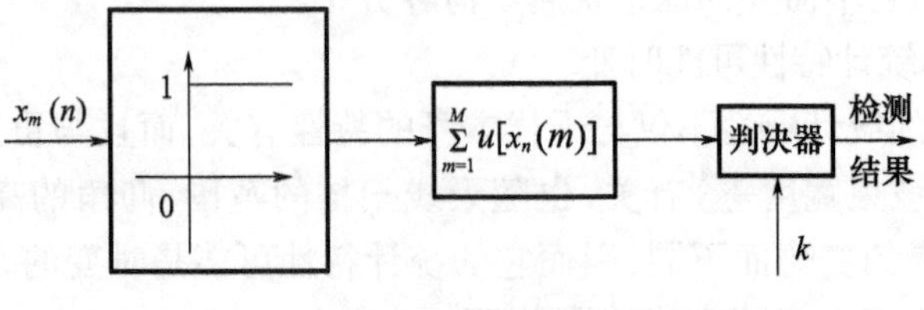

图 7-11　非参量符号检测器原理实现框图

3. 符号检测器的性能

非参量符号检测器的性能包括恒虚警率性能和检测性能。

根据非参量符号检测的基本原理，可以把该问题用如下的信号模型来描述。$H_0: x_n(m) = v_n(m)(m = 1,2,\cdots,M)$；$H_1: x_n(m) = s_n + v_n(m)(m = 1,2,\cdots,M)$。式中，$x_n(m)$是检测单元的信号；$v_n(m)$是加性干扰信号，并设 M 次观测之间是相互统计独立的；s_n是假设 H_1下的有用观测信号，设为大于0的确知信号。

若检测信号 $x_n(m)$在假设 H_0下和假设 H_1下的概率密度函数分别为 $p[x_n(m)|H_0]$和 $p[x_n(m)|H_1]$，根据符号量化器特性，在假设 H_0下和假设 H_1下输出为1的概率分别为单次检测的虚警概率 P_f和检测概率 P_d，即

$$P_f = \int_0^\infty p[x_n(m)|H_0]\mathrm{d}x_n(m) \tag{7-56}$$

$$P_d = \int_0^\infty p[x_n(m)|H_1]\mathrm{d}x_n(m) \tag{7-57}$$

从统计意义上讲，单次检测的虚警概率 $P_f = 1/2$，与干扰的分布和参数无关，检测概率 $P_d > 1/2$。

符号量化器输出的1或0在相邻的 M 个探测周期内求和，得符号检测的检验统计量 T_s。T_s恰好等于检测门限 $k(0 \leqslant k \leqslant M)$的概率服从二项式分布。这样，在假设 H_0下，有

$$P(T_s = k|H_0) = c_M^k P_f^k (1-P_f)^{M-k} \tag{7-58}$$

而在假设 H_1下，有

$$P(T_s = k|H_1) = c_M^k P_d^k (1-P_d)^{M-k} \tag{7-59}$$

因为检验统计量 $T_s \geqslant k$ 均判决假设 H_1成立，所以，非参量符号检测器的虚警概率为

$$P_F = P(T_s \geqslant k|H_0) = \sum_{h=k}^{M} c_M^h P_f^h (1-P_f)^{M-h} \tag{7-60}$$

而检测概率为

$$P_D = P(T_s \geqslant k|H_1) = \sum_{h=k}^{M} c_M^h P_d^h (1-P_d)^{M-h} \tag{7-61}$$

由式(7-60)可见，相邻探测周期 M，检测门限 k 确定后，非参量符号检测器的虚警概率 P_F是恒定的，即具有恒虚警率检测性能。

7.4.3　非参量广义符号检测

1. 广义符号检测的基本原理

设第 m 个探测周期、第 n 个距离单元的信号为 $x_m(n)$，按距离单元逐一进行信号检测。广义符号检测器的主要组成部分是秩值形成器，如图7-12所示。

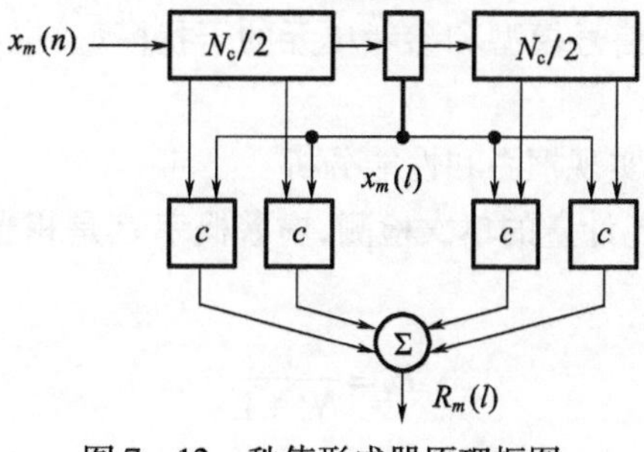

图7-12　秩值形成器原理框图

秩值形成器首先将检测单元的信号 $x_m(l)$ 与前后各 $N_c/2$ 个参考单元的信号 $x_m(l-i)$ $(i=\pm1,\pm2,\cdots,\pm N_c/2)$ 逐一进行比较，产生 1 或 0，即

$$u[x_m(l)-x_m(l-i)]=\begin{cases}1 & (x_m(l)>x_m(l-i)\text{或}x_m(l)=x_m(l-i)(|l-i|\text{为奇数}))\\0 & (x_m(l)<x_m(l-i)\text{或}x_m(l)=x_m(l-i)(|l-i|\text{为偶数}))\end{cases} \tag{7-62}$$

式中：$i=\pm1,\pm2,\cdots,\pm N_c/2$。

然后将各比较器输出的符号 1 或 0 求和，所得的值恰好是把检测单元的信号 $x_m(l)$ 与各参考单元的信号 $x_m(l-i)(i=\pm1,\pm2,\cdots,\pm N_c/2)$ 一起按从小到大顺序排列时，$x_m(l)$ 所处位置的序号，称为检测单元的秩值，用 $R_m(l)$ 表示，即

$$R_m(l)=\sum_{\substack{i=-N_c/2\\ i\neq0}}^{N_c/2}u[x_m(l)-x_m(l-i)] \tag{7-63}$$

最后，对秩值 $R_m(l)$ 进行相邻 M 个探测周期间的积累，所得检验统计量与检测门限比较，以判决哪个假设成立。秩值形成器中把 $x_m(l)$ 量化成 1 或 0，量化的标准是参考单元的信号 $x_m(l-i)(i=\pm1,\pm2,\cdots,\pm N_c/2)$，而不是 $x_m(l)$ 本身的正或负，故称为非参量广义符号检测。这就是广义符号检测的基本原理。

2. 检验统计量为秩值时的恒虚警率性能

当检测单元的信号和所有参考单元的信号都是干扰信号，且为独立同分布时，则秩值 $R_m(l)$ 作为检验统计量相当于进行单次检测，$R_m(l)$ 取值恰好为 $k_1(0\leqslant k_1\leqslant N_c)$ 的概率服从二项式分布，可表示为

$$\begin{aligned}P[R_m(l)=k_1|H_0]&=c_{N_c}^{k_1}\int_{-\infty}^{\infty}p[x_m(l)|H_0]\left\{1-\int_{x_m(l)}^{\infty}p[x_m(l-i)|H_0]\mathrm{d}x_m(l-i)\right\}^{k_1}\cdot\\&\quad\left\{\int_{x_m(l)}^{\infty}p[x_m(l-i)|H_0]\mathrm{d}x_m(l-i)\right\}^{N_c-k_1}\mathrm{d}x_m(l)\\&=\frac{1}{N_c+1}\end{aligned} \tag{7-64}$$

式中：由于二项式分布积分的下限 $x_m(l)$ 是检测单元的信号，它是随机的，所以结果是 $x_m(l)$ 的函数，因此还对 $x_m(l)$ 进行了统计平均。

这样，秩值 $R_m(l)$ 取值等于和大于 k_1 的概率是单次检测的虚警概率，则

$$P_f=P[R_m(l)\geqslant k_1|H_0]=1-\frac{k_1}{N_c+1}=\frac{N_c-k_1+1}{N_c+1} \tag{7-65}$$

式(7-65)说明，当参考单元数目 N_c 和秩值 $R_m(l)$ 的检测门限 k_1 确定后，单次检测的虚警概率 P_f 是恒定的，与干扰的分布和参数无关。

如果知道检测单元的信号模型和参考单元的干扰模型，也可以求出单次检测的检测概率 P_d。

3. 广义符号检测器的实现框图和性能分析

以秩值 $R_m(l)$ 为检验统计量的单次检测，虚警概率 P_f 是相当高的，即使检测门限 k_1 取为 N_c，虚警概率仍为

$$P_f=\frac{1}{N_c+1} \tag{7-66}$$

这说明当 $N_c<100$ 时，虚警概率 P_f 将大于 0.01，这是比较高的。为了降低虚警概率，可以利用雷达对同一目标的连续若干次探测回波信号进行积累检测。根据秩值求和的不同方式，多次积累检测器主要分为量化秩值求和检测器、秩值求和检测器以及加权秩值求和检测器三种结构。

量化秩值求和检测器的原理如图 7-13 所示。首先，将秩值 $R_m(l)$ 与第一检测门限 k_1 进行比较，当 $R_m(l)\geqslant k_1$ 时输出 1，否则输出 0，称为量化秩值；然后，若雷达对目标进行了 M 次探测，则积累器将 M 次探测中每次探测的量化秩值求和；最后，如果量化秩值之和大于等于第二检测门限 k_2，则判决假设 H_1 成立，否则判决假设 H_0 成立。

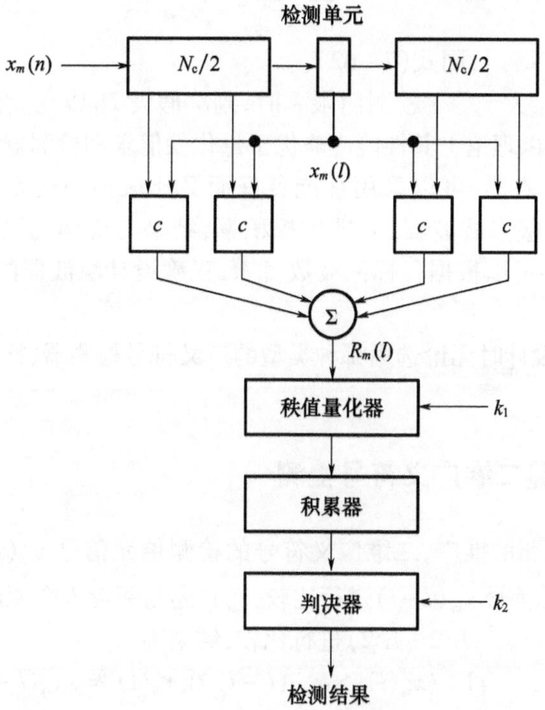

图 7-13　量化秩值求和检测器

接下来分析量化秩值求和检测器的性能。若将量化秩值求和检测器的秩值 $R_m(l)\geqslant k_1$ 的概率 $P[R_m(l)\geqslant k_1]$ 记为 $P=P[R_m(l)\geqslant k_1]$，而 $Q=P[R_m(l)<k_1]=1-P$。则 M 次积累后量化秩值求和检测器的虚警概率和检测概率可基于二项式分布来计算。在 M 次探测中，量化秩值之和恰好等于第二检测门限 k_2 的概率服从二项式分布，即量化秩值之和检测概率的通式：

$$P_M(k_2)=c_M^{k_2}P^{k_2}Q^{M-k_2}=c_M^{k_2}P^{k_2}(1-P)^{M-k_2} \tag{7-67}$$

因为量化秩值之和大于等于第二检测门限 k_2，判决假设 H_1 成立，所以 M 次积累后当 $P=P_f$ 时，虚警概率为

$$P_F=\sum_{h=k_2}^{M}c_M^hP_f^h(1-P_f)^{M-h} \tag{7-68}$$

当 $P=P_d$ 时，检测概率为

$$P_{\mathrm{D}} = \sum_{h=k_2}^{M} c_M^h P_{\mathrm{d}}^h (1-P_{\mathrm{d}})^{M-h} \tag{7-69}$$

由式(7-65)可知,参考单元数目 N_{c}选定、第一检测门限 k_1确定后,虚警概率 P_{f}是固定的。因此由式(7-68)可知,当积累次数 M 一定、第二检测门限 k_2确定后,虚警概率 P_{F}是恒定的。

秩值求和检测器与量化值求和检测器的不同之处在于不进行秩值量化,而是对 M 次探测的秩值 $R_m(l)$直接求和,得到检验统计量,即

$$T_{\mathrm{GS}} = \sum_{m=1}^{M} R_m(l) = \sum_{m=1}^{M} \sum_{\substack{i=-N_{\mathrm{c}}/2 \\ i\neq 0}}^{N_{\mathrm{c}}/2} u[x_m(l) - x_m(l-i)] \tag{7-70}$$

式中:$u[x_m(l)-x_m(l-i)]$,同式(7-62)。

当检验统计量 T_{GS}大于等于检测门限 k 时,判决假设 H_1成立。由于只有一个检测门限参数,易于优化,所以理论上其性能应略优于量化秩值求和检测器。

加权秩值求和检测器,可以采用性能良好而又比较简单的双极点滤波器来实现。将秩值 $R_m(l)$送入双极点滤波器,实现加权积累,结果与检测门限比较,判决哪个假设成立。双极点滤波器可以根据目标回波数目 M,正确设计滤波器的两个极点,以实现最佳积累。

最后说明,实际设计时无论选用哪种类型的广义符号检测器,检测单元前后都应加若干个目标保护单元。

7.4.4 非参量二维广义符号检测

作为广义符号检测的推广,二维广义符号的检测单元信号 $x_m(l)$不仅与本探测周期前后的 N_{c}个距离单元信号 $x_m(l-i)$进行比较,而且还与邻近 L 个探测周期的各 N_{c}个距离单元信号 $x_{m-j}(l-i)$ $(j=-L/2 \sim L/2)$进行比较,结果为

$$u[x_m(l)-x_{m-j}(l-i)] = \begin{cases} 1 & (x_m(l) > x_{m-j}(l-i) \text{ 或 } x_m(l) = x_{m-j}(l-i)(|l-i| \text{为奇数})) \\ 0 & (x_m(l) < x_{m-j}(l-i) \text{ 或 } x_m(l) = x_{m-j}(l-i)(|l-i| \text{为偶数})) \end{cases} \tag{7-71}$$

式中:$i=\pm1, \pm2, \cdots, \pm N_{\mathrm{c}}/2$;$j=-L/2, -L/2+1, \cdots, -1, 0, 1, \cdots, L/2-1, L/2$。

比较的结果求和,得到秩值 $R_m(l)$,即

$$R_m(l) = \sum_{j=-L/21}^{L/2} \sum_{\substack{i=-N_{\mathrm{c}}/2 \\ i\neq 0}}^{N_{\mathrm{c}}/2} u[x_m(l) - x_{m-j}(l-i)] \tag{7-72}$$

将连续 M 个探测周期检测单元的秩值 $R_m(l)$求和,得到检验统计量:

$$T_{\mathrm{MS}} = \sum_{m=1}^{M} R_m(l) \tag{7-73}$$

T_{MS}与检测门限 k 比较,得判决结果。这就是非参量二维广义符号检测中的秩值求和检测。

根据以上说明,可构成非参量二维广义符号检测器。该检测器虽然略显复杂,但检验统计量 T_{MS}的统计特性较 T_{GS}要好,所以可以预期它的检测性能要优于广义符号检测器的性能。

7.5　检测前跟踪

7.5.1　基本概念

由于目标的多样性和环境的复杂性，机载雷达的检测能力面临着巨大的挑战，其中弱目标的检测问题就是其中之一。隐身技术的发展使飞机的雷达截面积削减了 1 ~2 个数量级，目标回波大大减弱，雷达探测能力显著降低，对国家安全构成严重威胁。另外，目标的飞行速度大大提高，雷达的告警时间急剧减少，这就需要雷达有足够的能力去探测回波更微弱的远距离目标。此外，在强杂波环境（如山区、城市、海洋等）中，目标信噪比显著降低，这就要求雷达具有较强的弱目标检测能力。

传统检测跟踪算法的流程如图 7 -14 所示，从图中可以看出，传统检测算法由检测和跟踪两个环节构成。其中检测环节是先对每一帧回波数据进行门限判决，然后形成点迹数据；跟踪环节是对过门限的点迹数据进行关联、滤波、航迹管理等处理，最终估计出目标航迹，实现对目标的跟踪。因此，传统检测算法也被称为先检测后跟踪（DBT）算法。常见的先检测后跟踪算法主要有四种，分别是纹理分析法、形态学法、阈值分割法和小波变换法。但是，由于传统检测算法是对单帧门限检测处理，因此在保证一定的虚警率条件下，会造成低信噪比目标的漏检情况。

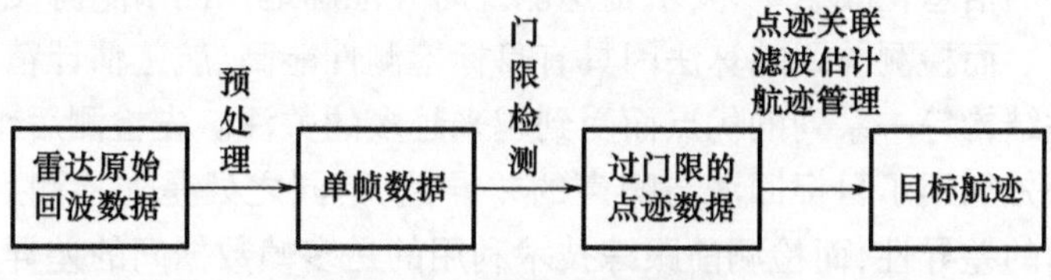

图 7 -14　跟踪前检测算法

为了解决上述问题，提高雷达对弱目标检测的跟踪性能，除了增加天线孔径、增加雷达发射功率、提高空间分辨力等方法外，还可以从信号处理的角度考虑，检测前跟踪（TBD）就是一种有效的解决方案。检测前跟踪算法的思想是对单帧数据不进行门限检测处理，而是对帧数据的积累和联合处理，利用更高维信号空间中目标回波与噪声杂波的差异性，从中提取出目标回波信息，从而有效地改善弱目标检测的性能，其算法流程如图 7 -15 所示。

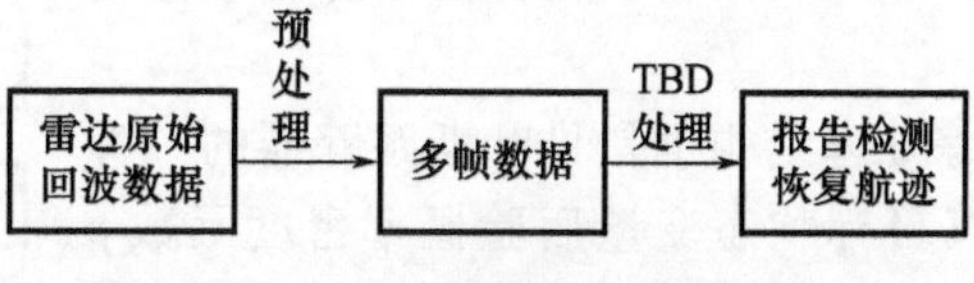

图 7 -15　检测前跟踪算法

传统的检测和跟踪算法容易造成信息的丢失，因此需要一种新的方法来解决这一问题，而检测前的跟踪算法最初也并不是用于雷达目标的处理，它主要用于处理光学图像序列和红外图像序列中的弱运动目标。与传统方法不同,这种方法不为帧图像设置检测门限。它以数字的形式存储每一帧雷达目标信息,然后在帧与帧之间的可能路径点中进行相关处理,这样几乎没有目标信息丢失。因此,目标的长时间积累有助于有效地检测,而检测前跟踪技术的重点就是充分利用了时间进行处理。

由于检测前跟踪技术没有检测门限,所以最大限度地保留了目标信息。此外,检测前跟踪通过联合处理多帧回波数据,利用目标与噪声的帧间位置相关性的差异,实现目标回波能量的有效积累和抑制干扰。图7-16体现了目标和背景回波的帧间空间位置关联的差异性:目标量测在时间维符合物体的物理运动特性,但是杂波点的帧间位置则具有明显的随机性。多帧处理的本质是增加"时间维",在更高维空间中,目标回波与噪声、杂波的差异性比在低维空间中更加显著。

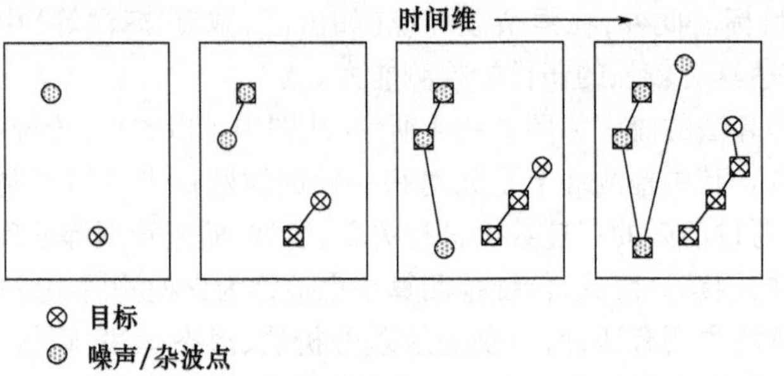

图7-16 目标和背景杂波的帧间关联差异示意图

在现代复杂的信息化战争中,要求雷达能及时并准确地探测出隐身飞机、反辐射导弹这样的弱小目标。而检测前跟踪算法因具有目标检测性能高、航迹估计精度高、不需要改变雷达外部硬件结构等一系列的优点而受到越来越多的关注。先检测后跟踪和检测前跟踪技术的思想都是利用了目标回波与噪声的差异性,不同之处是先检测后跟踪技术利用的是单帧数据间的差异性,而检测前跟踪技术利用的是多帧数据间的差异性。因此,先检测后跟踪与检测前跟踪在算法中最大的不同在于量测模型的不同。下面详细讨论这两种技术并分析它们的优缺点。

1. 先检测后跟踪技术

在常见的跟踪问题中,跟踪系统得到的量测数据为门限处理之后的点迹数据。图7-17给出了一个基本的雷达系统先检测后跟踪处理流程图。流程图中的前四个步骤通常称为雷达信号处理阶段,而跟踪问题则是检测之后进行的点迹关联操作、贝叶斯滤波和航迹估计等步骤,所以目标的跟踪也常常被称为数据处理阶段。

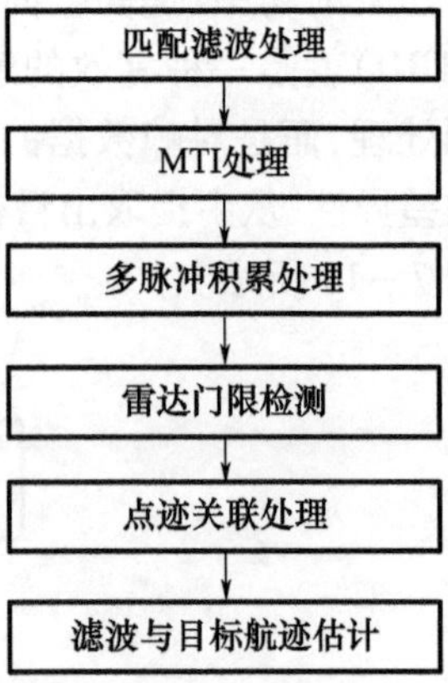

图7-17 传统的先检测后跟踪处理流程示意图

传统的先检测后跟踪处理结构也是贝叶斯跟踪器的一种实现方式,其目的是计算目标状态变量后验概率密度函数 $p(X_k|Z_{1:k})$。虽然目的相同,但是由于处理结构不同,目标模型和量测模型的形式会有区别。传统的先检测后跟踪处理结构的量测值 Z_k 一般为过门限点迹的位置信息,并不包括信号的幅度信息。因此,k 时刻的量测模型为下面的线性形式:

$$Z_k = \boldsymbol{H}_k x + n_k \tag{7-74}$$

式中：$\boldsymbol{H}_k$为量测矩阵，$\boldsymbol{H}_k = [1,0,1,0]$；$n_k$为量测噪声。

传统的先检测后跟踪处理结构的一大优势是其计算量相对较少。因为在门限检测处理之后，保留下的点迹的个数要比原始数据的数据量大大减少。另外，跟踪系统只需要利用过门限点迹的位置信息进行滤波，量测的幅度信息不再被保留，这样进一步降低了数据量。这种低数据量的处理结构大大降低了跟踪系统消耗的计算资源和存储资源。但是，传统的先检测后跟踪处理结构也面临着两大难题，即目标信息的丢失问题和点迹关联问题。

图7－18给出了一个先检测后跟踪处理结构导致目标信号丢失的情况。图中画出了雷达信号门限检测前在一维距离向的强度图，其中横坐标表示雷达的距离维，纵坐标表示信号强度，圆点表示目标位置，黑色实线表示门限。由图可以看出，在门限处理之后，较强的目标被发现，但是右边幅度较弱的目标则被漏检。所以，门限处理导致目标信号的丢失，不利于弱小目标的检测。另外，在强杂波环境中，如果过门限的点迹过多，那么点迹关联的难度将会非常大，并且将消耗大量的系统资源。为了解决上面两大难题，近年来提出了一种新的检测跟踪处理结构，即检测前跟踪技术，下面将具体讨论这种技术。

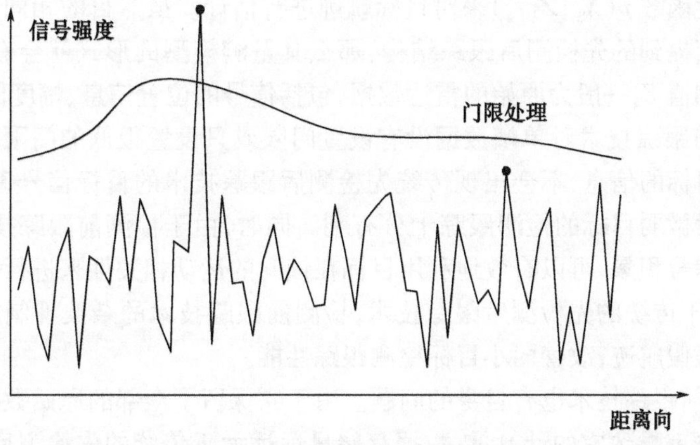

图7－18 传统的先检测后跟踪处理弱小目标信号丢失示意图

2. 检测前跟踪技术

和先检测后跟踪处理结构不同，检测前跟踪技术即先跟踪后检测技术采用了不同的处理思路。图7－19给出了检测前跟踪算法的处理流程。检测前跟踪技术与先检测后跟踪技术的不同在于以下几个方面。

(1)它对单帧数据不进行门限处理(或者设置远远低于先检测后跟踪技术所采用的门限的门限)，这样在进行贝叶斯估计的过程中，它所用的量测数据是保留了位置信息和幅度强度信息的原始信号。

(2)它不利用单帧的处理结果做目标检测判决或者航迹汇报，而是通过对量测进行多帧处理，对目标的信息进行不断积累，在多帧处理之后才宣布检测结果并同时估计出目标航迹。

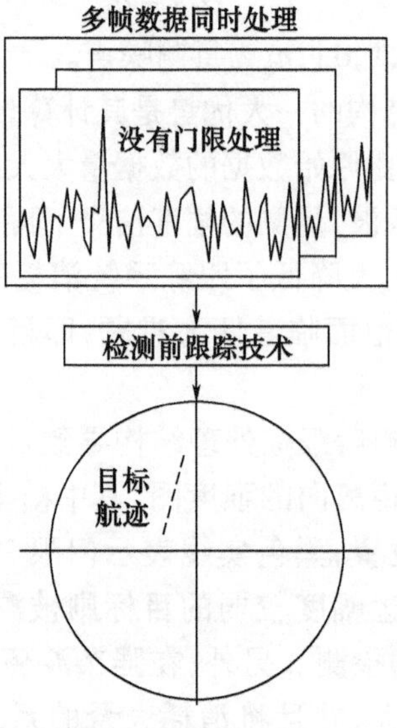

图 7-19　检测前跟踪处理流程示意图

这种处理结构也是一种贝叶斯跟踪器的实现方式，其目的也是通过计算目标状态变量后验概率密度函数 $p(X_k|Z_{1:k})$ 来对目标航迹进行估计。虽然目的相同，但是由于处理结构不同于前面提到的先检测后跟踪结构，那么其量测模型的形式就会有区别。检测前跟踪结构的量测值 Z_k 一般为原始的雷达数据，包括信号的位置信息、幅度信息等。

由于检测前跟踪技术对单帧数据没有设置门限或只设置很低的门限，因此它能够最大限度地保留目标的信息，不会出现传统先检测后跟踪技术的目标信号丢失的问题。这样的处理方式对微弱目标的检测跟踪十分有利。同时，由于检测前跟踪技术利用了多帧数据进行目标信号积累，可以有效地利用目标在帧间的运动相关性来进行杂波抑制。

因此，相对于传统的先检测后跟踪技术，检测前跟踪技术的杂波抑制能力更强，能更大限度地减少虚假航迹，改善弱小目标检测跟踪性能。

但是，检测前跟踪技术也有自身的问题。由于它保留了全部的原始数据（包括信号的强度信息），这样就导致它的计算量、数据存储量远远大于传统的先检测后跟踪技术。这个缺点使得检测前跟踪技术很难在高数据率的跟踪系统、对处理实时性要求高的系统（如雷达系统）中进行推广应用。特别是在进行多目标跟踪的时候，多目标变量的高维特性使得检测前跟踪的信号处理变得更加复杂、所消耗的计算资源更多。

虽然检测前跟踪算法有着计算量大、存储量大等代价，但是随着现代计算机技术的发展，计算机运算速度得以不断提高，检测前跟踪技术越来越受到重视。实现检测前跟踪技术的算法有很多，如基于动态规划（DP）的检测前跟踪算法（DP-TBD）、最大似然概率数据融合算法、霍夫变换检测前跟踪算法、基于粒子滤波（PF）的检测前跟踪算法（PF-TBD）、基于随机集理论的检测前跟踪算法等。其中，基于动态规划的检测前跟踪算法和基于粒子滤波的检测前跟踪算法是当今该领域的研究热点。基于动态规划的检测前跟踪算法属于基于格子滤波的贝叶斯估计器近似实现方法，它通过把目标状态空间离散化来实现对最优贝叶斯滤波的近似实现。而基于粒子滤波的检测前跟踪算法则是通过粒子滤波来近似实现贝叶斯估计处理。它用有限个粒子以及粒子对应的权值来近似估计目标状态的后验概率密度函数。

3. 检测前跟踪与先检测后跟踪技术的比较

检测前跟踪技术是检测与跟踪一体化的技术,它对单帧数据不进行门限处理,所处理的量测数据是雷达原始回波数据,因此量测数据不仅包含目标的坐标信息,还包含目标的幅度信息和相位信息。检测前跟踪技术的思想是对多帧回波数据进行联合处理,最后对多帧积累值进行检测判决宣布检测结果,同时给出目标航迹。由于检测前跟踪技术是利用目标在帧间的运动相关性来抑制噪声积累目标能量的,所以其帧与帧之间没有复杂的点迹关联问题。

检测前跟踪技术在信号处理的后半部分对积累函数进行检测判决,一旦报告有目标存在,将同时给出目标的航迹。因此,检测前跟踪技术实际上完成的是对目标航迹的检测,相比于先检测后跟踪技术,它能更大程度地减少虚假航迹。由于检测前跟踪技术具有上述优点,因此它是实现弱目标检测跟踪的一种有效的方法。先检测后跟踪与检测前跟踪的检测性能比较如表7-1所列。

表7-1 先检测后跟踪与检测前跟踪检测性能比较表

项目	DBT	TBD
优点	单帧检测; 简单; 易实现	虚警概率低,检测概率高; 抗干扰能力强; 适用于低信噪比的目标
缺点	抗干扰差; 虚警概率高,检测概率低; 仅适用于高信噪比的目标	多帧检测; 计算量大、存储量大; 实现较难

7.5.2 检测前跟踪算法分类与比较

低、慢、小目标的检测是雷达检测跟踪的一大难题,这些目标的雷达截面积较小,回波信号较弱,信噪比低,这就导致很难在噪声中将目标检测出来。检测前跟踪算法就可以解决这一问题。下面对常见的四种检测前跟踪算法做比较。

1. 基于三维匹配滤波的检测前跟踪算法

三维匹配滤波的主要思想是增加滤波器的数量,先估计出目标可能的运动轨迹个数,根据估计出来的个数设置滤波器的数量。对这些滤波器的输出信噪比进行比较,以最大值对应的滤波器为依据,采用穷举法求得目标所有可能的目标航迹,检测出微弱目标并恢复其航迹。

2. 基于投影变换的检测前跟踪算法

基于投影变换的思想是空间维度的转变,将三维空间问题转化到二维平面。具体方法就是在二维平面上对每一帧经过门限处理的图像进行检测,直到检测出投影到同一平面上的所有点。对这些点利用投影原理进行处理,恢复目标的航迹。因为处理后得到的是二维平面上的航迹,所以还要进行空间维度的逆转变,将恢复出的目标航迹从二维还原到三维,最后进行匹配滤波处理。

3. 基于粒子滤波的检测前跟踪算法

基于粒子滤波的检测前跟踪算法是将检测前跟踪问题转化为估计当前时刻目标状态和目标是否出现的联合后验概率密度。该方法与传统方法最大的区别是增加了一个离散变量,这个变量代表目标是否存在。如果判断后表示目标出现,则求与之对应的状态的后验概率密度分布。最后计算目标检测概率的估计值。

4. 基于动态规划的检测前跟踪算法

动态规划算法是分级决策方法和最佳原理的综合应用,为避免穷举式搜索,它采用分级优化的思想解决问题,该方法主要依赖于传感器量测序列,根据一定的准则构造一个值函数。在经过一定阶段的积累后,找到值函数积累值超过门限的所有点,把这个点作为目标的终点。最后经过逆向推理,检测并得到可能的目标运动轨迹。

通过上述的简单介绍可以发现基于三维匹配滤波的检测前跟踪算法最大的问题是速度失配问题。它需要大量的匹配滤波器来满足所有的目标状态,这种穷尽式搜索是很难实现的。所以它的适用面比较窄,只适用于做匀速直线运动的目标。基于投影变换的检测前跟踪算法以性能换来的计算量的减小也无法满足弱目标检测的需求。当在目标的帧间位移较大或噪声与目标相比较强时,它造成的性能下降更是令人难以接受。基于粒子滤波的检测前跟踪算法能有效检测的前提是粒子足够多。所以它巨大的计算量,使它很难满足实际应用。而基于动态规划的检测前跟踪算法由于是分级处理,这种处理是基于像素级的操作运算,便于硬件实现;且由于应用了状态转移原理,它的计算量与上述方法相比较小。因此,基于动态规划的检测前跟踪算法具有更加广泛的应用前景,值得深入研究。

基于动态规划的检测前跟踪算法是一种有效的弱小目标跟踪方法,并且已经在多个领域有着广泛的应用,如红外探测、光学检测、海下声呐探测、雷达弱小目标跟踪领域。然而,基于动态规划的检测前跟踪算法的弱小目标跟踪算法的研究主要还是针对单目标场景。基于动态规划的检测前跟踪算法的多目标跟踪算法研究还很不成熟,面临着很多困难,如随着搜索维度增加的计算量爆炸问题、临近目标之间的相互干扰问题等。

习　题

1. 为什么说恒虚警处理的实质是自适应门限调整?

2. 如何衡量恒虚警处理的性能?

3. 同样服从瑞利分布的噪声环境恒虚警处理与杂波环境恒虚警处理的方法有何不同?

4. 简述检测前跟踪技术的基本原理和特点。

5. 采用信号非参量检测的原因是什么?

第8章 合成孔径成像

高分辨雷达是一种十分重要的现代雷达体制。由于宽带发射波形的使用,使得雷达能获得更为精细的目标几何结构信息,这为实现目标几何外形、材质等特征参数的获取提供了可能。按照实现高分辨维数的不同,高分辨雷达主要有一维高分辨雷达、二维高分辨雷达和三维高分辨雷达3种。一维高分辨雷达常利用宽带发射信号实现对目标的距离维高分辨,用于获取表征目标沿雷达视线方向几何结构信息的一维距离像;二维高分辨雷达常利用宽带发射信号和一维阵列共同实现对目标的距离和方位二维高分辨,用于获取表征目标相对于距离和方位平面几何结构信息的二维图像,其按照一维阵列实现方式的不同,又可分为合成孔径雷达和逆合成孔径雷达;三维高分辨雷达则是在二维高分辨雷达的基础上通过干涉技术增加雷达对目标高度维分辨能力来实现对目标的距离、方位和高度的三维高分辨,用于同时获取表征目标体三维几何结构信息的三维图像,采用这种技术的雷达常称为干涉合成孔径雷达。

本章将对合成孔径雷达、逆合成孔径雷达以及干涉合成孔径雷达成像所涉及的信号处理原理和方法予以介绍。

8.1 合成孔径成像的信号模型

合成孔径雷达是一种最为基本的成像雷达,已广泛应用于地/海场景成像以及场景中运动目标的检测。合成孔径雷达有三个主要特点:一是该雷达用于方位高分辨的一维阵列并不是采用真实的大孔径阵列,而是利用单个移动的小孔径天线通过其相对于观测目标位置的规则变化以及在相应接收回波的信号处理合成高分辨所需的阵列;二是宽带发射信号的使用常会使同一目标不同方位接收回波沿距离向发生显著的距离走动、距离弯曲等现象,即存在距离-方位耦合特性;三是信号处理的本质为通过接收数据重建目标的二维高分辨图像,即将目标观测和信息处理的维度扩展至二维。

按照部署平台的不同,合成孔径雷达可分为机载和星载两种,而按照观测模式的不同又可分为条带式(stripmap)、聚束式(spotlight)和扫描(scan)式等,但合成孔径雷达信号处理所涉及的主要原理和方法是相同的或类似的。

8.1.1 基本信号模型

不失一般性,设合成孔径雷达几何观测模型如图8-1所示,其中 xOy 平面为地平面,雷达平台沿距地平面高 H 的 x 轴正向以速度 ν 匀速飞行，静止待观测点目标位于 xOy 平面上，坐标记为 $(x_T, y_T, 0)$。设雷达平台运动的起始时刻为 $t_0=0$，则平台运动 t_a 时间后，其与目标的瞬时斜距为

$$R(t_a)=\sqrt{(\nu t_a-x_T)^2+y_T^2+H^2}=\sqrt{R_B^2+(\nu t_a-x_T)^2} \tag{8-1}$$

式中：$R_B=(H^2+y_T^2)^{1/2}$。

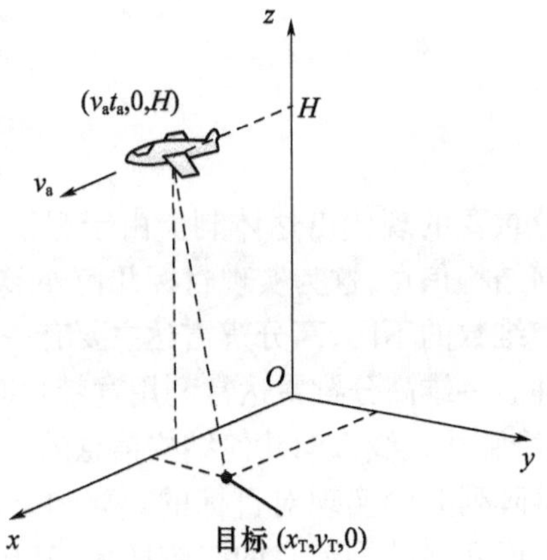

图 8-1　合成孔径雷达几何观测模型

通常，合成孔径雷达发射的脉冲信号可表示为

$$s(t)=\sum_{n=1}^{N}p(t-nT_r) \tag{8-2}$$

$$p(t)=\mathrm{rect}\left(\frac{t}{\tau}\right)\exp(\mathrm{j}\pi Kt^2)\exp(\mathrm{j}2\pi f_0 t) \tag{8-3}$$

式中：rect(·)为矩形信号；K 为发射的线性调频脉冲信号的调频斜率；T_r为脉冲重复周期；τ 为脉冲宽度；f_0为载频；N 为总的发射脉冲数。

相应的单点目标合成孔径雷达回波信号为

$$s_r(t)=\sum_{n=1}^{N}\sigma wp(t-nT_r-t_n) \tag{8-4}$$

式中：σ 为点目标的雷达散射截面积；w 为天线方向图主瓣双向幅度加权；t_n为合成孔径雷达发射第 n 个脉冲时电磁波在雷达与目标之间传播的双程时间，可表示为 $t_n=2R(t_a)/c$，将其代入式(8-4)，并考虑式(8-3)的结果可得

$$s_r(t)=\sum_{n=1}^{N}\sigma w\cdot\mathrm{rect}\left[\frac{t-nT_r-2R(t_a)/c}{\tau}\right]\exp\left\{\mathrm{j}\pi K\left[t-nT_r-\frac{2R(t_a)}{c}\right]^2\right\}\cdot$$
$$\exp\left[-\mathrm{j}\frac{4\pi}{\lambda}R(t_a)\right]\exp[\mathrm{j}2\pi f_0(t-nT_r)] \tag{8-5}$$

式中：c 为电磁波传播速度；λ 为发射信号载频对应的波长。

一般说来，式(8-5)中 $\exp[\mathrm{j}\pi K(t-nT_r-2R(t_a)/c)^2]$ 项为线性调频分量，其带宽决定了合成孔径雷达的距离向分辨率；$\exp[-\mathrm{j}4\pi R(t_a)/\lambda]$ 项为描述目标相对雷达位置的空间关系的相位项，其空间谱带宽决定了合成孔径雷达的方位向分辨率。然而，与距离向高分辨率的获得只需增加发射信号带宽不同，合成孔径雷达方位向高分辨率的获得则需要

采用较为复杂的信号处理。为了说明这一点,下面进一步对合成孔径雷达回波信号空间谱特性进行分析。

事实上,合成孔径雷达回波中描述电波传播时间的变量 t 常远小于载机运动时间变量 t_a(典型值相差 10^5 量级),合成孔径雷达在发射和接收一个脉冲信号期间,其平台可视为静止,即满足"停-走-停"模式。为了理论分析方便,t 称为快时间变量,而 t_a 称为慢时间变量。若进一步设合成孔径雷达快时间采样间隔为 Δt,单个脉冲期间沿距离向采样数为 M,则合成孔径雷达发射 N 个脉冲后,在接收端会形成一个 $N \times M$ 维数据矩阵,且第 n 个脉冲第 m 个距离采样基带信号可表示为

$$s_r(n,m) = \sigma' \exp\left\{ j\pi K \left[m - \frac{2R(n)}{c} \right]^2 \right\} \exp\left[-j\frac{4\pi}{\lambda}R(n) \right] \tag{8-6}$$

式中:$\sigma' = \sigma w$;$R(n) = [R_B^2 + (vn - X_T)^2]^{1/2}$,为慢时间 nT_r 时合成孔径雷达与目标的瞬时距离;n 为慢时间其时采样时刻。

由式(8-6)可以看出,合成孔径雷达回波相位的变化规律完全由目标相对雷达位置空间的关系决定。下面分正侧视和斜视两种情况予以进一步讨论。

8.1.2 正侧视情况

对于正侧视的情况,目标与合成孔径雷达平台的几何关系如图 8-2 所示。对于天线波束宽度为 θ_a 的合成孔径雷达,平台经波束前沿触及 Q 点时所在的 A 点飞行至波束后沿离开 Q 点时所在的 B 之间的长度为有效合成孔径 L_a,而 P 点对 A、B 的转角即为相参积累角,它等于波束宽度 θ_a。若设 Q 点到航线的垂直距离为 R_B,则正侧视情况下合成孔径边缘的斜距 R 与 R_B 之差为

$$R_q = R - R_B = R_B \sec\frac{\theta_a}{2} - R_B \tag{8-7}$$

式中:R_q 为距离徙动量。

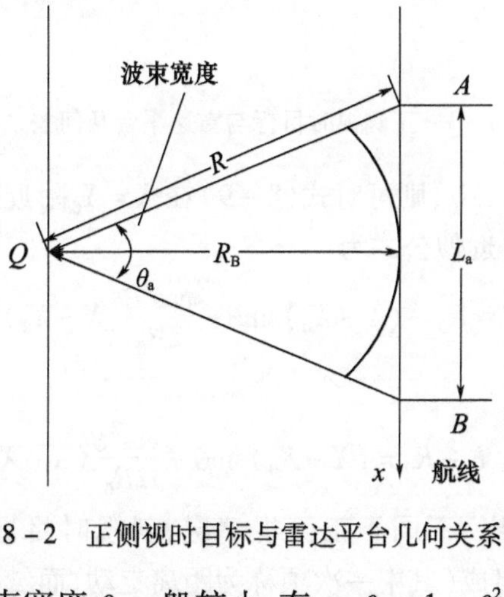

图 8-2 正侧视时目标与雷达平台几何关系图

由于合成孔径雷达波束宽度 θ_a 一般较小,有 $\sec\theta_a \approx 1 + \theta_a^2/2$,于是式(8-7)可近似写为

$$R_q \approx \frac{1}{8} R_B (\theta_a)^2 = \frac{\lambda^2 R_B}{32\rho_a^2} \tag{8-8}$$

式中:$\rho_a = \lambda/2\theta_a$为该情况下合成孔径雷达方位向分辨率。

由式(8-8)可知,距离徙动量的大小与合成孔径雷达多个因素有关。方位分辨率的提高、波长以及航线与目标垂直距离的增大,均会导致距离徙动量增大。通常来说,合成孔径雷达工作波段越低,距离徙动量越为明显;方位分辨率越高和探测距离越远,徙动量也越大。特别地,当R_q超过1/4距离分辨单元的宽度时,合成阵列边缘处接收回波与阵列中心回波的相位差将大于$\pi/4$,此时相关积累增益下降量将超过3dB,这在合成孔径雷达成像中常认为是不可接受的。

8.1.3 斜视情况

斜视时,目标与合成孔径雷达平台的几何关系如图8-3所示,这时,波束指向角为β,合成孔径阵列中心位于图中A点,其在X轴的位置为X_0,即不在最近距离点。此时,雷达平台与目标的瞬时距离可表示为

$$R = \sqrt{(X - X_0)^2 + R_0^2 - 2R_0(X - X_0)\sin\beta} \tag{8-9}$$

式中:$X = T_r n$;$X_0 = T_r n_0$;$R_0 = R_B \sec\beta$为初始时刻天线波束中心与目标的斜距。

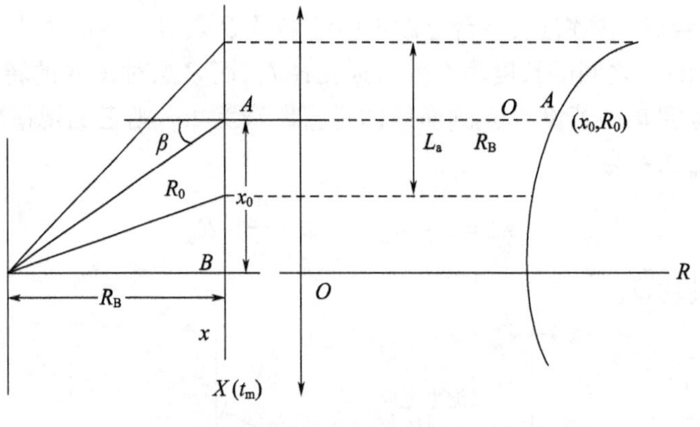

图8-3 正侧视时目标与雷达平台几何关系图

由于合成孔径长度$L_a \ll R_0$,则可对式(8-9)在$X = X_0$附近作泰勒级数展开。省略三次项以上的高次项后,可得近似公式为

$$R \approx R_0 - (X - X_0)\sin\beta + \frac{\cos^2\beta}{2R_0}(X - X_0)^2 \tag{8-10}$$

相应地,距离徙动量为

$$R_q = R - R_0 = (X - X_0)\sin\beta + \frac{\cos^2\beta}{2R_0}(X - X_0)^2 \tag{8-11}$$

由式(8-11)可以看出,不同于正侧视情况,斜视时目标至平台的距离徙动量由$X - X_0$的一次项和二次项组成(其中一次项称为距离走动,而二次项则称为距离弯曲),较之正侧视时更为复杂。同时,由式(8-11)还可看出,距离走动与偏离值$X - X_0$成正比,其比例系数为$\sin\beta$,而与离航线的距离R_B无关。也就是说,录取数据的相参积累轨迹虽然

存在距离和方位的耦合，但耦合关系在条带场景里均相同，而与距航线的距离无关，这无疑会给距离走动补偿带来方便。

8.2　合成孔径成像算法

合成孔径雷达成像方法有多种，按照实现原理的不同，主要有经典距离－多普勒、改进距离－多普勒、线性调变标及基于 stolt 变换的距离校正成像等方法。

8.2.1　距离多普勒算法

1. 经典距离－多普勒算法

经典距离－多普勒（R－D）算法是一种最为基本的成像方法，该方法的思路是将距离向和方位向的二维处理经过距离徙动校正后变为距离向时域和方位向频域的两个一维处理，从而达到处理简便和高效的目的。距离－多普勒算法通常适用于距离徙动量小于1/4距离分辨单元的机载和星载 X 波段正侧视合成孔径雷达系统。

若设距离向成像的匹配滤波脉冲压缩函数为

$$s_1(m)=\exp[\mathrm{j}K\pi\,(m\Delta t)^2] \tag{8-12}$$

则距离向成像可通过对快时间的快速傅里叶变换完成，即

$$s_r'(n,m)=\mathrm{IFFT}\{\mathrm{FFT}[s_r(n,m)]\cdot\mathrm{FFT}[s_1^*(m)]\} \tag{8-13}$$

相应地，距离向成像结果为

$$s_r'(n,m)=A\mathrm{sinc}\left[B\left(m-\frac{2R(n)}{c}\right)\right]\exp\left[-\mathrm{j}\frac{4\pi}{\lambda}R(n)\right] \tag{8-14}$$

式中：A 为距离压缩后信号幅度；B 为雷达采用的线性调频信号带宽。

由于低分辨率合成孔径雷达距离徙动量远小于距离分辨单元，常有 $R(n)\approx R_B$，因此距离向成像结果又可近似表示为

$$s_r'(n,m)\approx A\mathrm{sinc}\left[B\left(m-\frac{2R_B}{c}\right)\right]\exp\left[-\mathrm{j}\frac{4\pi}{\lambda}R(n)\right] \tag{8-15}$$

即位于 Q 点的目标距离像上散射中心的分布仅取决于该目标与阵列中心的距离，与阵元空间位置无关，不存在距离和方位的耦合问题。因此，方位向成像可通过直接对式（8－15）相位项的脉冲压缩处理来完成。

同理，对于机载合成孔径雷达，合成孔径阵列长度常远小于 R_B，瞬时斜距 $R(n)$ 可近似表示为

$$R(n)=\sqrt{R_B^2+(n\nu-X_T)^2}\approx R_B+\frac{(n\nu-X_T)^2}{2R_B} \tag{8-16}$$

相应地，距离向成像结果可表示为

$$s_r'(n,m)\approx A\exp\left[-\mathrm{j}\frac{4\pi}{\lambda}R_B\right]\mathrm{sinc}\left[B\left(m-\frac{2R_B}{c}\right)\right]\exp\left[-\mathrm{j}\frac{4\pi(n\nu-X_T)^2}{\lambda\quad 2R_B}\right] \tag{8-17}$$

由式（8－17）可以看出，方位向信号是调频率为 $K_a=-(2\nu^2)/(\lambda R_B)$ 的线性调频信号，因此方位向成像也可采用距离向成像方式来完成。若设方位匹配滤波的参考函数为

$$s_{\mathrm{a}}(n)=\exp(-\mathrm{j}K_{\mathrm{a}}\pi n^{2}) \tag{8-18}$$

则方位向成像结果可表示为

$$s''_{\mathrm{r}}(n,m)=A\mathrm{sinc}\left[B\left(m-\frac{2R_{\mathrm{B}}}{c}\right)\right]\mathrm{sinc}\left[B_{\mathrm{d}}\left(n-\frac{X_{\mathrm{T}}}{\nu}\right)\right] \tag{8-19}$$

式中：B_{d}为空间谱带宽。

通过上述成像过程可以看出，对于相对较低分辨的机载正侧视合成孔径雷达，由于距离徙动可忽略不计，其成像仅需分别在距离和方位进行线性调频信号的匹配滤波即可。

2. 改进距离-多普勒算法

改进距离-多普勒算法是一种针对斜视合成孔径雷达高分辨成像所提出的距离-多普勒算法，其与经典距离-多普勒方法的差别仅在于成像过程中引入了对距离徙动的校正处理。为了说明这一方法的基本原理，重写瞬时距离为

$$R(n)=\sqrt{R_{\mathrm{B}}^{2}+(\nu n-X_{\mathrm{T}}-R_{0}\sin\beta)^{2}} \tag{8-20}$$

式中：$R_0\sin\beta$ 为开始时刻波束中心在 X 轴的位置。

利用泰勒级数对式(8-20)进行展开，且仅保留前三项可得

$$R(n)\approx R_{0}-\left(n-\frac{X_{\mathrm{T}}}{\nu}\right)\nu\sin\beta+\frac{\nu^{2}\cos^{2}\beta}{2R_{0}}\left(n-\frac{X_{\mathrm{T}}}{\nu}\right)^{2} \tag{8-21}$$

对比式(8-16)和式(8-21)可以发现，斜视时由于 $\beta\neq0$，其距离徙动同时包含了一次项造成的距离走动和二次项所造成的距离弯曲两部分，且随着 β 的增大，距离走动越大，常会造成目标回波沿方位向穿越多个距离单元。

因此，在成像过程中对距离徙动的校正是十分必要的。为了实现距离走动的校正，可定义如下校正函数：

$$s_{1}(f_{m})=\exp\left[\mathrm{j}\frac{4\pi\nu\sin\beta}{f_{m}}n\right] \tag{8-22}$$

式中：f_m为快时间变量 m 对应的频率分量。

于是，对回波快时间傅里叶变换乘以该校正函数并进行匹配滤波，可得

$$s'_{\mathrm{r}}(n,m)\approx A\mathrm{sinc}\left[B\left(m-\frac{2R_{0}}{c}-\frac{\nu^{2}\cos^{2}\beta n^{2}}{R_{0}c}\right)\right]\exp\left[-\mathrm{j}\frac{4\pi}{\lambda}R(n)\right] \tag{8-23}$$

经距离走动校正后，目标回波距离-方位耦合将主要取决于距离弯曲量。

距离弯曲校正常用的方法就是采用插值处理来完成，如基于 sinc 核函数或加权 sinc 核函数的插值方法等。

若插值较为精确，完全消除了距离弯曲所造成耦合问题，则处理后回波信号可表示为

$$s'_{\mathrm{r}}(n,m)\approx A\mathrm{sinc}\left[B\left(m-\frac{2R_{0}}{c}\right)\right]\exp\left[-\mathrm{j}\frac{4\pi}{\lambda}R(n)\right] \tag{8-24}$$

即方位向成像仅需对相位项处理即可。利用前面相同的原理，设方位向匹配滤波函数为

$$s_{\mathrm{a}}(n)=\exp(\mathrm{j}2\pi f_{\mathrm{d}}n+\mathrm{j}\pi K_{\mathrm{d}}n^{2}) \tag{8-25}$$

式中：$f_{\mathrm{d}}=2\nu\sin\beta/\lambda$；$K_{\mathrm{d}}=-(2\nu^{2}\cos^{2}\beta)/(\lambda R_{0})$。

经匹配滤波后可得方位向成像结果为

$$s''_{\mathrm{r}}(n,m)=A\mathrm{sinc}\left[B\left(m-\frac{2R_{\mathrm{B}}}{c}\right)\right]\mathrm{sinc}\left[B_{\mathrm{d}}\left(n-\frac{X_{\mathrm{T}}}{\nu}\right)\right] \tag{8-26}$$

一般说来,距离徙动校正的引入,使得改进距离-多普勒算法可适用于大部分高分辨合成孔径雷达,但仍存在两个问题:一是插值精度依赖于阶数的选择;二是插值运算量较大,算法实时性不高。

8.2.2 线频调变标算法

线频调变标(CS)算法是一种较为高效的高精度成像方法,其基本原理是通过对线性调频信号进行频率调制以实现对该信号的尺度变换(变标)或平移,以相位相乘代替时域插值来完成随距离变化的距离徙动校正,这就解决了距离-多普勒算法中距离徙动校正插值处理问题。

一般说来,线频调变标算法可分为线性调变标、距离压缩和方位压缩三个处理步骤,其中线性调变标所采用的参考函数可表示为

$$H_1(f_a,m)=\exp\left[-j\pi K(f_a)a(f_a)\left(\hat{t}-\frac{2R(f_a)}{c}\right)\right] \tag{8-27}$$

式中:f_a为慢时间变量n对应的空间频率。

若将f_a与式(8-6)对慢时间变量n傅里叶变换相乘,并作对快时间变量m的傅里叶变换后,可得

$$\begin{aligned}s(f_a,f_m)=&Ca_r\left\{-\frac{f_m}{K(f_a)[1+a(f_a)]}\right\}a_a\left\{\frac{R_B\lambda f_a}{2\nu^2\sqrt{1-[(\lambda f_a)/2\nu]^2}}\right\}\cdot\\&\exp\left[-j\pi\frac{f_m^2}{K(f_a)[1+a(f_a)]}\right]\exp\left[-j\frac{4\pi}{c}[R_B+R_s a(f_a)]f_m\right]\cdot\\&\exp\left[-j2\pi f_a\frac{X_T}{\nu}\right]\exp\left[-j\frac{4\pi}{\lambda}R_B\sqrt{1-\left(\frac{\lambda f_a}{2\nu}\right)^2}\right]\exp[j\Theta_\Delta(f_a)]\end{aligned} \tag{8-28}$$

式中:$\Theta_\Delta(f)$为线性调变标处理引起的剩余相位,$\Theta_\Delta(f_a)=(4\pi/c^2)K(f_a)a(f_a)[1+a(f_a)](R_B-R_s)^2$;$f_m$为快时间变量$m$对应的频率。若再定义用于距离徙动校正和距离压缩的相位函数为

$$H_2(f_r,f_a)=\exp\left\{-j\pi\frac{1}{K(f_a)[1+a(f_a)]}f_m^2\right\}\exp\left[j\frac{4\pi R_s a(f_a)}{c}f_m\right] \tag{8-29}$$

并将式(8-29)与式(8-28)信号相乘,并进行对变量f_m的逆傅里叶变换,可得

$$\begin{aligned}s(f_a,m)=&C\mathrm{sinc}\left[B\left(m-\frac{2R_B}{c}\right)\right]a_a\left\{\frac{R_B\lambda f_a}{2\nu^2\sqrt{1-[(\lambda f_a)/2\nu]^2}}\right\}\exp\left[-j2\pi f_a\frac{X_T}{\nu}\right]\cdot\\&\exp\left[-j\frac{4\pi}{\lambda}R_B\sqrt{1-\left(\frac{\lambda f_a}{2\nu}\right)^2}\right]\exp[-j\Theta_\Delta(f_a)]\end{aligned} \tag{8-30}$$

因此,只需定义方位向脉冲压缩参考函数为

$$H_3(f_a,m)=\exp\left[j\frac{4\pi}{\lambda}R_B\sqrt{1-\left(\frac{\lambda f_a}{2\nu}\right)^2}\right]\exp[j\Theta_\Delta(f_a)] \tag{8-31}$$

并与式(8-28)相乘再作逆傅里叶变换,即可得到目标成像结果。

由上述处理过程可以看出,对于采用线性调频信号的合成孔径雷达来说,可以通过回波信号乘上一个相位因子,使得位于不同距离上的信号具有相同的徙动曲线,在同一个方

位上的平移量相同,即通过同一个线性相位即可校正所有点的距离徙动,这较之距离-多普勒算法更为方便。需要注意的是,线频调变标操作会引起回波信号包络发生变化,影响对散射点的聚焦,尤其在大斜视角时,这种影响更为严重。

8.3 合成孔径成像自动目标检测与识别

合成孔径雷达成像自动目标检测与分类是合成孔径雷达信号处理的另一个重要内容。一般说来,自动目标检测与分类包含两个方面的重要应用:一是运动目标检测与分类;二是静态目标检测与分类。就合成孔径雷达运动目标检测与分类而言,其检测处理既可在成像之前完成,也可在成像之后利用特定处理方法来实现。而静态目标的检测与分类通常在成像之后进行,主要利用场景中特定类型目标与背景的差异来实现。

由于合成孔径雷达一次观测得到的图像场景尺寸一般比较大,因此其自动目标检测与分类一般采用一种分层次的方法,典型处理流程如图8-4所示。该处理系统首先对观测得到的原始合成孔径雷达图像数据利用检测器筛选出局部强度异常的像素集合,构成待鉴别的感兴趣区域(ROI),其中包括真实目标的感兴趣区域和由于自然地物异常引起的虚假感兴趣区域,以及其他人造目标干扰形成的虚假感兴趣区域;其次,在鉴别阶段利用多种特征提取算法计算感兴趣区域的目标特征,并结合地形地物定标、目标级的变化检测、人造杂波识别和空间聚类等手段,进行多信息融合的门限鉴别,以消除虚假目标感兴趣区域;再次,对鉴别输出的感兴趣区域,进行优先等级排序,并输出到目标分类器;最后通过与参考模板图像的匹配实现输出感兴趣区域的分类,并输出给图像分析员再审后形成目标报告。

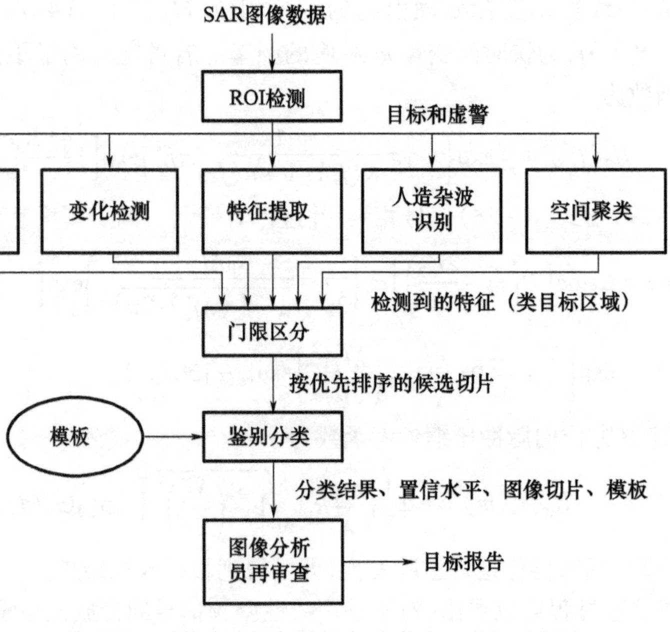

图8-4 典型雷达图像自动目标检测与分类处理流程示意图

8.3.1　目标检测

合成孔径雷达图像感兴趣区域检测的作用是检测图像中感兴趣目标并进而降低后续处理数据维数，其主要利用感兴趣目标与背景之间的差异来实现目标与图像的分离。按照实现机理的不同，合成孔径雷达图像感兴趣区域检测有基于对比度差异的检测方法、基于图像其他特征的检测方法以及基于复图像相位的检测方法等。

1. 基于对比度的检测方法

基于对比度的检测方法利用目标区域与背景对比度的较大差异实现感兴趣区域检测与提取，这类方法主要通过恒虚警率来实现。一般说来，恒虚警率检测方法是一种像素级水平的检测方法，只要目标相对于背景具有较强的对比度差异，恒虚警率处理器即可在给定虚警率的情况下有效完成感兴趣区域的检测与提取。

从原理上讲，合成孔径雷达图像感兴趣区域检测所采用的恒虚警率与常规雷达恒虚警率是类似的，均是依据经典统计检测理论，在给定的虚警概率条件下基于观测窗内目标所处周围背景杂波的统计特性自适应求取检测阈值，进而实现目标的检测。图8-5给出了典型合成孔径雷达恒虚警率检测方法的一般流程，通常包含5步。其中预处理用于完成图像的相干斑抑制，窗口选择用于根据目标尺度信息确定恒虚警率窗口大小，杂波模型估计用于确定杂波分布，杂波模型参数估计利用恒虚警率算法估计代表背景功率的检测阈值，门限比较则用于感兴趣区域像素的检测。一般而言，均值类恒虚警率、有序统计恒虚警率、两者组合而成的可变性指标恒虚警率均可用于合成孔径雷达图像感兴趣区域检测。

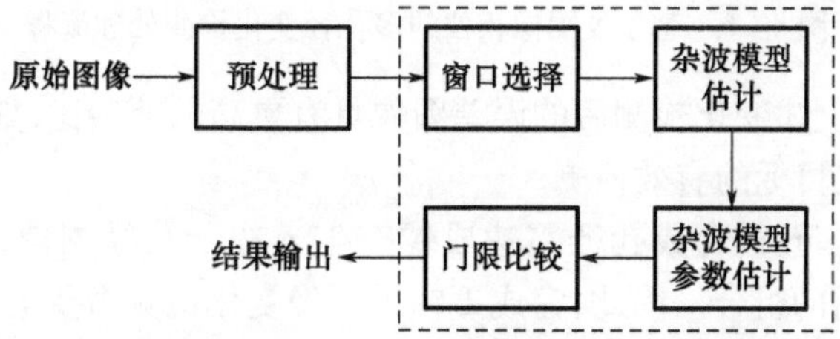

图8-5　合成孔径雷达恒虚警率检测处理流程

2. 基于图像其他特征的检测方法

各种目标检测算法的构建本质都是围绕目标与杂波电磁散射特性的差别进行的。对比度仅仅是能够区分两者电磁散射特性差异的一种特征，除此以外，也存在图像的其他特征能够揭示这种差异。

不同于基于对比度的检测方法，基于图像其他特征的检测方法主要利用目标和杂波在合成孔径雷达图像上所表现出的尺寸、形状、纹理等特征差异来完成感兴趣区域的检测。下面简要介绍几种检测算法。

基于目标聚类的检测算法把经过预处理和分割后二值图中满足一定尺寸和形状的强像素点的聚类作为目标，该算法的缺点在于预处理采用的尺度、分割采用的阈值等很难自动确定。

基于扩展分形特征的目标检测算法通过计算图像点位置上多尺度的赫斯特(Hurst)

指数，以量化在不同尺度下图像表征出来的纹理粗糙程度，由图像的纹理粗糙程度的度量来检测目标的存在与否。

多分辨方法利用目标和杂波的多分辨率特征差异进行检测，其假设前提是感兴趣目标和杂波的散射特性在不同分辨率尺度上是不同的。如果能够利用一定的方法揭示这种差异，则有可能实现目标的检测。

3. 基于复图像相位的检测方法

前两类算法都是利用实的幅度图像检测目标的，事实上目标和杂波在实图像上表现出的差异本质上是由两者回波相位的不同造成的。因此，提出了基于复图像相位的检测方法，如多孔径变化检测就是一种较为典型的基于复图像相位检测方法。其基本思想是利用目标回波在方位向的各向异性和杂波的各向同性特性，通过划分子孔径的方法提取这种差异，进而实现目标检测。

多孔径变化检测方法基本处理流程如图 8－6 所示。首先，对多子孔径成像结果进行变化检测，提取同一个场景同源记录的多个孔径获取图像之间的差异，得到图像间的误差图像；然后，利用信杂比增强后的误差图像通过恒虚警率完成检测。

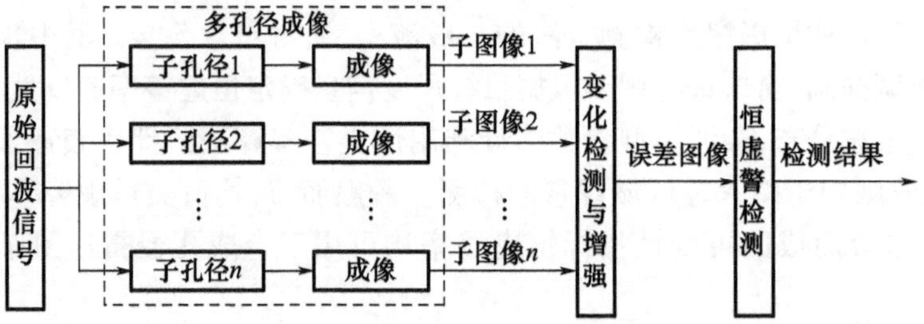

图 8－6　基于复图像相位的多孔径变化检测处理流程

一般说来，通过上述变化检测后的误差图像具有更高的信杂比，如果对误差图像再进行恒虚警率即可实现目标的有效检测。

需要指出的是，多孔径合成孔径雷达成像产生 L 幅子孔径图像，任取其中两幅子图像，就会有 C_{2L}种不同的组合。因此，完成 L 幅子图像变化检测需要进行 P_{2L}次二维最小均方算法（LMS）计算，计算量会随着 L 的增大而迅速增加。

8.3.2　目标识别

感兴趣区域的鉴别是合成孔径雷达图像感兴趣区域检测的另一个重要内容，其主要任务是在保留目标区域的同时，尽可能剔除目标检测后存在的大量杂波虚警，以减小后续目标分类的代价。

一般说来，鉴别处理主要涉及鉴别特征提取、特征优选和鉴别器设计三个环节，这一处理步骤与雷达目标识别具有一定的相似性，但又存在显著差异。目标鉴别在本质上是一个二元分类问题，用于判决待鉴别感兴趣区域是否是真实目标感兴趣区域。在这一过程中，将提取机动目标的特征参与到分类判决。而目标识别通常则为多元判决问题，主要用于确定目标的类别属性。本节分别对合成孔径雷达图像特征提取、特征优化和鉴别分类 3 个问题所涉及的基本方法予以介绍。

1. 合成孔径雷达图像特征提取方法

为了得到可靠的目标分类结果，用于分类的特征必须在分类空间上具有良好的类内凝聚性和类间差异性。目前，用于合成孔径雷达图像鉴别的特征主要包括众多数字图像处理领域中的共用特征，如周长、长、宽、面积等尺寸特征，直线、矩形、圆形、纹理以及形状编码等形状特征以及合成孔径雷达图像特有的各种描述散射机理的电磁散射特性，而相应的提取方法则主要有基于合成孔径雷达图像幅度的特征提取方法和基于合成孔径复图像相位的特征提取方法。

1）基于合成孔径雷达图像幅度的特征提取方法

合成孔径雷达图像幅度刻画了目标合成孔径雷达图像上目标散射中心反射强度，利用合成孔径雷达图像上各散射中心幅度的峰值和位置信息可用于构造目标感兴趣区域鉴别的有效特征。从原理上，合成孔径雷达图像峰值是合成孔径雷达成像过程中点散射体响应和合成孔径雷达冲激响应函数卷积的结果。

散射中心峰值位置实际上服从二次抛物面模型，可利用分维搜索合成孔径雷达图像上极大值的方法来提取散射中心幅度信息。由于目标散射中心峰值位置信息与目标的几何结构信息相对应，因此利用提取的峰值位置信息和幅度信息可构造检测特定目标存在与否的特征向量。

一般说来，当目标在图像上所占像素较少时，如坦克、汽车、油库、机场、桥梁等目标，上述方法是有效的，利用强散射中心幅度提取的位置信息可实现目标几何形状的精确描述。需要说明的是，除了上述基于散射中心参数提取的处理方法外，合成孔径雷达图像幅度特征的提取中还有一类基于形态滤波思想的特征提取方法，这类方法主要借鉴数字图像处理中的边缘检测和形状描述方法，利用图像中目标边界与背景灰度差异，通过提取目标区域的边界像素位置信息来构造相应的目标特征向量。

2）基于合成孔径雷达复图像相位的特征提取方法

电磁波是一种矢量波，除幅度外相位也是一种有用的信息量，而目标散射回波相位信息与目标的极化方式密切相关，多数目标会对入射电磁波的极化进行调制，产生变极化效应。因此，利用合成孔径雷达复图像的极化变化方式来提取表征目标物理属性的特征无疑是一条有效的技术途径。

基于正交极化矩阵分解的 $H-\alpha$ 方法是相位特征提取中一种行之有效的方法。较之前的幅度特征提取方法，$H-\alpha$ 方法更适于大场景中多类别目标。由于极化熵 H 和角度 α 分别取不同值时，对应不同的散射特性。因此，利用目标散射在 $H-\alpha$ 平面上的分布位置，可确定目标的散射类型，进而得到目标的类别。图 8－7 给出了 $H-\alpha$ 平面区域划分图，其中 Z1 为低熵表面散射区，对应包括镜面散射、布拉格（Bragg）表面散射和其他不会在 HH 和 VV 分量之间引起 180°相移的特殊散射机理目标类型；Z2 为低熵偶极子散射区，属于本区的散射机理在 HH 和 VV 分量的幅度上有较大差异，通常产生于具有很强的各向异性特性的植被区域；Z3 为低熵多次散射区，本区中的散射机理为具有较低极化熵的二次及更高的偶数次散射，如各向同性的电介质或金属二面角的散射；Z4 为中熵表面散射区，该区域反映了由表面粗糙度变化和树冠对电磁波传播影响导致的极化墒的增加，例如，由类似树叶或小圆盘的扁球状散射体覆盖的表面；Z5 为中熵偶极子散射区，该区域中的散射机理主要是具有中等极化熵的偶极子散射，包括由各向异性散射体构成的植被表面形成的散射；Z6 为中熵多次散射区，具有中等极化熵的二面角散射分布在该区域中，其典型代表是城市区域的散射与 P 和 L 波段穿透森林树冠后地面与树干间的散射，对于后者，树冠导致极化熵增大；Z7 为高熵表面散射区，该区不在 $H-\alpha$ 平面的有效分类区内；Z8 为高熵偶极子散射区，这种类型的散射源自大片各向异性针状粒子的单次散射或低损耗对称粒子的多次散射，森林树冠以及某些高度各向异性植被表面的散射就位于该区域；Z9 为高熵多次散射区，本区中的散射类型为在高散射熵时能区分的偶次散射，主要是具有粗壮树枝和浓密树冠的树木的散射。

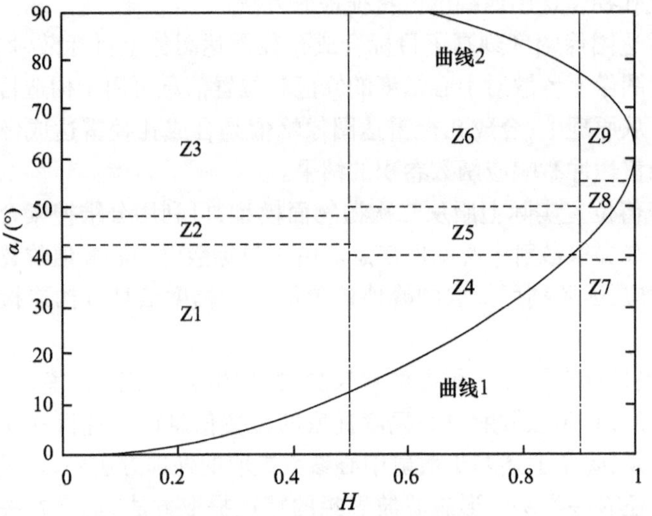

图 8-7　$H-\alpha$ 平面区域划分图

2. 合成孔径雷达图像特征优化方法

合成孔径雷达图像特征提取之后的处理步骤是特征优选。一般说来，合成孔径雷达图像特征优选包含两个内容：一是特征向量的降维问题；二是多特征优选问题。其中前者主要用于单一特征的压缩，降低特征中的冗余并抽取最具代表性的特征分量，可用的方法有主元分析(PCA)法。而后者的目的是在所提取的多个特征中进行筛选，以找出最有效的特征或特征组合。下面介绍一种基于遗传算法(GA)的多特征优化方法，其处理流程如图 8-8 所示。

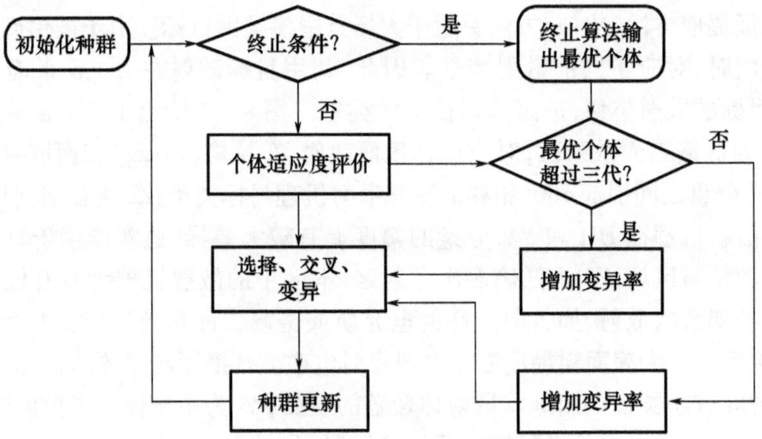

图 8-8　基于遗传算法的特征优化处理流程

与标准的遗传算法不同,上述优选方法中适应度函数的引入将不同特征分类效果与遗传算法搜索算法有机结合,可利用遗传算法的全局搜索功能优选出可对训练数据实施最优分类的特征向量或特征矢量组合。

一般来说,如果上述训练数据库能够完全包含目标各种形态的合成孔径雷达图像和背景杂波的合成孔径雷达图像,则通过上述搜索算法可以获得满意的结果。

3. 合成孔径雷达图像特征鉴别分类方法

鉴别分类是感兴趣区域鉴别的另一重要研究内容,原理上,模式识别领域中提出的多数分类方法均可应用于合成孔径雷达图像特征的鉴别与分类。然而,模式识别领域中分类器的样式十分繁多,如可分为监督和非监督分类方法、线性和非线性分类方法、模型约束和无模型约束分类方法等。下面从模型约束和无模型约束两个方面对分类方法的特点予以概略性介绍。

1)模型约束分类方法

模型约束分类方法是模式识别长期发展过程中建立起来的经典方法,其理论依据为统计学习理论。统计学习理论是一种专门研究小样本情况下机器学习规律的理论,为解决有限样本学习问题提供了一个统一的框架。它能将很多现有的方法纳入其中,有望帮助解决许多原来难以解决的问题。同时,在这一理论基础上发展了一系列通用的学习方法,如最小错误率准则、最小风险准则、费希尔(Fisher)准则、均方误差最小准则、感知准则等,而典型的分类器则有贝叶斯分类器、马尔可夫模型分类器以及支撑向量机等。

一般说来,这类方法主要用概率统计模型得到各类别的特征矢量分布规律,进而实现分类的功能。同时,这类方法通常感兴趣的并不是单个样本类别的决策正误,而是如何使决策错误造成的分类误差在整个识别过程中的风险代价达到最小,因此,分类算法能够达到统计意义下的“最佳”和“最优”,这与自适应滤波的原理类似。

2)无模型约束分类方法

无模型约束鉴别分类方法是模式识别中另一类常用的分类方法,这类方法主要依据同类相聚的思想,认为相似的样本应属于相同类别。因此,一旦确定了一个能够很好衡量相似性的测度,就可以利用每类的原型点(对应于特征向量)进行分类。这类分类方法主要有模板匹配、最近邻(或最小距离)分类器、子空间分类器、最近线性组合分类法以及神经网络分类器等。

一般说来,这类方法通常需要存储目标各种条件下的模板图像或特征向量,且每个模板提供了一种分类假设,分类则是通过候选目标的图像或特征向量与模板的相似度来完成。与统计分类方法不同,这类分类器是“模型无关的”,具有通过调整使得输出在特征空间中逼近任意目标的优点。但是,相比模型约束分类方法也存在明显的不足,即对于一些复杂的分类问题,由于缺乏理论依据,所以不得不进行大量的试验,来确定最优的分类器结构和参数。

需要指出的是,合成孔径雷达图像对目标方位角、姿态的变化等很敏感。同时,目标本身结构的变化、遮挡、隐蔽,以及背景、成像参数的变化等多种因素,都会引起目标合成孔径雷达图像或合成孔径雷达图像特征矢量发生变化,这导致了目前还没有哪一种分类方法是“万能”的,通常需要根据具体的分类任务和特征向量的特点来选用具体的分类方法。

8.4 逆合成孔径雷达

不同于对地表目标广域成像的合成孔径雷达,逆合成孔径雷达主要用来对运动目标,如飞机、舰船、导弹等进行成像。与早期低分辨地基雷达将上述目标视为一个点,而只能做目标检测与定位相比,逆合成孔径雷达可看成是对其信号观测与处理维度向二维功能的扩展。

从本质上,逆合成孔径雷达和合成孔径雷达成像机理是相似的,但由于被成像的目标不同,逆合成孔径雷达与合成孔径雷达信号处理的原理方法不尽不同。一方面,合成孔径雷达一般是针对合作的固定目标,许多系统参数是已知的,成像处理相对容易一些。而逆合成孔径雷达则一般针对非合作目标,成像之前无法获得目标的先验信息,几乎所有的参数都需要从目标回波中推导或估计,成像处理要困难得多。另一方面,合成孔径雷达通常成像面积大,数据量大,信号处理的运算较复杂。而逆合成孔径雷达成像的目标要小得多,一般不超过几十米,当目标位于几十千米以外时,平面波假设总是成立的,这些都简化了成像分析和处理。本节分别对逆合成孔径雷达的信号模型、包络对齐、相位聚焦和方位向成像方法分别予以介绍。

8.4.1 信号模型

逆合成孔径雷达成像模型可借助图 8-9 所示场景进行描述。

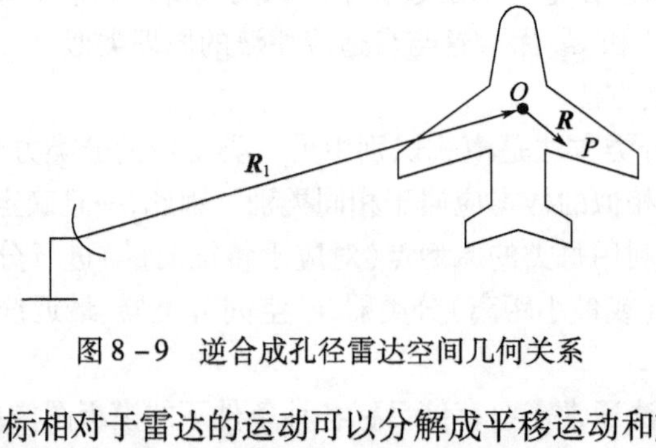

图 8-9 逆合成孔径雷达空间几何关系

通常,一个三维目标相对于雷达的运动可以分解成平移运动和旋转运动两部分,其中平移运动可用目标上一个参考点 O 与雷达之间的位置向量 $\boldsymbol{R}_1$ 来描述(在这里将雷达所在位置设为空间原点)。若目标上任一点 P 相对于参考点 O 的坐标用 $\boldsymbol{R}$ 表示,则 P 到雷达的距离可表示为 $|\boldsymbol{R}_1+\boldsymbol{R}|$,于是对于发射信号 $s_t(t)$,目标回波可表示为

$$s_r(t) = \int_V g(\boldsymbol{R}) s_r\left(t - \frac{2|\boldsymbol{R}_1 + \boldsymbol{R}|}{c}\right) \mathrm{d}\boldsymbol{R} \tag{8-32}$$

式中:$g(\boldsymbol{R})$ 为三维物体的散射强度;V 为目标体积;c 为光速;t 为连续时间变量。这里的 $s_t(t)$ 是指完整时间段内的全局表达式,它是所有发射脉冲的综合。

由于雷达发射信号是以 T_r 为脉冲重复时间、脉冲宽度为 τ 的脉冲信号,于是连续时间 t 可按照脉冲重复时间 T_r 分成很多段,每一段长度为 τ,即 $t=(t,nT_r)$,n 为发射脉冲个数,这相当于 t 可分解为合成孔径雷达中“快时间”和“慢时间”。

更进一步,设 R、R_1 分别为 $\boldsymbol{R}$、$\boldsymbol{R}_1$ 的模,则实际中常有 $R \ll R_1$,因此若定义单位向量 $\hat{\boldsymbol{R}}_1 = \boldsymbol{R}_1 / R_1$,则运用余弦定理和菲涅耳近似可得

$$|\boldsymbol{R}_1 + \boldsymbol{R}| = \sqrt{R_1^2 + R^2 + 2(\boldsymbol{R}_1 \cdot \boldsymbol{R})} \approx R_1 + \hat{\boldsymbol{R}}_1 \cdot \boldsymbol{R} \tag{8-33}$$

式中:· 为向量点积,即 $(\boldsymbol{r}_1 \cdot \boldsymbol{r}) = r_1 \cdot r \cdot \cos(\theta_r)$,这里 θ_r 是 r_1 和 r 的夹角。

于是,利用傅里叶变换可得回波的频谱为

$$\begin{aligned} S_r(f) &= \iint_V g(\boldsymbol{R}) s_t\left(t - \frac{2R_1}{c} - \frac{2(\hat{\boldsymbol{R}}_1 \cdot \boldsymbol{R})}{c}\right)\exp(-\mathrm{j}2\pi f t)\,\mathrm{d}\boldsymbol{R}\mathrm{d}t \\ &= \int_V g(\boldsymbol{R}) s_t(f)\exp\left(-\mathrm{j}2\pi R_1 \frac{2f}{c}\right)\exp\left(-\mathrm{j}2\pi \frac{2(\hat{\boldsymbol{R}}_1 \cdot \boldsymbol{R})}{c}\right)\mathrm{d}\boldsymbol{R} \end{aligned} \tag{8-34}$$

若令 $k = 2/\lambda = 2f/c$、$\boldsymbol{k} = k\hat{\boldsymbol{R}}_1$(其中 k 为空间频谱,即在空间单位距离内的振动次数),则式(8-34)可改写为

$$S_r(k) = S_t(k)W(\boldsymbol{k})\exp(-\mathrm{j}2\pi \boldsymbol{k}\boldsymbol{R}_1) \tag{8-35}$$

式中:$S_t(k)$ 为发射信号的空间频谱;$W(\boldsymbol{k})$ 为目标散射函数 $g(\boldsymbol{R})$ 的空间频谱,可表示为

$$W(\boldsymbol{k}) = \int_V g(\boldsymbol{R})\exp(-\mathrm{j}2\pi \boldsymbol{k} \cdot \boldsymbol{R})\,\mathrm{d}\boldsymbol{R} \tag{8-36}$$

若进一步令距离向脉冲压缩滤波器的传递函数为 $1/S_t(k)$,则回波经距离成像后的频谱可表示为

$$S(k) = \frac{S_r(k)}{S_t(k)} = W(\boldsymbol{k})\exp(-\mathrm{j}2\pi \boldsymbol{k}\boldsymbol{R}_1) \tag{8-37}$$

由式(8-37)可以看出,逆合成孔径雷达回波经脉冲压缩后,其频谱可表示为一个三维傅里叶变换和一个线性相位因子相乘。若在成像过程中 R_1 恒定不变(类似转台成像形式),则通过式(8-37)可恢复目标散射函数为

$$g(\boldsymbol{R}) = \int_K \exp(\mathrm{j}2\pi \boldsymbol{k}\boldsymbol{R}_1) S(k)\exp(\mathrm{j}2\pi \boldsymbol{k} \cdot \boldsymbol{R})\,\mathrm{d}\boldsymbol{k} \tag{8-38}$$

对于逆合成孔径雷达而言,R_1 常随着慢时间的改变而变化,会直接造成回波脉压输出频谱 $S(k)$ 在 K 空间中有一个随慢时间而变化的线性相移。而由傅里叶变换的时延性质,式(8-37)做逆傅里叶变换后这一相移会使得目标位置在距离向和方位向产生移动,无法进行成像,因此必须设法消除该线性相移。这种现象称为距离漂移,而逆合成孔径雷达的运动补偿就是要解决这一问题。

逆合成孔径雷达和合成孔径雷达成像都是利用发射宽带信号来获取高的径向分辨率,利用雷达与目标的相对运动所形成的虚拟合成孔径来获得高的方位分辨率。逆合成孔径雷达的方位分辨能力也可用多普勒分辨加以解释,即对于横向位置不同的两个点目标,由于雷达与目标的相对运动,它们的多普勒频率会有微小差别,因而通过较长时间的相参处理(等效于加长合成孔径)就可以提高横向分辨率,进而实现两个点目标的分离。

在远场平面波假设条件下,平移运动时,目标上各散射点回波的多普勒频率完全相同,对于区分不同的散射点是无助的。而只有当目标相对于参考点发生旋转运动,才会产生具有多普勒频率差异的回波,即可实现不同的散射点区分。因此,如果设法将目标的平动分量影响补偿掉,那么逆合成孔径雷达成像就可以等效为转台目标成像。

事实上,当目标平稳飞行(匀速直线运动)时,其等效的转台目标近似为匀速转动。如图8-10所示,设目标以均匀角速度 ω 绕中心点 O 旋转,雷达与目标旋转中心 O 的距

离为 R_0,目标上任意一点 A 在起始时刻 $t=0$ 的坐标为 (r_0,θ_0),则在 t 时刻 A 点到雷达的距离为 $R(t)=[R_0^2+r_0^2+2R_0r_0\sin(\theta_0+\omega t)]^{1/2}$。在远场条件下($R_0\gg r_0$),又有 $R(t)\approx R_0+X_0\sin(\omega t)+Y_0\cos(\omega t)$,式中,$X_0=r_0\cos\theta_0$,$Y_0=r_0\sin\theta_0$。

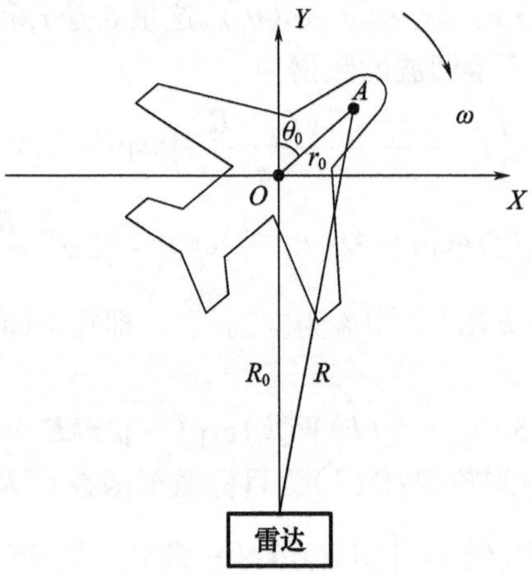

图 8-10　转台目标成像的示意图

于是,回波的多普勒频率为

$$f_d(t)=\frac{2}{\lambda}\frac{dR(t)}{dt}=\frac{2X_0\omega}{\lambda}\cos(\omega t)-\frac{2Y_0\omega}{\lambda}\sin(\omega t) \tag{8-39}$$

式中:λ 为雷达信号波长。

由于逆合成孔径雷达成像常在 $t=0$ 时刻附近一个较短的时间内进行,有 $f_d\approx 2X_0\omega/\lambda$,即回波的多普勒频率与点目标的横向距离 X_0 成正比,因此可以通过分析回波的多普勒频率来区分横向位置不同的散射点。

若进一步设逆合成孔径雷达期望的横向分辨率为 ρ_a,则其与多普勒频率分辨率 Δf_d 满足 $\Delta f_d=2\omega\rho_a/\lambda$。多普勒频率分辨率 Δf_d 由相参积累时间 T 决定,且可表示为 $\Delta f_d=1/T$。则根据这两个关系式,可得横向分辨率为

$$\rho_a=\frac{\lambda}{2\omega T}=\frac{\lambda}{2\Delta\theta} \tag{8-40}$$

式中:$\Delta\theta$ 为相参积累时间内目标转动的角度。

由式(8-40)可以看出,通过分析回波信号的距离延时和多普勒频率,能够估计出转动目标上各散射点的位置参数,从而实现目标的二维成像。尤其是在远场和小转角前提下,目标二维分辨的等距离平面是一组垂直于雷达视线方向的平行平面,等多普勒平面是一组平行于由目标转轴与雷达视线方向形成的平面的平行平面,这些将有利于逆合成孔径雷达成像处理。

然而,需要指出的是,尽管实际应用中成像所需的总的转角是很小的,如一般为 3°~5°。例如,设 $\lambda=3\text{cm}$,$\Delta\theta=0.05\text{rad}\approx 3°$,则 $\rho_a=0.3\text{m}$。但在转动过程中,目标上的散射点常会产生位置移动,且散射点距转轴越远,移动越大,其移动量可能会超过距离分辨率 ρ_r 值或方位分辨率 ρ_a 值,这就是越距离单元徙动(MTRC)。事实上,若设目标的最大径向尺寸为 D_r,最大横向尺寸为 D_a,则不发生越距离单元徙动的条件是 $\Delta\theta D_a<\rho_r$ 且 $\Delta\theta D_r<\rho_a$,式中,

$\Delta\theta=\lambda/2\rho_a$。这就是在目标的最大径向尺寸为 D_r 和最大横向尺寸为 D_a 条件下，越距离单元徙动对分辨率的限制。

一般说来，实际应用中不发生越距离单元徙动的条件常难以满足，即使在小角度转角情况下，如目标旋转约超过1°后，其横向两端的点移动的距离可与距离单元相比拟，越距离单元徙动便不可忽略，而必须进行越距离单元徙动校正，即所谓的运动补偿。图8－11给出了逆合成孔径雷达成像信号处理的基本流程，共包含四个主要步骤。

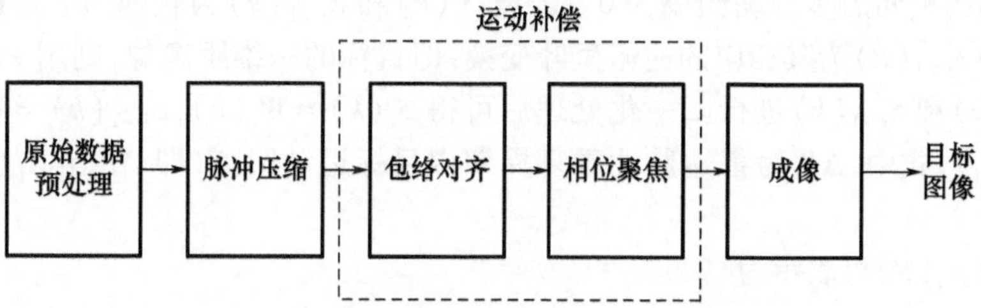

图8－11　逆合成孔径雷达成像信号处理流程图

步骤1：对采集的原始回波数据预处理，主要为去除平均电平，并对I、Q通道存在的幅相误差进行校正。

步骤2：脉冲压缩，得到高分辨一维距离像。不同发射波形的雷达，脉冲压缩方法不尽相同。对于步进频率体制的逆合成孔径雷达，需要对脉冲串做相参积累，得到目标的高分辨一维距离像。

步骤3：运动补偿，包含包络对齐和相位聚焦两个内容。

步骤4：成像。对于平稳运动目标，在运动补偿比较好的条件下，二维成像实现简单，直接对每个距离单元的数据做逆傅里叶变换即可。然而，实际应用中许多目标运动往往是非平稳的，对于这样的目标必须采取相应的处理方法才能得到较好的方位图像。

8.4.2　包络对齐

包络对齐的目的是消除运动目标相对于雷达平动造成的相邻回波在距离向上的错位，也是进行后续相位聚焦（补偿）的前提。因相位补偿是调整相同距离单元内各次回波的相位关系，如果包络对齐精度差，距离像参差不齐，就无法有效地进行相位补偿。随着时间的增加，目标相对于雷达的距离 R_1 在发生变化，包络对齐是将所有脉冲的包络都搬移到相同的距离单元上。

目前，逆合成孔径雷达包络对齐的常用方法主要基于三大准则：一是相关性准则；二是向量空间距离准则；三是最小熵准则。其中，相关性准则在目标相邻一维距离像复包络变化不大时包络对齐效果较好，向量空间距离准则中的模－1距离准则对带有游动部件目标具有较好的效果，而最小熵准则在目标存在散射点闪烁时具有更稳健的特性。下面分别对基于这三种准则的包络对齐方法进行介绍。

1. 相邻回波相关法

相邻回波相关法是运动补偿中的经典方法也是最常用的一种方法。$\boldsymbol{R}_1$ 可视为慢时间 nT_r 的函数，$\boldsymbol{R}$ 可视为快时间 t 的函数，$\boldsymbol{k}$ 是空间频率变量，对每个脉冲而言，它也可以用距

离向频率变量 k 表示。因此,若设 $i=1,2,3,\cdots$ 为发射脉冲数,它是慢时间变量,于是对于第 i 次脉冲,回波经距离成像后的频谱为 $S_i(k)$,目标散射函数的空间频谱为 $W_i(k)$。

基于相邻一维距离像相关的方法假设目标回波在方位向的采样率相当高,相邻一维像的复包络变化比较小。在数据记录空间距离向,可以用相邻一维像的互相关来对准。通过比较相邻一维像对应距离单元的相位,估计出目标径向多普勒频率引起的相位变化。在进行相位对准时,假设目标存在一个等效的旋转中心,或称为多普勒中心,目标绕此点旋转时引起的横向的多普勒频率为0。若设 $S_i(k)$ 和 $S_{i+1}(k)$ 为相邻回波经脉压后的频谱,$e_i(R)$ 和 $e_{i+1}(R)$ 为其相应的逆傅里叶变换,即目标的一维距离像,则用 $\exp[-\mathrm{j}2\pi k r_1(i)]$ 对 $S_i(k)$ 和 $S_{i+1}(k)$ 进行归一化处理后可得 $S_i(k)=W_i(k)$,$S_{i+1}(k)=W_{i+1}(k)\exp(-\mathrm{j}2\pi k\Delta R_i)$,式中,$\Delta R_i$ 为雷达脉冲重复周期内目标运动距离,即 $\Delta R_i=R_1(i+1)-R_1(i)$。

相应地,$e_i(R)$ 可表示为

$$e_i(R)=\int S_i(k)\exp(\mathrm{j}2\pi kR)\,\mathrm{d}k \tag{8-41}$$

$e_{i+1}(R)$ 也有相同的形式,则相邻距离像的互相关函数可表示为

$$R(s)=\int e_{i+1}(R)e_i^*(R)\,\mathrm{d}R=\int W_{i+1}(k)W_i^*(k)\exp[\mathrm{j}2\pi k(s-\Delta R_i)]\,\mathrm{d}k \tag{8-42}$$

因此,当目标回波满足假设 $W_{i+1}(k)\approx W_i(k)$ 时,式(8-42)可改写为

$$R(s)=\int |W_{i+1}(k)|^2\exp[\mathrm{j}2\pi k(s-\Delta R_i)]\,\mathrm{d}k \tag{8-43}$$

一般说来,式(8-43)在 $s=\Delta R_i$ 处取得极大值,因此通过估计极大值的位置就可得到距离平移的估计值 $\Delta\hat{R}_i$ 以及该回波的延迟时间。

需要指出的是,尽管上述相邻回波相关法的有效性已得到验证,但也存在三个问题:一是其对齐精度仅可达到半个距离单元,当距离单元远大于载波波长时,包络对准误差造成的相位变化很大;二是该算法隐含了目标做刚体运动的假设,对于非刚体情形,如大型喷气式飞机在遇到气流扰动时、目标围绕多个旋转轴旋转以及后向散射函数发生变化等情况时,上述假设不再成立,如果仍然沿用此算法进行运动补偿和成像,就会造成较大的误差;三是相邻回波相关法是将当前脉冲与上一个脉冲对齐,那么当某一次估计产生偏差时,它会一直传播下去,严重影响最终成像结果。

2. 相邻回波相关的改进方法

相邻回波相关的改进方法按照实现机理不同可分为三种,即积累相关法、限幅相关法和限幅积累相关法。

1)积累相关法

积累相关法的基本思路是在相关运算之前先进行回波积累,通过积累加强回波中稳定的部分来抑制其变化剧烈部分。为了说明这一方法的原理,仍设 $S_i(k)(i=1,2,3,\cdots,N)$ 为相邻的目标回波频谱,$e_i(R)$ 为相应的一维像,且 $e_i(R)=e_{1i}(R)+\delta e_i(R)$。式中,$e_{1i}(R)$ 为回波中比较稳定的部分;$\delta e_i(R)$ 为变化剧烈的部分。

更进一步,设前 $N-1$ 个回波已经对准,且 $S_N(k)$ 与前 $N-1$ 个回波在距离上相差为 ΔR_i,将回波 $e_N(R)$ 与前 $N-1$ 个已对准的回波同时进行相关,相邻距离像的互相关函数 $R(s)\approx R_1(s)+R_2(s)$。式中,$R_1(s)$ 为相邻一维像中稳定部分的相关函数之和,而 $R_2(s)$

为相邻一维像中稳定部分与变化剧烈部分的相关函数之和。

由于稳定部分的相关函数之和在相邻几个脉冲重复周期内变化不大,可视为相参积累,能有效增强回波中稳定部分,而稳定部分与剧烈变化部分的相关函数之和是随机起伏的,积累后会得到有效抑制。这说明利用相关函数的积累可有效消除目标回波中起伏部分对运动补偿的影响,提高补偿精度。另外,从误差分析的角度来看,一维像的积累从两个方面提高了相邻回波相关法的性能。一是它能滤除各种干扰的影响,方位向的积累相当于一个低通滤波器,它能有效滤除各种快变化因素的干扰,也可以削弱旋转对多普勒重心的扰动,因而提高运动补偿的估计精度;二是积累改变了相邻回波相关法的误差传播特性,使大的估计误差不传播,小的估计误差传播速率下降。这样,即使有某种未知的因素使某次估值产生较大的偏差,也不会显著影响成像质量。

此外,需要说明的是,这种方法中回波脉冲的积累数应当控制在一定范围内。这是因为从消除突变的角度,我们希望积累的脉冲数越多越好,但积累脉冲的增多,会使参加积累的脉冲离当前脉冲的间隔变大,它们之间的相关性就越来越弱,从而会加大估计误差。

2)限幅相关法

与积累相关法所采用的积累运算不同,限幅相关法则是通过缩减一维像的动态范围来达到减小一维像中杂散分量的能量,进而增强相关运动补偿的效果。关于这一原理,一个直观的例子就是,虽然螺旋桨旋转造成了很大干扰,但目标其余部分的散射强度却比较稳定。因此,如果能增大其余部分回波的作用,减小剧烈变化部分的强度,就能提高互相关的对准精度。

不妨设 $e_{i+1}(R)$、$e_i(R)$分别为相邻回波的两个一维像,目标运动距离偏差为 ΔR_i。一般说来,通过对一维距离像进行限幅,会使整个目标回波的强度在距离向变得比较均匀,即$\bar{e}_i(R)\approx\bar{e}_{i+1}(R+\Delta R_i)$。由于变化部分在整个目标区域所占的比例很小,限幅的总体效果相当于加大了稳定回波的强度,消除了强散射点回波对运动补偿精度的影响,这其实就是利用目标的形状信息将相邻一维像进行了对准。

需要说明的是,相比积累相关法,限幅相关法中门限是一个很重要的参数,若限幅不大,目标一维像的动态范围没有得到有效的压缩,起不到限幅的作用;反之,限幅过强,对回波的包络会造成损失。

3)限幅积累相关法

限幅积累相关法是结合积累相关法和限幅相关法而提出的一种改进方法:首先对当前对准的一维像进行限幅,去掉幅度比较大的干扰;然后对已经对准的一维像进行积累,消除其中的快变化部分;最后利用相邻回波相关法的快速算法对相邻一维像进行相关对准。这种方法由于结合了积累和限幅的优点,所以常可以获得更高的补偿精度。

8.4.3 相位聚焦

目标回波经包络对齐后,相当于合成阵列的位置已正确排列,但相对于雷达波长而言,精度还不够,仍要继续消除平动分量对回波相位的影响,即进行初相校正。

目前,逆合成孔径雷达相位补偿的方法有多种,如单特显点法、多特显点综合法、多普勒中心跟踪法、相位梯度自聚焦法(PGA)、加权最小二乘法(WLS)以及最小熵方法等,其中单、多特显点法均要求目标的某一距离单元内只有一个(或几个)特显点;多普勒中心跟踪法假定目标存在一个多普勒中心(或称为多普勒重心和等效相位中心);而相位梯度自聚焦法则需要一个初始像。下面仅对常用的多普勒中心跟踪方法和相位梯度自聚焦法予以介绍。

1. 多普勒中心跟踪方法

多普勒中心跟踪法的主要原理是通过跟踪目标多普勒中心,即假设目标存在一个多普勒中心,迫使平均多普勒为0,或者说消去按距离单元平均算出的目标中心多普勒。其具体做法是在包络对齐之后,对相邻距离像各距离单元相位差进行加权平均,作为相邻距离像的多普勒中心相位差,这也就是相邻距离像距离走动引起的附加多普勒相位。

若设 $e_i(R)$ 和 $e_{i+1}(R)$ 为包络对齐后的距离像,剩余相位差为 $\exp(\mathrm{j}\Delta\varphi_i)$。一般说来,通过依次叠加相邻距离像的剩余相位差,便可求得各个距离像的多普勒中心相位差。一旦得到这些相位差,便可实现各个距离单元回波的校正,即完成初相校正。

由于经包络对齐后的相邻两个距离像可表示为 $e_{i+1}(R)=e_i(R)\exp(\mathrm{j}\varphi_i)$。式中,$\exp(\mathrm{j}\varphi_i)$ 为相邻回波间目标平动引入的相位因子,经计算可得 $\exp(\mathrm{j}\varphi_i)=\exp(\mathrm{j}\Delta\varphi_i)$。

多普勒中心跟踪法计算出来的相位与相邻回波间目标平动引入的相位因子相等,但这是以假定目标相邻一维像的复包络变化很小以及不考虑噪声为前提的,而且忽略了目标转动引起的回波相位变化及幅度变化。实际上,目标绕自身某点的转动分量引起的相位变化会干扰平动分量相位的估计,再加上噪声的影响,将导致多普勒中心跟踪法得到的相位并不是平动分量相位准确的估计。

2. 相位梯度自聚焦法

如上所述,实际上转动分量对相位的影响很多情况下是不可忽略的,因为只有目标上每个距离单元内横向坐标为0的散射点,其转动相位分量才等于0。而对于其他散射点,其转动相位分量并不为0,横向距离越大,引起的转动相位也越大,而且同一个距离单元内的多个散射点之间还会发生干涉作用,引起相位的起伏。此外,加上噪声对相位的影响,将最终导致多普勒中心跟踪法得不到平动分量相位准确的估计。

相位梯度自聚焦法是一种改进的多普勒中心跟踪法,该方法通过图像域的循环移位、加窗和迭代等,可有效消除目标转动相位分量对平动相位分量估计的影响,其主要包含四个步骤。

步骤1:对包络对齐后的目标一维像用多普勒中心跟踪法进行相位补偿,然后通过方位向傅里叶变换获得目标的初像。

步骤2:对初像进行循环移位,即将每一个距离单元内的最强散射点移至多普勒零点,从而消除该点的转动相位分量。

步骤3:加窗,即以最强散射点为中心加一定宽度的矩形窗或海明窗,消弱其他散射点的影响,消除多个散射点之间的干涉。一旦该处理完成后,再将数据变换回成一维像。

步骤4:对步骤3得到的数据用多普勒中心跟踪法对平动相位分量进行估计,用估计的相位值进行相位补偿,再利用傅里叶变换得到新的像,并以此作为下一次迭代的初像,返回步骤2。

上述处理方法的关键在于步骤3的加窗,不正确的窗长度往往会造成估计偏差。如果窗长度选择过大,其他散射点的影响将加强,不仅造成迭代次数增加,运算量增大,而且影响估计的准确性；如果窗长度选择过小，即截取不到完整的散焦区域，会导致所估计相位误差失真，严重时甚至会造成估计的发散。解决这一问题的有效措施是采用自动确定窗宽的方法，在对数据进行循环移位处理后，通过累加各距离向上的能量，获得方位向的能量分布函数 $H(x)$。

由于通过循环移位所得到的能量分布函数 $H(x)$ 常在零多普勒处最大，两侧幅度则迅速减小直到趋于平稳。因此，可以选取 $H(x)$ 最大值下降至 -10dB 处的长度，以 2 倍于该长度的长度作为窗宽对数据加矩形窗。这样就使一个距离单元内只有一个最强散射点，从而消除其他散射点的影响。经过几次迭代后，窗宽不再减小，可以判断收敛，停止迭代。

通常情况下，上述方法迭代 3~5 次即能达到收敛，从而获得聚焦较好的目标逆合成孔径雷达像。但在实际处理中，对于某些数据，在迭代过程中窗宽并不呈现收敛趋势，最终难以实现图像聚焦。针对这些数据，可以采取每次迭代人为缩短窗宽的方法，最后得到聚焦好的图像。

相位梯度自聚焦法是多普勒中心跟踪法的改进，通过迭代，一定程度上消除了转动相位分量的影响，成像效果有相应的改善。

8.4.4　成像算法

经过运动补偿后，逆合成孔径雷达方位向成像的原理和合成孔径雷达是类似的，但其成像目标的特殊性，如观测坐标系为极坐标系统以及回波的非平稳性等，使其成像方法与合成孔径雷达并不完全相同。目前，已提出了多种逆合成孔径雷达成像的方法。按照实现方式的不同，这些方法可分为基于极坐标系的成像方法、基于时频分析的成像方法以及超分辨成像方法等，本节主要介绍基于极坐标系的成像方法。

不同于合成孔径雷达系统所采用的直角坐标观测模型，逆合成孔径雷达对目标的观测是在极坐标系下完成的。一般来说，经运动补偿后，逆合成孔径雷达方位向成像可视为对转台目标成像，而转台目标的运动关系又可看成是转台不动，雷达围绕转台目标转轴做相反方向的圆弧运动。因此，逆合成孔径雷达成像本质上是基于所形成的圆弧状合成孔径的成像问题。基于极坐标系的逆合成孔径雷达成像方法主要有距离-多普勒算法和极坐标差值重建方法两种。

1. 距离-多普勒方法

一般说来，逆合成孔径雷达距离-多普勒算法是合成孔径雷达距离-多普勒算法的一种变形，两者的差异仅在于逆合成孔径雷达成像需首先对数据进行极坐标至笛卡儿坐标的转换处理。为了说明这一转换过程及相应的成像处理过程，不妨重新考察 8.4.1 小节中给出的目标散射函数 $g(\boldsymbol{R})$。

事实上，由 8.4.1 小节给出的 $g(\boldsymbol{R})$ 表达式可以看出，其与经距离向脉压后的回波信号空间频谱 $S(k)$ 之间满足傅里叶变换关系。对于运动补偿后的逆合成孔径雷达回波，其经距离向脉压后目标回波信号空间频谱的表达式为

$$S(k) = \int_V g(\boldsymbol{R}) \exp(-\mathrm{j}2\pi \boldsymbol{k} \cdot \boldsymbol{R}) \mathrm{d}\boldsymbol{R} \tag{8-44}$$

即

$$g(\boldsymbol{R}) = \int_K S(k)\exp(\mathrm{j}2\pi\boldsymbol{k}\cdot\boldsymbol{R})\mathrm{d}\boldsymbol{k} \tag{8-45}$$

从原理上,由于 $\boldsymbol{k}$ 是距离 - 多普勒平面上的二维变量。因此,如果不考虑计算量问题,通过二维逆傅里叶变换即可重建目标散射函数,即对目标进行成像。但是,这是一个极坐标系下的逆傅里叶变换表达式,很难实现且所需运算量极大。因而,寻求更高效率的成像方法成为必然。而在众多方法中,将极坐标数据转换为笛卡儿坐标便是一条行之有效的途径。

将逆合成孔径雷达成像中的极坐标转换为笛卡儿坐标后,其中距离 - 多普勒平面中空间频率矢量 $\boldsymbol{k}$ 的笛卡儿坐标可表示为 $\boldsymbol{k}=(k_x,k_y)=(k\sin\varphi,k\cos\varphi)$,式中,$k$ 为矢量的长度,φ 为幅角。

把 $\boldsymbol{k}$ 的表达式代入式(8-45),可得

$$g(x,z) = \int_{K_z}\int_{K_x} S(k_x,k_z)\exp[\mathrm{j}2\pi(k_x x + k_z z)]\mathrm{d}k_x\mathrm{d}k_z \tag{8-46}$$

式中:(x,z)为笛卡儿坐标系中 $\boldsymbol{r}$ 对应的坐标。

这就是大家都比较熟悉的笛卡儿坐标系下的二维傅里叶变换形式,且当 φ 较小时,$\boldsymbol{k}$ 的笛卡儿坐标可近似为 $\boldsymbol{k}\approx(k\varphi,k)$。于是,式(8-46)可进一步改写为

$$g(x,z) = \int_K\int_\varphi kS(k\varphi,k)\exp[\mathrm{j}2\pi(k\varphi x + kz)]\mathrm{d}\varphi\mathrm{d}k \tag{8-47}$$

从式(8-47)可以看出,经坐标转换后,式(8-45)将分解成两个一维积分,即对 $k_x=k\varphi$ 进行积分,可去除变量 φ;而对 $k_z=k$ 进行积分,又可消掉变量 k,从而得到只含变量 x 和 z 的目标散射函数 $g(x,z)$。由于对 k_x 和 k_z 的积分可用快速傅里叶变换实现,故这种算法也称为快速傅里叶变换成像算法。

另外,需要说明的是,上述距离 - 多普勒算法对转角是有一定限制的。在 φ 较小时,$\boldsymbol{k}$ 的笛卡儿坐标可近似为 $\boldsymbol{k}\approx(k\varphi,k)$,但是当转角增大时,$\boldsymbol{k}$ 必须采用 $\boldsymbol{k}=(k\sin\varphi,k\cos\varphi)$ 的精确坐标,此时 $g(x,z)$ 中存在二维耦合现象,无论如何交换积分次序,都无法消去变量 k 和 φ。换句话说,就是无法把极坐标下的积分转化为两个简单的一维积分,这将使距离 - 多普勒成像算法失效。

2. 极坐标差值重建方法

极坐标差值重建方法是针对 φ 较大提出的一种成像方法,不同于距离 - 多普勒算法,该算法直接在极坐标系下通过二维差值进行成像。若设 $\boldsymbol{k}$ 和 $\boldsymbol{R}$ 的极坐标分别表示为(k,φ)和(R,θ),则式(8-45)可表示为如下二维极坐标积分形式:

$$g(\boldsymbol{R}) = \int_{-\Delta\varphi/2}^{\Delta\varphi/2}\int_{k_1}^{k_2} S(k,\varphi)\exp[\mathrm{j}2\pi(\boldsymbol{k}\cdot\boldsymbol{R})]\mathrm{d}k\mathrm{d}\varphi \tag{8-48}$$

式中:k_1 和 k_2 为 k 的变化范围。

由于矢量 $\boldsymbol{k}$ 和 $\boldsymbol{R}$ 的点乘结果可表示为 $\boldsymbol{k}\cdot\boldsymbol{R}=(k,\varphi)\cdot(R,\theta)=(k\cos\varphi,k\sin\varphi)\cdot(R\cos\theta,R\sin\theta)=kR\cos(\varphi-\theta)$。于是,式(8-48)可进一步表示为

$$g(R,\theta) = \int_{-\Delta\varphi/2}^{\Delta\varphi/2}\int_{k_1}^{k_2} S(k,\varphi)\exp[\mathrm{j}2\pi kR(\varphi-\theta)]\mathrm{d}k\mathrm{d}\varphi \tag{8-49}$$

式(8-49)的积分可以分为两步来实现,即先进行内部的积分,而这个内积分本身是一个逆傅里叶变换,其结果为

$$Q(x) = \int_{k_1}^{k_2} S(k,\varphi)\exp(\mathrm{j}2\pi kx)\,\mathrm{d}k \tag{8-50}$$

式中：$x = R\cos(\varphi - \theta)$。

由于 k_1 和 k_2 为 k 的取值范围，与 θ 无关，在整个成像积累时间内固定不变，因此 $Q(x)$ 的求解可单独进行。一旦得到 $Q(x)$ 之后，再对其在观测角范围内进行积分就得到了目标的二维散射图像，即

$$g(R,\theta) = \int_{-\Delta\varphi/2}^{\Delta\varphi/2} Q[R\cos(\varphi - \theta)]\,\mathrm{d}\varphi \tag{8-51}$$

由式(8-51)可以看出，该式积分核是一个非线性变换，采样点常呈非均匀分布，按照一般的积分方法进行求解，计算是低效的。为了增强成像处理的实时性，有效的方式是首先通过插值将极坐标下的数据插值成直角坐标，这相当于把原来沿弧线排列的数据"拉直"；然后再利用快速傅里叶变换等快速算法进行计算，提高运算速率。

原始极坐标数据在实际物理空间是按照扇形排列的，拟插值数据位置为矩形区域，插值的目的就是通过原始扇形排列的数据计算出矩形区域位置处的数据值，并重新排列为直角坐标。一般说来，对二维回波数据矩阵插值可分解为距离向插值和方位向插值两步，距离向插值就是先沿着回波脉冲的采样方向（快时间方向），按照距离向插值后的点所在位置，计算出距离向插值的点所在数据的值，将其排列整齐。距离向插值完之后，再沿着方位向（横向）进行插值，即计算出方位向插值的点所在位置的数据值，重新排列。至此，就完成了插值全过程，得到了按照直角坐标排列的矩形区域内的数据。

8.5 干涉合成孔径成像

干涉合成孔径雷达是合成孔径雷达一种扩展，它通过增加系统对目标高程信息的提取来获取目标三维图像。干涉合成孔径雷达通过两副天线同时观测（单航过）或两次近平行的观测（重复轨道模式），获取地面同一景观的复图像对。由于目标与两天线位置的几何关系，在复图像上产生了相位差，形成干涉纹图。干涉纹图中包含了斜距向上的点与两天线位置差的信息，因此，利用传感器高度、雷达波长、波束视向及天线基线距之间的几何关系，可以测量出图像上每一点的三维位置和变化信息。

图 8-12 所示为典型干涉合成孔径雷达信号处理流程，除合成孔径雷达成像处理外，还包含预滤波处理、图像配准处理、去平地效应处理、降噪滤波处理、相位解缠处理、基线估计以及高程图反演等。

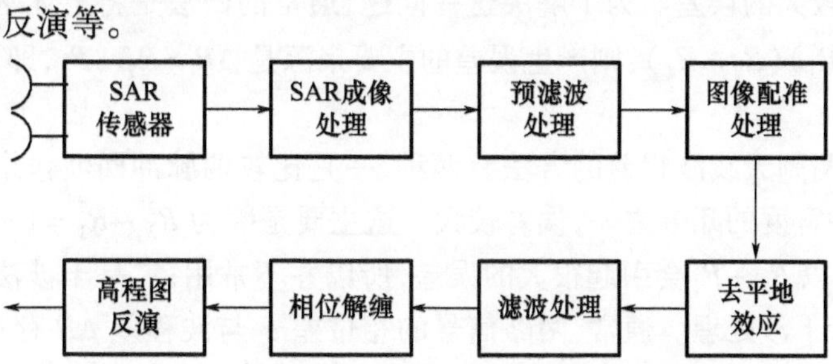

图 8-12 典型干涉合成孔径雷达信号处理流程框图

下面分别对高程测量的基本原理以及涉及高程测量的主要信号处理问题予以介绍。

8.5.1 干涉测量基本原理

下面以双天线单航过自发自收模式为例,阐述干涉合成孔径雷达获取高程信息的原理。该模式下的成像观测模型如图 8-13 所示,A_1和A_2分别表示两副天线的位置,天线之间的连线称为基线,其距离为 B,基线与水平方向的夹角为 α,天线 A_1的高度为 H,两副天线到地面一点 P 的距离分别用 R_1和 R_2表示,P 点高度用 h 表示,θ 为雷达下视角,则由余弦定理可得

$$R_2^2 = R_1^2 + B^2 + 2BR_1\cos\left[\pi - \theta - \left(\frac{\pi}{2} - \alpha\right)\right] = R_1^2 + B^2 + 2BR_1\sin(\theta - \alpha) \quad (8-52)$$

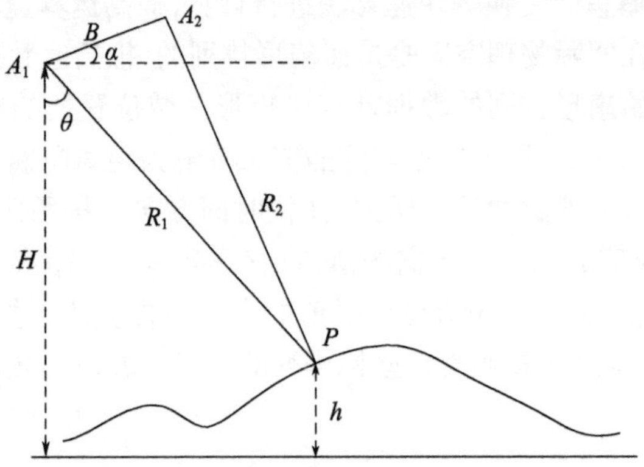

图 8-13　干涉合成孔径雷达成像几何模型图

相应地,夹角 α 与下视角 θ 满足

$$\theta = \arcsin\left(\frac{R_2^2 - R_1^2 - B^2}{2BR_1}\right) + \alpha \quad (8-53)$$

由于 B 和 α 通常已知,斜距 R_1和 R_2可由两个天线分别测量,这样就可以由式(8-53)算出参数 θ,从而可以确定 P 点的位置(包括水平位置和高程)。

然而,实际应用中必须考虑高程测量的精度是否满足要求。由式(8-53)可知,要提高参数 θ 的测量精度,基线长度 B 和倾角 α 应精确测定,斜距 R_1和 R_2应能精确测量。但是,R_1和 R_2常远大于基线长度 B,并且两者相差很小,如果将两者分别测量,再得到平方差 $R_2^2 - R_1^2$,会产生较大的误差。为了解决这一问题,通常的做法是将上述平方差做分解,即 $R_2^2 - R_1^2 = (R_2 + R_1)(R_2 - R_1)$,则产生误差的主要来源是 $\Delta R = R_2 - R_1$,即目标到两副天线的波程差。

目前,测量两副天线波程差的方法有两种,一是比较两脉冲回波包络的时延差,精度为压缩输出脉冲宽度的几分之一,误差较大。这主要是因为 $R_2^2 - R_1^2 = (R_2 + R_1)\Delta R$,亚米级的 ΔR 误差乘以 $R_2 + R_1$会引起很大的误差,所以并不常用;二是干涉法,即将两路接收到的复信号进行干涉处理。通常,两路信号的相位差 φ 与波程差 ΔR 存在以下关系:$\varphi = 4\pi\Delta R/\lambda$。得到相位差后,由相位差 φ 计算式可得 $\Delta R = \varphi\lambda/4\pi$。

相应地,下视角 θ 可表示为

$$\theta = \arcsin\left[\frac{(2R_1 + \Delta R)\Delta R - B^2}{2BR_1}\right] + \alpha \tag{8-54}$$

又由图 8 - 13 中的几何关系可得 $h = H - R_1\cos\theta$。

由于这种测量方法中 ΔR 的测量是与波长比较,而不是与脉冲宽度比较,因此,对于波长仅为脉宽几十分之一的合成孔径雷达,这种方法可获得更高的测量精度。同时,因基线长度 B 和倾角 α 是已知的,高度 H、斜距 R_1 都可以精确测量,而波程差 ΔR 则可借助相位差 φ 计算式做干涉法测量,故目标的高程和位置是可以精确获得的。

需要指出的是,在干涉处理中,由于求取干涉相位过程中进行了三角运算,只能得到干涉相位的主值(缠绕相位),因此必须进行相位解缠才能得到真实相位。

8.5.2 图像配准

干涉合成孔径雷达图像配准主要用于将两幅相位干涉复图像上对应同一位置地物的像素点进行对准。由于两幅图像的相参像元存在一定的偏移,因此在进行干涉成像时,所获得合成孔径雷达图像对必须进行配准来保证输出的干涉条纹具有良好的相关性。然而,不同于一般遥感光学影像的配准,由于干涉合成孔径雷达工作机理的不同,其图像配准面临以下三个特殊问题。首先,干涉合成孔径雷达两次成像之间天线的相对位置随着两个轨道之间的相对位置变化而变化,得到的两幅复影像之间的位置关系也是复杂多变的,这导致了图像配准的难度;其次,干涉合成孔径雷达图像是复数影像,它既包括幅度信息也包括相位信息,在影像配准中除了利用幅值信息,还要充分利用相位信息进行配准;最后,由于相位信息是决定高程精度的主要因素,所以必须得到准确的干涉相位,而这又要求配准的精度达到子像素级,如 1/8 像素。

为了解决这些问题,干涉合成孔径雷达图像配准通常分为两步:一是粗配准;二是精配准。下面分别予以介绍。

1. 粗配准方法

粗配准主要将复图像对的误差控制在 1 ~ 10 个像素,实现图像对的概略配准。干涉合成孔径雷达粗配准的方法主要有几何配准和人工控制点配准两种。

1)几何配准方法

几何配准主要利用机载干涉合成孔径雷达的成像多普勒方程、参考椭球方程、斜距方程三个方程计算主辅图像的重叠区位置来完成,这三个方程可表示为

$$\begin{cases} \boldsymbol{V}\cdot(\boldsymbol{X}-\boldsymbol{P}) = 0 \\ \dfrac{x^2}{a^2} + \dfrac{y^2}{b^2} + \dfrac{z^2}{b^2} = 1 \\ |\boldsymbol{X}-\boldsymbol{P}| - ct_{\mathrm{R}} = 0 \end{cases} \tag{8-55}$$

式中:$\boldsymbol{X}(X,Y,Z)$ 为像元的空间大地笛卡儿坐标矢量;c 为光速;t_{R} 为距离向回波延迟;a 和 b 为椭球长/短半轴长;$\boldsymbol{P}$ 和 $\boldsymbol{V}$ 分别为成像时刻传感器的位置和速度矢量,且均是成像时间的函数。

几何配准法通常包含三个步骤。

步骤 1:计算主图像中心像元 $P_m(l,p)$ 在椭球体上对应的位置矢量 $\boldsymbol{X}(X,Y,Z)$。

步骤 2：根据位置矢量 $\boldsymbol{X}$ 及多普勒方程，计算辅图像上对应像元坐标 $P_s(l,p)$。

步骤 3：利用主辅图像对应点像元坐标差计算初始偏移 $\delta(l,p)$，并利用该差值对辅图像像元坐标逐一进行平移实现粗配准。

一般说来，几何配准法的实现较为简单，只要能够精确提供轨道数据，就可方便实现图像对的粗配准。

2）人工控制点配准方法

不同于几何配准法，人工控制点配准方法主要利用计算机图形学的方法，通过用户在两幅图像上手动选择若干控制点对来完成配准。如果说几何配准法是一种全局配准方法，那么人工控制点配准方法则是一种人工控制的局部配准方法，处理步骤通常如下。

步骤 1：在图像对照窗口中，用户通过鼠标人工选择控制点对。

步骤 2：对选择的控制点对进行变换，如仿射变换、投影变换或多项式变换等，在变换域中计算偏移量。

步骤 3：计算两幅图像几何变换参数关系，并实现图像的配准。

一般说来，当选择的控制点对较为合理时，该方法可获得较之几何配准方法更为精确的配准精度。但是，相比几何配准方法，这种方法对控制点的选择和操作人员的要求较高，否则精度难以保证。

2. 精配准方法

精配准是紧接粗配准之后的配准处理，可将图像配准精度提高至亚像素级。精配准常包含三个处理步骤：①对每一个像元，通过在主图像上选择匹配窗口和辅图像上选择搜索窗口计算主、辅图像的评价指标，其中为了获得高的配准精度常需对各窗中图像进行重采样（也称为插值）；②通过评价指标对应的偏移量，计算对应主图像上点的偏移量；③得到对应于主图像上一系列点的偏移量后，进行一致性测试，并确定合适的偏移量和变换关系。

一般说来，精配准可分为像元级配准和亚像元级配准，其中像元级配准用于将粗配准的精度提高至约为 1 个像元，而亚像元级配准则将配准精度进一步提升至 1/8 像元左右。下面从配准准则、像元级配准方法、亚像元级配准方法三个方面对干涉合成孔径雷达精配准处理方法予以介绍。

1）配准准则

干涉合成孔径雷达精配准准则主要有三种，分别为相关系数配准准则、最大谱配准准则以及平均扰动函数法准则。

（1）相关系数配准准则。相关系数配准准则以窗内像元相关系数最大作为配准处理的度量标准，其两个窗口内像元的相关系数 γ 常定义为

$$\gamma = \frac{\mathrm{E}(s_1 \cdot s_2^*)}{\sqrt{\mathrm{E}(|s_1|^2) \cdot \mathrm{E}(|s_2|^2)}} \tag{8-56}$$

式中：s_1、s_2 为窗内复图像。

一般说来，这种准则具有实现简单、配准速度快、精度高的优点，适用于相参性强的图像对配准。当两幅图像具有良好的相关性时，其相关系数具有明显的峰值，利用相关系数能够有效确定主辅图像的偏移量。

（2）最大谱配准准则。最大谱配准准则是以两幅图像谱乘积的频率最大为度量标准，其基本依据是两幅复图像配准精度越高，图像之间的干涉条纹质量越清晰，频谱值也

越大。该准则评价指标常用信噪比 ρ 表示，定义为

$$\rho = \frac{A(f_{X\max}, f_{Y\max})}{\sum A(f_X, f_Y) - A(f_{X\max}, f_{Y\max})} \tag{8-57}$$

式中：$A(f_X, f_Y)$ 为图像幅度谱函数；$A(f_{X\max}, f_{Y\max})$ 为最大值点（最亮点），$f_{X\max}$ 和 $f_{Y\max}$ 为该最大值所对应的空间频率。

最大谱配准准则实际上是利用了干涉合成孔径雷达图像的相位信息进行配准，两幅图像相位越相近，对应的频谱值也越大。在通常情况下，最大谱准则估计配准参数比较可靠，且能克服频率相关的各种噪声。但是，当有大面积斜坡存在时，相位图中存在两个或两个以上主要频率，频谱的峰值位置就难以判断，这会造成基于最大谱准则配准的不稳定现象。

(3) 平均扰动函数准则。平均扰动函数准则以两幅图像差图像上某点与两个方向相邻点差值和最小为度量标准，平均扰动函数 f 定义为

$$f = \sum_i \sum_j \frac{|p(i+1,j) - p(i,j)| + |p(i,j+1) - p(i,j)|}{2} \tag{8-58}$$

式中：$p(i,j)$ 为两幅复图像在像元 (i,j) 处的相位差。

由于该准则中累加在相位差图像的相邻像元上进行，因此当成像目标为连续缓变时，其干涉相位差的变化不会太剧烈，f 的大小反映了匹配的好坏。同时，当连续移动搜索位置，如移动一个像元，重新按照上面公式进行计算，可得到在新的搜索位置上的 f 值，待搜索范围内每一位置上的 f 值计算出来后，则利用所有 f 值中最小值对应的位置确定配准点和偏差。

2) 像元级配准

像元级配准一般采用基于窗口的自动匹配技术，利用主图像与辅图像，在空间域或频率域进行配准。该处理方法通常在主图像上选取匹配窗，辅图像上选取搜索窗，在搜索窗内按行列以不同的像元偏移量计算匹配窗与对应的匹配质量评价指标，由此获得约为一个像元的配准精度。像元级配准过程常包含以下处理步骤。

步骤1：根据均匀分布的原则在主图像中随机选择 N 个点，并利用雷达平台运动轨迹参数计算出的偏移量，求得其在辅图像中对应的 N 个点。

步骤2：依据粗配准的精度，设置搜索窗口大小和匹配窗口大小。

步骤3：在主图像中，首先选出第一个控制点，以控制点为中心确定一个大小为 $M \times M$ 的匹配窗口，并在辅图像上选取对应控制点中心的一个大小为 $N \times N$ 的搜索窗，搜索窗必须大到足以能够在其内部找到与匹配窗相匹配的窗口，即 $N \gg M$。

步骤4：在搜索窗内确定一个大小为 $M \times M$ 的窗口，按行列搜索计算该窗口与匹配窗之间的评价指标，最优窗口就是与匹配窗达到像元级配准时的窗口，记下此时匹配窗口与对应窗口的中心位置，也就是找出一对对应控制点的。

步骤5：重复步骤3和步骤4，直至遍历所有 N 个控制点。

一般说来，由于该方法中窗口的移动是逐像素进行的，因此通过计算窗口的移动位置即可得到主图像与辅图像之间相对偏移量的像元及估算值。

3) 亚像元级配准

亚像元级配准与像元级配准类似，也可在空间域或频率域中实现。亚像元级的精配准在像元级的配准基础上进行，常在确定的 N 个配准位置上，利用插值算法进一步获得更

为精确的配准位置，所用的插值方式主要有最近邻插值、双线性内插插值以及立方卷积插值等。这种方法配准精度由插值间隔来控制，具体包括以下步骤。

步骤1：采用合适的插值函数，对主图像、辅图像做重采样处理。

步骤2：确定精配准位置。与像元级的配准相似，这里也常采用基于窗口的搜索方法，寻找可靠的相对偏移量估算值。但与像元级配准不同的是，在这一步中要选择相对较小的窗口，以便进行相应的数据拟合。为了防止出现偏差，还需适当地增大搜索窗的大小多次计算。

步骤3：多项式拟合与辅图像的重采样。这一步常采用最小二乘法通过二阶多项式对匹配的数据进行拟合，计算复图像对的坐标转换关系，并利用插值算法对辅图像进行重采样。

一般来说，亚像元级的配准精度可达到1/8像元以上，此时配准误差所造成的去相参很小，约为4%左右，可满足干涉合成孔径雷达干涉处理的精度要求。

8.5.3 去平地效应

平地效应是指水平地面上高度相同的两物体由于与测量平台距离的不同而产生的相位差异。一般说来，配准后所得干涉图相位包含两部分，干涉图上，(X,Y)处像元的相位可表示为

$$\varphi(i,j)=\frac{4\pi}{\lambda R_1}\left[\frac{B_\perp h(i,j)}{\sin\theta}+\frac{B_\perp \eta(i,j)}{\tan\theta}\right] \tag{8-59}$$

式中：$h(X,Y)$为(X,Y)处物体的高度；$\eta(X,Y)$为该点的斜距；$B_\perp$上为基线沿垂直于视线方向的分量。

很明显，干涉相位中蕴含了两个方面的信息：一是反映地形高度变化的信息；二是反映地形水平位置变化的信息。这两个信息对于三维地形图都是必要的，但是为使后续降噪滤波处理和解缠处理更为简单，通常要将反映地形水平位置变化的信息去掉，也就是去平地效应。常用去平地效应的方法有几何关系法和频率法两种。

1. 基于几何关系的去平地效应方法

通常，对于方位向，在单航过双天线情况下，无平地效应。而在双航过情况下，如果成像平台飞行轨道平行，则合成孔径雷达干涉图在方位向上也不存在水平地形效应现象。对于距离向，只要根据几何参数求出平地效应引起的相位差，并对干涉图像的各像素乘以该相位差的共轭，就可以消除平地效应。若设精配准后图像可表示为$I\exp[\mathrm{j}\varphi(x,y)]$，则这一处理过程可表示为

$$s=I\exp[\mathrm{j}\varphi(x,y)]\cdot\exp^*(\mathrm{j}\Delta\varphi_\perp)=I\exp\left(-\mathrm{j}\frac{4\pi B_\perp\Delta h}{\lambda R_1\sin\theta}\right) \tag{8-60}$$

式中：I为精配准后图像的幅度；R_1为A_1至P点的斜距；Δh为地形高度差。

一般说来，当预先知道成像的几何参数，比如各个像素单元的斜距、垂直基线的长度以及下视角等，可利用该方法有效去除平地效应造成的相位偏移。但在给定的实际数据中，我们并不能得到这些参数的精确值，这就直接影响了去平地效应处理的精度。

2. 基于频率特征的去平地效应方法

基于频率特征的去平地效应方法的基本依据是信号在频域的圆周位移等效于时域的

每一个点都乘以一个随时间变化的复指数。事实上,在干涉相位图上高度相同、斜距不同的两点之间的干涉相位之差为

$$\Delta\varphi_{\perp} = -\frac{4\pi B_{\perp}\Delta h}{\lambda R_1 \tan\theta} \tag{8-61}$$

若设雷达频率为$f_0 = c/\lambda$,由于$\Delta h = ct/2$,式(8-61)可改写为

$$\Delta\varphi_{\perp} = -\frac{2\pi B_{\perp}}{R_1 \tan\theta} f_0 t = -ft \tag{8-62}$$

很明显,由式(8-62)可知,对于相同高度、不同斜距的点,相位差是线性变化的,在干涉图里,呈现出频率为f的干涉条纹,因此,只需对此线性频率进行补偿即可去除平地效应。基于频率特征的去平地效应方法通常包含以下步骤。

步骤1:对每组距离向信号进行谱估计,并沿方位向求累加和,然后检测出谱峰值。

步骤2:根据谱峰值对应的频率,生成补偿信号,在时域完成补偿,去掉平地效应。

一般说来,基于频率特征的去平地效应方法比基于几何关系的去平地效应方法更易使用,其可避免几何关系去平地效应法对成像几何参数的依赖,从而能够获得更优的处理效果。

8.5.4 相位解模糊

由于干涉过程中的缠绕,相位以2π为模,为了精确获取高程信息,需对干涉图像的缠绕相位进行解缠,以恢复被“模糊”掉的整数倍周期相位。目前,已有的干涉合成孔径雷达相位解缠方法大体分为两类:一类是基于路径跟踪的相位解缠方法,通过路径积分来实现相位解缠,是一种局部处理方法;另一类是基于最小二乘的相位解缠方法,其着眼于图像整体,采用最优化的思想,寻求最小二乘意义下的最优解缠结果。下面分别对其涉及的具体方法予以介绍。

1. 基于路径跟踪的相位解缠方法

基于路径跟踪的相位解缠方法通常采用积分相邻像元上的差分相位来进行相位解缠。由于该方法通过判断留数点,选择合适的积分路径,以隔绝噪声区而阻止相位误差的全程传播,因此,可保证局部上的解缠结果正确性。目前,基于路径跟踪的相位解缠方法有多种实现方法,如枝切法和区域生长法等。

1)枝切法

枝切法的基本原理是通过识别正负残差点、连接邻近的残差点对或多个残差点,实现残差点“电荷”平衡,生成最优(最短)枝切线,由此确定避开枝切线的积分路径,防止误差沿积分路径传递。枝切法的基本操作包含三个步骤。

步骤1:识别残差点,即对干涉相位图逐个像元进行搜索寻找残差点,其中残差点识别方法如下。

如图8-14所示,定义一个2×2的缠绕相位节点,其以矩阵的左上角元素$\psi_{i,j}$为起点,按逆时针方向依次计算两个元素之间的4缠绕相位梯度差$\Delta k(k=1,2,3,4)$,Δk的计算公式为$\Delta 1 = W(\psi_{i,j} - \psi_{i+1,j})$,$\Delta 2 = W(\psi_{i+1,j} - \psi_{i+1,j+1})$,$\Delta 3 = W(\psi_{i+1,j+1} - \psi_{i,j+1})$,$\Delta 4 = W(\psi_{i,j+1} - \psi_{i,j})$。式中,$W(\cdot)$为映射到主值区间的运算,即以$2\pi$为模的取余运算。

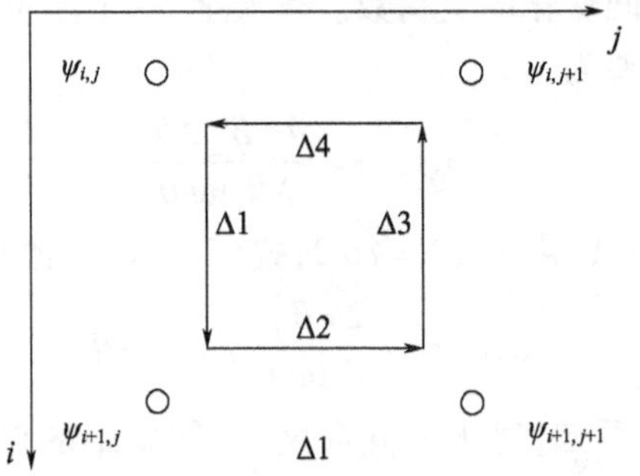

图 8-14　缠绕相位节点图

同时,定义四个像元相位梯度差的环路积分为 $s = \sum_{k=1}^{4} \Delta k$。如果 $s = 0$,则这四个点是一致的,否则该节点是不一致的,左上角的像元通常被称为“残差点”。特别地,如果 s 大于0,则是正残差点,反之为负残差点。

步骤2:生成枝切线。一旦找到残差点,将一个 3×3 的窗口放置在该残差点,移动窗口寻找其他残差点。如果找到新的残差点,则不论残差点之间的极性是否相同,都将这两个残差点连接起来形成枝切线。如果没有找到残差点,则将窗口的大小扩展为 5×5,继续搜寻直到窗口到达图像边界。如果窗口到达图像边界,则将已搜索残差点与边界相连。

步骤3:利用积分进行相位解缠。将所有残差点都连接为不带“电”的分支后,通过在两个方向绕过分支进行梯度积分,并得到最终的相位解缠结果。

特别需要说明的是,该方法中,枝切线的设置尤为关键,需要注意以下两点。

(1)在搜索窗的搜索过程中,只要发现残差点,不论该残差点是否与其他的残差点相连,都要将该残差点与窗中心相连。

(2)如果在搜索中遇到图像边界点,则要将残差点与边界相连,以阻止积分路径。

一般说来,枝切法具有速度快、效率高的优点,是相位解缠的首选方法,但是当有枝切线连接发生错误的时候,可能会导致整个区域的真实相位出现 $2k\pi$ 的累积错误。另外,此解缠方法只适用于那些地形比较平缓,残差点比较少的区域,否则,会出现解缠失败或解缠误差很大的结果。

2)区域生长法

枝切法是依据残差点的分布,由枝切线来引导积分路径,而区域生长法依靠的是相位质量图来引导积分路径,其可以简单描述为从高质量的非噪声区域向低质量的噪声区域解缠,不识别也不连接干涉图中的残差点,而是依据相位质量图将整个干涉图分成多个区域,选择区域中质量最高的像元作为“种子”,从种子像元开始,依像元质量的高低顺序确定当前待解缠像元,用其相邻已解缠像元预测当前待解缠像元的相位解缠结果,在所有的区域解缠完毕后,合并各个区域。区域生长法的具体步骤如下。

步骤1:根据相位质量图将整个干涉图按质量高低分成多个区域,不同区域中先确定一个质量最高的种子像元,从质量最高的种子点开始相位解缠,按照质量高低以种子点为中心向周围生长,依次解缠。

步骤2:在已解缠像元周围搜索质量最高的未解缠像元并将之列为“当前待解缠相

位”,由周围各方向已解缠相位分别得到此像元各方向的预测值,其中第 k 个方向预测值分两种情况求解。第一种为该预测方向有两个已解缠像元,则该方向所预测的解缠结果为 $\psi_p(k)=\psi(k)+[\psi(k)-\psi(k')]$。式中,$\psi(k')$ 为该方向上的另一个解缠像元;第二种为该预测方向有一个已解缠的像元,则“当前待解缠相位”在该方向的预测解缠结果为 $\psi_p(k)=\psi(k)$。

一旦得到“当前待解缠相位”在该方向的预测解缠结果后,最终的预测结果为

$$\psi_p = \sum_{k=1}^{N} w_k\psi_p(k) / \sum_{k=1}^{N} w_k \tag{8-63}$$

式中:w_k 为权值,对于第一种情况,$w_k=1$,对于第二种情况,$w_k=0.5$。

步骤3:计算缠绕数 m,其计算表达式为 $m=\mathrm{int}[(\psi_p-\psi)/2\pi]$。式中,$\mathrm{int}(\cdot)$ 为对自变量的取整运算;ψ 为缠绕相位值。一旦得到缠绕数后,可得解缠结果为 $\psi_p=\psi+2\pi m$。

步骤4:利用预设门限对解缠结果进行可信度测试,确定最终的解缠结果,可信度测试函数为

$$d_p = \sum_{k=1}^{N} w_k |\psi_p(k) - \psi_p| / \sum_{k=1}^{N} w_k \tag{8-64}$$

通常在这一处理中,门限常预设为一个较小的值,如 $\pi/4$,如果置信水平小于门限,则通过可信度测试,认为此解缠结果可靠,否则,解缠结果不可靠,此解缠过程无效。

一般说来,区域生长法通过对干涉图分区,在各个区域同时解缠,可加快对大幅相位图的解缠速度。同时,用来自各个方向尽可能多的已解缠像元预测待解缠相位的解缠结果以及可信度测试,可减小由单一方向积分决定相位解缠值带来的误差和解缠误差的传播。但是,需要指出的是,这种方法可靠的相位质量图对相位解缠非常重要,相位质量图的误差会严重影响解缠结果的精度。此外,由于该方法完全不考虑残差点,因此有可能将残差点包围进积分路径,引入 2π 的相位误差。

2. 基于最小二乘法的解缠方法

与前述方法不同,基于最小二乘的相位解缠方法不考虑相邻像元上相位的积分,它通过使缠绕相位的梯度与真实相位的梯度差的平方最小来实现相位解缠。最小二乘相位解缠方法具有多种实现方式,如无加权最小二乘方法和加权最小二乘方法等,下面分别予以介绍。

1)无加权最小二乘方法

无加权最小二乘方法是基于最小二乘的相位解缠中较为基本的一种方法,其处理过程常包含四个步骤。

步骤1:对缠绕相位函数 $\varphi_{i,j}(i=1,2,3,\cdots,M;j=1,2,3,\cdots,N)$ 作二维平面内周期性的偶延拓,得到解缠相位函数 $\hat{\varphi}_{i,j}$,其中偶延拓函数定义为

$$\hat{\varphi}_{i,j}=\begin{cases}\varphi_{i,j} & (1\leqslant i\leqslant M;1\leqslant j\leqslant N)\\ \varphi_{2M-i+1,j} & (M+1\leqslant i\leqslant 2M;1\leqslant j\leqslant N)\\ \varphi_{i,2N-j+1} & (1\leqslant i\leqslant M;N+1\leqslant j\leqslant 2N)\\ \varphi_{2M-i,2N-j} & (M+1\leqslant i\leqslant 2M;N+1\leqslant j\leqslant 2N)\end{cases} \tag{8-65}$$

步骤2:沿行和列方向求解 $\hat{\varphi}_{i,j}$ 的一阶差分 $\Delta_{Xi,j}$ 和 $\Delta_{Yi,j}$,其中 $\Delta_{Xi,j}$ 和 $\Delta Y_{i,j}$ 求解方法分别为

$$\Delta_{i,j}^{X}=\begin{cases}\hat{\varphi}_{i+1,j}-\hat{\varphi}_{i,j}-2\pi & (\pi<\hat{\varphi}_{i+1,j}-\hat{\varphi}_{i,j})\\ \hat{\varphi}_{i+1,j}-\hat{\varphi}_{i,j} & (-\pi<\hat{\varphi}_{i+1,j}-\hat{\varphi}_{i,j}\leqslant\pi)\\ \hat{\varphi}_{i+1,j}-\hat{\varphi}_{i,j}+2\pi & (\hat{\varphi}_{i+1,j}-\hat{\varphi}_{i,j}\leqslant-\pi)\end{cases} \tag{8-66}$$

和

$$\Delta_{i,j}^{Y}=\begin{cases}\hat{\varphi}_{i+1,j}-\hat{\varphi}_{i,j}-2\pi & (\pi<\hat{\varphi}_{i+1,j}-\hat{\varphi}_{i,j})\\ \hat{\varphi}_{i+1,j}-\hat{\varphi}_{i,j} & (-\pi<\hat{\varphi}_{i+1,j}-\hat{\varphi}_{i,j}\leqslant\pi)\\ \hat{\varphi}_{i+1,j}-\hat{\varphi}_{i,j}+2\pi & (\hat{\varphi}_{i+1,j}-\hat{\varphi}_{i,j}\leqslant-\pi)\end{cases} \tag{8-67}$$

步骤3：以缠绕相位函数$\hat{\varphi}_{i,j}$对应的解缠相位函数$\hat{\varphi}'_{i,j}$一阶差分以及$\Delta_{Xi,j}$、$\Delta_{Yi,j}$的均方误差最小为准则，分别计算$\hat{\rho}_{i,j}$和$\hat{\varphi}'_{i,j}$，其中，$\hat{\rho}_{i,j}=(\Delta_{Xi,j}-\Delta_{Xi-1,j})+(\Delta_{Yi,j}-\Delta_{Yi,j-1})$，$(\hat{\varphi}'_{i+1,j}-2\hat{\varphi}'_{i,j}+\hat{\varphi}'_{i-1,j})+(\hat{\varphi}'_{i,j+1}-2\hat{\varphi}'_{i,j}+\hat{\varphi}'_{i,j-1})=\hat{\rho}_{i,j}$。此式求解常可等效为求解纽曼边界条件的泊松方程。

步骤4：利用快速傅里叶变换求解$\hat{\rho}_{i,j}$和$\hat{\varphi}'_{i,j}$的谱$P_{m,n}$和$\Phi_{m,n}$，并对$\Phi_{m,n}$做逆二维傅里叶变换，得到解缠相位函数中$\varphi'_{i,j}$的最小二乘估计值，其中

$$\Phi_{m,n}=\frac{P_{m,n}}{2\cos[\pi(m-1)/M]+2\cos[\pi(n-1)/N]-4} \tag{8-68}$$

式中：$\Phi_{1,1}$一般为常数。

无加权最小二乘法具有运算速度快和整个相位图进行解缠而没有解缠失败区域的优点。需要注意的是，该方法并不绕过残差点，而是穿过残差点进行积分运算。这样，相位解缠在这些残差点处会产生错误，并传递到其他区域，因此这种方法精度较低。

2）加权最小二乘方法

加权最小二乘方法是对无加权最小二乘方法的一种改进，其基本思路是在前面处理步骤3中的最小均方准则中引入加权系数，通过对不同质量区域设置不同的权值，以保证算法稳定性的同时，减小误差传播带来的影响。

若设加权函数分别为

$$\begin{cases}U(i,j)=\min(w_{i+1,j}^{2},w_{i,j}^{2})\\ V(i,j)=\min(w_{i,j+1}^{2},w_{i,j}^{2})\end{cases} \tag{8-69}$$

式中：$w_{i,j}$为相位干涉图中相应像元的权重，其一般由相位质量图确定。最简单的设置方法可以从质量图出发，在质量图中根据一定规则设置一个质量阈值，规定质量高于该阈值的像素具有权重1，低于该阈值的像素具有权重0，即完全不考虑低质量像素。

则加权最小二乘方法中$\hat{\rho}_{i,j}$和$\hat{\varphi}'_{i,j}$分别可表示为

$$\begin{aligned}\hat{\rho}_{i,j}&=U(i,j)\Delta_{i,j}^{X}-U(i-1,j)\Delta_{i-1,j}^{X}+V(i,j)\Delta_{i,j}^{Y}-V(i,j-1)\Delta_{i,j-1}^{Y}\\&=U(i,j)(\hat{\varphi}'_{i+1,j}-\hat{\varphi}'_{i,j})-U(i-1,j)(\hat{\varphi}'_{i,j}-\hat{\varphi}'_{i-1,j})+\\&\quad V(i,j)(\hat{\varphi}'_{i,j+1}-\hat{\varphi}'_{i,j})-V(i,j-1)(\hat{\varphi}'_{i,j}-\hat{\varphi}'_{i,j-1})\end{aligned} \tag{8-70}$$

通常，加权最小二乘法无法采用快速傅里叶变换等快速算法进行求解，只能通过迭代算法进行求解，如Picard迭代法、预处理共轭梯度法、加权多重网格法等。为了说明求解原理，下面以加权多重网格法为例予以介绍。

多重网格算法是一种经典的求解偏微分方程的快速算法，其基本思路是利用粗网格

上的残差校正特性消除迭代误差的低频分量,同时利用细网格上的松弛光滑特性消除迭代误差的高频分量,从而加快迭代的收敛速度。多重网格算法通常包含两个主要处理过程:一是通过形成金字塔式的网格(2×2个细网格点平均为一个粗网格点)降低原始数据的分辨率,使细网格中的低频成分转化成粗网格中的高频成分,这一过程常称为限制操作,记为 R 算子;二是将粗网格中的数据转换到细网格中,此过程称为延拓操作,记为 P 算子。为了方便说明多重网格算法的基本步骤,设当前网格为一个 $N\times N$ 的方形网格,并将一次无加权V循环过程记为UMV,其循环过程如图8-15所示。同时,定义沿行和列方向的相位偏导数分别为 $D^X\varphi_{i,j}=\varphi_{i,j}-\varphi_{i-1,j}$ 和 $D^Y\varphi_{i,j}=\varphi_{i,j}-\varphi_{i,j-1}$。

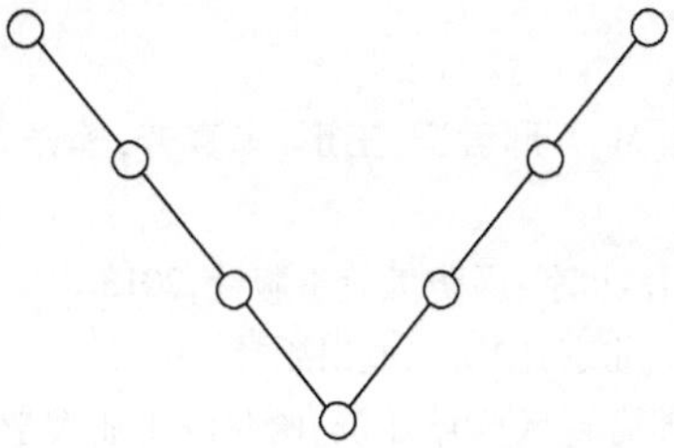

图8-15　V循环示意图

一次V循环多重网格算法的实现步骤如下。

步骤1:以 φ_N 为初始值,对式(8-70)进行迭代;若当前 $N\times N$ 方形网格为最粗网格,则转到步骤6。

步骤2:计算残差,并利用 R 算子转换到下一层细网格,其转换关系为 $\Delta_{N/2}^X=R(\Delta_N^X-D^X\varphi_N)$,$\Delta_{N/2}^Y=R(\Delta_N^Y-D^Y\varphi_N)$。

步骤3:进行差分修正,其中 $\Delta_{N/2}^X$ 的第一列等于第二列的相反数,$\Delta_{N/2}^Y$ 的第一列等于第二列的相反数。

步骤4:设初值 $\varphi_{N/2}=0$,并递归调用 $\varphi_{N/2}=\mathrm{UMV}(\varphi_{N/2},\Delta_{N/2}^X,\Delta_{N/2}^Y)$。

步骤5:进行延拓操作得到更精确的 $\varphi_N=\varphi_N+P(\varphi_{N/2})$。

步骤6:以新的 φ_N 为初始值,对式(8-70)进行下一次迭代。

一般说来,上述松弛迭代对高频分量收敛很快,通常迭代次数取2即可满足多重网格法的需要。同时,多重网格可以看成是一种滤波器,不同尺度的网格可以滤掉不同频段上的误差,因此,这种方法较之无加权方法能够获得更优的解缠效果。

习　题

1. 简述线性调变标算法的原理和特点。

2. 简述距离-多普勒算法的原理和特点。

3. 合成孔径雷达自动目标检测的典型处理流程是什么?说明每个流程主要实现的功能。

4. 逆合成孔径雷达成像处理基本流程包含哪些步骤,每个步骤主要任务是什么?

5. 简要分析距离徙动对合成孔径成像的影响。

6. 试推导合成孔径雷达回波信号表达式。

参考文献

[1] RICHARD M A. 雷达信号处理基础[M]. 邢孟道,王彤,李真芳,等译.2 版. 北京:电子工业出版社,2017.
[2] 马晓岩,等. 现代雷达信号处理[M]. 北京:国防工业出版社,2013.
[3] 朱晓华. 雷达信号分析与处理[M]. 北京:国防工业出版社,2011.
[4] 位寅生. 雷达信号理论与应用(基础篇)[M]. 哈尔滨:哈尔滨工业大学出版社,2011.
[5] 赵树杰. 雷达信号处理技术[M]. 北京:清华大学出版社,2010.
[6] 高新波,刘聪锋,宋骊平,等. 随机信号分析[M]. 北京:科学出版社,2009.
[7] 位寅生. 先进雷达系统波形分集与设计[M]. 北京:国防工业出版社,2019.
[8] 刘涛,卢建斌,毛玲,等. 雷达探测与应用[M]. 西安:西安电子科技大学出版社,2019.
[9] 汪飞,李海林,夏伟杰,等. 低截获概率机载雷达信号处理技术[M]. 北京:科学出版社,2016.
[10] 王永良,彭应宁. 空时自适应信号处理[M]. 北京:清华大学出版社,2000.
[11] 廖桂生,陶海红,曾操. 雷达数字波束形成技术[M]. 北京:国防工业出版社,2017.
[12] 张庆君,边明明,刘永旭. 雷达空时自适应信号处理[M]. 北京:北京理工大学出版社,2016.
[13] RICHARD K. 空时自适应处理原理[M]. 南京电子技术研究所,译.3 版. 北京:高等教育出版社,2009.
[14] 陈伯孝,等. 现代雷达系统分析与设计[M]. 西安:西安电子科技大学出版社,2012.
[15] 吴顺君,梅晓春,等. 雷达信号处理和数据处理技术[M]. 北京:电子工业出版社,2008.
[16] 保铮,邢孟道,王彤. 雷达成像技术[M]. 北京:电子工业出版社,2008.
[17] 张伟,刘洪亮,等. 脉冲多普勒雷达——原理、技术与应用[M]. 北京:电子工业出版社,2016.